Joachim Spies · Zeichenlehre

Joachim Spies

Zeichenlehre

4. Auflage

Verlag W. Kohlhammer
Stuttgart Berlin Köln

Die Deutsche Bibliothek – CIP-Einheitsaufnahme

Spies, Joachim:
Zeichenlehre / Joachim Spies. – 4. Aufl. – Stuttgart ; Berlin ;
Köln : Kohlhammer, 1992

ISBN 978-3-8348-1661-0   ISBN 978-3-322-99370-0 (eBook)
DOI 10.1007/978-3-322-99370-0

4. Auflage 1992

Inhalt

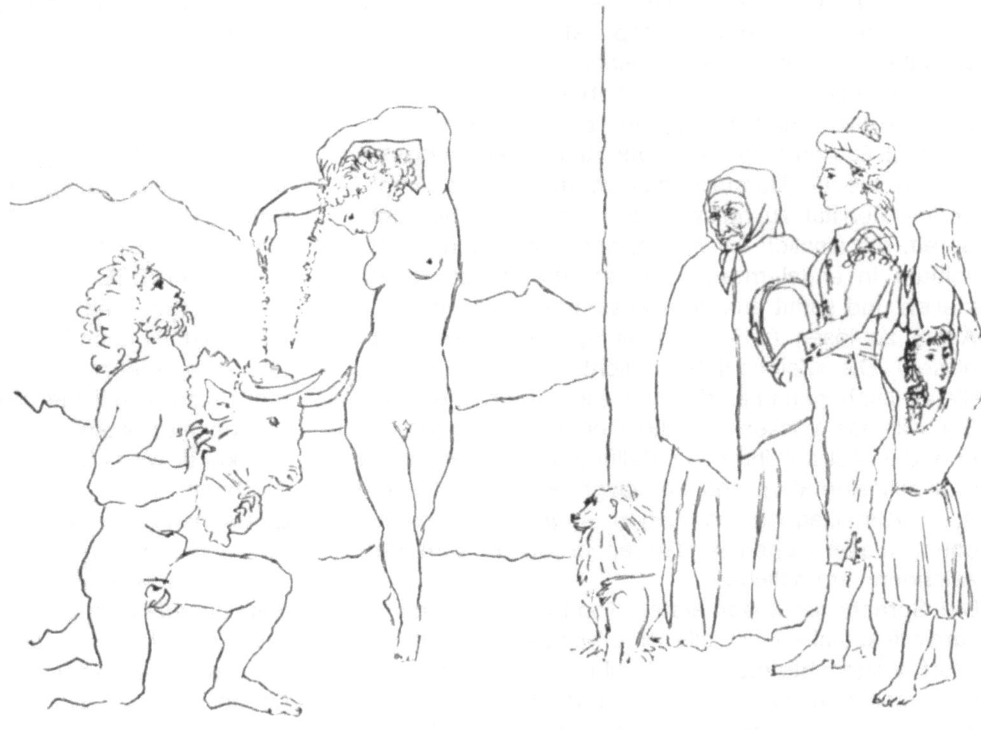

Einführung

Die Radierung »Mädchen mit Banderillas, bärtiger Mann mit Stiermaske und Zuschauer« von Pablo Picasso zeigt auf überzeugende Weise, welche Bedeutung Sicherheit und Freiheit der gezeichneten Linie für Schönheit und Überzeugungskraft eines Blattes haben. Im Sinne sklavisch naturalistischen Abbildens könnte man einwenden: »Der Rumpf des Mädchens ist etwas zu lang, die Beine zu kurz, der linke Unterarm hat eine Ausbeulung, die Hände sind zu nachlässig dargestellt; der Mann hat übertriebene Muskelausbeulungen an Armen und Beinen.«
Die einfache Linienführung des dargestellten Spiels ist jedoch von so sicherem heiterem Ernst, die Mäd-

chengestalt von wundersamer Lieblichkeit und Zauber in ihren Bewegungen, so daß es völlig unerheblich wird, ob sie wirklich »richtig« gezeichnet ist.
Wenn es vom Titel des Buches her als die erklärte Absicht zu verstehen ist, »Zeichnen zu lehren«, so gilt schon auf dieser ersten Seite die Einschränkung, daß nur einige Hilfen gegeben werden können, die später alle wieder über Bord gehen sollten. Nicht die Tricks, sondern die Überzeugungskraft sicherer Linienführung in spielerischer Übung aus Freude an der sinnlichen Erkenntnis von Wirklichkeit sind ausschlaggebende Kriterien einer Zeichnung.
Die vorliegende »Zeichenlehre« soll eine Zeichen-

schule für Menschen sein, die entweder bedingt durch einen bestimmten Reifepunkt oder einer betont visuellen Anlage zufolge besonderes Interesse an einer »richtigen« Darstellung haben – ein Punkt, an dem sie nicht mehr bereit sind, allein subjektive Zeichen (z. B. den Kopffüßler der Kinderzeichnung) als entsprechende Darstellungsform für die sie umgebende Realität zu nehmen. Sie sind weiterhin nicht bereit, die sinnlich erfahrene, gegenständliche Wirklichkeit in angelernter, formaler Abstraktion darzustellen und somit aus dem Zusammenhang mit dem Anlaß zu lösen (z. B. Darstellung eines Reiseerlebnisses). Die »Zeichenlehre« dient daher denjenigen, die vielleicht genau an dieser Stelle aufgeben würden. Sie will das Wissen um die Gegenstandsmerkmale und die Vielzahl ihrer Darstellungsweisen erweitern und soll eine klare und unmißverständliche Hinwendung zum Gegenstand zeigen, sogar die Verwirklichung dieser Gegenstandsorientierung bis zum »Abzeichnen« ermöglichen.

Die Sprache ist unser erstes Kommunikationsmittel, zumindest haben wir alle eine vorwiegend auf das Wort ausgerichtete Schule durchlaufen. Das ist historisch gesehen eine Folge von Luthers »am Anfang war das Wort«, das Menschen verführte, sich statt Bildern Sprüche an die Wände zu hängen, und eine Folge der Aufklärung mit einem schichtenspezifischen Wahrnehmungs- und Vermittlungssystems der bürgerlichen Revolution gegen die feudale Oberschicht. Obwohl der Mensch ein Augentier ist und 125 x soviel pro sec. sieht wie er hören kann, sind wir durch die Überbetonung der Wort-Lernprozesse Bildanalphabeten.

Das anschauliche Denken steht als eine mögliche Denkform gleichberechtigt neben verbaler Begriffsbildung, wie das Klang-Rhythmus-Denken des Musikers.

Es ist bekannt, daß die bildliche Vergegenwärtigung vorab mehr über die Logik einer Sache auszusagen vermag als das linear verlaufende Denken. Vielleicht ist es ihm sogar überlegen, denn *ein* Bild vermag, was tausend Worte zur Erklärung braucht. Die Zeichnung ist der kürzeste Weg von der Idee zur Mitteilung, bescheiden in den Mitteln und ohne zufälligen Ballast. Zeichnungen haben auch keine Einleitung und kein Schlußwort, sie sprechen unmittelbar, wenn sie sich der Realität bemächtigen.

In Analogie zu Kleists Satz: »von der allmählichen Verfertigung der Gedanken beim Reden«, gilt der Satz: »von der allmählichen Verfertigung der Bildidee beim Zeichnen«.

Die Einheit von Wahrnehmung und Denken soll wiederhergestellt werden. Das Sehen beschränkt sich nicht auf das Registrieren von Tatsachenmaterial, sondern visuelle Wahrnehmung ist aktives Formschaffen. Nach Garaudy ist es Erfindung von Zukunft, den Dingen einen Sinn geben, nicht nur etwa ihren Sinn zu entdecken. So wird Zeichnen zur Stunde der Wahrheit, denn alles, was der Mensch sichtbar gestaltet ist ein konstituierendes Element seines Wesens und nicht irgendeine Zutat.

Zeichnen ist ein Urbedürfnis. Hinter allem sprachlogischen Denken ist anscheinend ein Ideendenken verborgen (Wittgenstein), das sich gern des Zeichnens als Medium bedient; vom Kritzeln im Sand, über die Heftrandkritzeleien bis zum O-Filler auf bedrucktem Papier. Die Anlage zu anschaulichem und bildhaftem Denken; überlagert von Zwängen der in der Schule bevorzugten verbalen Denkweise, bleibt als nicht zerstörbarer Drang erhalten.

Die Worte IDEE und IMAGINATION, abgeleitet vom griechischen idea oder lateinischem imago, was sowohl Bild als auch Vorstellung heißt, zeigen eindeutig den Zusammenhang zwischen Gedanken und Bild. Je mehr man sich Bilder der Phantasie vor Augen führt und beim Erdenken niederschreibt, um so eindeutiger und klarer wird die Realisierbarkeit der Gedanken.

Zeichnen ist die Kunst des Weglassens, nicht des Übersehens, es dient der geistigen Entfaltung, Ordnen und Vereinfachen im Wechsel mit einer Liebe zum Detail. »Die Phantasie entzündet sich am Chaos des Unbedeutenden«! (Dettmar). Einfache Themen sind sinnvoller als aufgeputzt dramatische: »Fischgräten und Weinglas« besser als »Akropolis in der Abendsonne«; phantasievolle Themen sind sinnvoller als dekorative Klischees: »Was sieht der Schornsteinfeger vom Dach aus?« besser als »Schornsteinfeger auf dem Dach«. Beispiel von Gunter Otto.

Nach H. Janssen ist der naturalistische Aspekt des Zeichnens »Baumanschauung« und nicht »Weltanschauung«.

Die Abstraktionseigenschaft, die jeder Zeichnung anhaftet – Verwandlung eines dreidimensional farbig wahrgenommenen Gegenstandes in eine schwarze Linie auf weißem Papier –, verbindet sich mit der Eigenschaft, die loseste unter den bildenden Künsten zu sein.

Sie ist unabhängig und kennt kein festes Format; sie hat einen Kern und klingt am Rand meist frei aus, ist im unvollendeten Zustand vollendet und braucht nicht die Reinlichkeit einer Fleißarbeit; wiederholt oder verwandelt, sie kennt die geometrische Strenge und ist wieder in ihrer Verspieltheit die Libertinage selbst und kommt der Idee der Dinge am nächsten.

Das Lustprinzip des Spiels sollte das Prinzip des Zeichnens sein. Es ist ein Mittel der Überwindung der Perfektionsangst vor großen Vorbildern, die alles viel besser gemacht haben, und ist der Beginn der gewünschten ungehinderten Eigenproduktion.

Systematisches Spiel mit den bildnerischen Mitteln (Röttger) kann durch seine Leichtigkeit von entscheidender Hilfe sein, Wahrgenommenes in eine Zeichnung zu übersetzen.

Diese spezifischen Wege der Begriffsbildung in affektiven Lernprozessen (Wygotski) machen die Zeichnung zu einem wirksamen Individualmedium; denn ist der Zeichnung zu eigen, dem Zeichner oft wichtiger zu sein als dem Betrachter. Sie ist ein Mittel zur phantasievollen Befreiung aus Befangenheit. (Die Spiellust und die Spielkreativität sind nach Sutton-Smith völlig unabhängig von IQ). »Die Spielhandlung wird nicht durch die Phantasie bestimmt, sondern die

Bedingungen der Spielhandlung machen die Phantasietätigkeit erforderlich und rufen sie hervor« (1967) Leontjew.

Abb. 1 Ausmalen eines Schriftzuges in mehreren Phasen: geschlossene Felder, offene Felder, Buchstaben zu Rechtecken, alles zum Balken.
Abb. 2 Dem Fließen des Schreibens verwandt sollte in sicheren Strichen, weder zitternd noch in »Schönschrift« gezeichnet werden.
Abb. 3 »Mann«, Jan-Ulli S. 3 Jahre, zeigt die Motorik früher Kinderzeichnungen, ein heftiges Hin- und Herfahren als Merkmal des Prozeßcharakters, der jeder Zeichnung anhaftet, sei es Erinnerungsskizze, Studie oder Konzept.
Abb. 4 »Selbstbildnis«, Thomas S. 5 Jahre, erste Auseinandersetzung mit dem Ego.
Abb. 5 »Seeräuberschiff«, Markus S. 8 Jahre, fabulierende Phantasiedarstellung.

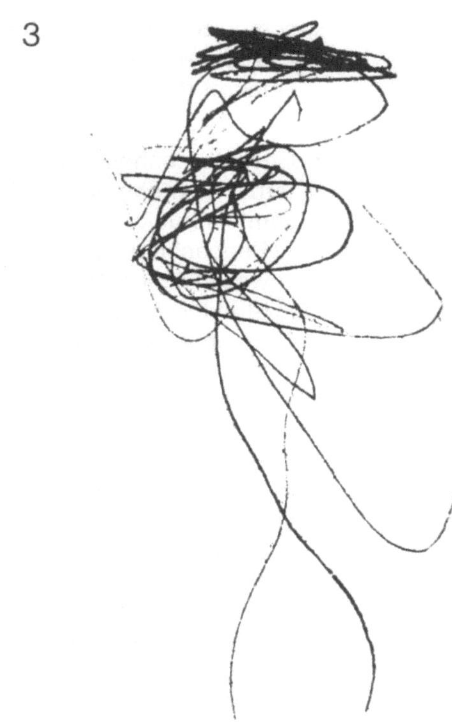

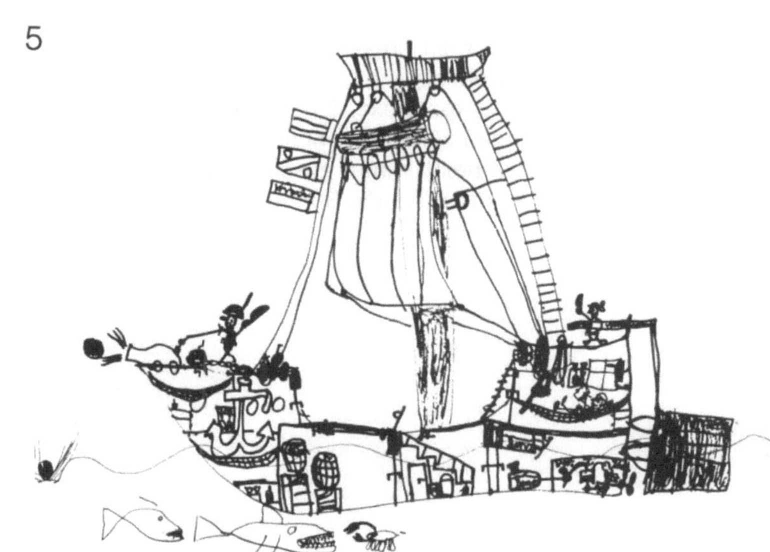

3

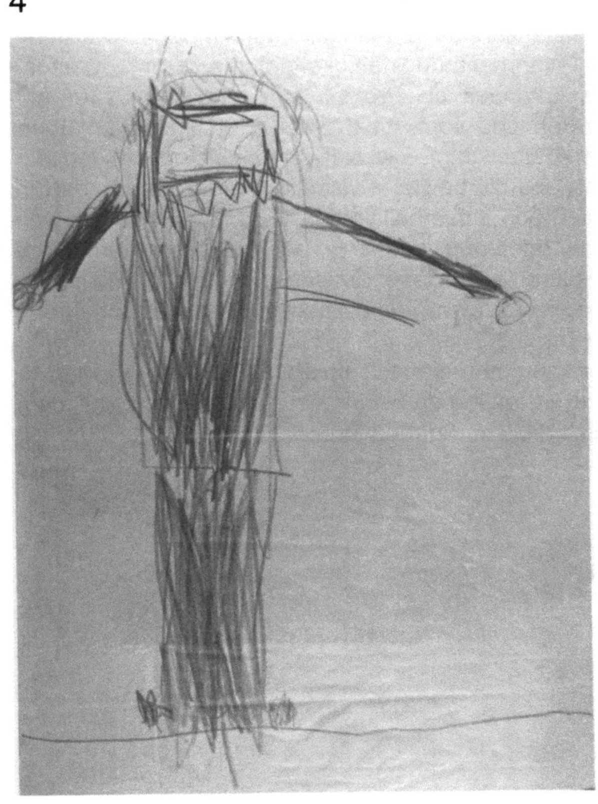

4

5

Beim Zeichnenden werden durch Phantasie Assoziationen hervorgerufen, denen er dann trotz beabsichtigter Genauigkeit der Naturdarstellung nachgibt. Diesen realen Bezug zur Wahrnehmung erhärtet Maurice Seudat 1974: »Phantasie hat nur dann Sinn, wenn sie 10 Klafter tief in der Wirklichkeit verwurzelt ist.« Die bewußte und entwickelte Wahrnehmungsfähigkeit ist eine Voraussetzung zum Zeichnen. Tatsache ist, »daß wir alle viel mehr wahrnehmen und von unseren Wahrnehmungen viel mehr beeinflußt werden, als wir wissen; daß wir in einem dauernden Austausch von Kommunikation begriffen sind, über die wir uns nicht bewußt Rechenschaft geben, die unser Verhalten aber weitgehend bestimmen« (Watzlawik 76).

Zeichnen ist Wahrnehmen und Handeln; und Wahrnehmung ist Aufnahme und Verarbeitung von Information der Realität.

Gesetze des Sehens:

1. Wahrnehmungen sind ganzheitlich, einzelne verschmelzen zu einem Gesamteindruck
   z. B. sehen wir nicht einzelne Punkte, sondern ein Quadrat (Formprägnanztendenz);
2. Geschlossenheit und Ordnung einer Form erleichtern Wahrnehmung und Verschmelzung zum Gesamteindruck.
   - Beobachtung führt zur distanzierten Notierung wesentlicher Merkmale der Gegenstände, der Strukturen und zum Herausstellen einzelner wichtiger Wesenszüge;
   - Konstruktion führt zur Vereinfachung; unter Berücksichtigung geometrischer Gesetzmäßigkeiten zu ästhetischen Bildlösungen;
3. Wahrnehmungen sind nicht neutral, sondern kommen nur zustande, wenn das Objekt von Interesse ist.
   - ein 5,– DM–Geldstück erscheint Armen größer als Reichen
   - wenn die eigene Frau ein Kind bekommt, sind plötzlich auffällig viele schwangere Frauen zu sehen;
4. Sinnes- und Sehwahrnehmungen verlieren nach kurzer Zeit an Reizintensität
   - die Aufnahmen vieler Einzelinformationen werden auf ein praktikables Maß reduziert
   - der Sehvorgang ist vielseitig verzweigt und schafft komplexe Eindrücke (Wortmitteilungen dagegen sind linear hintereinander geordnet)
   Sehen heißt immer zusammen sehen; das Ganze ist mehr als die Summe der Einzelteile
   - bei der Beschreibung der Umwelt muß eine bestimmte Unschärferelation berücksichtigt werden, da alle Informationen innerhalb gewisser Toleranzen übermittelt werden (Heisenberg);
5. Wahrnehmungen zielen auf Bedeutung. Die Natur kann alles sein – grausam, schön usw. – besitzt jedoch nach Cézanne kein Bewußtsein – ihr Bewußtsein ist der Künstler – mehr als ihr Sprachrohr und kann sein eigenes Ich nicht aus der Arbeit heraushalten.
   - Eindrucksvolle Wahrnehmungen prägen im Gedächtnis Spuren, denen spätere Wahrnehmungen assoziiert werden. Diese Vorstellungen werden als Produkt der Erfahrungen ständig angereichert, Nachrichten werden im Gehirn ausgewertet und fließen in die Reaktivierung mit ein.
   - Wahrgenommene Informationen werden nach Erfahrungswerten in eine gewisse Rangfolge gebracht: z. B. groß und klein, hell als Voraussetzung des Sehens vor dunkel, bewegt und unbewegt usw.

Voraussetzung für die Wahrnehmungsfähigkeit und -qualität des Menschen ist die physiologische Funktion des Gehirns.

Nach neueren amerikanischen Forschungsergebnissen haben die zwei Gehirnhälften verschiedene Bewußtheiten:

»Die menschliche Wahrnehmung«, sagt Rubinstein, »ist gegenständlich und sinnerfüllt. Wir nehmen nicht Empfindungsbündel und nicht Strukturen wahr, sondern Gegenstände, die eine bestimmte Bedeutung haben.«

Die Möglichkeiten der sinnlichen Erkenntnis werden dabei durch das Denken erweitert, »weshalb Sehen lernen« und »Denken lernen« nicht voreinander zu trennen sind. Je mehr Bildvorstellungen sich der Vielfalt und Differenziertheit der natürlichen Erscheinungen nähern, desto größer wird die Zahl der Wahrnehmungsbegriffe. Gestaltarmut, die nichts anregt, führt zur Orientierungsarmut, und diese wiederum zu Verhaltensarmut. Es mangelt dann an der Entwicklung von Wahrnehmungsfähigkeiten, die zum begreifenden Erkennen als Prozeß vom Sinnlichen zum Abstrakten und vom Abstrakten zum Sinnlichen übergeht (Rubinstein). Die Notwendigkeit geschulten Sehens und die bewußte visuelle Wiedergabe bedarf in einer hoch industrialisierten Gesellschaft keiner weiteren Erklärung, wie z. B. bei Fluglotsen die durch Schulung erworbene Zuverlässigkeit des Wahrnehmungsvermögens von ausschlaggebender Bedeutung ist (Kerbs).

Wie kann man grafisch sichtbar machen, was man visuell wahrnehmen kann? In diesem Buch soll dem Leser dazu verholfen werden.

A. Material und Verfahren

1. Bleistifte und Radiergummi

Zwei bis drei verschieden harte bzw. weiche Bleistifte sowie Radiergummis und ein Anspitzer sollten bereit liegen.

Am besten sind Bleistifte der Härtegrade 2H, HB und 2B. Wenn möglich sollten jene Minenstifte verwendet werden, die durch Druck weiter heraustreten. Auch für diese, wegen ihrer gleichbleibenden Länge vorteilhaften Halter, gibt es kleine Anspitzer.

An Radiergummis sollten vorhanden sein:
- ein großer weicher Gummi für Bleistiftstriche;
- ein zweiter Radiergummi für Tusche; dazu eignet sich besonders ein Radierstift, wie er zum Radieren für die Schreibmaschine verwendet wird.

Weiche Bleistifte (B–6B) ergeben tonige Ausdrucksmöglichkeiten; *mittelharte bis harte Bleistifte* eignen sich besser zur klaren Dingbeschreibung und zur konstruktiven Zeichnung.

Der härtere Bleistift ist für den Anfang einer Zeichnung besonders gut geeignet; man kann leicht und manchmal kaum sichtbar sich eine Einteilung der wesentlichen Elemente, Formen und Einteilung klar machen, ohne sich gleich endgültig zu binden. Dann sollte man deutlicher werden, entweder durch stärkeres Aufdrücken oder durch einen mittelharten oder weichen Stift. Der eigentlich weiche Bleistift dagegen ist nicht so sehr für die Linienzeichnung geeignet sondern kann durch unterschiedliches Aufdrücken sehr malerische Töne entwickeln. Nicht die Kontur sondern die Tonigkeit aus dessen Hell-Dunkel das Thema herauswächst oder modelliert wird ist mit ihm zu erreichen.

Leicht und dünn anfangen, dann langsam stärker werden, mehr aufdrücken. Der besondere Reiz einer Zeichnung besteht oft aus dem Wechselspiel zwischen starken und dünnen Linien. Es ist überhaupt eine Unsitte alberner Perfektionsbemühungen, jede nicht der Absicht genau entsprechende Linie gleich wieder weg zu radieren. Es ist dadurch viel schwieriger zu kontrollieren ob die nächste Linie wirklich besser sitzt. Fängt man dagegen leicht an so kann man immer stärker und vielleicht »richtiger« werden.

Gute Zeichner haben durchaus nicht das Bemühen, alles derartig richtig zu zeigen, daß durch ständiges Radieren jeder Einblick in den Entstehungsprozeß verhindert wird. Ein aufrichtiges Einstehen für die eigene Handschrift, sowohl in bezug auf die Linien des Suchens nach dem richtigen Ausdruck als auch bei den Stellen besonderen Gelingens ist wichtig.

2. Feder und Füllhalter mit schwarzen Tintenpatronen

Harte Stahlfedern geben einen zarten, dynamischen Strich; mit der *Redisfeder* erzielt man weichere Schwünge.

Es gibt sehr feine Zeichenfedern: für unsere Zwecke sind ausgezeichnet *Federn* verwendbar, die für das Schreiben in Kurzschrift angeboten werden und die dicke und dünne Linien ziehen können.

Die *Punktfederstifte* (Rapidograph) sind vortrefflich für das Ziehen gerader Linien geeignet (als ob man an einem Lineal entlangzeichnet) jedoch weniger zum freieren Hin- und Herfahren auf dem Papier.

Da es etwas unpraktisch ist, immer ein Gläschen Tusche und spitze Federn mit sich zu führen, sind *Patronenfüllfederhalter* sehr empfehlenswert. Diese Füllhalter die in vielen Preislagen erhältlich sind können mit schwarzen Patronen gefüllt werden und entsprechen voll den Qualitäten einer Zeichenfeder.

3. Kugelschreiber und Filzstift

Der *Kugelschreiber* sollte eine extra feine schwarze Mine haben; er dient zur Schraffierung, zum schwungvollen Zeichnen (Rhythmus) und zum Skizzieren.

Mit dem *Filzstift* erzielt man satte Linien; hat einen leichten Farbauftrag zur Verfügung und hat eine gute Übergangsmöglichkeit zur flächigen Gestaltung. Der Filzstift dient vor allem zur Darstellung bandartiger Linien.

Es sollte möglichst wenig mit Kugelschreiber oder Filzstift gezeichnet werden, besonders in der ersten Zeit verstärkter Bemühungen, das Zeichnen zu erlernen. Kugelschreiber und Filzstift laufen in der Hand zu leicht und verhindern die Widerstand überwindende Entschiedenheit einer wirklichen Handschrift.

Dennoch ist es ganz eindrucksvoll, wenn man mit ganz feinem schwarzen Kugelschreiberminen erarbeitete Zeichnungen sieht; ihre Leichtigkeit und Beweglichkeit kann von besonderem Charme sein.

Ähnliches trifft für Filzschreiber zu; dünne und dicke Stifte, dazu solche mit Grautönen eignen sich zu echt grafischen Arbeiten.

4. Rohrfeder, Rasierklinge zum Zuschneiden und Tusche

Die Verwendung einer *Rohrfeder* ergibt eine Zeichnung mit schnellem Wandel zwischen satten, breiten, porösen und trockenen Strichen.

Sehr reizvoll ist es, mit Rohrfedern zu zeichnen, die man sich selber schneiden kann. An durch Regulierung noch nicht völlig entstellten Flußufern oder Teichen findet man dieses bis über mannshohe Schilfrohr. Es kann nur trockenes vom Vorjahr verwendet werden. Ohne das Rohr zu zerdrücken sollte man sich handliche Stücke von 30 cm Länge schneiden und vorne schön glatt in einer Richtung abschrägen, so daß fast eine Spitze entsteht. An der längsten Stelle muß eingekerbt werden und die Rohrfeder ist fertig.

Zum Zeichnen mit der Rohrfeder braucht man *Tusche* und ein Wasserglas zum Verdünnen der Tusche. Sehr schön wirkt Sepiatusche, mit der man durch das Rotbraun der Sepia dem Auge schmeichelnde Zeichnungen erhält. Sepiazeichnungen haben immer etwas weicheres als reine Schwarz-Weiß-Arbeiten. Sie vermitteln in ihrer schmeichelnden Art den Eindruck altmeisterlicher Kunstfertigkeit.

Es gibt sogenannte Ausziehtusche, mit der früher vorzugsweise Architektenpläne und grafische Darstellung gezeichnet wurden. Man kann diese Tusche auch stark verdünnen, und sie erhalten eine grautönte zarte Zeichnung, die sehr gut für die Rohrfeder geeignet ist. Diese zarten Linien kann man reizvoll mit den dunklen Striche unverdünnter Tusche zu neuen Wirkungen kombinieren.

5. Ölkreide, Kohle und Fixativ

Benötigt wird weiße und schwarze *Ölkreide*.
Mit der allgemein gebräuchlichen Kohle kann man sehr gut großformatige Arbeiten herstellen; für kleine Zeichnungen ist sie dagegen häufig zu brüchig und grob. Es gibt einige Sorten von festgepreßter Kohle, mit der sich besser arbeiten läßt, aber auch für sie braucht man Fixativ. Weiße und schwarze Kreiden, Ölkreiden insbesondere, sind da eher problemlos. Sie können auch auf getöntem Papier, etwa grau, oliv oder anderen zurückhaltenden Farben angewendet werden, wobei man mit Weiß und Schwarz gleich über eine sehr reizvolle Skala von Tönen verfügt. Das Verwenden des Weiß zum Aufsetzen von Lichtern nennt man in diesem Zusammenhang »höhen«.
Eine besondere Kreide ist Rötel, die bei den alten Meistern sehr oft benutzt wurde.

6. Dicke runde Pinsel mit guter Spitze

Eine Federzeichnung zu »lavieren« (waschen) heißt, mit verdünnter Tusche, oder nur mit Wasser die Linien etwas auflösen und mit Grautönen versehen. Der dazu benötigte *Pinsel* sollte dick, rund und spitz sein; dicke Pinsel bilden eher eine richtige Spitze für feinere Striche als dünne.

7. Papier

Skizzenblöcke gibt es in verschiedenen Größen; zumindest zwei sollten Verwendung finden:
1. ein kleiner etwa im Format DIN A 5, der in fast jede Tasche paßt und Zeichnen in vielen freien Zeitschnitzeln unterwegs erlaubt;
2. einen großen DIN A 3 Block, der Ihren größeren Arbeiten dient, auf dem Sie – zum Vergleichen – denselben Gegenstand aus unterschiedlichen Gesichtspunkten erfassen können.

Sehr geeignet sind leicht rauhe Papiere, die mit einer Ringfeder gefaßt und daher gut umzuklappen sind. So braucht man nicht jedes Blatt ganz herauszulösen, sondern kann es einfach umlegen.

Zu sehr eindrucksvollen Arbeiten eignen sich außerdem die bereits angeführten Tonpapiere.

Auf einem großen Papierbogen (DIN A 1 und 2), den man probeweise an die Wand heftet, sollte man sich gleichfalls versuchen. Die unterschiedlichen Formate helfen gut, sich über die Wirkungen des Verhältnisses »Detail zum Gesamtbild« klar zu werden.

8. Wechselrahmen und Mappen

Eine feste und mindestens über DIN A 3 große *Mappe* soll die Arbeiten sorgfältig bewahren; auch als unvollendet angesehene, die erst später vielleicht wirklich erkannt und beurteilt werden können.

In einer zweiten kleineren Mappe in der Größe und Art eines Aktendeckels sollten interessante Anregungen, Zeitungsausschnitte usw. aufgehoben werden, die man noch einmal verwenden könnte. Gelegentliche Durchsicht kann ihren Wiederverwendungswert klarmachen.

In mindestens zwei bis drei *Wechselrahmen* mit einem festen Platz in der Wohnung sollen häufig Arbeiten gezeigt und ausgetauscht werden. Für schwarz-weiße Zeichnungen sind noch Passpartouts auf getöntem Papier zu empfehlen; der Anblick der Zeichnungen wird durch solch ein »Fenster« in ihrer Wirkung erhöht.

Es verändert die Einstellung zu den Arbeiten und erzeugt neue Wertvorstellungen vom Erfolg der eigenen Bemühungen, wenn man seine Produkte plötzlich so »geehrt« an der Wand wiedersieht.

Alle Zeichnungen sollten Datum und Ortsbezeichnung tragen. Werfen Sie keine Arbeit weg, wie sollten Sie sonst später kontrollieren können, ob Sie Ihre Fähigkeiten weiterentwickelt haben. Außerdem ist an jeder Arbeit mindestens eine gute Ecke, die man vielleicht später herausschneiden kann.

Lassen Sie immer einen angemessenen Rand stehen; wählen Sie Ihr geplantes Format und markieren Sie es leicht vor. Nehmen Sie lieber ein neues Blatt oder zeichnen Sie ganz verschiedene Dinge ruhig zusammen auf einen Bogen, ehe Sie kleinliche Unterteilungen vornehmen. Sparen Sie nie am Papier. Üben Sie verschiedene Handhaltungen mit den Stiften, je nach Technik, Zeichenart (Punkt, Linie, Fläche) nach Blattgröße. Fassen Sie den Stift einmal hinten an oder ganz vorne, halten Sie ihn flach oder steil, zeichnen Sie einmal im Stehen, drücken sie unterschiedlich auf.

Ziehen Sie einmal lange gerade Linien, lange kurvige, dann kurze Strichel, wechseln Sie ab. Reihen, ordnen und überlagern Sie die Linien, dicht und weit. Versuchen Sie viele Schraffuren und drehen Sie den Block, wenn Ihnen das Zeichnen dadurch leichter fällt.

Denken Sie an musikalische Rhythmen und zeichnen Sie mit dem ganzen Körper.

Probieren Sie alle Materialien erst einmal aus; kritzeln Sie einfach auf Papier herum. Kopieren Sie ungehemmt – bloß keine Krampf-Originalität. Alle berühmten Vorbilder haben kopiert, um zu lernen.

»Man kann nicht immer nur von Einfällen leben. Ein solches Leben wäre zu billig gelebt.« Derain. Darum lassen Sie sich Zeit und Ruhe; das Schreiben haben Sie auch nicht an einem Tage erlernt.

Schlußsatz

Lassen Sie sich nicht von Kritik einschüchtern; deren Absichten sind nicht immer lauter. Gegen solche Personen hilft vielleicht der Satz: »Kritiker sind wie Eunuchen; sie wissen wie es gemacht wird« (Bronowski).

B. Optische Täuschung

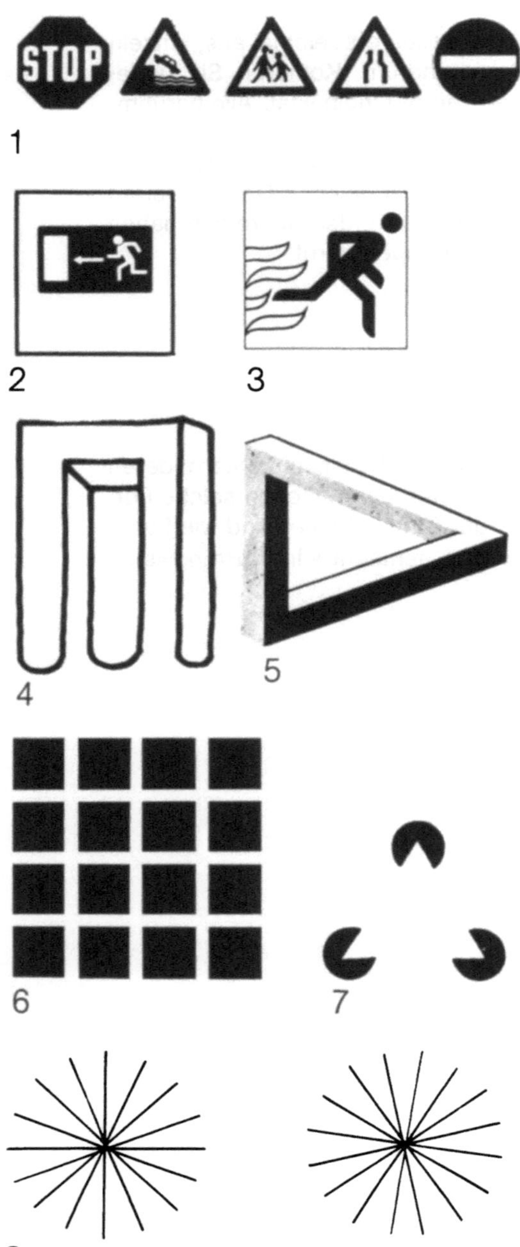

Nicht alle Bilder, Zeichnungen, Zeichen usw. sind einleuchtend und »selbst«verständlich. Den Kreis derer zu erweitern, deren Bemühen dahin zielt sich in Bildern verständlich zu machen ist eine Aufgabe dieses Buches.

Eindeutig erkennbar sind z. B. Verkehrszeichen. Sie haben z. Zt. noch Worte wie »STOP« obwohl diese zur Erklärung fast überflüssig sind. Wir verstehen diese Schilder für »Einfahrt verboten« oder »Straßenverengung« ohne zusätzliche Erklärung, obwohl sie aus abstrakten Formen bestehen; wir verstehen die Hinweise auf die kreuzenden Kinder oder den unbefestigten Hafenquai ohne Wortzusatz (Abb. 1).

Kompliziertere Hinweisschilder (Piktogramm) für Sportarten oder, wie die Abbildungen 2 und 3 zeigen für »Notausgang«, können allerdings schon von sehr unterschiedlicher Qualität sein. Ist das rechte Zeichen durch die Flammen leicht verständlich, ganz abgesehen von der überzeugenden Gestaltung der Figur, so weiß man bei dem linken nicht recht wo es hin führt, vielleicht auf irgendwelche Örtchen. Zu derartigen Vermutungen veranlaßt die etwas jämmerliche Figur, die den Pfeil zu haschen scheint.

In Abb. 4 und 5 zeigen beide Figuren Täuschungen, weil ihre Konstruktionen nur auf dem Papier und nicht als Körper möglich sind. Man braucht nur jeweils einen Teil zuzuhalten und die mögliche Grundform wird leicht erkennbar.

In den Abb. 6 und 7 entsteht vor unseren Augen etwas, was nicht vorhanden ist. In Abb. 6, der Hermann'schen Kontrasttäuschung, erscheinen bei genauem Hinsehen an den Kreuzungen der weißen Straßen Verdunklungen die in Wirklichkeit nicht vorhanden sind. In Abb. 7 sehen wir ein Dreieck, das nicht gezeichnet ist. Es ist das Prinzip der geschlossenen Form: eine Figur kann aus wenigen Anhaltspunkten entstehen, das Auge vollendet sie.

Die Abb. 8 zeigt zwei verschieden wirkende Sterne. Der linke hat klar erkennbare senkrechte und waagerechte und erscheint stabil; er hat Halt und Ordnung u. kommt unserem Hang zur Geometriesierung entgegen.

Der rechte Stern ist etwas verkantet – ihm fehlt diese stabile Ordnung, deren wir bedürfen. Er hat daher für uns die Tendenz sich zu drehen. Es entsteht der irritierende Eindruck von Bewegung, ähnlich dem der Radspeichen einer fahrenden Kutsche. Die unterste Abb. Nr. 9 hat zwar ordnende Senkrechte und Waagerechte, jedoch vermittelt sie ständig wechselnde Plastizität, die durch die verschiedenen Größen der Felder entsteht.

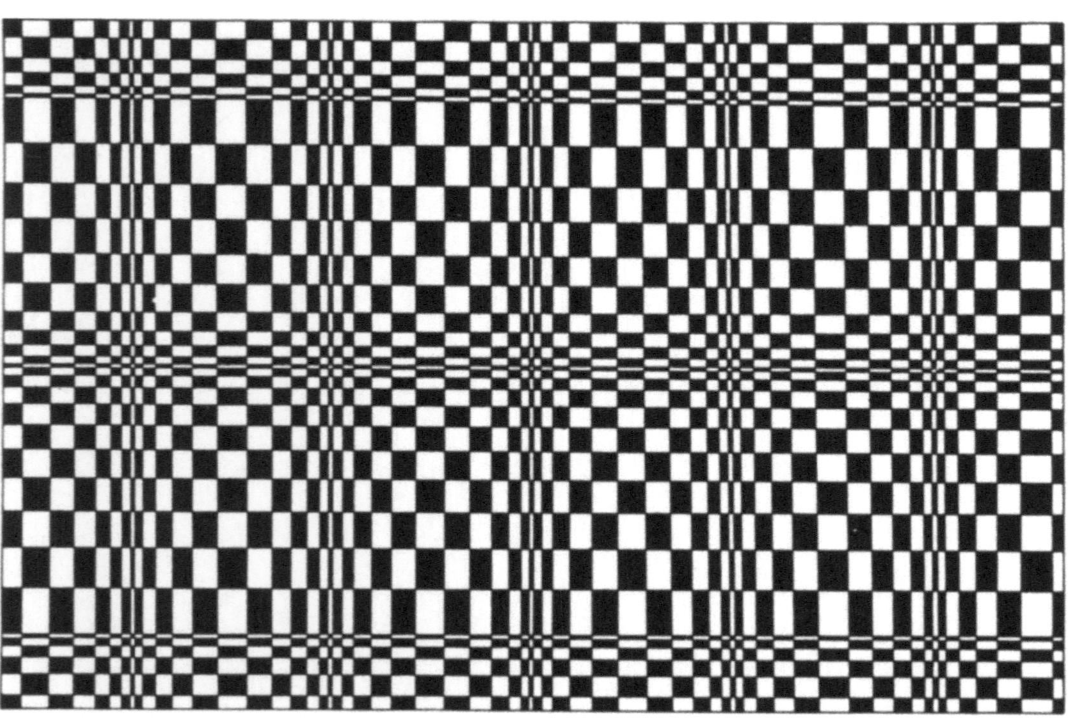

9 Abb. 3 Piktogramm von Aich, dem Schöpfer der Sportbilder der Olympischen Spiele (1974). Abb. 9 »Schachbrett«, Tusche u. Feder, 1976,

C. Punkt – Linie – Fläche – Hell-Dunkel

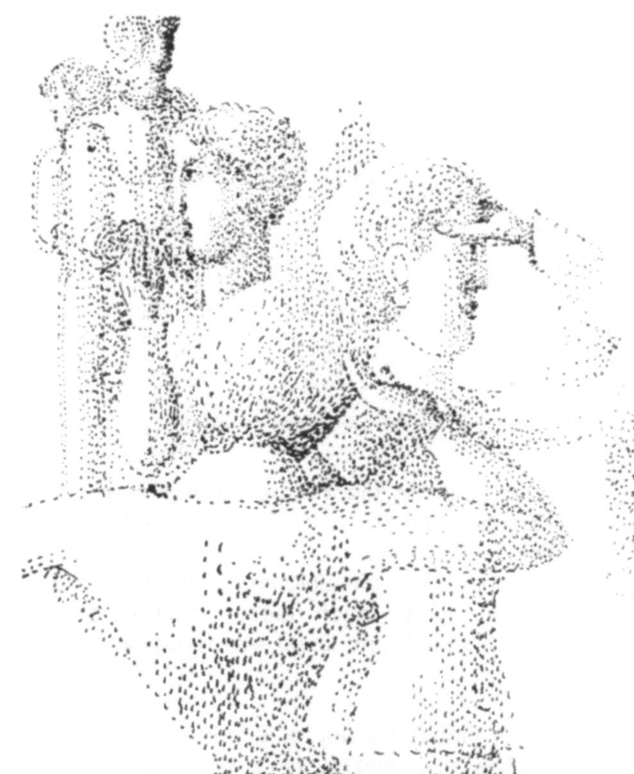

Sie sind die elementaren Grundlagenmittel aus denen sich alle zeichnerischen Gebilde, Figurationen und Strukturen zusammensetzen, auf die sie sich zurückführen lassen.

Der geometrische Punkt ist ein gedachter Punkt – in der Schrift ist er ein Abschluß – er kann Zelle, Samen, Sand oder Schaum sein. Viele Punkte verdichten sich zur Fläche oder zum Hell-Dunkel – er steht isoliert, in Reihen oder als Mittel der Flächenmusterung bis zum Raster (Sieb). Er kann zu Gruppen versammelt, weit gestreut oder spannungsreich verdichtet sein, er eignet sich zum Modellieren mit feinen Übergängen. Der Punkt ist der Ausgangspunkt der Linie. Aus den drei Zeichnungen ist jedoch leicht zu ersehen, daß er nicht nur auf einen Startschuß wartet um Linie werden zu können.

Die Abbildungen zeigen von oben in den »Puppen pointilliert« von Oskar Schlemmer (1930, Staatl. Kunstsammlungen Ludwigshafen), eine leichte Reihung der Punkte, in gerader oder gebogener Linie mit denen die Figuren modelliert werden. In der »Kugel«-Zeichnung wird eine plastische Hell-Dunkel-Darstellung mit Hilfe von Punkten erzielt.

Abb. Nr. 3 ist der »Schweinemarkt von *Pontoise*«, von Camille Pissarro. Das ganze Blatt besteht nur aus Punkten und kurzen Strichen, ganz im Sinne der Stilbezeichnung »Pointillismus«, – aus der Addition von Punkten ergeben sich Formen, Figuren und eine ganze Marktszene.

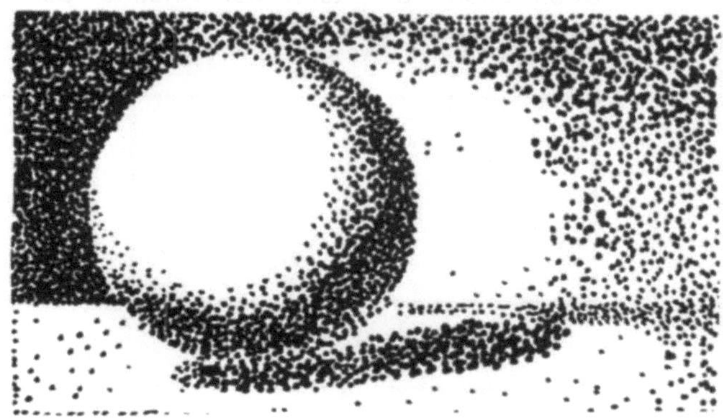

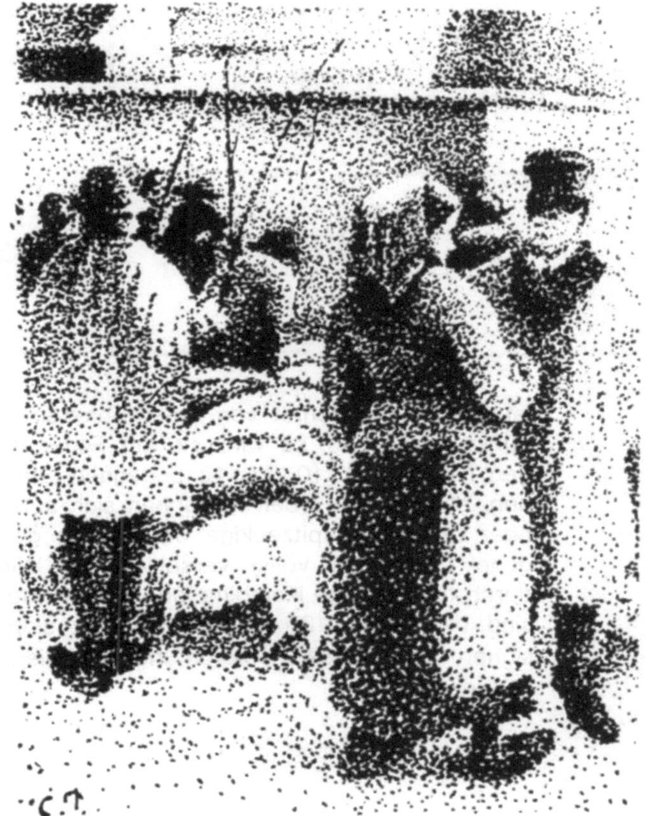

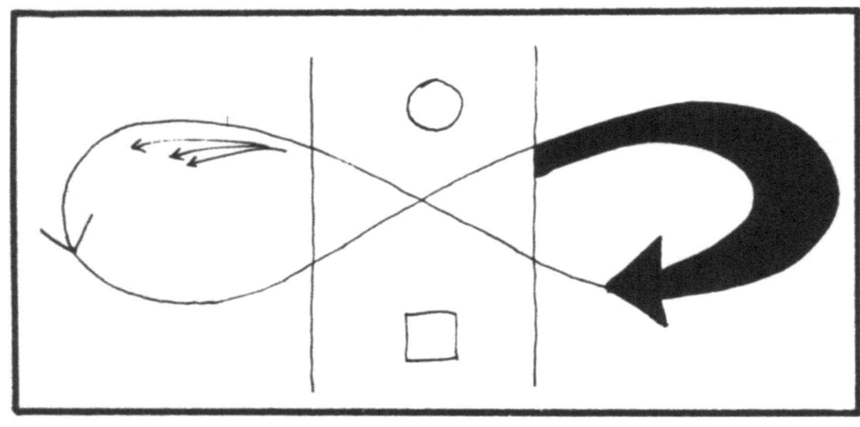

Die Linie ist die Fortbewegung eines Punktes. Der Zeichner setzt ihn in Bewegung und erfindet die Linie.

Dennoch hat die Zeichnung nicht allein die Linie als Mittel, wenn auch diese vorzuherrschen scheint: zeichnerisch und linear werden gleichgesetzt.

G. R. Hocke behauptet in seinem Buch über die Labyrinthe, eine einzige Linie sei imstande, das Bild der besten Labyrinthe zu bilden.

Doch auch der Faden der Ariadne, der Theseus heraushalf, war eine Linie.

Klee hat weiterhin Darstellungen der Linie entwickelt, die sich in vielen Formen und Beziehungen zueinander zeigt.

Angefangen mit dem einfachen Schwung (Nr. 1), kann sie durch eine kurzphasige, gleichartig geschwungene Linie bestätigend umspielt werden (Nr. 2). Plastizität, fast wie aufbrechende Felder oder hochgebogene Papierausschnitte erhält sie durch anstoßende Schraffuren (Nr. 3). Ist sie selbst geringelt scheint sie zu verniedlichen (Nr. 4). Überschneiden sich derartige gleich großphasige Kurven so entstehen Flächen dazwischen, Flächen, die man geneigt ist voll zu malen (Nr. 5).

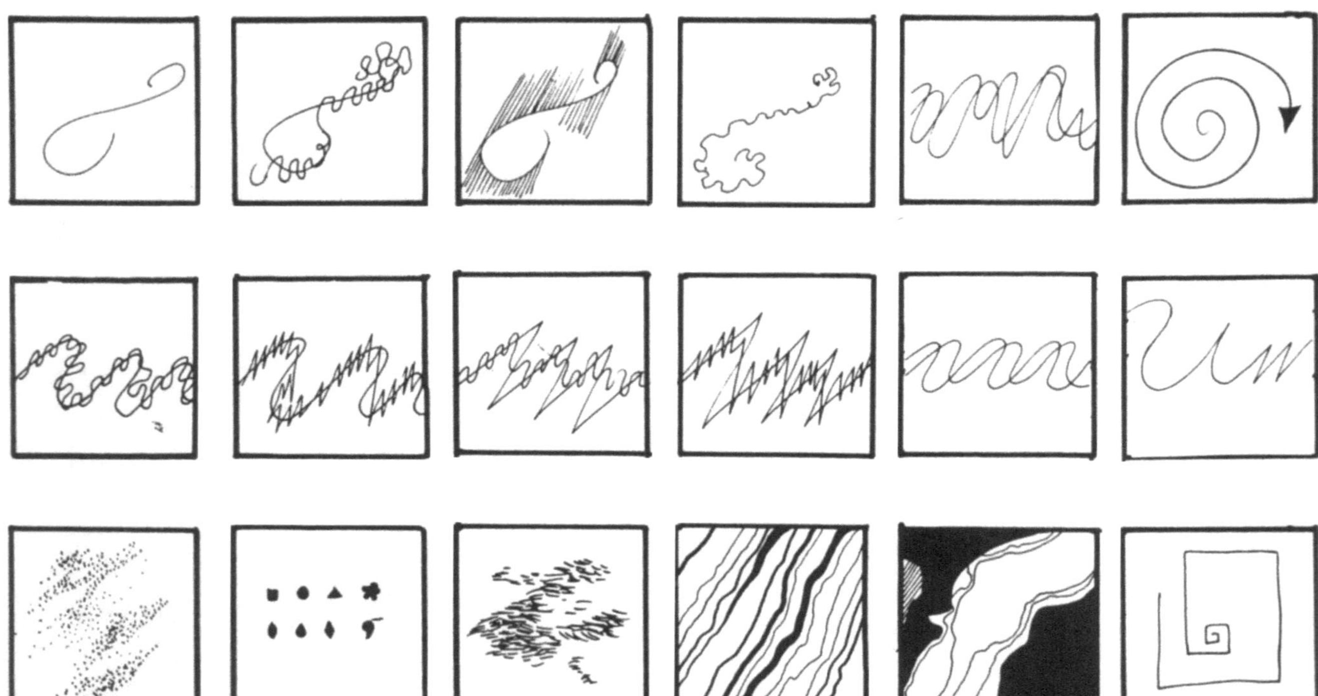

Ist die Linie gerichtet von einem inneren Anfangspunkt ausgehend, so wird sie zur Feder (Nr. 6). In den Nr. 7, 8, 9, 10, 11, 12 begegnen, überschneiden, stützen sich oder versuchen sich aufzuheben, oder entstehen spitzeckige oder wellig geschwungene Linien mit völlig verschiedenen Wirkungen durch die jeweilige Kombination. In der dritten Reihe sind die Felder 13, 14 und 15 noch einmal Versionen des Punktes – Verdichtung, verschiedenartige

Form und in einer kurz gestrichelten Art. – Feld 16 zeigt den Reiz verschieden starker Linien nebeneinander, Nr. 17 die Wirkung einer den Rand einer Fläche begleitenden Linie. Nr. 18, meanderähnlich, zeigt die Spannung die eine derartig geometrisierte Linie enthalten kann, bei der eine Wechselwirkung zwischen Fläche und Linie entsteht (Abb. 1–5 nach Klee; Abb. 6–18 Spies).

Die Linie hat viele Verwendungsarten:

- als Flächenbegrenzung, Kontur, Grenzlinie
- Binnenkontur, Darstellung der Gliederung und der Teile
- als Oberflächenstrukturierung
- als Muster, Raster, Ornament, als Dekor
- als Tastlinie zur Reliefdarstellung
- überschneidend, parallel, kurz
- lang, dick, dünn, spitz, eckig
- rund, weich, gebogen, gerade
- groß – klein – gemischt
- dicht – weit – diagonal
- außen – innen
- systematisch – aleatorisch
- struktural – linear
- hell – dunkel
- linear – flächig
- räumlich – flächig
- plastisch – flächig
- stofflich
- eckig – rund
- weich – hart
- spitz – weich
- beleuchtet
- fließend – fest – schwebend
- bewegt
- Netz-gewebeartig, mauerartig
- durchlaufend (Labyrinth)
- beidhändig gezeichnet
- Linearrhythmus in der Schrift
- gereiht – ungereiht
- Abstand – Berührung – Kreuzung
- linear – malerisch
- dynamische Linie des Vogelfluges
- Zeichnung mit durchlaufender Linie
- senkrecht – waagerecht
- Schraffuren
- Kurven
- wechselnder Abstand
- Form schließen
- Form aufbrechen
- Form einschließen
- Form reihen
- Form türmen
- gestrichelte Linie
- strahlenförmig
- an- und abschwellende Linie
- Parallellinien und gekreuzte
- steigend – fallend
- stehend – liegend
- auf Fläche, im Raum und am Körper
- Raster, zu mehreren gebündelt,
- Raster und Streuung – sind Grenzbereiche zwischen Form und Bewegung (Im Kontrast von Chaos und Geometrie liegt die Freiheit)
- System der unendlichen Fläche
- Flächennetz ohne hervortretende Einzelheiten Linien sind
- Grundvorgänge nach Bewegungs- oder Veränderungsideen
- Erweiterung – Verengung/Verdichtung – Auflockerung
- Vergrößerung – Verkleinerung/Anschwellen – Einengen
- Ornament, ein strategisches Mittel, die Welt der Erscheinungen zu strukturieren« (Claude Lèvi-Straus).
- Künstler und Mathematiker des Islam waren im geometrischen Ornament eins geworden.

Habe ich auf der ersten Seite bei der Betrachtung der Radierung von Picasso auf die wundervoll leichte und spielerische Zeichenart hingewiesen – Handschrift des Zeichners – so möchte ich hier durch die Auswahl von Strich- und Zeichenarten noch einmal darauf hinweisen, welche große Bedeutung die Übung dabei hat. Übung meint hier nicht die genaue Betrachtung des Gegenstandes, sondern überhaupt zu üben, den »Griffel zu halten«. Das meinte Michelangelo, wenn er zu seinem Schüler sagte: »Zeichne, Antonio, zeichne, zeichne, zeichne!«

Naheliegend ist die Annahme, das Schreibenlernen hätte uns ein für alle Mal gelehrt, den Griffel zu halten. Das ist falsch; eher haben wir uns eine Strichart, immer von links nach rechts gerichtet, kurzphasig, in geringem Abstand unterbrochen, in kleinem Auf- und Ab-Rhythmus angewöhnt; einem scripturalen Automatismus, den wir verlernen sollten, um das Zeichnen erlernen zu können.

Versuchen Sie daher einmal Linien kreuz und quer, geschwungen oder gerade über ein größeres Blatt zu ziehen; in einem Strich ohne Unterbrechung. Es ist schwierig, und derjenige, der das Zeichnen erlernen möchte, glaubt nicht an diese Spiele. Es ist für jeden, der das Zeichnen lehrt, das schwierigste Kapitel seiner Versuche. Eher kann man alle Tricks und Hilfsmittel – manche eigentlich schon unerlaubt vereinfachend – vermitteln – eher erlernt der »Schüler« komplizierte Figuren und Techniken, eh daß er diesen »banalen« Forderungen nach Strichübungen willig nachkommt. Dabei haben alle mindestens ebenso mühselig das Schreiben erlernt. So wie keiner je dieses Schreiben von Anfang an beherrschte – so wie er die Rundungen des a und das Auf-und-Ab des n und m, den Schwung des S üben mußte – so sollte er üben, Linien in allen Richtungen, Längen und Bewegungen über das Blatt zu ziehen.

Wir alle haben Stunden, Tage, Wochen, Monate und Jahre in der Schule geübt – mit und ohne Lust in jener Zeit, in der der »Ernst des Lebens« begann. So sollten die Leser dieses Buches, das nur die Funktion jenes ersten Lehrers – für manche die einer Hebamme – oder nur die jenes Mannes, der beim Eisschießen vor der rutschenden Kugel das Eis fegt – haben soll, es hinterher weglegen und alles anders machen. Wichtig und bleibend sollte eine freie, unbekümmerte »Zeichenhandschrift« sein.

Feld (1) zeigt noch jenes unbeholfene Stricheln, dieses Nähmaschinenspiel – was bewußt, nicht aus Hemmung, einer Zeichnung einen guten Ausdruck verleihen kann. Wichtig ist jedoch bei allen Versuchen: Hören Sie nie mit einer Linie vor dem eigentlichen Schlußpunkt auf (z. B. Tischecke), sondern zeichnen Sie lieber darüber hinaus und laß sie sich mit der anderen Kante überschneiden. Die unterbrochene Linie Nr. 2, die gekräuselte Linie Nr. 3, in der Stärke an- und abschwellend, Nr. 4, stark und sanft wellig, Nr. 5 und 6, peitschenartig geschwungen Nr. 7, landschaftsartige – Ufer, Bäume, Berge, Küsten – können bei verschieden parallelen eckigen oder runden Linien assoziiert werden, Nr. 8–12 – in waagerechten Linien wirken Winkel für eine Erhebung Nr. 13. Holzstruktur Nr. 14, Fischgrätenmuster Nr. 15, gerichtete Schraffuren Nr. 16, fächerartige Nr. 17 oder ein Labyrinth Nr. 18 entstehen alle aus Linien. In Feld Nr. 19 werden senkrechte Striche zusammengedrückt, in Nr. 20 gebündelt, unregelmäßig gereiht Nr. 21, in der

Dichte sich auflösend Nr. 22, rhythmisch verdichtet Nr. 23 gleichmäßig gereiht Nr. 24. In den folgenden Reihen von Feld Nr. 25–36 wird versucht verschiedene Arten von gekreuzten Linien darzustellen, vom Spinnennetz, über plastische Flächigkeit bis zu geometrischen Aufteilungen. Nr. 37 und Nr. 38 zeigen Kombinationen von Rechtecken in der Fläche, Nr. 39 hintereinander gestaffelt. Nr. 40, 41, 42 sind Zusammenstellungen von gleichmäßigen Formen wie Straßenpflaster, Ziegelmauerwerk und Bienenwaben. In der untersten Reihe von Nr. 43–48 wird versucht ähnliches mit kreisförmigen Linien, Assoziationen von Würfel, Sonnenaufgang bis Steinhaufen, regel- oder unregelmäßig zu zeigen.

Linien können dynamisch diagonal aufsteigen, Blitz oder Sägeblatt sein, weiche Fülle und schwellende Muskeln zeigen. Sie geben Ruhe und Halt als Waagerechte, die »Standlinie« der Kinderzeichnung. Sie ist Ausrufezeichen als Senkrechte, Autorität, und weist nach oben.

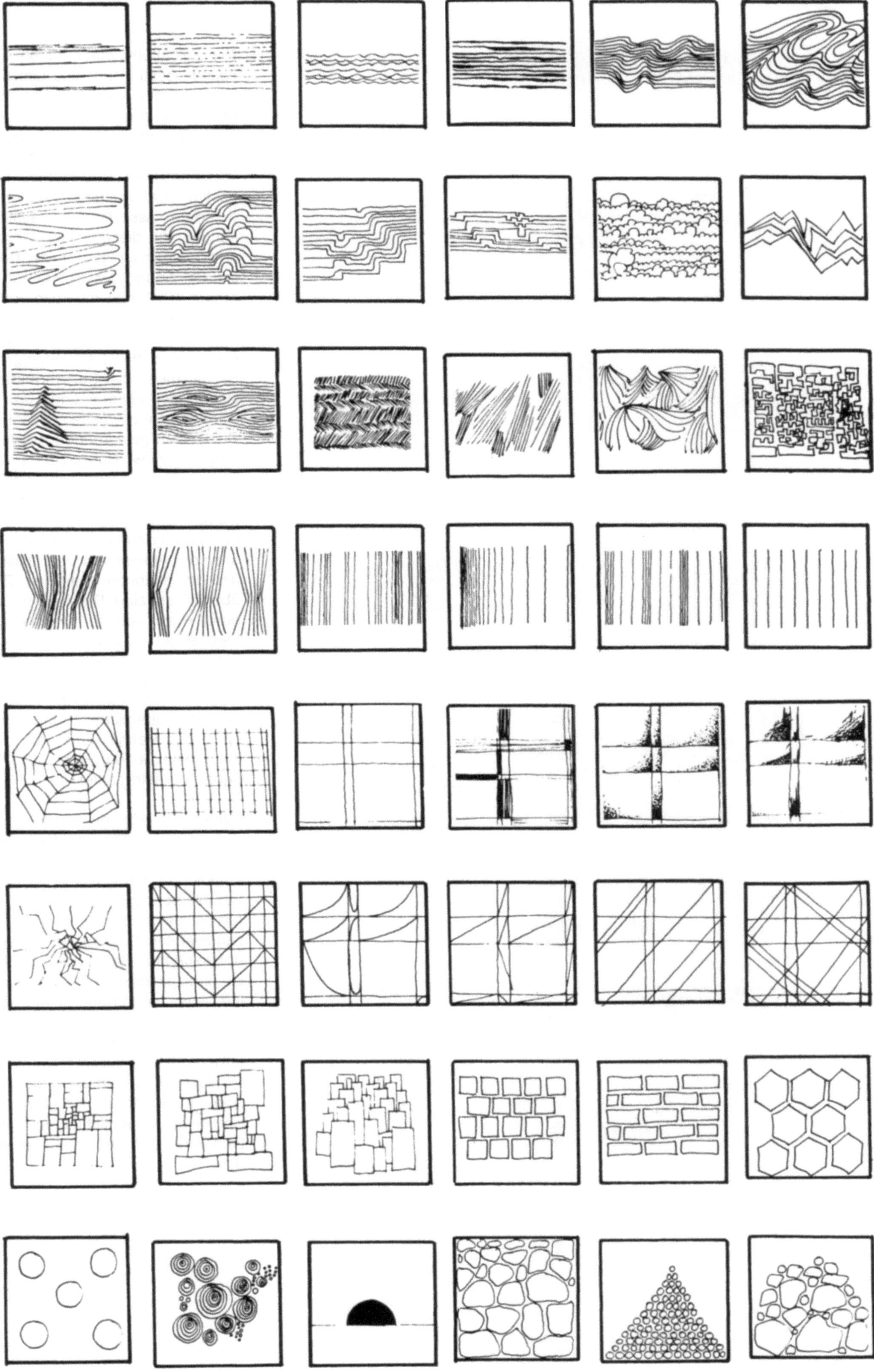

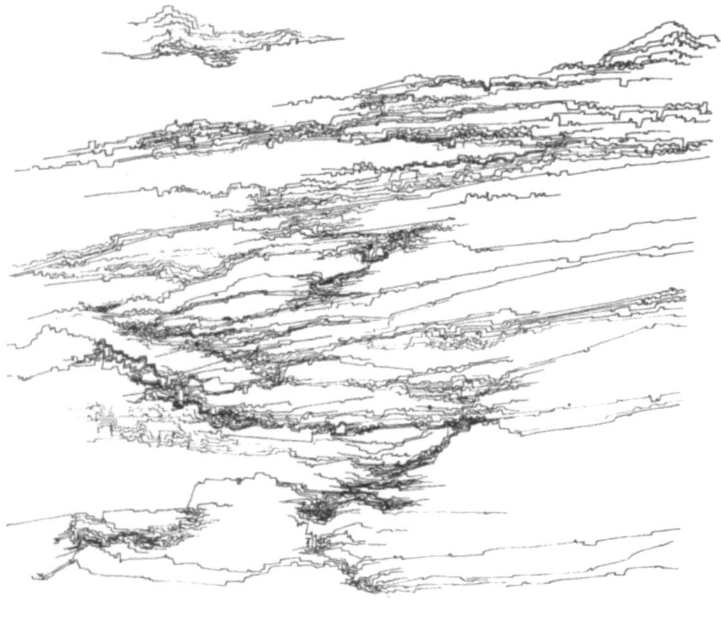

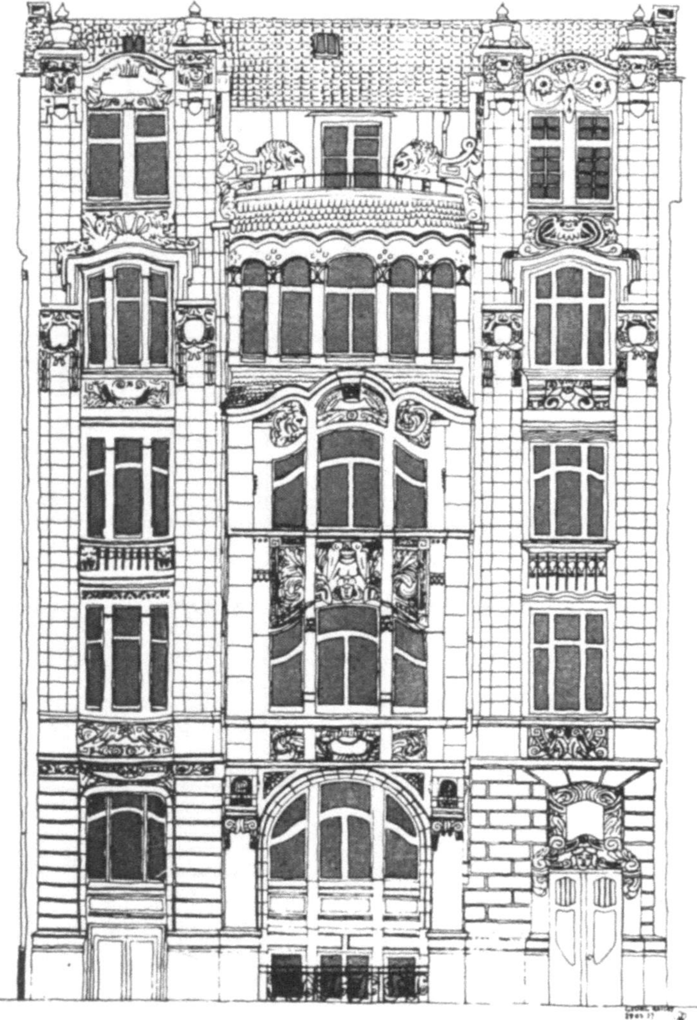

Die Zeichnung einer »alten Landschaft« besteht nur aus Linien, die sich nähern und auseinanderlaufen, rechteckig abgewinkelt sind – etwa wie bröckelnde Gesteinsschichten oder eine kubische, würflige Architektur des Mittelmeerraumes. Linien bestimmter Form und Folge können derartige Assoziationen auslösen, können zu diesem Zweck eingesetzt werden (J. Spies, Ibiza, 1960).

Die Zeichnung des Kölner Hauses, erbaut 1907, gibt die Fülle von Ornamenten und Strukturen wieder, die dem Zeitgeschmack entsprachen, sei es die verschieden großen Steinformen, die Stuckornamente, Dachziegel, Fenster und Türen. Es wäre falsch all diesen, uns heute wieder lieb gewordenen Ausgestaltungen eines Hauses aus jener Zeit großen kunsthistorischen Wert beizumessen; der Gestaltreichtum jedoch verzaubert uns, uns, die wir der Formenarmut unter dem Zeichen der Abkehr von Überflüssigem und sogenannten falschen Zierat überdrüssig sind. Die lineare Zeichnung – als Vorlage für eine neue Farbgestaltung erarbeitet – gibt viel von der erhaltenswerten Form auf überzeugend einfache Weise wieder, abwechslungsreich, trotz der Fülle klar übersichtlich und eindeutig (Georg Rattay, stud. arch. 1977, Haus Weissenburg-Str. 40, Köln. Feder + Rasterpapier).

Ornamente können in vielen Formen auftreten. Sie sind der Versuch mit Hilfe geometrischer Grundkonstruktionen durch Wiederholung etwas bleibend gültiges »aus der Vielfalt der natürlichen Formen herauszugestalten«. So Abb. Nr. 1 (gegenüberliegende Seite). Die Abb. Nr. 6 ist eine spielerische Zusammenstellung verschieden großer mit figürlicher Darstellung vielfältig verbundener, teils heiter-naiv vereinfachter, teils großzügig zusammengefaßter, Ornamente, die ein sehr gutes Beispiel für die zahlreichen Einzel- und Kombinationsmöglichkeiten sind. Es handelt sich um ein Gewerbepapier.

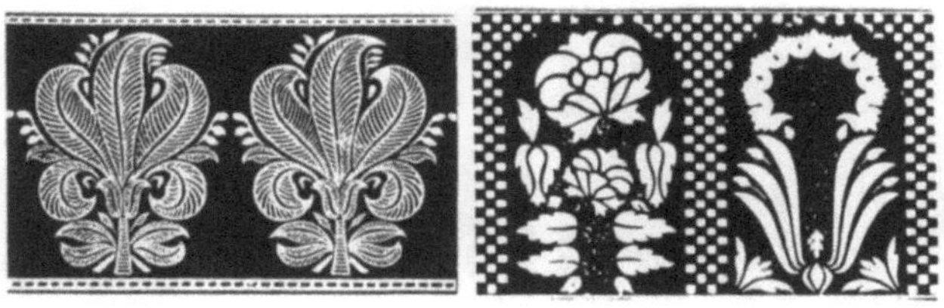

1

2

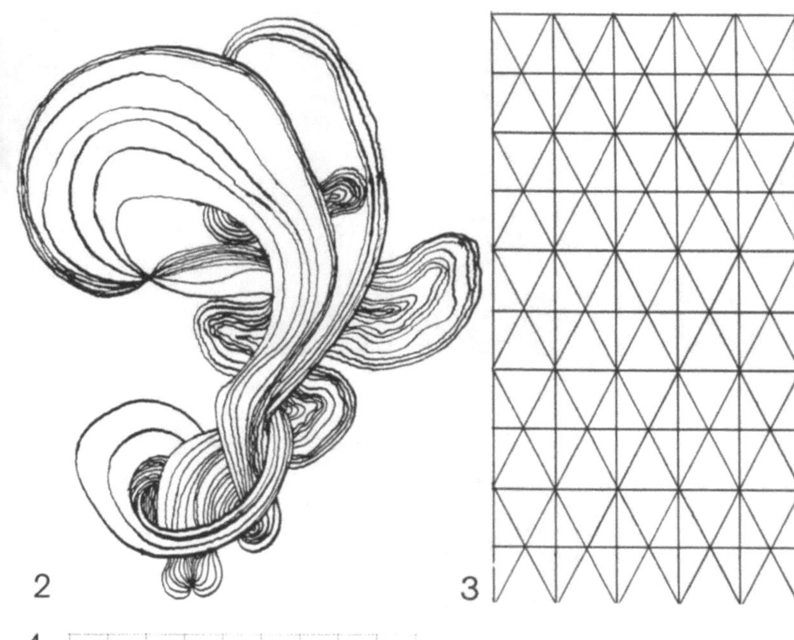

3

Linien von Bändern und langen Haaren überschneiden sich, legen sich in Wellen und Kringel, ordnen sich in Spiralen und Kreisen, gar-
nieren sich mit Blumen und Obst, Spitzen und
gerafften Stoff von alten üppigen Kleidern und
Hüten – das alles in wechselnden Flächen, Größen und Richtungen – mal richtig, mal auf dem
Kopf stehend, mal dicht, mal mit großzügigem
Platz angeordnet. Räumlich wirkende Überschneidungen der Figuren und Zutaten erhöhen
den lebendigen Reiz (Abb. 2). Linienüberschnei-
dungen, vielfältig verschlungen, oder eckig sich
schneidend erzeugen in Anordnung und Aufbau
z. B. einen gotischen Dom (Abb. 5).
Abb. Nr. 3 zeigt ein Raster, eine geometrische
Linienordnung, die keinen eigentlichen Anfang
hat und auch beliebig fortsetzbar ist. Erscheint
es uns einerseits als ein leichtes Ordnungsprin-
zip – Gliederung ohne Betonung von Einzeltei-
len oder Bewegungen – so wirkt seine unendliche Fortsetzbarkeit leicht langweilig, mag das
Raster auch in sich abwechslungsreich sein. Es
sollte in einer Zeichnung immer Hintergrund
bleiben, so wie bei Steinberg Notenpapier oder
etwa Millimeterpapier (Abb. 4. J. Spies).

4

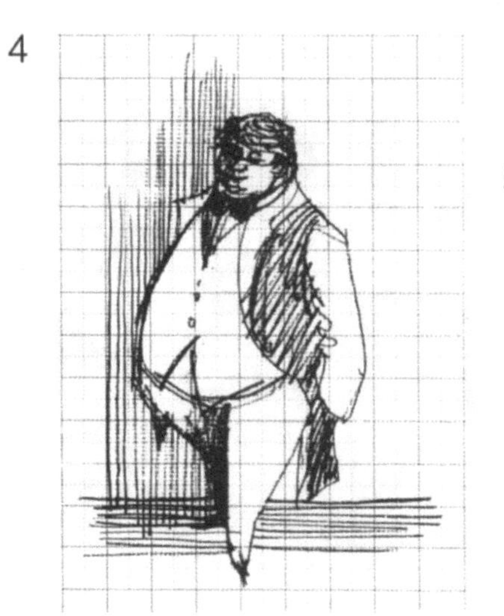

5

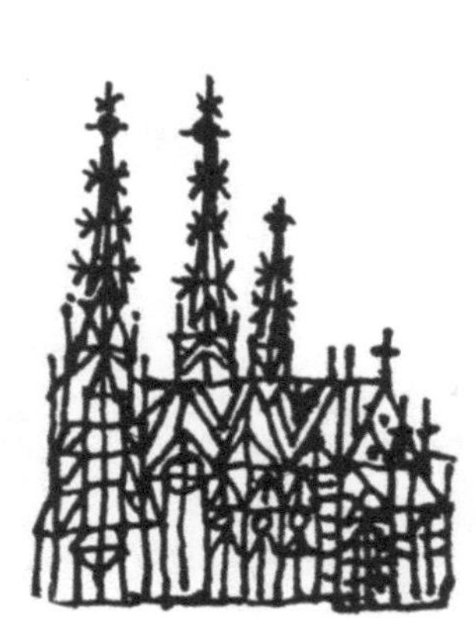

6

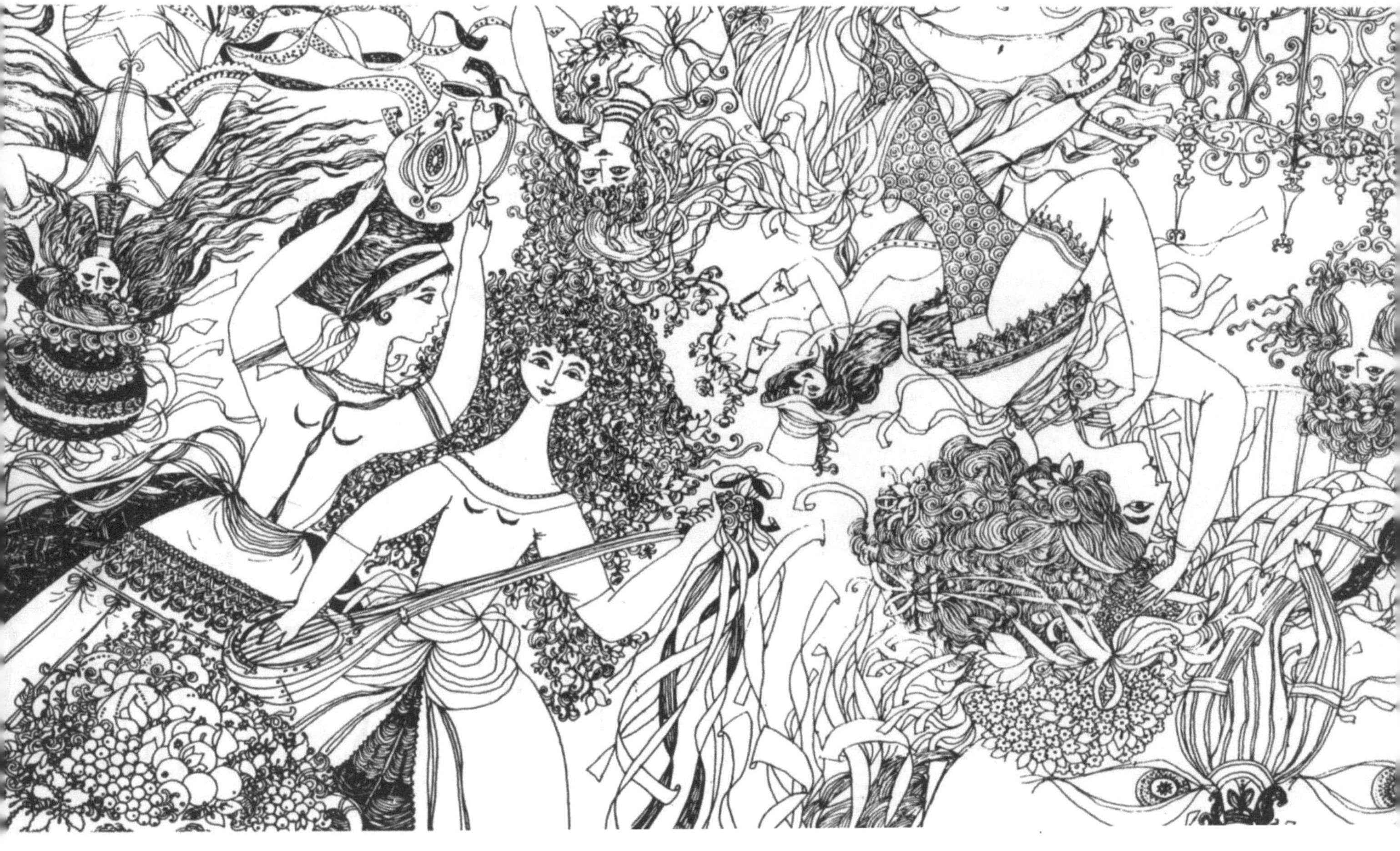

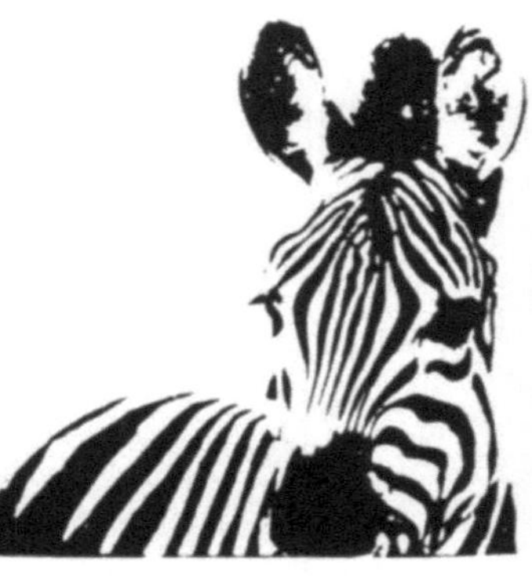

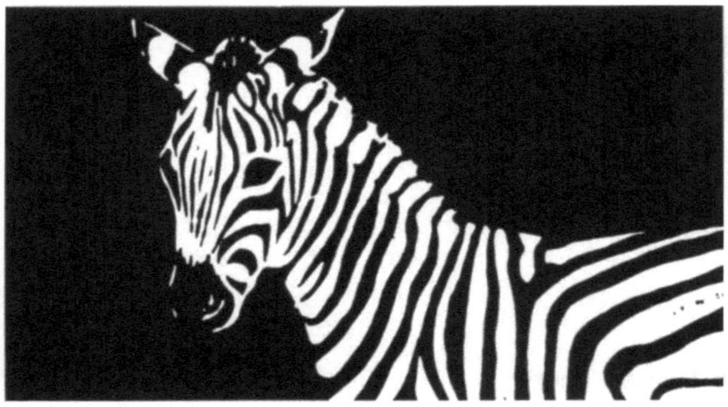

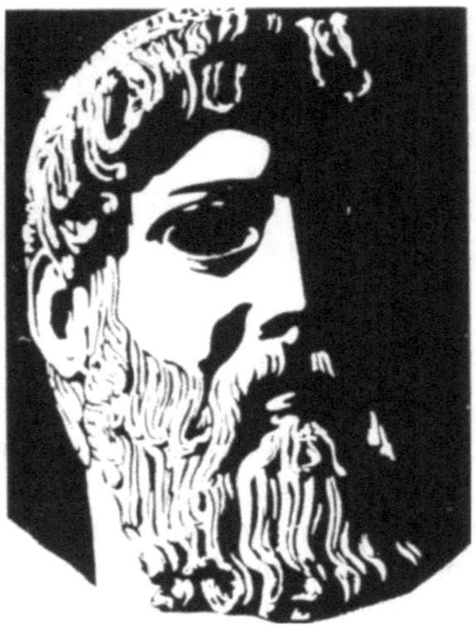

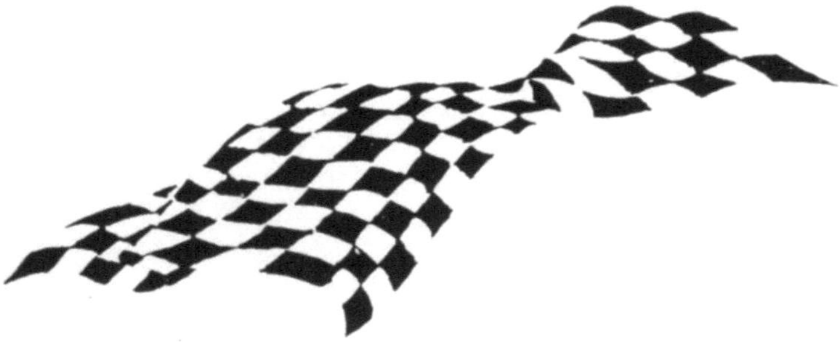

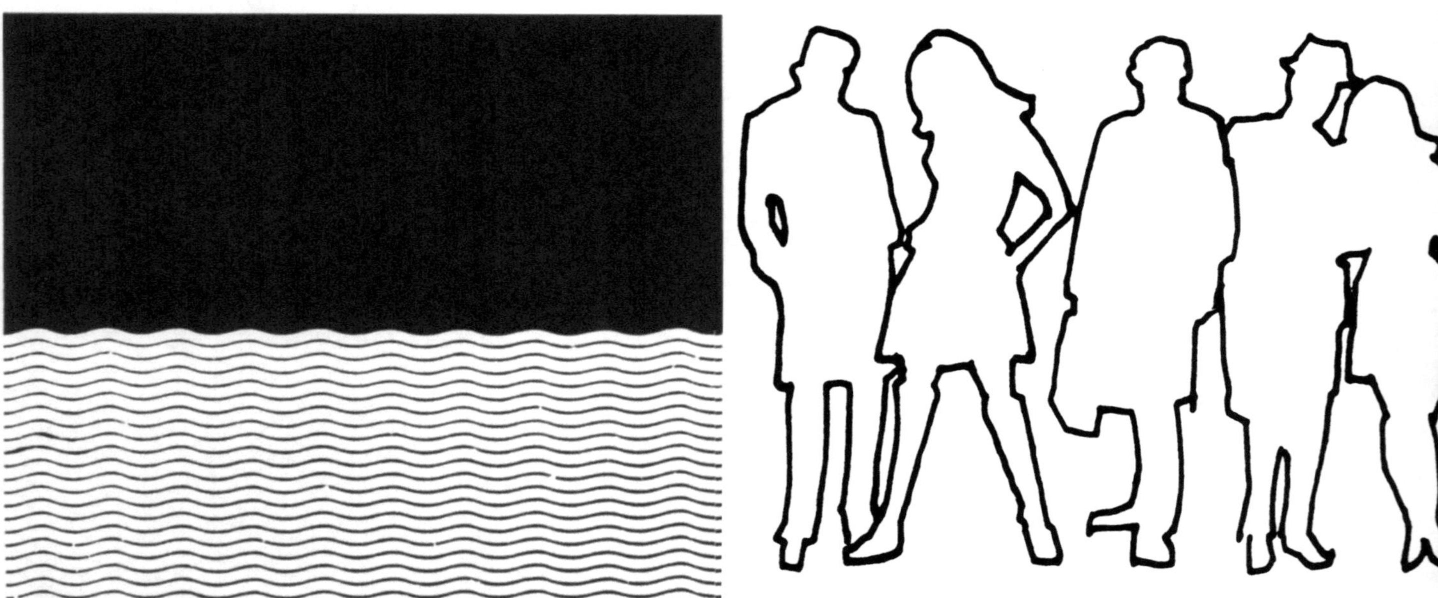

Flächen können sehr verschiedene Formen haben, geometrische, Klecks-, Fleck-, freie Form. Sie werden nach dem Modell von Paul Klee von einer Randlinie, einer Kontur begleitet, die aber als Linie gar nicht gesehen werden kann, also linienpassiv ist. Eine Fläche entsteht, wenn sich ein bestimmter Ton (z. B. Schwarz, Weiß, Grau oder eine Farbe) ausbreitet und sich in seiner Abgrenzung festlegt und dadurch Formcharakter gewinnt. Sie kann eben sein oder gewölbt, bzw. einen gewölbten Körper eben oder gewölbt darstellen.

Die Zebras auf hellem oder dunklem Grund sind durch flächige Streifen in ihren Körperwölbungen markiert, so wie auch die Rennbahnfahne, ohne jede Randlinie: sie entstehen aus den Flächen. Das bärtige Porträt erhält eine vergleichbare Plastizität nicht aus den eigentlichen Flächen, sondern aus den linienhaft wirkenden Bartkrausen.

In den Pfeilen und dem »Spielfeld« (1977 Tusche und Feder stud. arch. K. Klemmer) geraten Flächen in Bewegung und werden reizvoll verbunden. Die Wellenstruktur und die Fläche darüber zeigen sogleich nicht nur wie interessant sich Fläche und Linie gegenüberstehen können, sondern verraten auch gleich etwas über inhaltliche Wirkungen wie etwa See und Himmel.

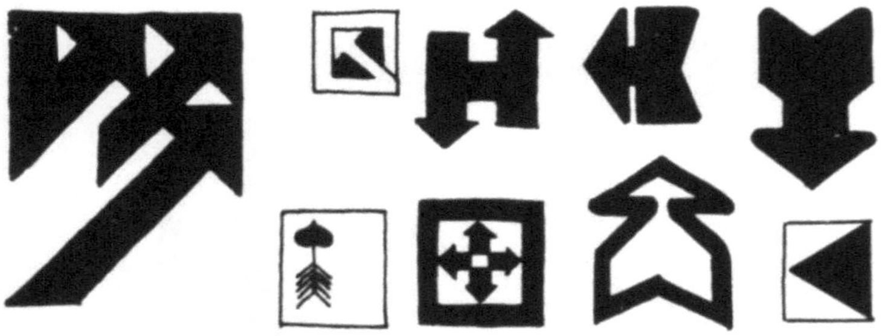

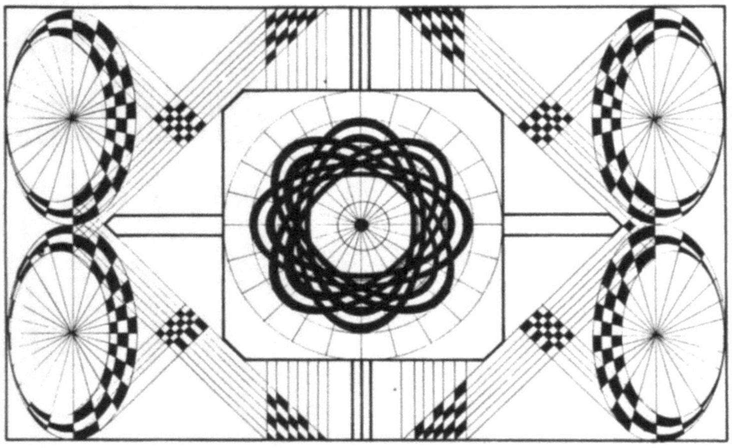

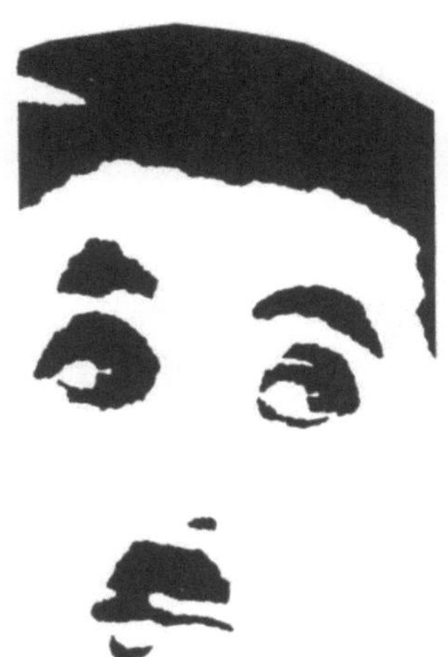

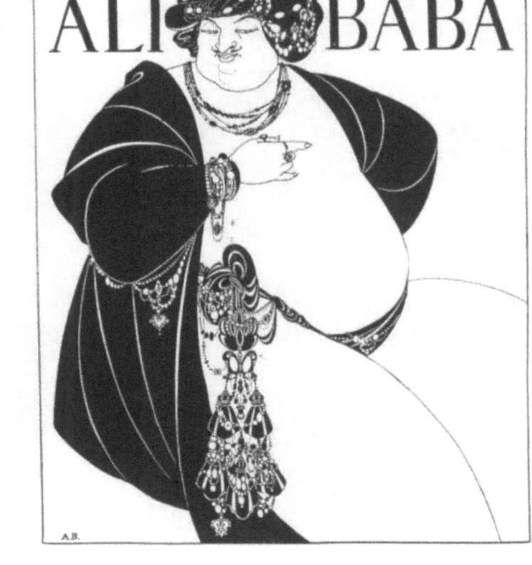

ALI BABA. 1897

Für eine geplante ausgabe von The Forty Thieves. Ein weiteres beispiel für Beardsleys fähigkeit. glanz zu verbreiten. wie auf manchen Volponezeichnungen, DIE WAGNERIANER oder DER GEHEIMNISVOLLE ROSENGARTEN.

ALI BABA, 1897

For a projected edition of The Forty Thieves. Another example of Beardsley's skill in suggesting brightness, as in some Volpone drawings, THE WAGNERITES, or THE MYSTERIOUS ROSE GARDEN.

Charly Chaplin dagegen ist ganz Ebene, auch schattige Augenhöhlen, lassen keine Plastizität aufkommen, alles ist ganz eben; flächig betont das Wesentlichste.

Die Figurengruppe entsteht aus einer flächenumschreibenden Linie, der Konturlinie, die nichts Inneres festlegt, unserer Vorstellung alles offen hält. »Ali Baba«, eine Zeichnung Aubrey Beardsley's, läßt gegenseitig dunkle und helle Flächen umranden und hat zusätzlich feine formbeschreibende Linien, die zusammen derart geordnet sind, daß der Körper (Bauch) plastisch wird. Das ornamentale Gürtelgehänge dagegen ist ganz flächig und berücksichtigt die Form des Oberschenkels, über den es herunterfällt, gar nicht.

Das Abbild Goethes und des jungen von Stein für Lavater (1775) ist ein sogenanntes Schattenriß-Profil der Flächenform. Die Hand mit dem ausgestreckten Zeigefinger kommt nicht etwa aus dem Brustbein Goethes heraus, sondern wir wissen, daß sie an einem ganzen Arm sitzt. Unser Wissen läßt unser Auge hier sich einen unsichtbaren Arm vorstellen. Schwarz-Weiß-Bilder zu erkennen ist nicht angeboren sondern eine Kulturgewohnheit, die wir von klein an üben. Die Legende behauptet, mit den Schatten sei die Malerei begonnen. Er sei erstmals entstanden, als ein Mädchen in Korinth den beim Abschied den auf einer Wand gesehenen Profilschatten seines Geliebten umriß.

Die berühmte klassische Reklamefigur der Firma Henkell zeigt vortrefflich die flächige Aufteilung eines Gesichtes entsprechend der Beleuchtung, bei der unser Auge Fehlendes ohne Schwierigkeiten ergänzt. Das Kinn ginge scheinbar flächig in Hals und Fliege über, wenn nicht die Markierung der rechten Kinnlade wäre. Wir wissen, bestimmte Beleuchtungen lassen einen dunklen Schattenstreifen auf dem Nasenrücken entstehen, so daß es nicht etwa die Kriegsbemalung eines Irokesen darstellt.

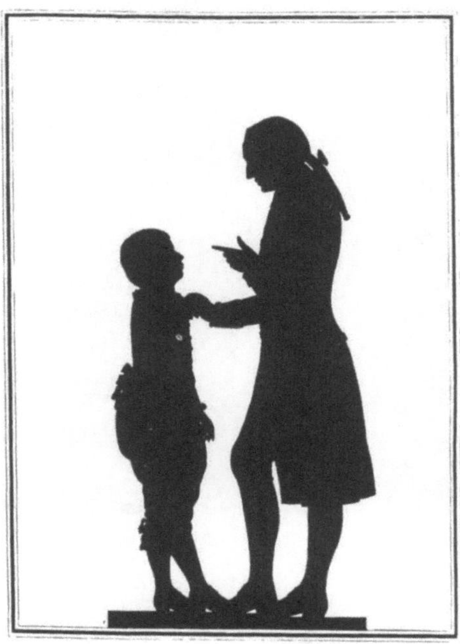

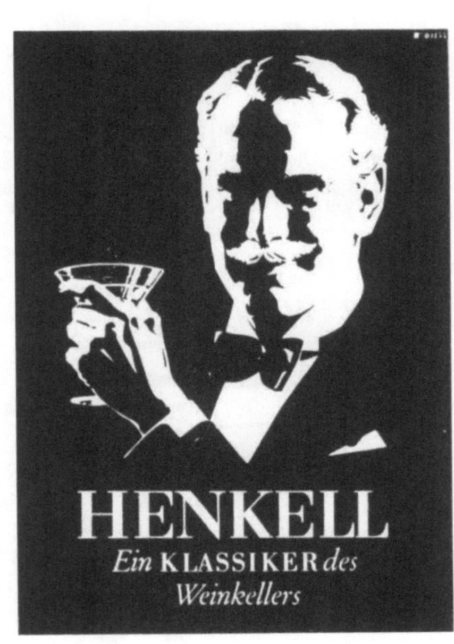

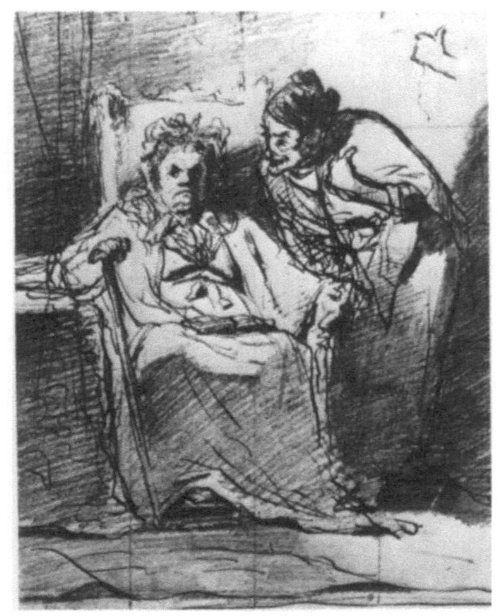
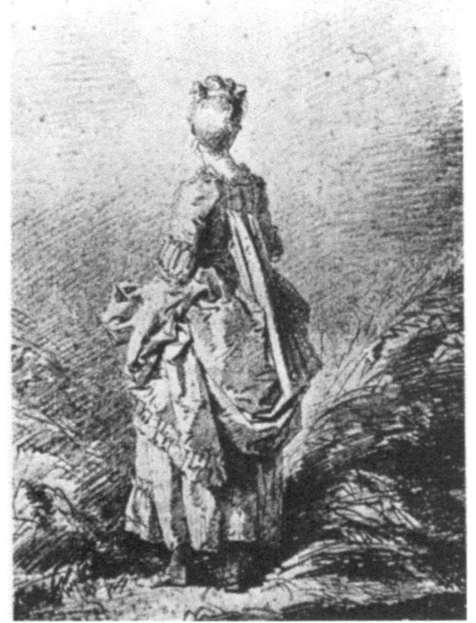
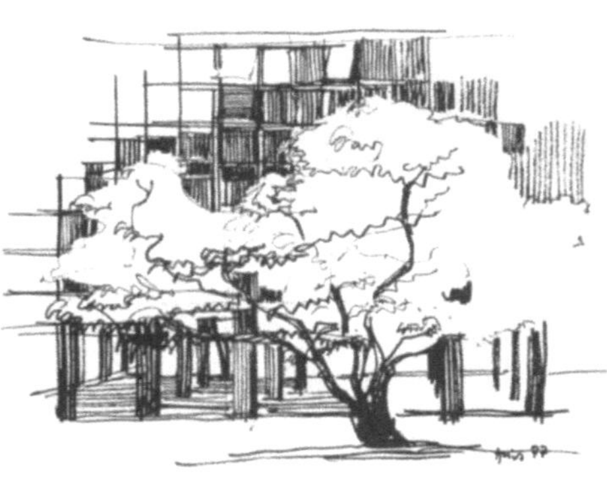
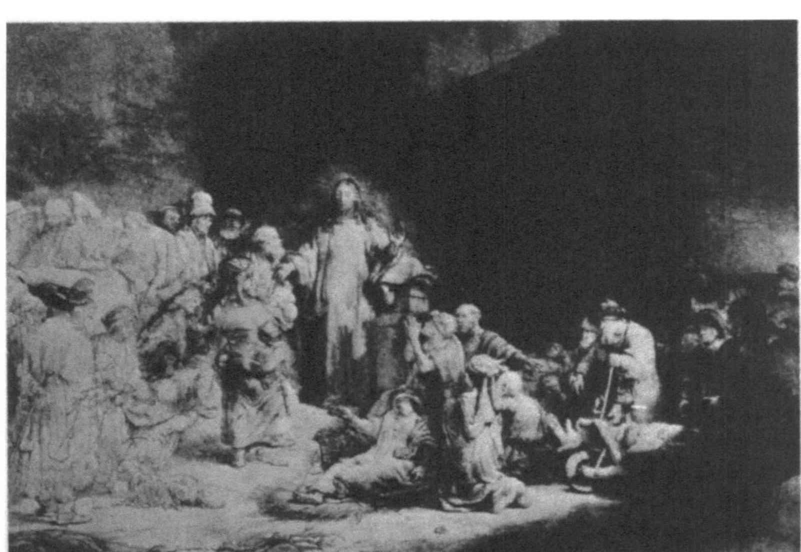
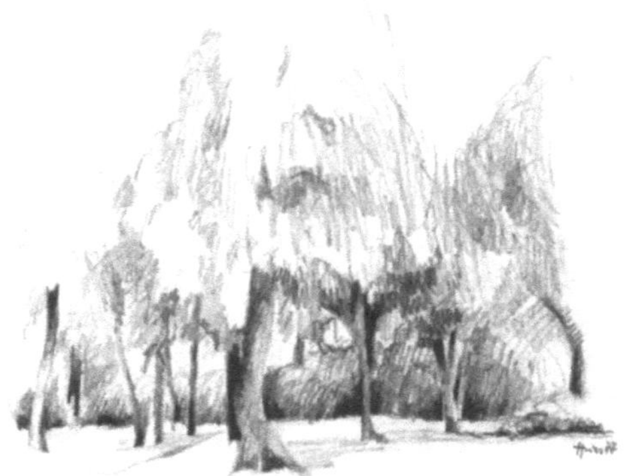
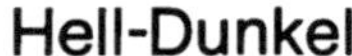
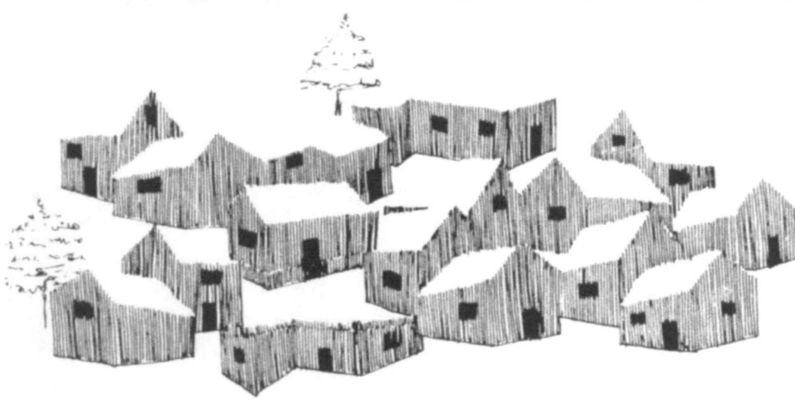
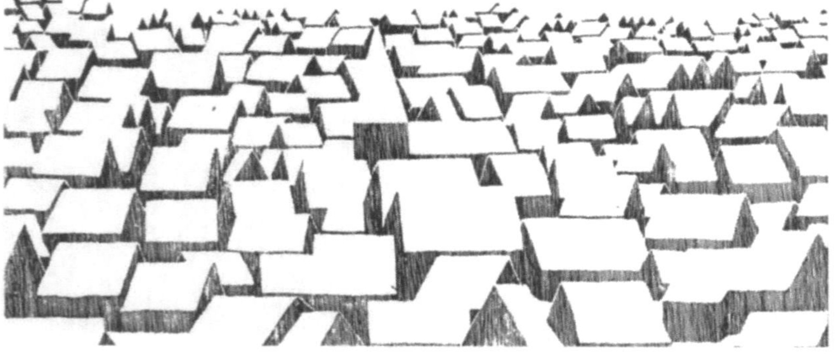

Hell-Dunkel

Das Hell-Dunkel ist ein wesentliches Merkmal malerischer Zeichnungen. Hierbei wird kaum Wert auf die Linie als Markierungsmittel einer Form, als deren Randbegrenzung gelegt, sondern viele Linien zu Schraffuren gebündelt – kurz, lang, verschiedener Richtungen und Stärke addieren sich zu Dunkelheiten.

Die 6 Abbildungen auf dieser Seite sind Beispiele für Hell-Dunkel-Gestaltungen verschiedener Art und Materialien.

Die 4 in der oberen Reihe, »Bedrohliche Enflüsterung« von Wassili Perow, 1874, Tusche, Feder und Bleistift (Staatl. Fretjakow Galerie, Moskau) hat sehr großzügige Striche mit weichen Stiften, verschieden stark aufgedrückt, die die Formen der beiden Figuren umschreiben. »Mädchen von hinten gesehen« Jean-Honové Fragonard 1732–1806, Kreide, Orleans Museèdes Beaux-Arts, und die beiden Bäume – oben linear-hell vor dunkel strukturiertem Baukörper; unten wechselnd helle oder dunkle Stämme und belaubte Äste vor Sträuchern im Hintergrund (1977. J. Spies) – sind mit weichem Material gezeichnet, als plastisch weiches Hell-Dunkel-Gebilde ein vom Ganzen her angelegter Entwurf. Sie entstehen aus der spontan schreibenden gefühlsmäßigen Einstellung zum Motiv, bei der mehrere Gegenstände nicht isoliert oder nebeneinander gereiht, sondern zusammengefaßt wahrgenommen werden. Einzelheiten werden zurückgedrängt zugunsten des Gemeinsamen. Bei der Zeichnung des Mädchens ist diese deutlich in ihrer Umgebung eingebettet – Körper werden eingebunden als Einzelteile eines Ganzen.

Bei allen drei Zeichnungen ist die zurückgedrängte Kontur ein wesentliches Merkmal – hier steht Ton neben Ton und daraus wächst die Form.

Durch folgende Kriterien wird das Hell-Dunkel bestimmt:
- der Tonwert: Schwarz, Weiß, Grauton
- die Ausdehnung: mehr Helligkeit oder Dunkelheit
- die Begrenzung: Bewegung in einer Richtung, offen oder geschlossen, fest umrissen oder weichfließend, verschwommen
- die Stellung: Welcher Ton dominiert wo auf der Fläche, Schichten, Keile, Kreise
- die Form: Einzelgegenstand beleuchtet oder allgemeines Licht

Das Hell-Dunkel hat illusionistische Qualitäten, es modelliert Körper und Räume durch Licht und Schatten. In dem berühmten »Hundert-Gulden-Blatt« (weil der für damalige Zeiten sensationelle Preis von 100 Gulden dafür bezahlt wurde) »Christus heilt die Kranken«, Rembrandt, um 1649, wird das Hell-Dunkel zur Ausweitung der Fläche zum Raum mit imaginärer Tiefe und der spirituellen Wirkung des »leuchtenden« Christus genutzt. Um das Zentrum ist alles nur noch begrenzt scharf, die Christus-Gestalt steht strahlend und verzaubert hell vor dem dunklen Raum-Hintergrund, der die Formen verhüllt. Zwei Lichtquellen leuchten das Geschehen aus, eine natürlich irgendwo rechts oben außerhalb des Blattes und der Schein um den Christuskopf. Besonders bemerkenswert bei diesem Blatt ist die Mischung von Hell-Dunkel erzeugenden Schraffuren einerseits und rein zeichnerischer Anwendung der Linie, z. B. bei der Figur mit dem großen dunklen Barett und nur linear dargestellten Gewand am linken Bildrand. Hier wird mit allen Mitteln der Linie das Bildkonzept und der Bildbedarf erarbeitet.

Die beiden Zeichnungen der Häuser im Schnee, von cand. arch. Patricia Luscher, Feder, 1976 und stud. arch. Gabriele Schäfer 1976, Feder, haben auf gänzlich andere Weise Raumtiefe. Hierbei werden Körper modelliert, von denen wir nur einen Teil wirklich sehen, nämlich die unbeschneiten senkrechten Hauswände, während man die schneebedeckten Dächer vom Hintergrund nicht unterscheiden kann. Es ist die Wirkung der geschlossenen Form einerseits, wie sie schon bei den optischen Täuschungen zu sehen war, andererseits bestimmt von der Flächigkeit und dem inhaltlichen Hell-Dunkel-Unterschied. Derartige Körper-Raum-Illusion erreicht Körperwirkung aus der Fläche und diese Flächenkörper stehen schwer im imaginären »Schnee-Raum«. Eckige Körper können dabei gut durch verschiedene Helligkeitsstufen gekennzeichnet werden, runde Formen werden durch fein übergehende Töne modelliert.

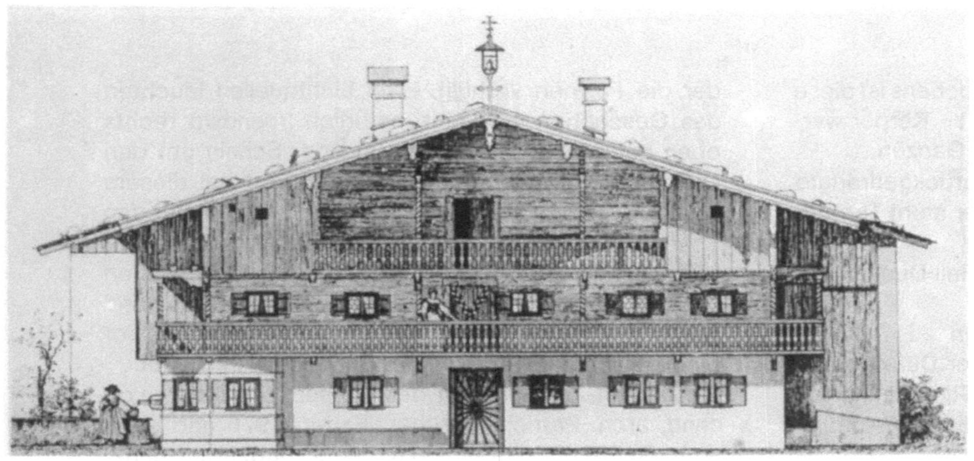

1

D. Oberflächenstrukturen – Texturen

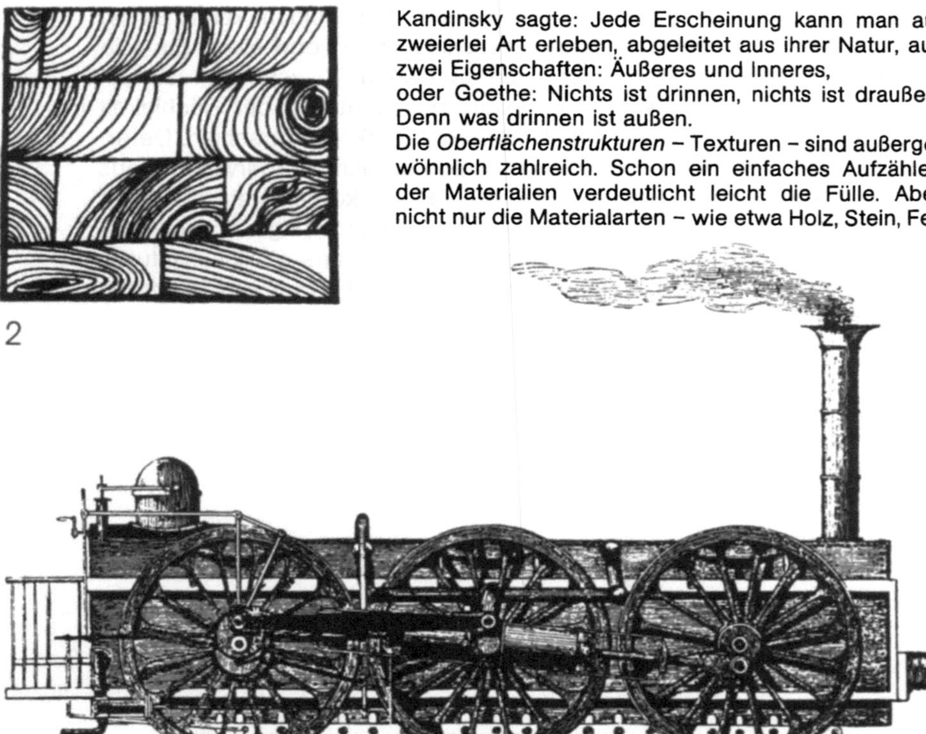

2

Kandinsky sagte: Jede Erscheinung kann man auf zweierlei Art erleben, abgeleitet aus ihrer Natur, aus zwei Eigenschaften: Äußeres und Inneres,
oder Goethe: Nichts ist drinnen, nichts ist draußen.
Denn was drinnen ist außen.
Die *Oberflächenstrukturen* – Texturen – sind außergewöhnlich zahlreich. Schon ein einfaches Aufzählen der Materialien verdeutlicht leicht die Fülle. Aber nicht nur die Materialarten – wie etwa Holz, Stein, Fell

usw., sondern auch ihre Anwendung in Stoffgeweben, Flechtwerk und anderen zeigt die Vielfältigkeit. So notwendig es ist, durch Beobachtung seine Sinne für diese Fülle zu wecken, sich zu sensibilisieren für die reizvollen Zusammenstellungen, die die Natur und Mensch uns anbieten, so wichtig ist es auch sich ihre Wirkungen zu verdeutlichen. Oberflächenstrukturen entsprechen in ihrer Wirkung keinesfalls dem, was wir im Sprachgebrauch als »oberflächlich« bezeichnen. Statt dessen verraten sie viel über den Charakter eines Gegenstandes.

So können wir zwar auch immer aus der Form auf ein Material schließen, aber ein Holzhaus wird erst durch Bretter- und Holzmaserungstrukturen deutlich, Abb. 1: Historisches Bauernhaus in Kiefersfelden, Bayern; oder der Hirnholzmaserung eines Holzpflasters (Abb. 2).

Darstellungen von Metalloberflächen – die einzigen die auch Kreuzschraffuren erlauben, so als ob man sie mit Scheuersand oder Sandpapier geputzt hätte – müssen etwas von der Härte des Materials wiedergeben. Abb. 3: Zeichnung von Weltausstellungen im 19. Jh. Neue Sammlung der Staatl. Museen für angewandte Kunst, München.

Es ist empfehlenswert beim Zeichnen der Oberfläche eines Gegenstandes die Form so abzudecken, daß nur noch ein Ausschnitt zu sehen ist. An diesem Ausschnitt ist leichter zu prüfen – besonders durch einen Fremden, dem die gesamte Zeichnung unbekannt ist, ob man der Wirkung des Materials gerecht geworden ist und ob die Eigenstruktur erfaßt wurde.

Die unterste Abb. Nr. 4 »Fossile Kämmerlinge der Kreide«, E. Hoeckel »Kunstformen der Natur« 1899, Ottoneum Kassel, zeigt eine Mischung verschiedener Probleme und Bemühungen. So ist einerseits Kreidestein gegeben, in dem diese fossilen Kämmerlinge eingeschlossen sind, andererseits hatte ihr Material eine Eigenstruktur, z. B. Horn oder Häute, und im übrigen sollten sie nicht in der zufälligen Art des Fundes sondern wohlgeordnet zusammengefaßt werden. Zu dieser Bemühung kam noch die geometrische Klarheit zur Verdeutlichung der Formenwelt hinzu.

Es ist also zu unterscheiden, ob ein Gegenstand einerseits mit der eigenen Oberflächenstruktur dargestellt werden soll, oder andererseits die Gesamtidee eine Darstellung aus fremden Darstellungsstrukturen erfordert.

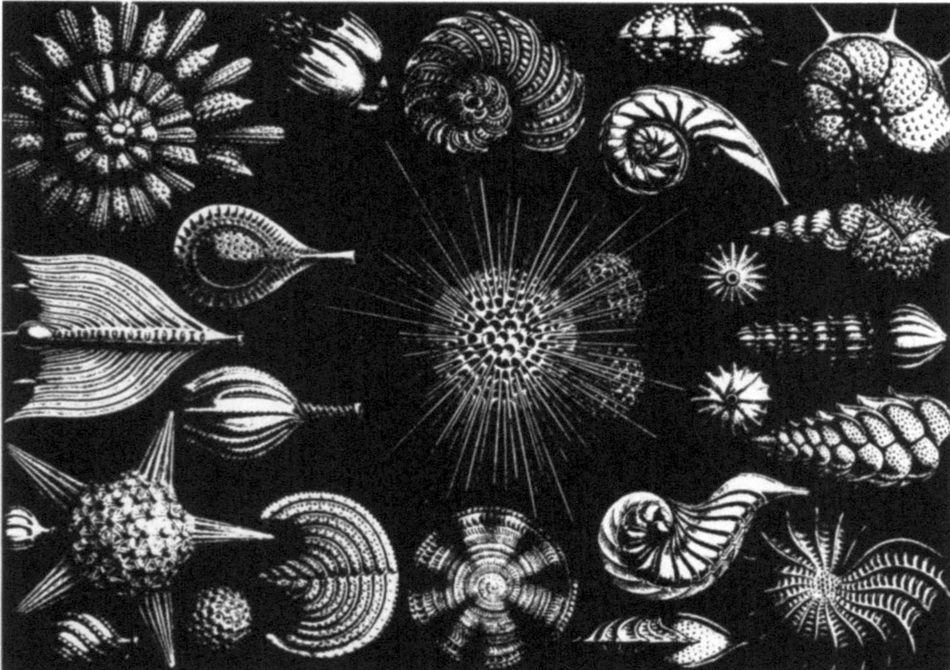

3

4

Die Husaren, Abb. 1, haben alle die gleiche Form und Haltung. Ihre Darstellungsstrukturen variieren stark – blechern hart, zerfasert, kurvig ornamental verziert, nur als Schatten umrissen, leicht und locker in kurzen Stricheln und Punkten, weich und pelzig wirkend – alles verschiedene Aussagen.

Als Konturierung oder als Binnenstruktur wird an Stelle der eigentlichen »Hautstruktur« eine Darstellungsstruktur zur Kennzeichnung der Bedeutung verwendet. Auf einem Relief aus dem Palast in Ninive, etwa zur Zeit Assubanipals, 668–620 v. Chr. (Bildarchiv Foto Marburg) befinden sich assyrische Krieger im Gefecht in gebirgigem Gelände. Berge und Bäume sind flächig ornamental strukturiert, wohl erkennbar, aber ohne Wirklichkeitsnähe wiedergebende Darstellungsweise. Die Strukturen haben die Realität durch eine andere Zeichenart verändert, Abb. 2.

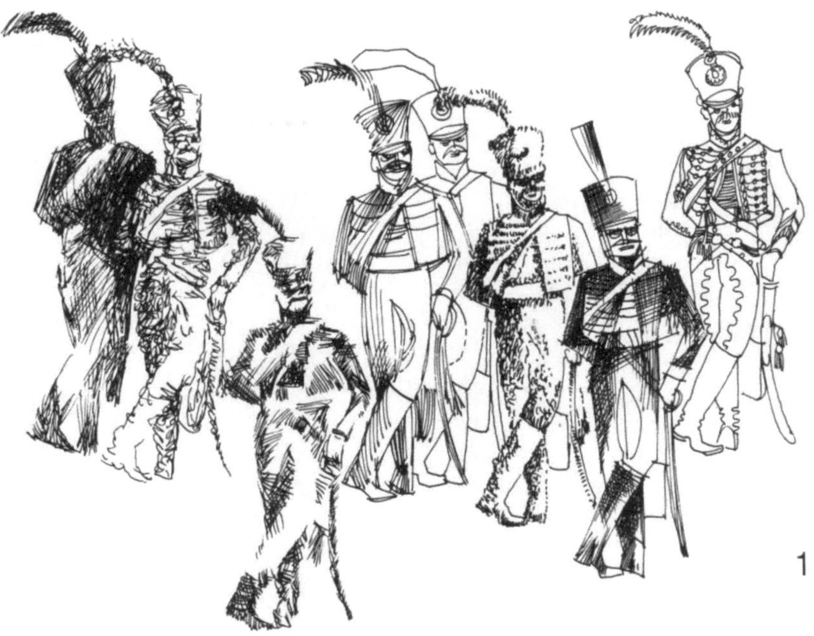

1

Folgende Unterscheidungen sind zu beachten:
- die Eigenstruktur eines Gegenstandes – die Textur – die die Haut der Dinge beschreibt, die materielle Beschaffenheit.

  Das Rhinozeros von Albrecht Dürer soll ein Beispiel dafür sein, für den typischen Reiz der kleinsten Details und für die handwerkliche Akribie des Zeichners, Abb. 3.
- die Darstellungsstrukturen, in denen nicht der Oberflächenreiz, berücksichtigt wird, sondern eine inhaltliche Absicht ausgedrückt wird. Die »innere Gestalt« wird sichtbar in vielfältigen Arten – kühl und sachlich, konstruktiv, geheimnisvoll und phantastisch.

Wir können drei Grundelemente der Oberflächenstruktur ordnen:
- organisch
- anorganisch
- konstruktiv-geometrisch.

Diese sind auf verschiedene Weise zu erarbeiten:
- nach Vorstellung (Urwald)
- nach Wahrnehmung (Rauchende Schornsteine)
- nach Beobachtung (Holz, Feder, Stein)
- nach Konstruktion (Kreise, Dreiecke)

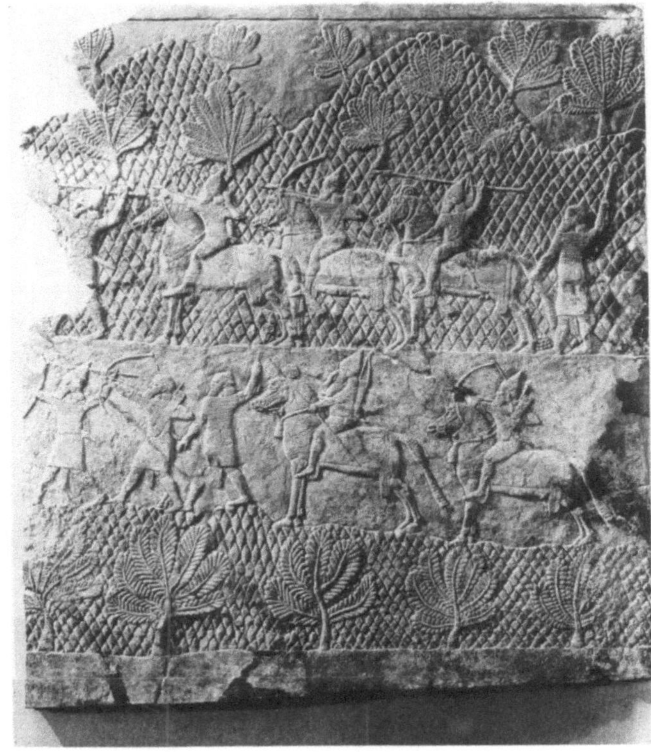

2

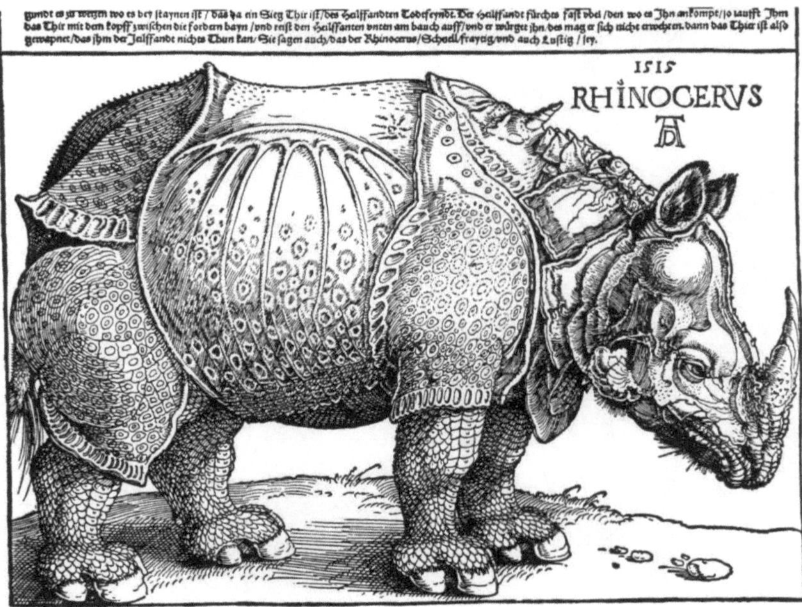

3

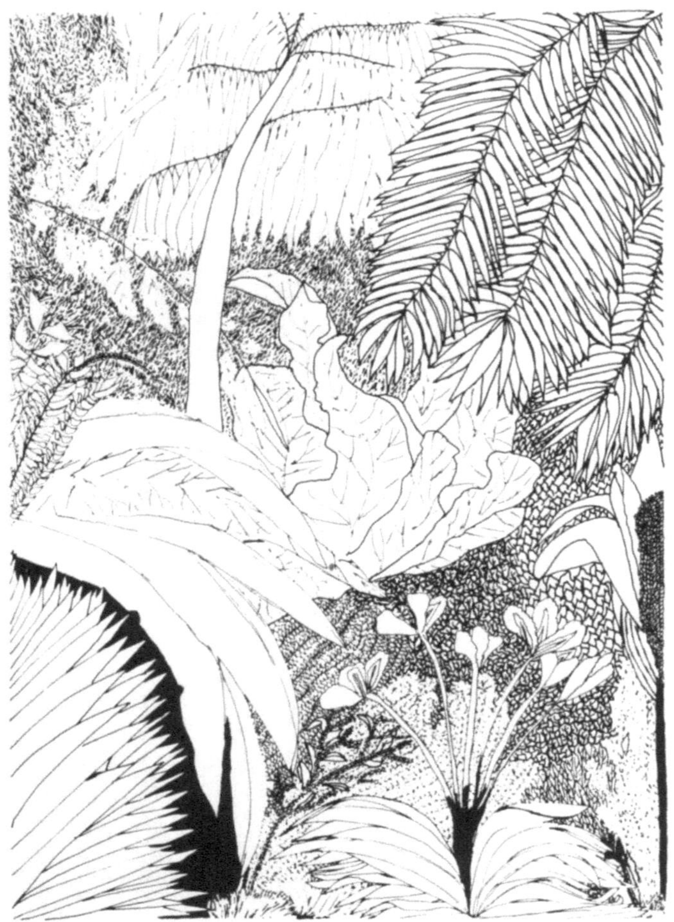

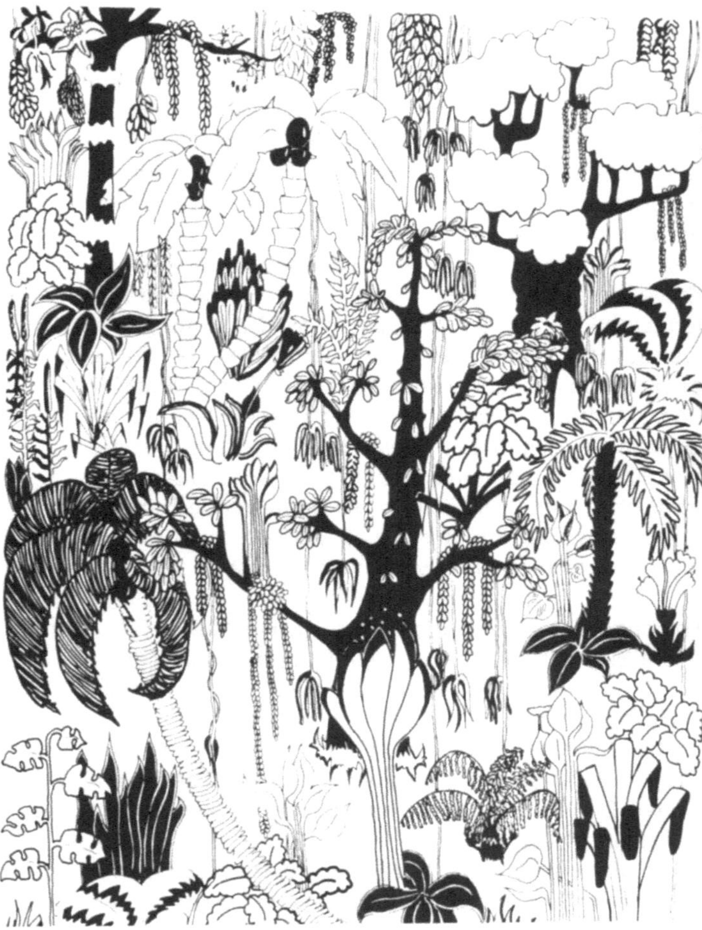

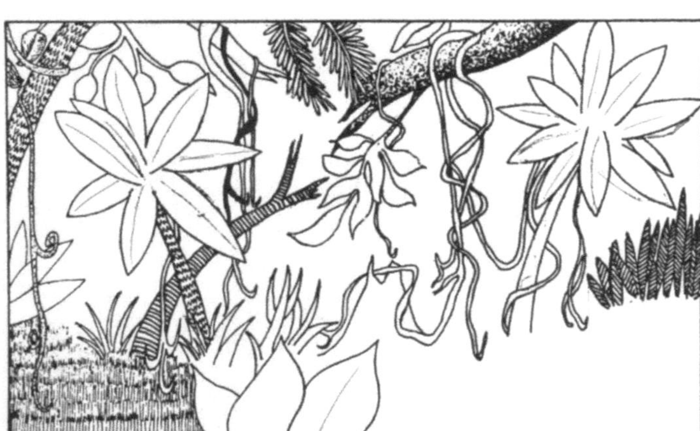

Anorganische Oberflächenstrukturen, Pflanzen in all ihrer Vielfältigkeit zu erfinden, aus den Vorstellungen entwickelt, sollen diese »Urwaldzeichnungen« darstellen – Waldstrukturen dichtgedrängt ohne eigentlichen Raum sondern teppichartig verwoben.
Die 4 Zeichnungen von Architekturstudenten zeigen völlig unterschiedliche Lösungen dieses Themas mit der Feder.
oben rechts:
stud. arch. Schwarz
1976, Feder
Mitte:
stud. arch. Günther Muth
1976, Feder
Abb. oben links:
stud. arch. Hermine Wlodarczyk,
1976, Feder
unten:
stud. arch. Handojono
(Indonesien) 1976, Feder

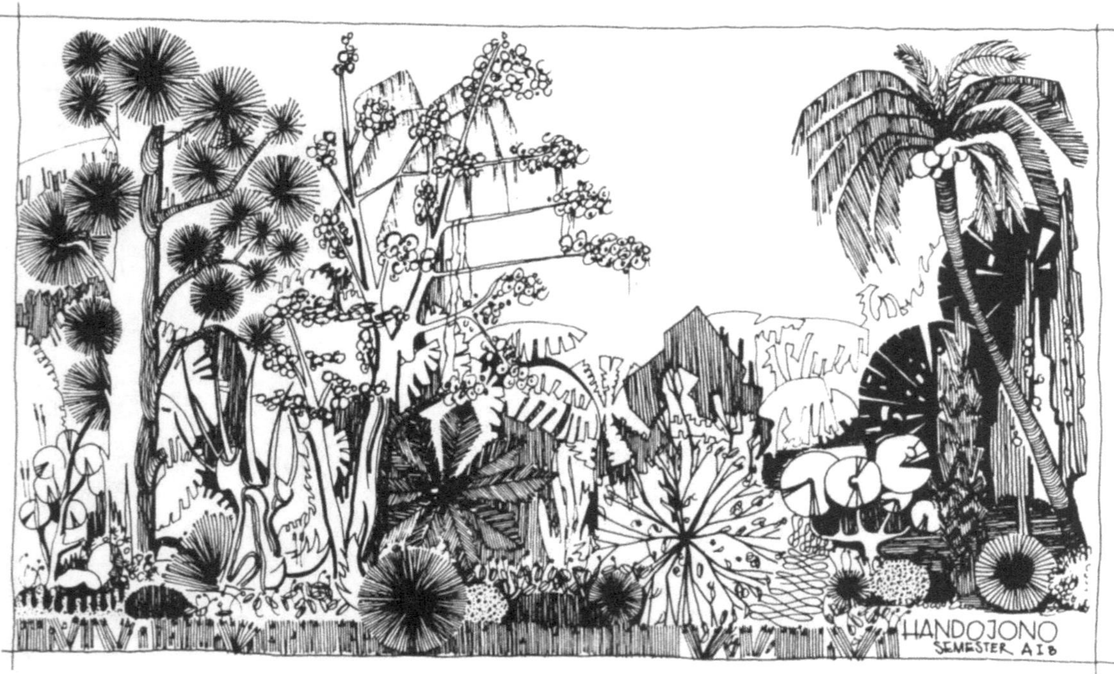

Abb. 1 eine Phantasiestruktur, die vielleicht an Trüffeln oder Morcheln erinnert. Das Seil, die Federn, Pinienzapfen und Muscheln, Rüschen und Bänder sind Beispiele für Oberflächenstrukturen. Suchen und beachten Sie derartige Dinge genau, versuchen Sie den Charakter, die Linienführung um Ecken und Zacken zu erfassen und darzustellen. Betrachten Sie derartige Zeichnungen nicht immer als fertige Bilder, sondern stellen Sie auf einem Blatt verschiedene Ansichten und Darstellungsweisen zusammen. Es sind Studienblätter, deren Reiz im Nachweis des Suchens besteht. Die Zeichnung ist ein Weg, ein Weg der Klarheit verschaffen soll, nicht ein Bild zum Verkaufen.

Das Ziel des Materialstudiums ist es, empfindsam zu werden für den Reichtum der Natur und damit der Erregung der eigenen Phantasie.

»Du wirst, wenn Du sie recht betrachtest, sehr wunderbare Erscheinungen in ihnen sehen, durch verworrene und unbestimmte Dinge wird der Geist zu neuen Erfindungen wach.« Leonardo.

Zeichnen Sie vor Modell, mischen Sie ganz Verschiedenes miteinander.

»Entzünden der Phantasie am Chaos.« Dettmar.

»Dennoch heißt etwas Wirres zu gestalten nicht wirr gestalten.« Gollwitzer.

Sammeln Sie Anregungen, so wie hier abgebildet:

»organisch-anorganisch« Radierung 74 Spies

»Kordel« stud. arch. G. Kunkel 76 Bleistift

»Muschel, Tannenzapfen« cand. arch. Popa Vlad Bleistift 75 (Rumänien)

»Kostümstudie« Feder 53 J. Spies

Zeichnen Sie Steine, Korbflasche, Rinde, Fell, Stoff, Bürsten, Haare, Bänder, Styropor, Schwamm, Käfer, Schnecken, Schildkröte, Flechtwerk, Pinsel, Bücher, Papier, Holzbretter, Rupfen, etc.

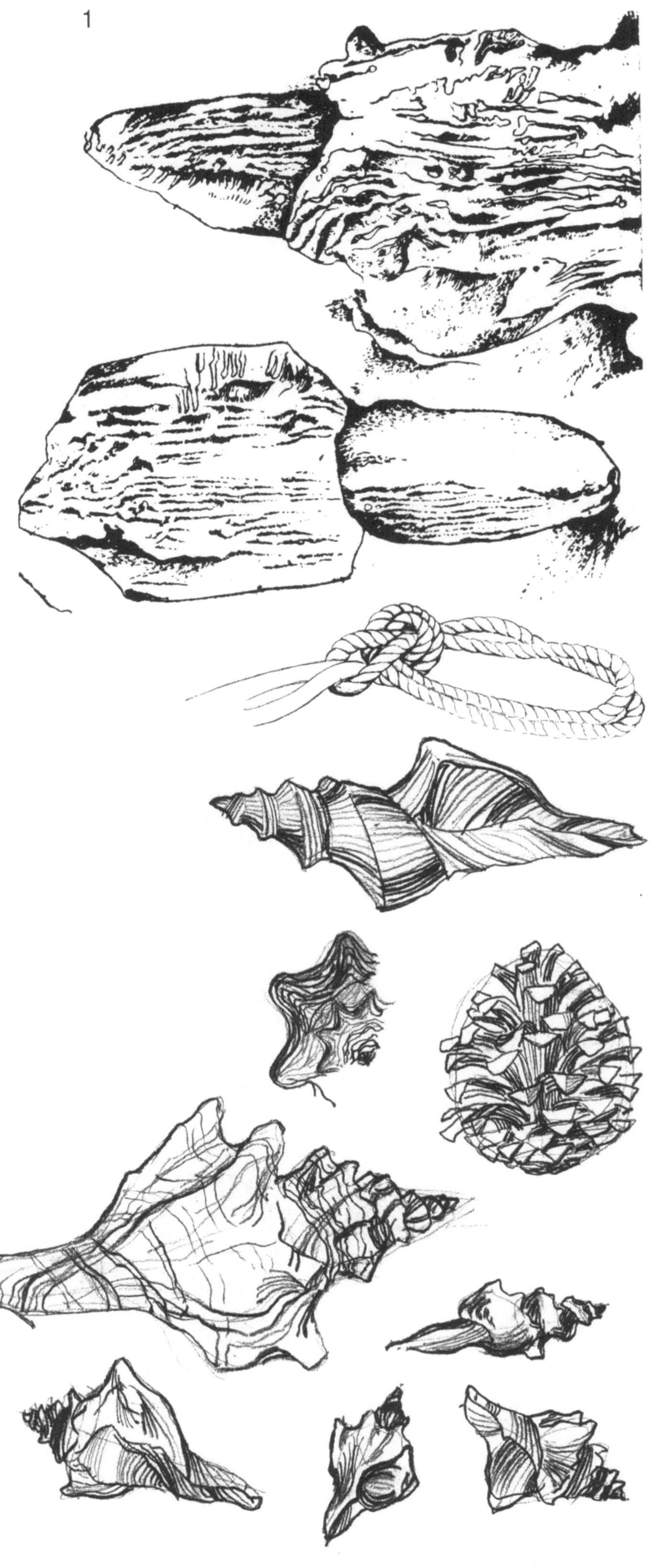

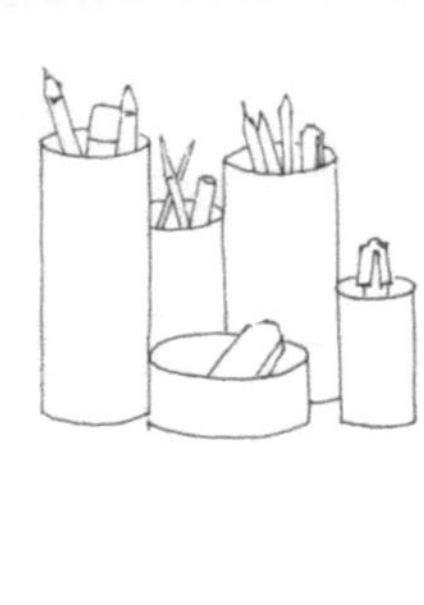
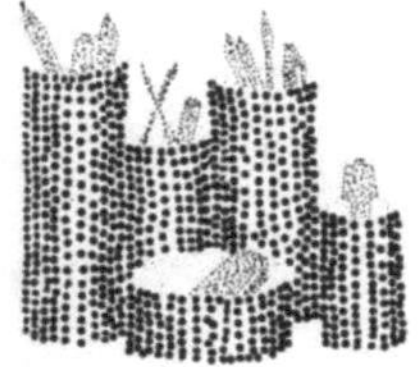
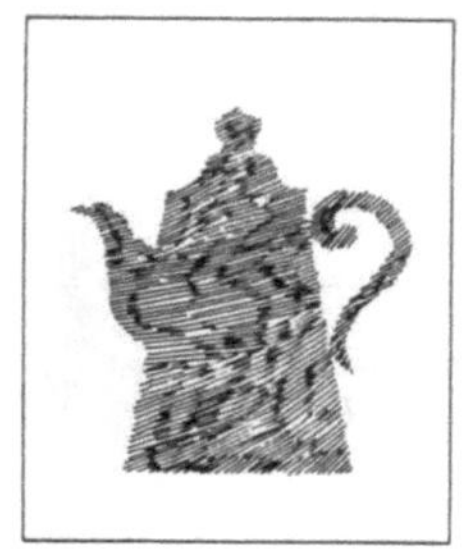
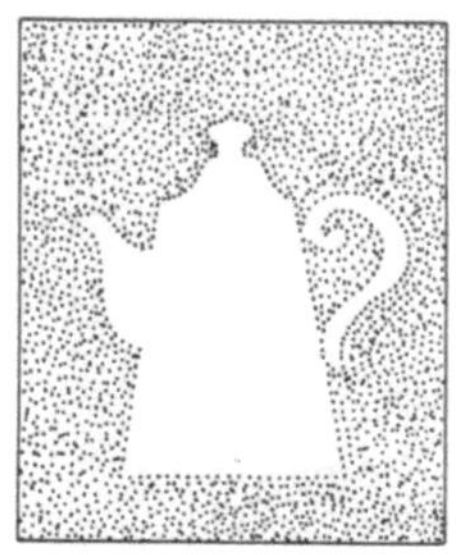
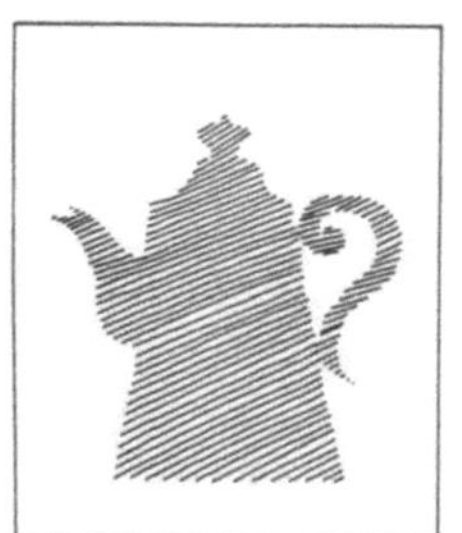

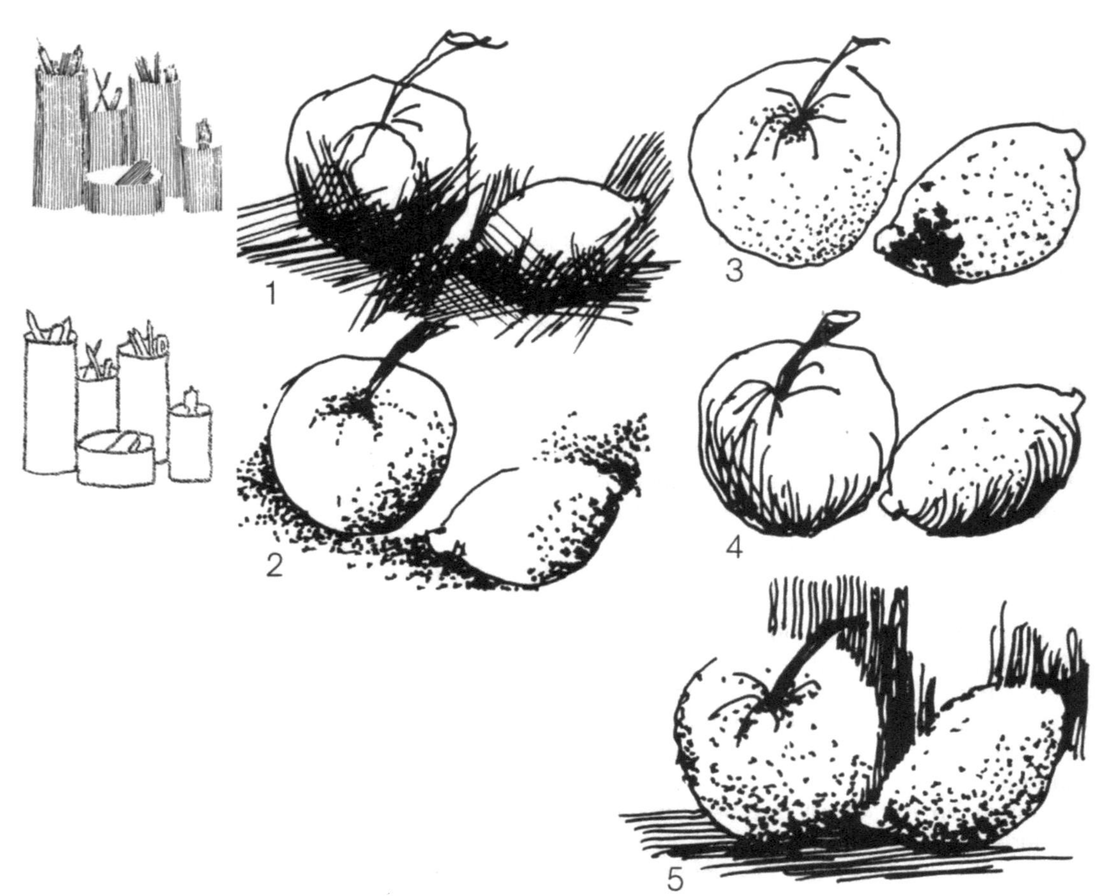

Versuchen Sie einmal ein und denselben Gegenstand in völlig verschiedenen Darstellungsstrukturen zu zeichnen. Nehmen Sie sich dazu einfache Objekte, die keine weiteren Probleme bieten und von dem Probieren ablenken. Kaffeekanne, Federhalter, Krug, Apfel und Zitrone in Variationen sollen dazu beispielhaft anregen.

Die Abbildungen »Federbehälter« von stud. arch. R. Sander, Feder, 77, oder der »Kaffeekanne« von stud. arch. Winkel, Feder, 77, sind Versuche einen Gegenstand in ganz verschiedenen Kontur- und Binnenstrukturen oder als Fläche durch gleichmäßige Durchstrukturierung darzustellen. In den »Krügen«, SPIES Feder, 72, werden dem noch plastische und Hell-Dunkel Wirkungen im Gegenstand selbst hinzugefügt. Punkt, Linie, Fläche und Schraffur sind die Mittel.
In der Schraffur wird die Linie anonym, kann aber in parallelen Stricharten eine Richtungsangabe verdeutlichen. Dagegen geht bei sich kreuzenden Strichlagen diese Richtungsangabe verloren, so wie es von den Apfel-Zitrone-Zeichnungen Nr. 1 zeigt, die im Hell-Dunkel-Effekt die Form malerisch überdeckt. Nr. 2 besitzt ebenfalls die Hell-Dunkel-Wirkung, gemischt mit etwas von der porigen und leicht gefleckten Eigenstruktur wie in Nr. 3. Nr. 4 bezieht sich auf die Form und führt die Linienschraffuren zu formschaffenden Richtungen. Die 5. Zeichnung versucht Raum zu schaffen, senkrechte Schraffuren als Hintergrund, waagerechte als Standfläche und in Hell-Dunkel-Konzentration die Oberflächenstruktur.
In vielen Picasso-Zeichnungen werden große Teile rein linear bearbeitet. An besonderen Stellen entstehen durch Verdichtung von körperformenden Linienbündeln und Schraffuren überraschende Wirkungen: in bestimmten Höhepunkten wird die Zeichnung dramatisiert.

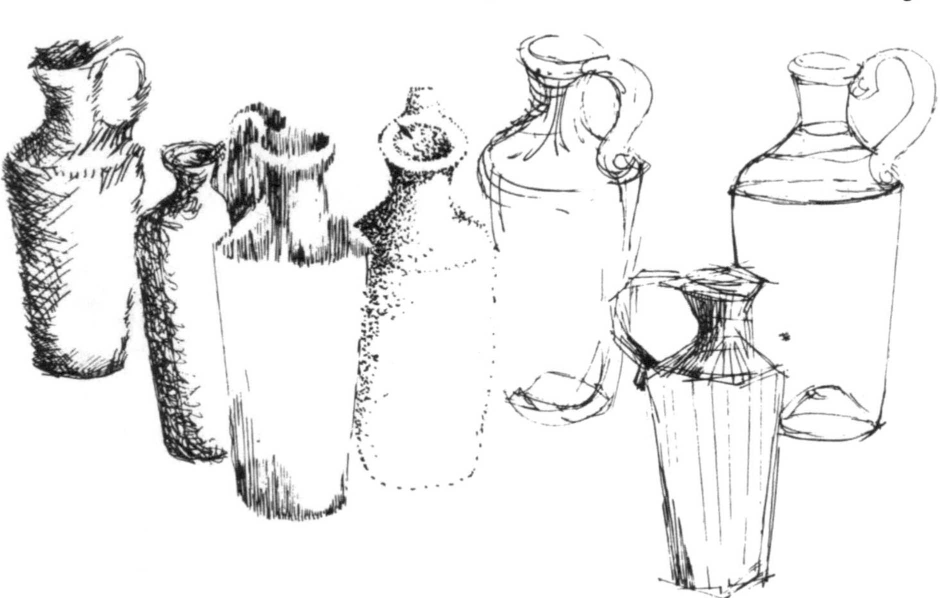

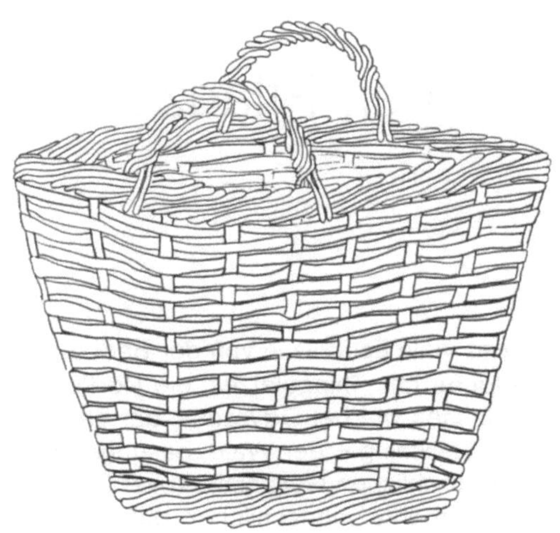

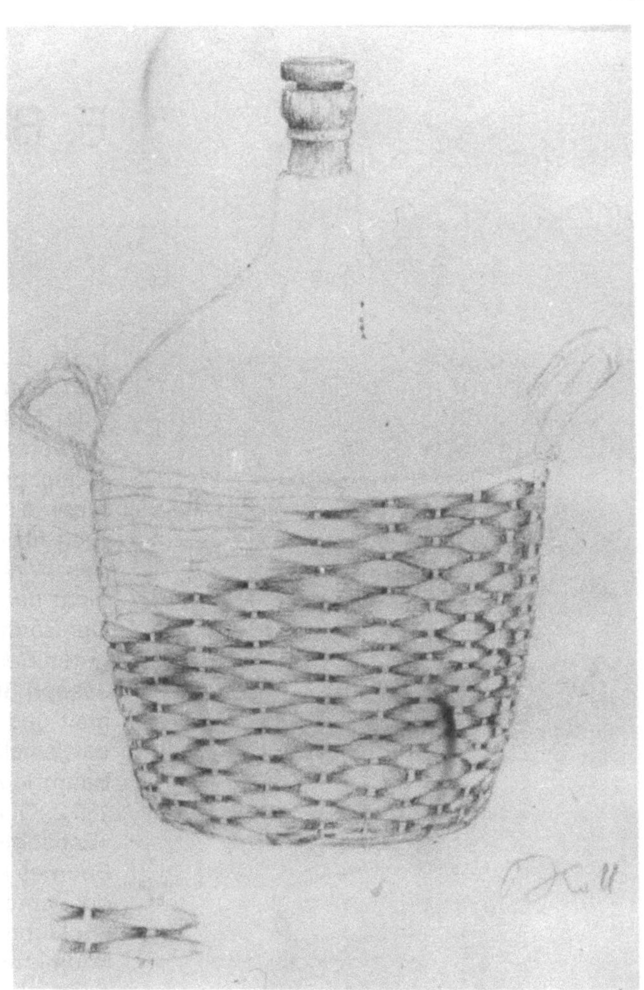

»Korb« von cand. arch. Ute Pelzer, 1975, Bleistift, und »Korbflasche« von cand. arch. Dorothea Koll, 1977, Bleistift, sind rein linear und auf Plastizität fast verzichtend – vor und zurück hinter die Senkrechten laufen die waagerechten Rohrstäbe – oder stark plastisch durch Hell-Dunkel und gleichzeitig sehr raffiniert zurückhaltender Gesamtform der Flasche.

In dem »Atelierstilleben«, Spies 1952, Feder, sollen die einzelnen Materialien – Blechdose und -schachtel, Pinselhaare, Pappschachtel, Keramikschüsseln, Stößel und Gläser – abgebildet werden, so daß der Gegenstand, durch Papier teilweise abgedeckt, noch durch die Oberflächenstruktur erkannt werden kann. Es ist ein etwas mühseliges Unterfangen, verschafft aber wirkliche Erkenntnis von der Oberfläche der Dinge, »Anschauung ist Offenbarung, ist Einblick in die Werkstatt der Schöpfung. Dort liegt das Geheimnis.« P. Klee.

Suchen Sie sich derartige Anlässe oder stellen Sie sie selber zusammen. Es ist manchmal wie ein Abziehbildwunder, wenn plötzlich die Dinge heranwachsen und ihren Charakter spiegeln.

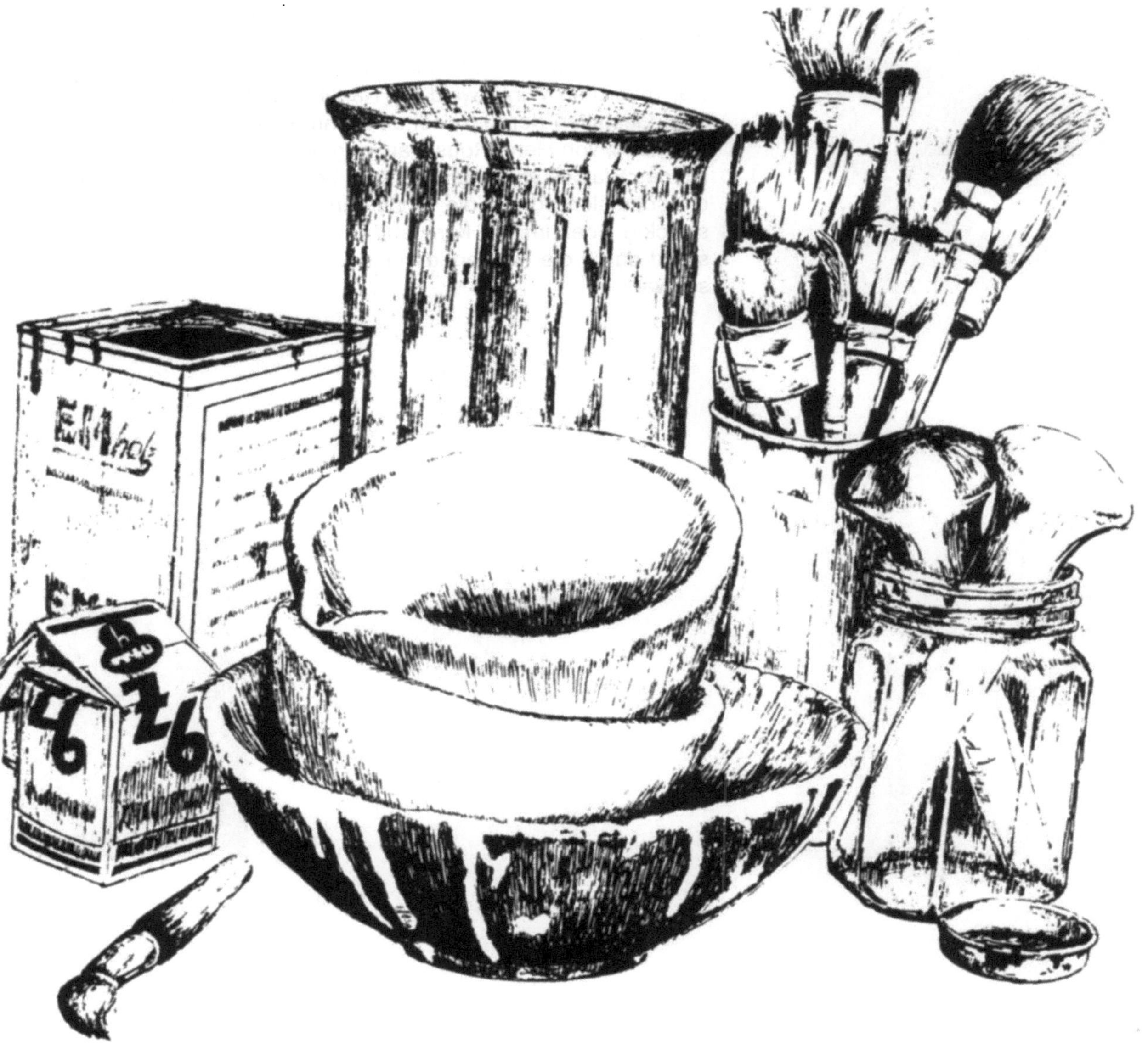

E. Baum, Blätter, Pflanzen

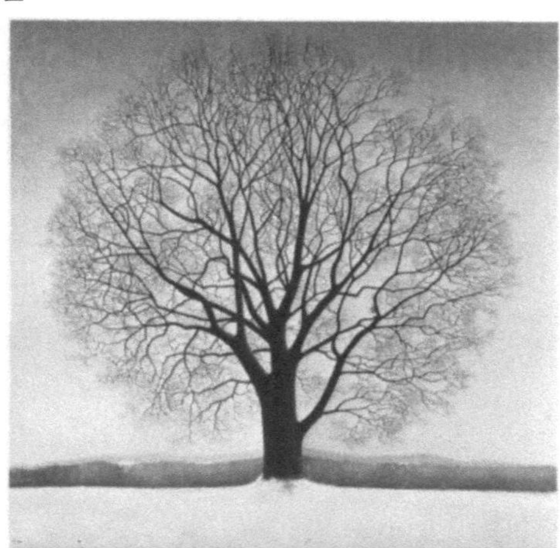

1

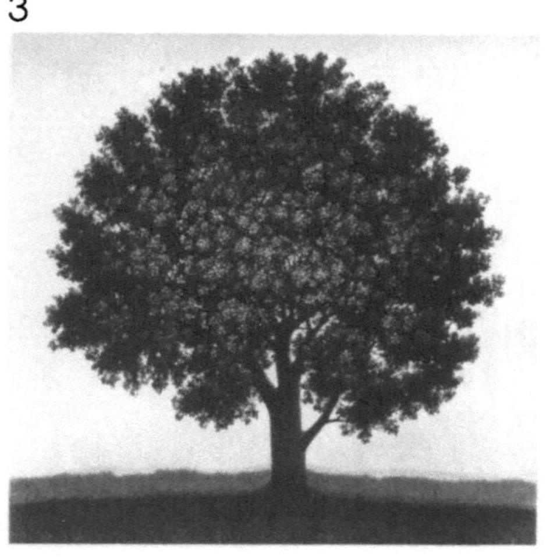

2

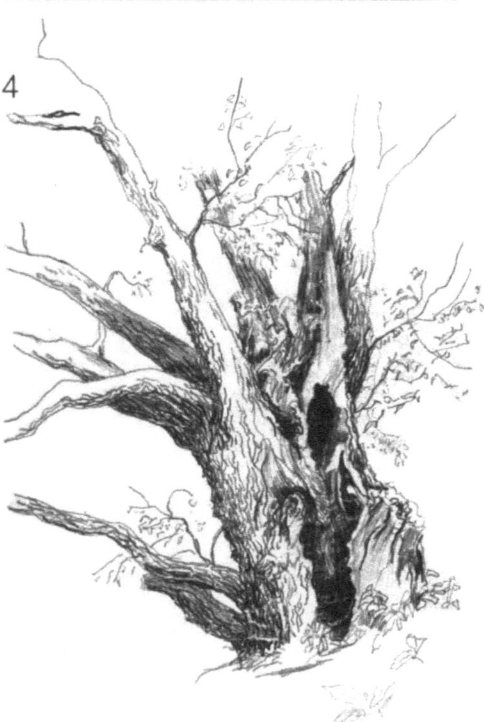

3

In der Geschichte gibt es viele Zeugnisse von der Bedeutung des Baumes für den Menschen – die Eiche des Thingplatzes, die Dorflinde, der heilige Hain oder Mittelpunkt des Hauses wie bei Odysseus, der sein Ehebett aus einem verwurzelten Baum herausschlug – der Wald, besungen oder mit geheimnisvollen und manchmal bedrohlichen Geschichten verzaubert – wie Berge und Meer eines der Grundelemente menschlicher Naturerlebnisse. Sensibilisierung für die Oberflächenstrukturen und auch die Formen der uns umgebenden Wirklichkeit heißt auch Sinn für die Probleme des Baumes entwickeln, nicht nur den »Oh, wie schön«-Klischees der Waldeslust zu folgen.

Der Baum oben ist das Zeichen der Polytechnic High-School in Pasadena, ein gutes Beispiel für diese Bedeutung als Symbol.

Joseph Bramer hat die beiden großen und mächtigen Bäume Abb. 2 und 3 gemalt und exzellente Beispiele für die Größe und die 2 entscheidenden Stadien dargestellt: belaubt und entlaubt.

Baum in Abendlandschaft, 1971, Öl auf Holz, 170 x 170 cm, Baum im Winter, 1972, Öl auf Holz, 40 x 40 cm.

»Entlaubt« ist er ein Gerüst, ähnlich allen Knochengerüsten, das die Form des Baumes aus seinen Richtungen und Begrenzungen, seiner Stärke und Vielfalt der Aufteilung bestimmt.

»Belaubt« wird die Vielfalt der einzelnen Äste und Blätter im Reichtum der Baumkrone zusammengefaßt zur großen Form, durchschimmert vom Gerippe.

Abb. 4 und 5 zeigen Baumstämme; ein alter mit zahlreichen verästelten Wurzeln, fast ganz hohl und ohne Krone, der andere ist efeuumrankt, das ihn ganz verschwinden oder nur erahnen läßt; Zeugnisse der Vielfalt, Spies 1954.

Der magische Winterwald mit Harlekin und Colombine (Abb. 6), den wichtigsten Gestalten der klassischen Commedia de'Larte aus dem wunderschönen Bergamo, von Henri Rousseau, zeigt jenes grafische Gewirr, das das Geheimnis des Waldes versinnbildlicht. Zu beachten ist die Abwechslung der Formen: die schmalen hohen, die runden und dicken Stämme, die dichte mal langgestreckte oder immer kurz abgeknickte Verästelung. Die Wirkung wird verstärkt durch die Figuren, den Mond und die zwei Wolken, eine weiß und eine schwarz.

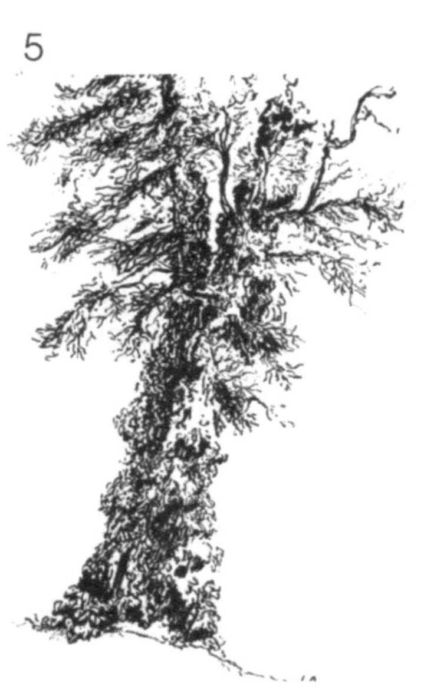

4

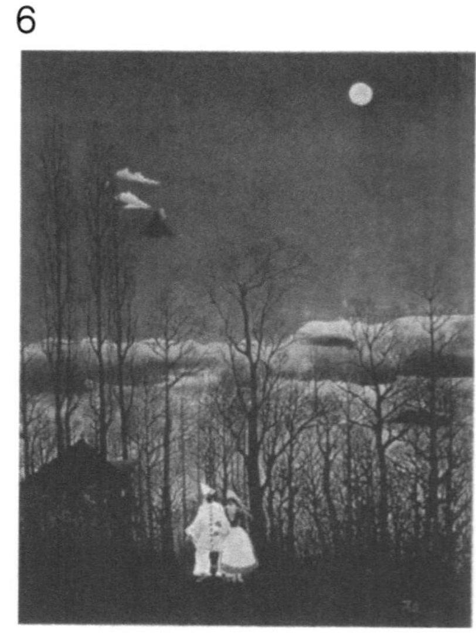

5

6

Klee: »Führen Sie ihre Schüler zur Natur, in die Natur! Lassen Sie sie erleben, wie sich eine Knospe bildet, wie ein Baum wächst, wie sich ein Falter auftut, damit sie ebenso reich werden, ebenso beweglich, ebenso eigensinnig wie die große Natur. Anschauung ist Offenbarung, ist Einblick in die Werkstatt der Schöpfung ... Gehen Sie den natürlichen Schöpfungswegen, dem Werden der Formen, den Funktionen der Formen nach ... Vielleicht werden Sie von der Natur aus zu eigenen Gestaltungen kommen und eines Tages selber Natur sein, bilden wie die Natur.« (W. Haftmann: Paul Klee, Prestel, München 1950, S. 93)

Drei grundsätzliche Darstellungsaufgaben sind auf dieser Seite abgebildet.
– Gesamtform,
– Astgerippe,
– Blattstrukturen;

Die Gesamtform eines Baumes – oder sogar einer Baumgruppe. Sie sind in sich strukturiert, manchmal fast malerisch gezeichnet; die große Form tritt hervor.

Abb. 1 Bleistiftzeichnung, »an der alten AfE.« Spies 1965

Abb. 2 zeigt drei große knorrige alte Stämme, von C. D. Friedrich, Hühnengrab am Meer, Sepia-Zeichnung – das Gerippe des Baumes, seine Verästelungen – Biegungen, wobei besonders auf das »Immer-dünner-Werden« der Äste, je weiter sie vom Stamm entfernt sind, zu achten ist. Wie ein großer Strom sich aus zusammenfließenden schmaleren Flüssen, diese wiederum aus schmaleren Bächen, entstehen, so ist es bei einem Baum in umgekehrter Richtung zu verstehen.

Auf Abb. Nr. 3 ist keine vollständige Zeichnung eines Baumes oder Baumgruppe, sondern ein Blick in eine Teilsituation vielfältiger Baum-Blatt-Strukturen dargestellt. Außer der Gesamtform und des Ast-Stammgerippes ist dieser dritte Gesichtspunkt der Blattstrukturen entscheidend für die Zeichnung eines Baumes.

Bäume bei Noer, Eckernförde, 1963, Feder Spies.

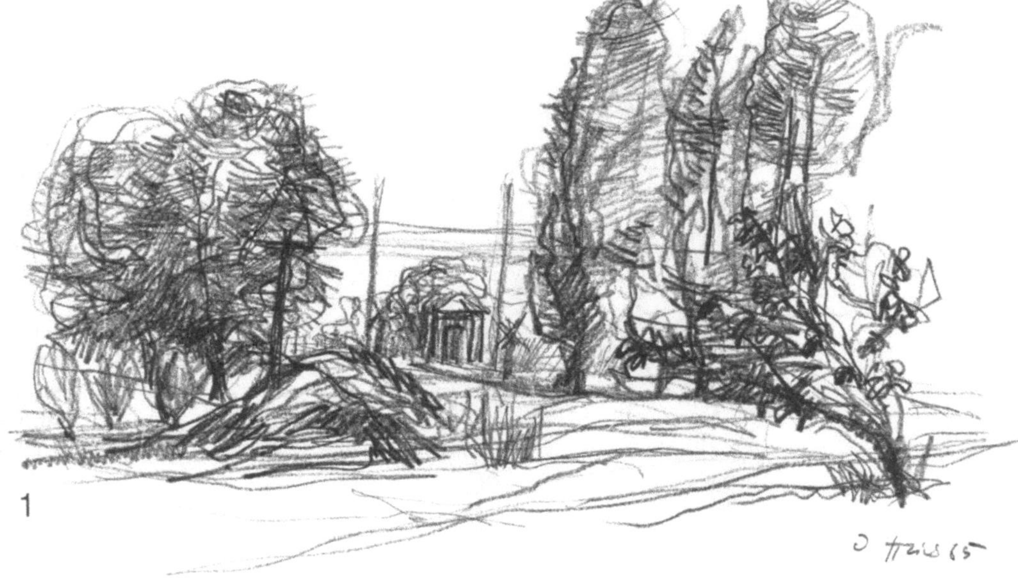

1

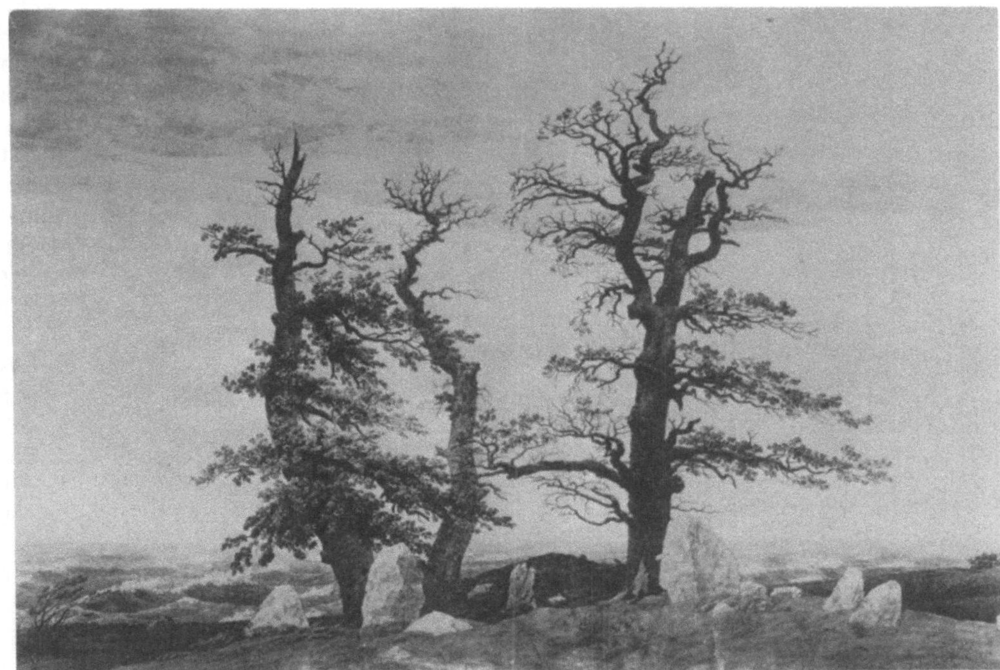

2

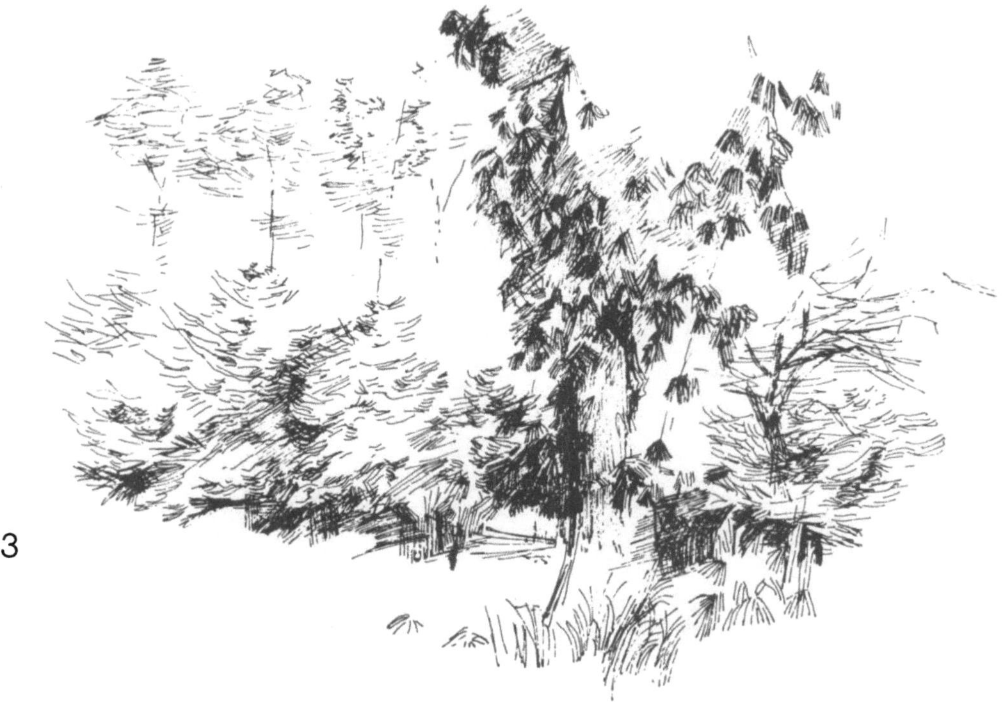

3

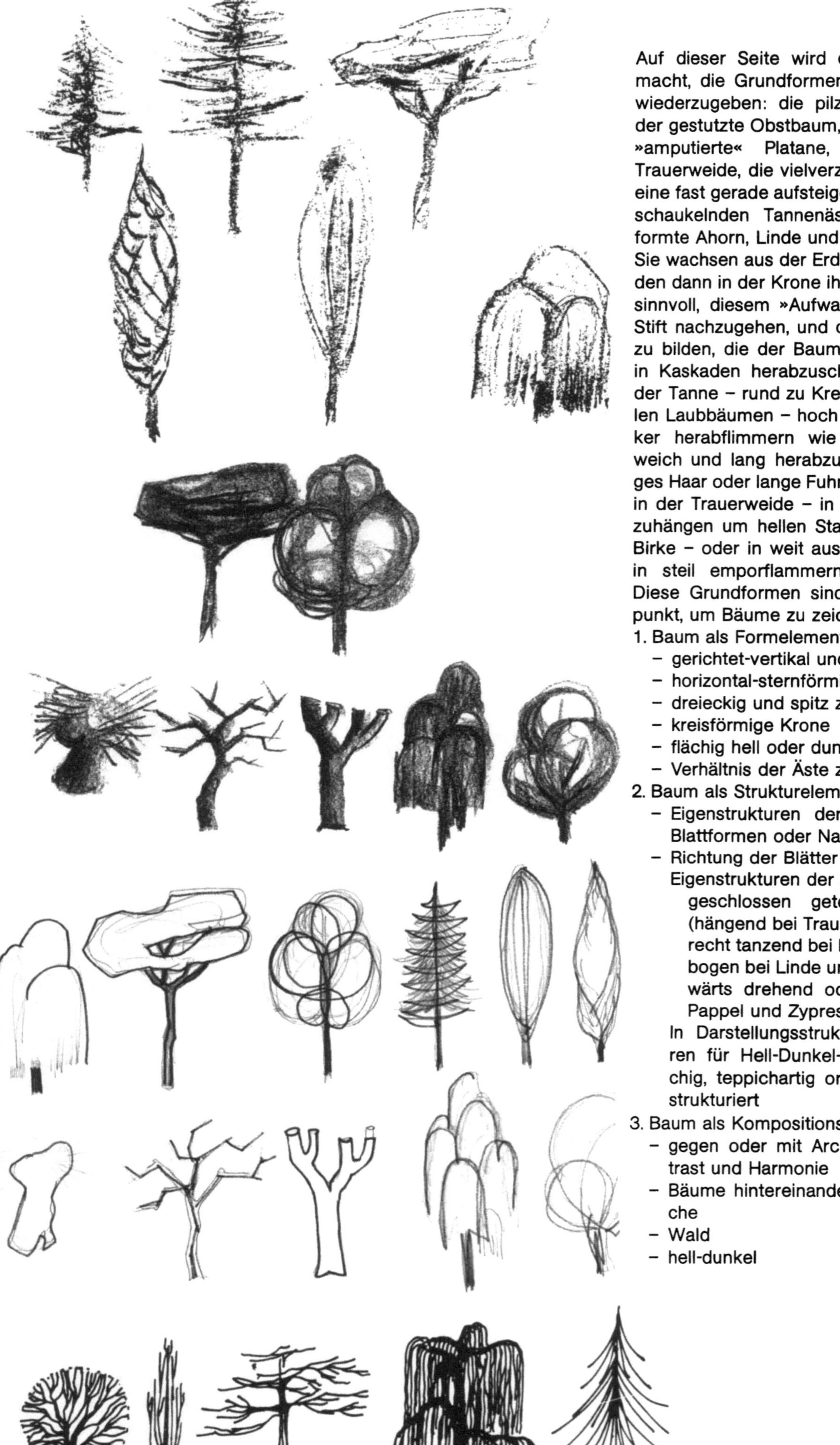

Auf dieser Seite wird der Versuch gemacht, die Grundformen der Baumarten wiederzugeben: die pilzähnliche Weide, der gestutzte Obstbaum, die zu Stümpfen »amputierte« Platane, die hängende Trauerweide, die vielverzweigte Pinie, um eine fast gerade aufsteigende Mittelachse schaukelnden Tannenäste, die rundgeformte Ahorn, Linde und Kastanie.

Sie wachsen aus der Erde heraus und finden dann in der Krone ihre Formen. Es ist sinnvoll, diesem »Aufwachsen« mit dem Stift nachzugehen, und dann die Formen zu bilden, die der Baumart entsprechen: in Kaskaden herabzuschwingen wie bei der Tanne – rund zu Kreisen, wie bei vielen Laubbäumen – hoch steigen und lokker herabflimmern wie bei Pappeln – weich und lang herabzuhängen wie langes Haar oder lange Fuhrmannspeitschen in der Trauerweide – in Büscheln herabzuhängen um hellen Stamm wie bei der Birke – oder in weit ausladenden Pinien, in steil emporflammernden Zypressen. Diese Grundformen sind der Ausgangspunkt, um Bäume zu zeichnen.

1. Baum als Formelement
    – gerichtet-vertikal und
    – horizontal-sternförmig
    – dreieckig und spitz zu rund
    – kreisförmige Krone
    – flächig hell oder dunkler Stamm
    – Verhältnis der Äste zum Stamm
2. Baum als Strukturelement
    – Eigenstrukturen der verschiedenen Blattformen oder Nadeln
    – Richtung der Blätter
      Eigenstrukturen der Äste
      geschlossen geteilt klein groß
      (hängend bei Trauerweide – waagrecht tanzend bei Buche – lang gebogen bei Linde und Kastanie; aufwärts drehend oder stehend bei Pappel und Zypresse).
      In Darstellungsstrukturen: Schraffuren für Hell-Dunkel-Darstellung, flächig, teppichartig ornamental, kleinstrukturiert
3. Baum als Kompositionselement
    – gegen oder mit Architektur in Kontrast und Harmonie
    – Bäume hintereinander auf einer Fläche
    – Wald
    – hell-dunkel

34

Um sich die Grundformen der Bäume bewußt werden zu lassen, sollten erst die Primärformen: Kreis, gleichseitiges Dreieck (Quadrat) gesucht und ihre Abwandlungen in Bewegungen und Proportionen beachtet werden.

Im Mischwald erleben wir diese Spannung, von der Kandinsky sagte, daß er sich nicht Erregenderes vorstellen könnte, als die Begegnung von einem Kreis und einem Dreieck; abgesehen von den wundervollen Farbenschwüngen und -wechseln durch die Jahreszeit. Gestaltvorstellungen bestehen vorwiegend in flächigem und nicht dreidimensionallem Sehen: die Tanne wird als Dreieck nicht als Kegel gesehen; daher auch das alte Klischee vom Weihnachtsbaum.

Dieser bestand aus ein oder zwei bis drei übereinander stehenden Dreiecken. Richtiger ist es, sich zwei bis drei aufeinander gesteckte Kreisel vorzustellen. Das gleiche trifft für den runden Laubbaum zu. Auch er wird nicht eher als Kugel sondern als Scheibe gesehen; mehr wie ein Dauerlutscher am Stiel.

Verführerisch sind Vereinfachungen, wie sie häufig in Architekturzeichnungen zu sehen sind. Sie wirken teils wie Laubsägearbeiten, teils wie Modellbäumchen aus Holzkugeln. Diese haben ihre volle Berechtigung, trotz manch Simplizität, denn sie haben ausschließlich die Funktion der Petersilie am Braten der Architektur. Dennoch sollte immer an die Plastizität eines Baumes gedacht werden.

Die Blätter lassen sich ebenfalls sehr unterschiedlich darstellen (Abb. 2) sei es großflächiger, in Stricheln, teppichartig, gekringelt oder spitz. Der erste Eindruck, daß es sich sechsmal um ein und denselben Baum handelt, wird erst nach genauerem Hinsehen auf die unterschiedlichen Blattdarstellungen korrigiert.

Abb. 3 zeigt den Unterschied zwischen groß und klein und den Wirkungen.

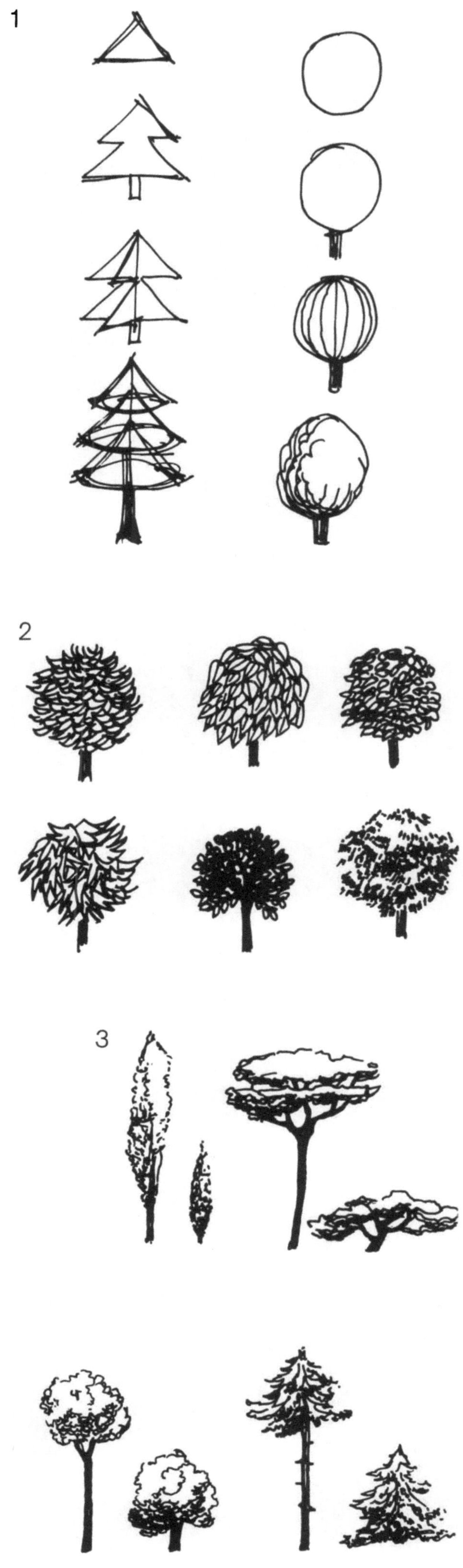

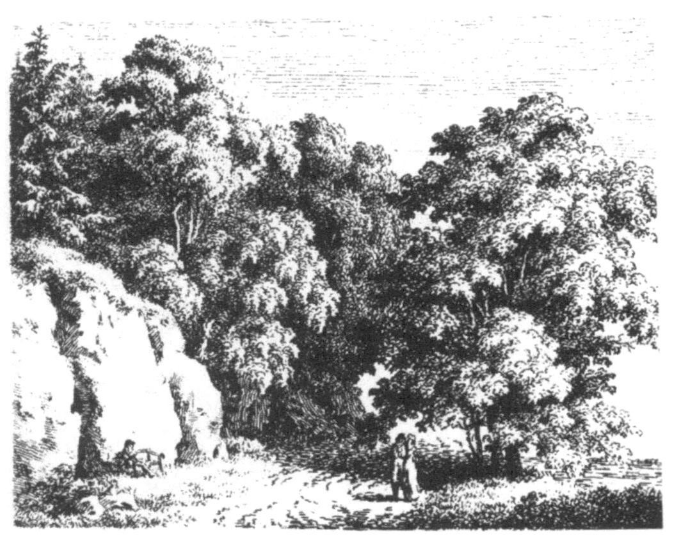

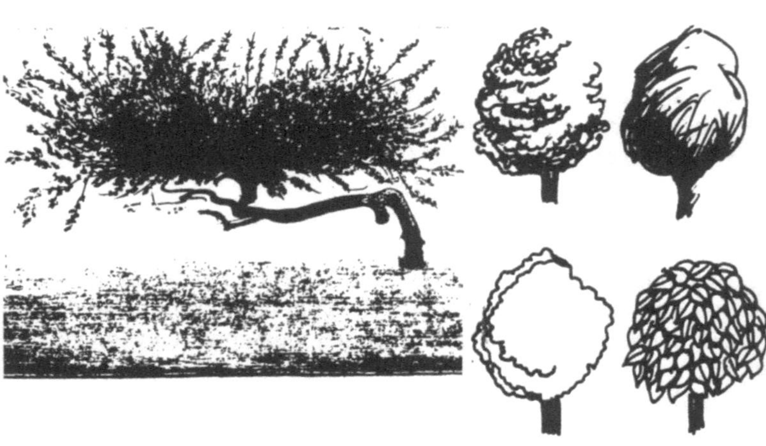

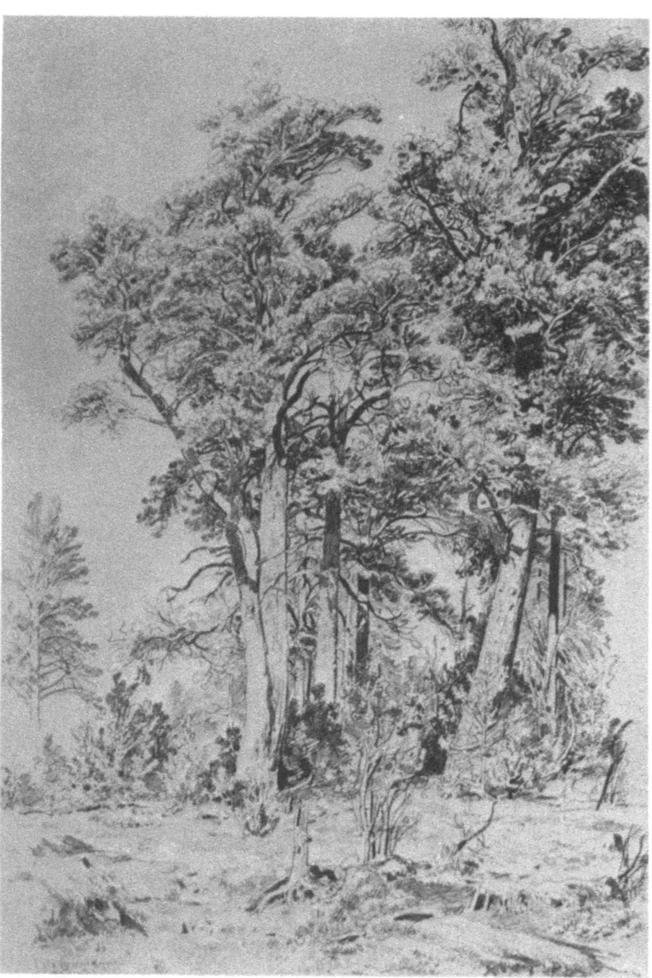

»Da doch ein einfacher Strich oft eine Leidenschaft charakterisiert und beweist, wie stark der Geist des Künstlers damals die Kraft und Wahrheit des Ausdrucks empfunden hat, glaube ich, daß ein neugieriges Auge, eine lebhafte Phantasie gern und sogar mit einem gewissen Stolz vollenden, was oft nur angedeutet ist. Der Unterschied zwischen einer schönen Zeichnung und einem schönen Gemälde liegt meiner Meinung nach darin, daß man im Gemälde nach dem Maß seiner eigenen Fähigkeit all das lesen kann, was der große Maler hat darstellen wollen, während man bei der Zeichnung den dargebotenen Gegenstand selber zu Ende führt, und daher wird man von einer Zeichnung oft mehr angeregt als von einem Gemälde « (Cayhes).

»Habe Mut Andreas, vertraue mir! Der Freude wird genug sein!« Michelangelo am Rand einer Schülerzeichnung.

Abbildungen: Oben links: C. D. Friedrich; »spazierendes Paar unter Bäumen am Waldrand« Radierung; oben Mitte: »Baum« cand. med. Peter Stoll, Radierung, 1977; oben rechts: Beispiele; Mitte: Iwan J. Schischkin »Im Kiefernwald« Bleistift, Staatl. Russ. Museum Leningrad; unten: J. H. Fragonard »Der kleine Park«.

Gliederung des Naturstudiums:

Bei Naturstudien nach Gegenständen (Pflanzen, Menschen etc.) muß allgemein folgendes beachtet werden:

① zur Darstellung des Gegenstandes
   - Erarbeitung des Wesentlichen – Abklärung der Funktion der Einzelteile – und deren Verhältnis zum Ganzen.
② zur Untersuchung des Gegenstandes
   - Feststellung des inneren Aufbaus, der inneren Gliederung und der Verknüpfung der Teile.
③ Zusammenfassung von den beiden ersten und Überprüfung der Verallgemeinerung
   - neue Anwendungen der gesammelten Erkenntnisse in verschiedenen Materialien und Darstellungsarten.

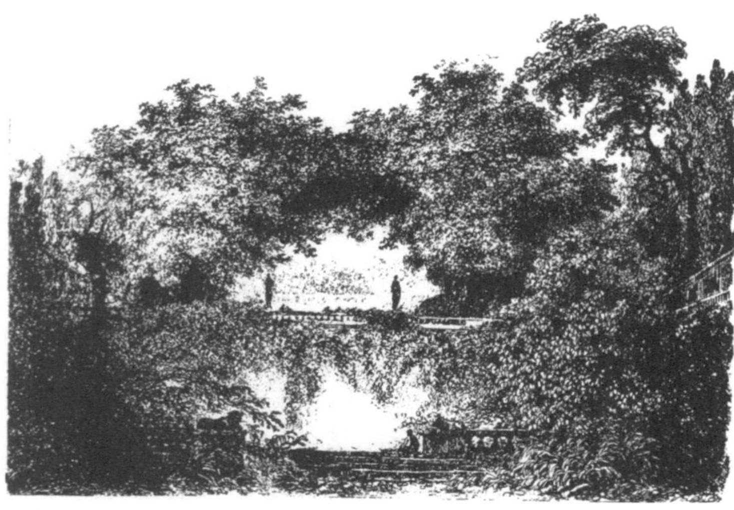

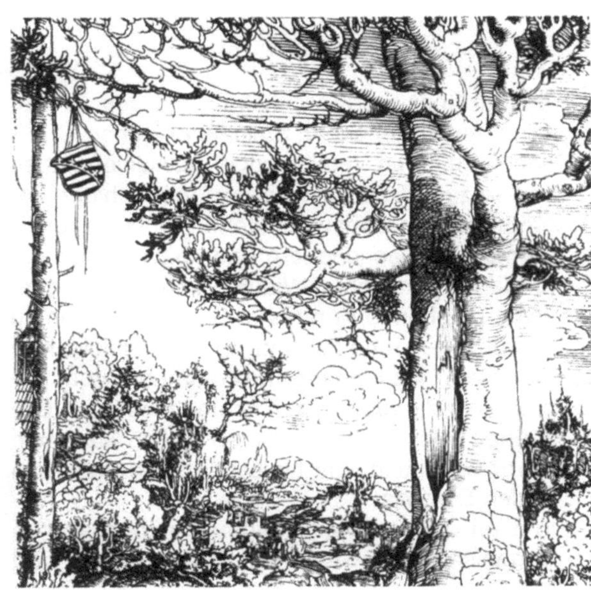

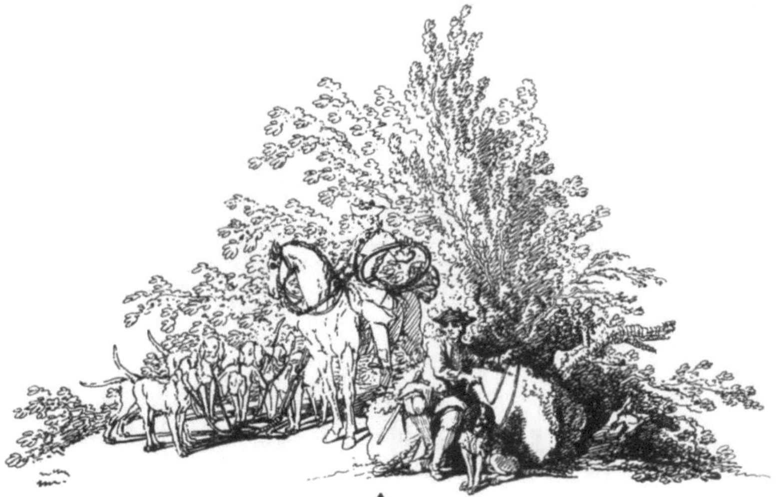

Die zwei Seiten zeigen in der kleinen Zeichnung in der Mitte oben den Versuch, einen Baum gleicher Art in 4 Darstellungsweisen wiederzugeben:

- plastisch mit Blattstrukturen: andeutenden Linien
- plastisch durch nur die Form: beschreibenden Schraffuren
- sehr flächig mit geringer Andeutung der Blattstruktur und Gesamtform
- durch eine teppichartige Ansammlung von Blättern, die in der Gesamtform begrenzt und im Detail durch Überschneidung etwas Raum-Plastizität andeuten.

Die Abbildungen auf der linken Seite zeigen sehr unterschiedliche Darstellungsweisen von Bäumen; mal buschig, mal sehr den Ästen nachgehend, bei Fragonard sehr kleingliedrig und fein verspielt – eher malerisch die Baumgruppen von Schischkin und C. D. Friedrich. Oben ist ein absonderlich verwachsener Baum vertreten, mit einer Krone über dem verbogenen Stamm, die einer Puderquaste ähnelt. Auf der anderen Seite ist eine Pause auf der Parforce – Jagd von Ridinger abgebildet, in der die Bäume im Hintergrund aufgelockert aus unterbrochenen Astbewegungen und aus aufgereihten Einzelblättern bestehen. Der Ausschnitt aus einem Blatt von Cranach (oben) zeigt im Hintergrund knapp durchstrukturierte und zur Gruppe zusammengefaßte Bäume. Der im Vordergrund angeschnittene Baum hat ausgeprägte gerundete Plastizität in den Ästen und ihren Verzweigungen. Die Blätter sind in der Einzelform eher vernachlässigt und bilden statt dessen gemeinsame Bewegungen. Die nächste etwas phantastische Zeichnung hat die strenge Form der gedrechselten Spielzeugbäume in französischen Ziergärten. Darunter eine Zeichnung von cand. arch. Uluntucok (Türkei) ein fast nur aus Einzelwülsten zusammengesetzter Stamm und vortrefflich herauswachsenden Ästen mit dazu gegensätzlich spitzen Einzelblättern. Oben links: Ausschnitt aus dem Holzschnitt »Der hl. Hieronymus« von Lucas Cranach. Oben rechts: »Parforcejagd« J. Elias Riedinger 1698–1769; Mitte: »Schach nature« stud. arch. Winkel 1976; unten: stud. arch. Uluntucok (Türkei) »Phantasiebaum«.

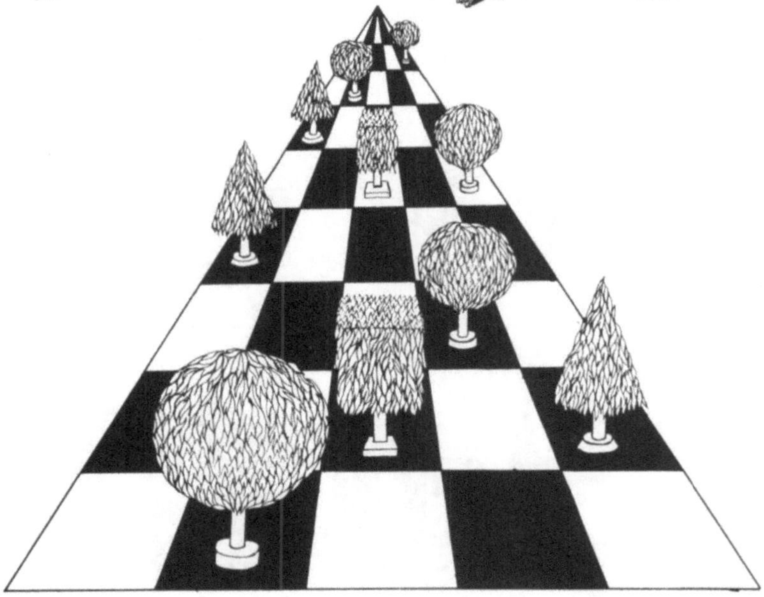

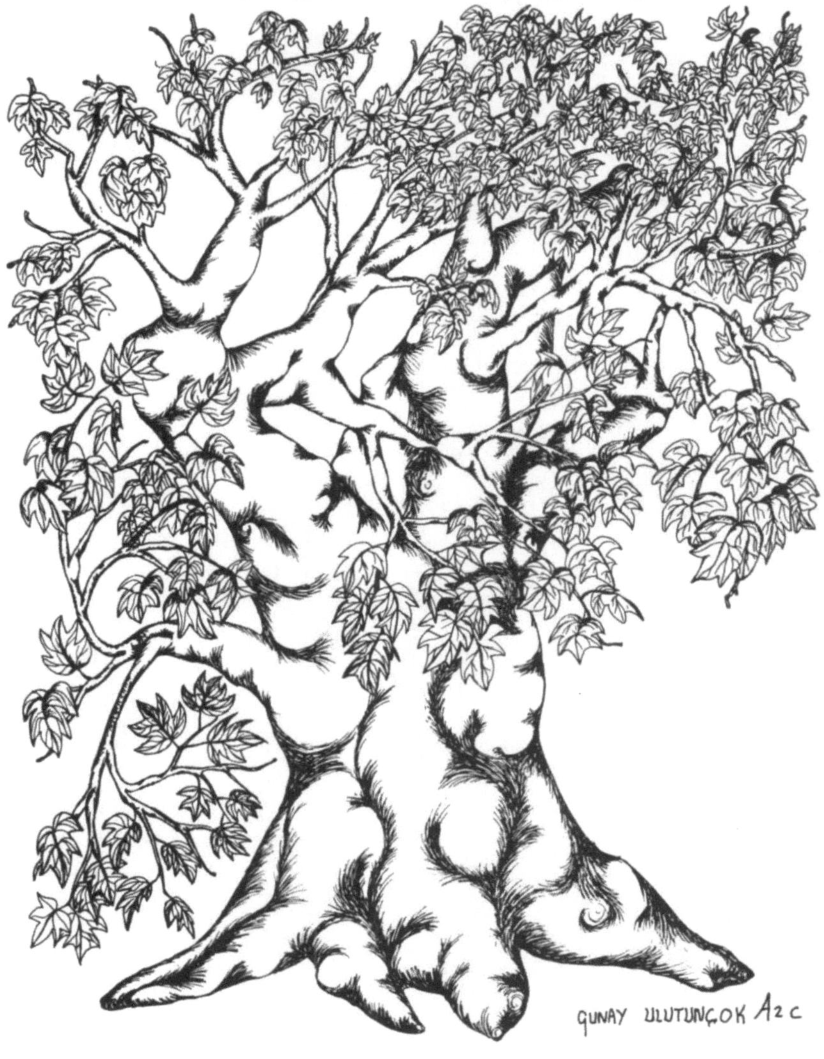

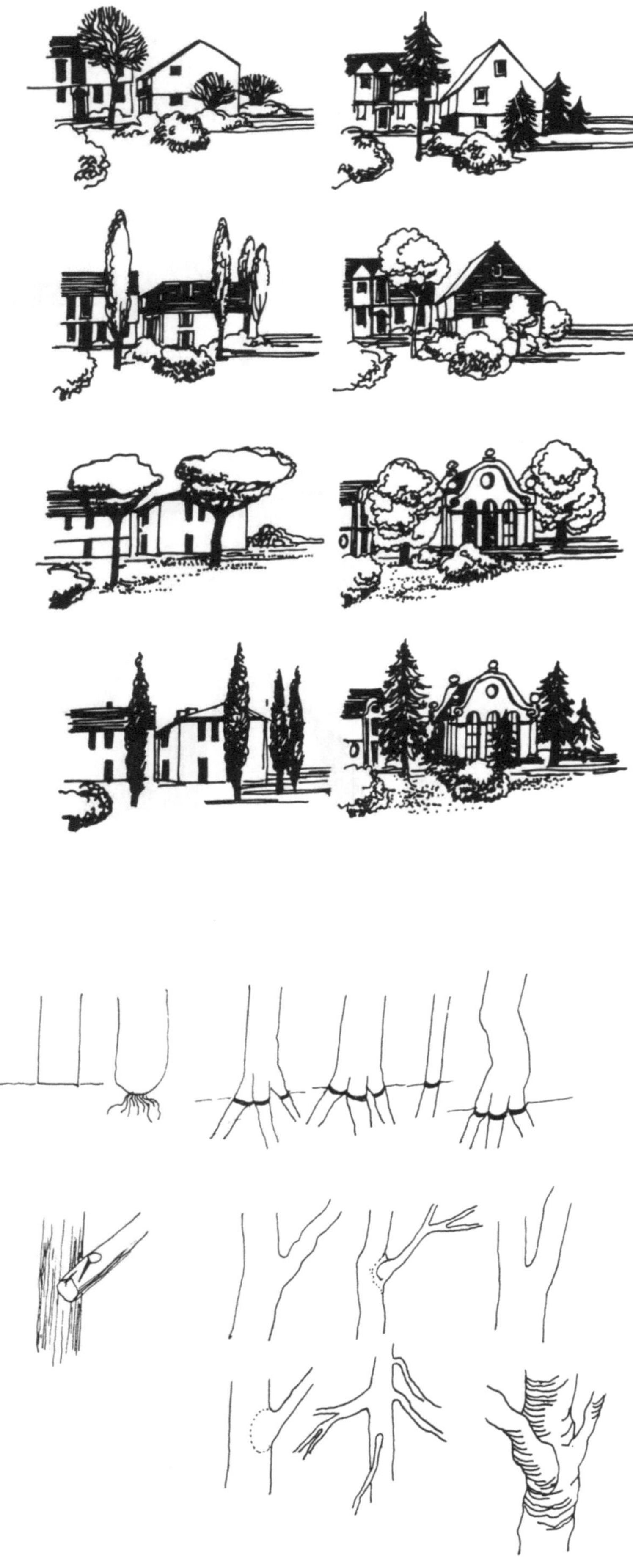

Baumformen und Architektur müssen in bestimmten Beziehungen zueinander stehen. Grafische Strukturen, Verästelungen aus Liniennetzen sollten zum Verdeutlichen der Unterschiede vor großflächigen Gebäuden stehen. Hochstehende Formen zu Flachdächern und spitzwinklige vor runden; so entstehen Widersprüche und gegenseitig belebende Kontraste. Gleiche Formen zu kombinieren, rund zu rund, spitz zu winklig, harmonisiert. Flammende Bewegungen von Zypressen zu großformigen schmalfenstrigen Gebäuden oder große Büsche an langen Stämmen davor vermitteln jene typischen Bilder aus dem Süden Europas.

In allen diesen Formbewegungen von Bäumen (organisch) und Gebäuden (anorganisch) sind die Proportionen von Bedeutung. Von ihnen hängt wiederum die Bewegungsenergie der Form ab.

Bäume sind raumgreifende Erscheinungen, sie sprießen und wachsen. Der Stamm eines Baumes kommt mit Wurzeln aus der Erde heraus und steht nicht etwa wie ganz links abgebildet, wie ein Pfahl auf dem Boden oder wie Pilze mit nur wenigen kurzen Fasern angewachsen. Tief oder flach, je nach Baumart wächst er aus der Erde, das muß beim Zeichnen beachtet werden. Die markierten Linien schneiden die Stämme etwa in der Art wie der Erdboden sie begrenzt. Die Äste wachsen aus den Stämmen heraus (welche Wundenwülste ein abgebrochener Ast am Stamm hinterlassen kann ist bekannt) und sie sind nicht angenagelt wie die links abgebildete Latte. Um einen Vergleich zu finden, mit dessen Hilfe sich leichter vorstellen läßt, wie Baum und Äste verbunden sind, sollte man sich zwei Stangen Knete denken, von denen das Ende der einen mit der anderen etwa in der Mitte verbunden werden soll. Man läßt sie aneinander stoßen und verschmiert dann sämtliche Kanten und Ecken, so daß sie eine Gabelung aus einem Stück bilden. Das ist nicht nur bei großen Ästen, sondern bis zur kleinsten Gabelung durchzuhalten. Schaurig kann es aussehen, wenn dies nicht konsequent angeführt wird und dann Striche, die Äste sein sollen, irgendwo abgebrochen frei in der Luft hängen.

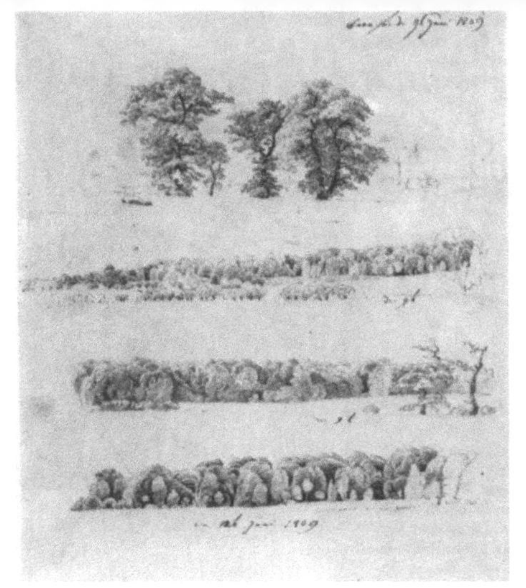

1

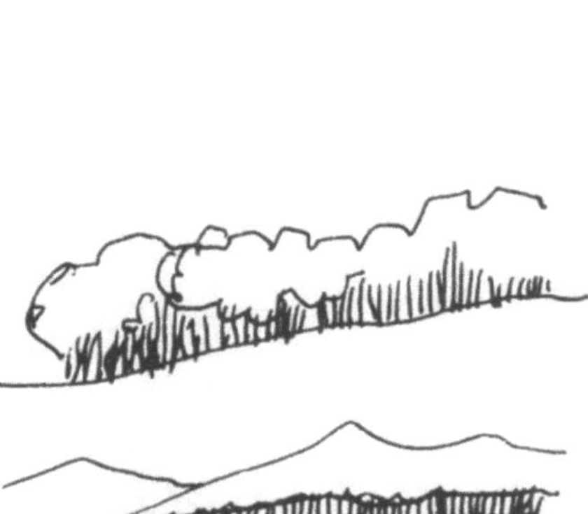

3   2

Wald und Waldrand können, so wie rechts außen, durch wenige senkrechte Striche und einer bewegten Oberkante gezeichnet werden. Diese eignen sich dann besonders für distanzierte Hintergründe oder schnelle Skizzen. Die Studien C. D. Friedrichs sind sehr liebevoll und genau den Formen jedes einzelnen Baumes nachgegangen, haben seine Größe, Helligkeit und Plastizität erfaßt und lassen uns einen sehr lebendigen, teils sogar gestaffelten Waldrand erkennen. Walddickicht aus verschiedensten Blättern zusammengesetzt zeigt Abb. Nr. 3. Die Abb. Nr. 4 besteht aus Stämmen, die ohne Baumkronen und aus dicht bewachsenem Boden (der weggelassen ist) herauswachsen und sich in die Tiefe des Blattes zu einem engen Stangenlabyrinth verdichten. Abb. 5 verwebt viele verschiedene Blattstrukturen zu einem Schraffurnetz. Viele Sagen, Märchen und Geschichten berichten vom Wald und seinen Geistern oder dem Schutz – er erregt unser Gemüt. »Gefühlserregung ist der Ausgangspunkt, Anfang und Ende. Das Handwerk, der Gegenstand, die Mache, ist die Mitte« (Cèzanne).

Abb. 3 stud. arch. Susanto 77. Feder, Indonesien

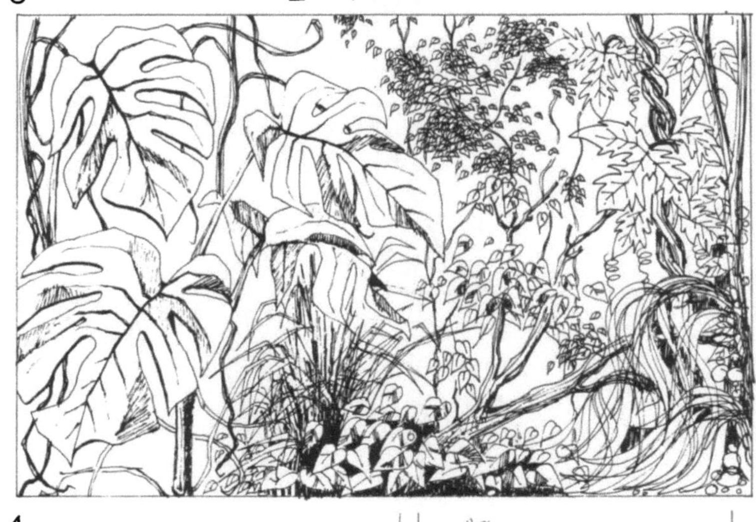

4

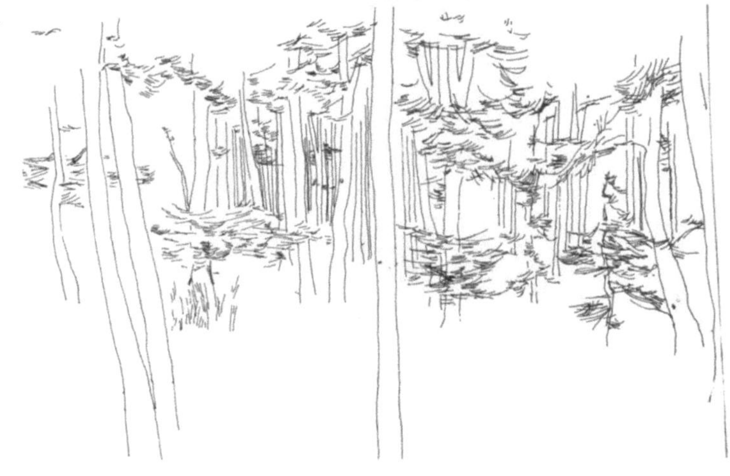

5

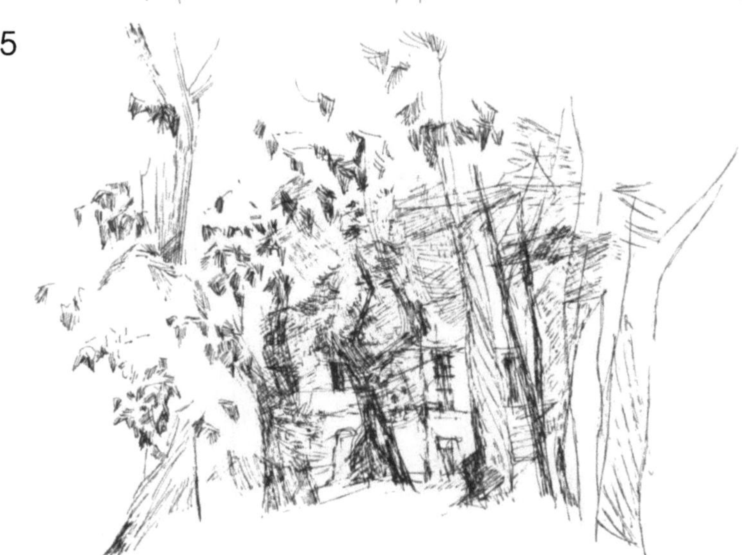

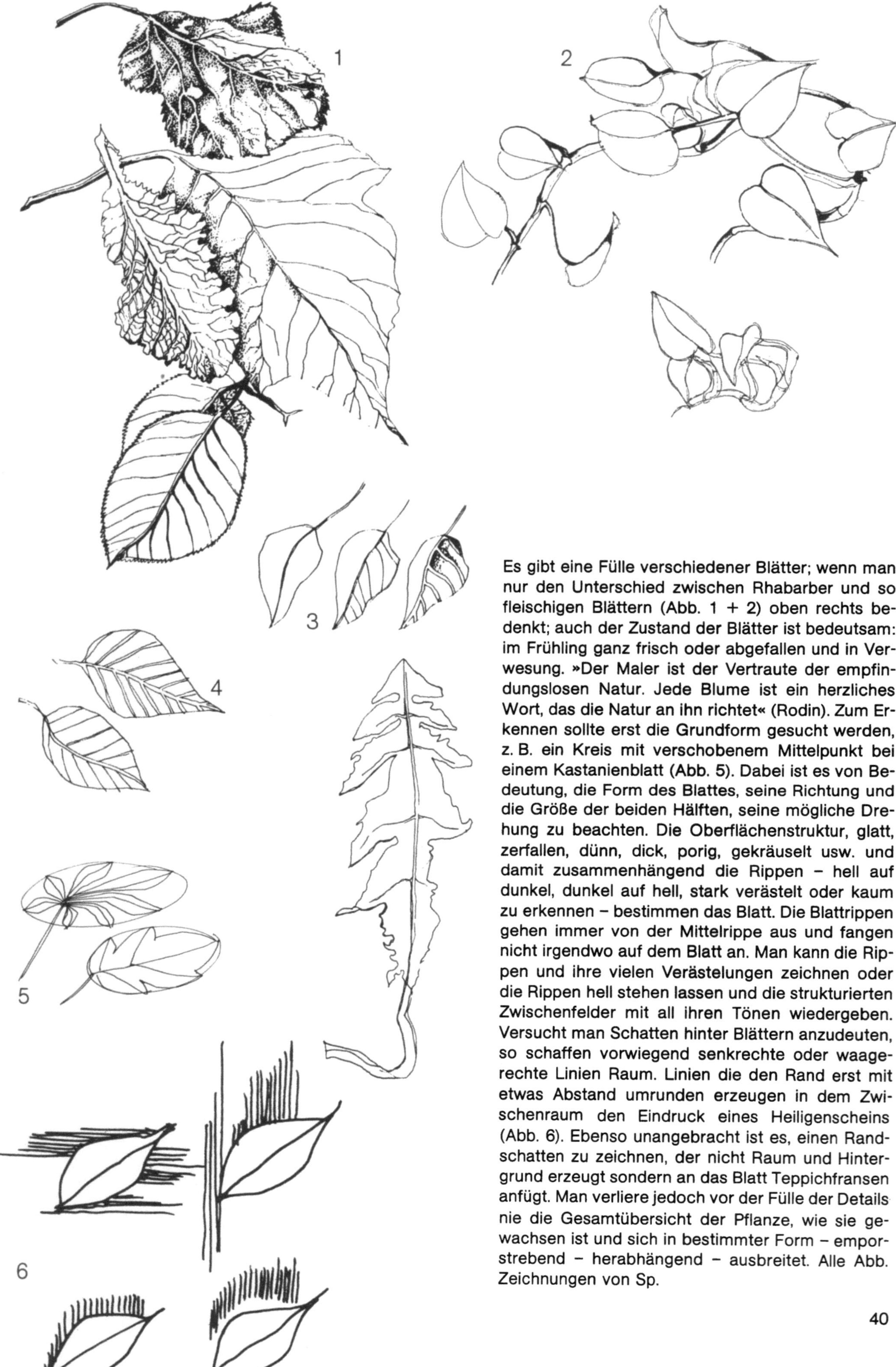

Es gibt eine Fülle verschiedener Blätter; wenn man nur den Unterschied zwischen Rhabarber und so fleischigen Blättern (Abb. 1 + 2) oben rechts bedenkt; auch der Zustand der Blätter ist bedeutsam: im Frühling ganz frisch oder abgefallen und in Verwesung. »Der Maler ist der Vertraute der empfindungslosen Natur. Jede Blume ist ein herzliches Wort, das die Natur an ihn richtet« (Rodin). Zum Erkennen sollte erst die Grundform gesucht werden, z. B. ein Kreis mit verschobenem Mittelpunkt bei einem Kastanienblatt (Abb. 5). Dabei ist es von Bedeutung, die Form des Blattes, seine Richtung und die Größe der beiden Hälften, seine mögliche Drehung zu beachten. Die Oberflächenstruktur, glatt, zerfallen, dünn, dick, porig, gekräuselt usw. und damit zusammenhängend die Rippen – hell auf dunkel, dunkel auf hell, stark verästelt oder kaum zu erkennen – bestimmen das Blatt. Die Blattrippen gehen immer von der Mittelrippe aus und fangen nicht irgendwo auf dem Blatt an. Man kann die Rippen und ihre vielen Verästelungen zeichnen oder die Rippen hell stehen lassen und die strukturierten Zwischenfelder mit all ihren Tönen wiedergeben. Versucht man Schatten hinter Blättern anzudeuten, so schaffen vorwiegend senkrechte oder waagerechte Linien Raum. Linien die den Rand erst mit etwas Abstand umrunden erzeugen in dem Zwischenraum den Eindruck eines Heiligenscheins (Abb. 6). Ebenso unangebracht ist es, einen Randschatten zu zeichnen, der nicht Raum und Hintergrund erzeugt sondern an das Blatt Teppichfransen anfügt. Man verliere jedoch vor der Fülle der Details nie die Gesamtübersicht der Pflanze, wie sie gewachsen ist und sich in bestimmter Form – emporstrebend – herabhängend – ausbreitet. Alle Abb. Zeichnungen von Sp.

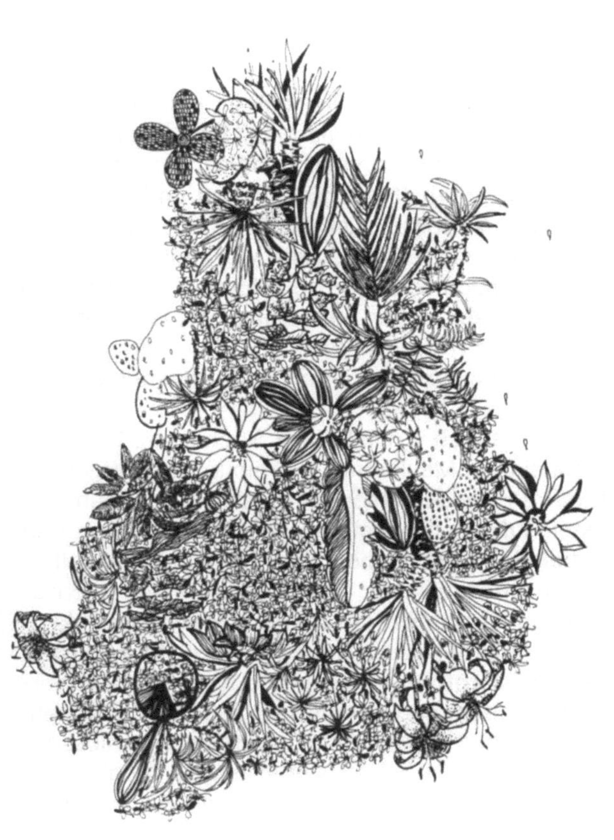

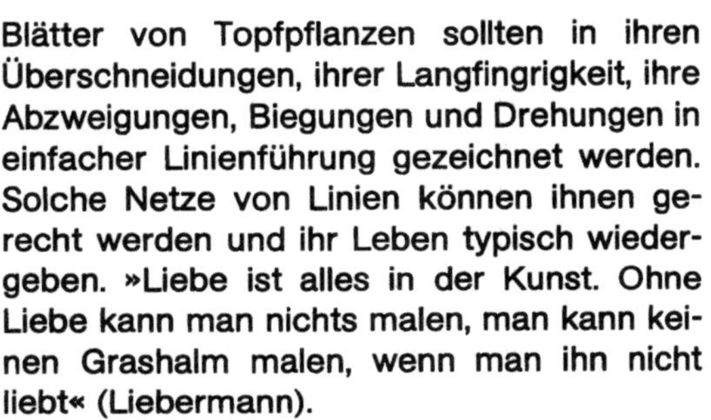

Blätter von Topfpflanzen sollten in ihren Überschneidungen, ihrer Langfingrigkeit, ihre Abzweigungen, Biegungen und Drehungen in einfacher Linienführung gezeichnet werden. Solche Netze von Linien können ihnen gerecht werden und ihr Leben typisch wiedergeben. »Liebe ist alles in der Kunst. Ohne Liebe kann man nichts malen, man kann keinen Grashalm malen, wenn man ihn nicht liebt« (Liebermann).

Dünne, dicke, helle oder dunkle Blätter zusammengesetzt; zu ihrem Ausgangspunkt etwas dunkler verstärkt; einzelne ganz im Schatten einmal fast ganz dunkel gezeichnet; andere im Hintergrund ganz leicht in zarten Strichen wiedergegeben; all dies zusammen kann aus dem einfachsten Blumentopf eine spannungsreiche Abbildung machen.

Abb. oben links: »Pflanzen« 1976, stud. arch. Jutta Thomas, Feder und Tusche.

Rechts und unten: »Blattpflanzen«, Bleistift, Sp. 74.

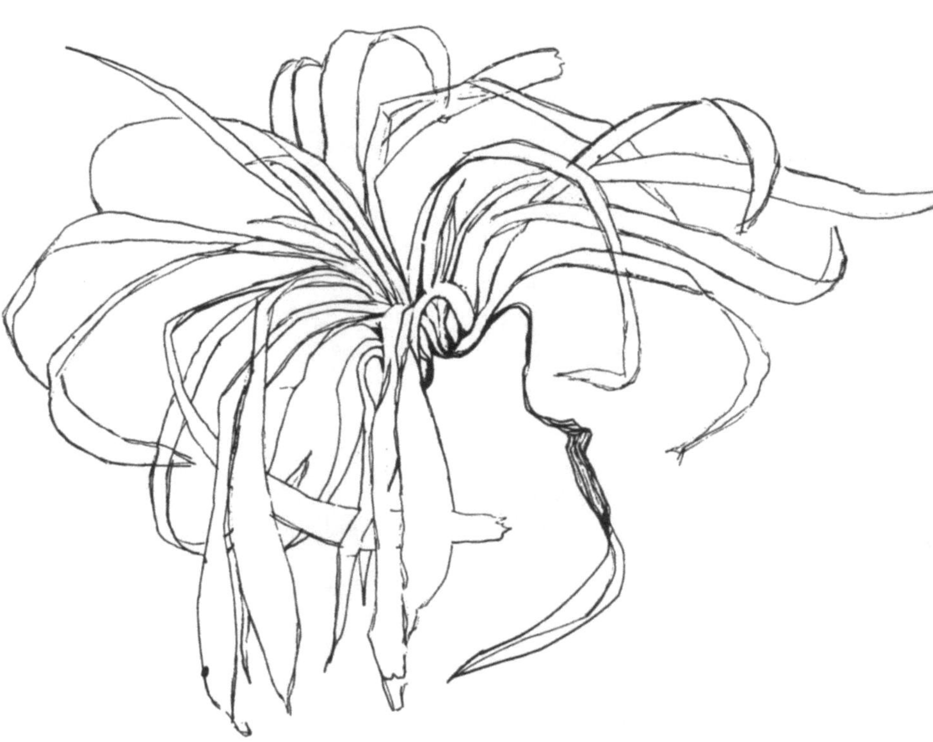

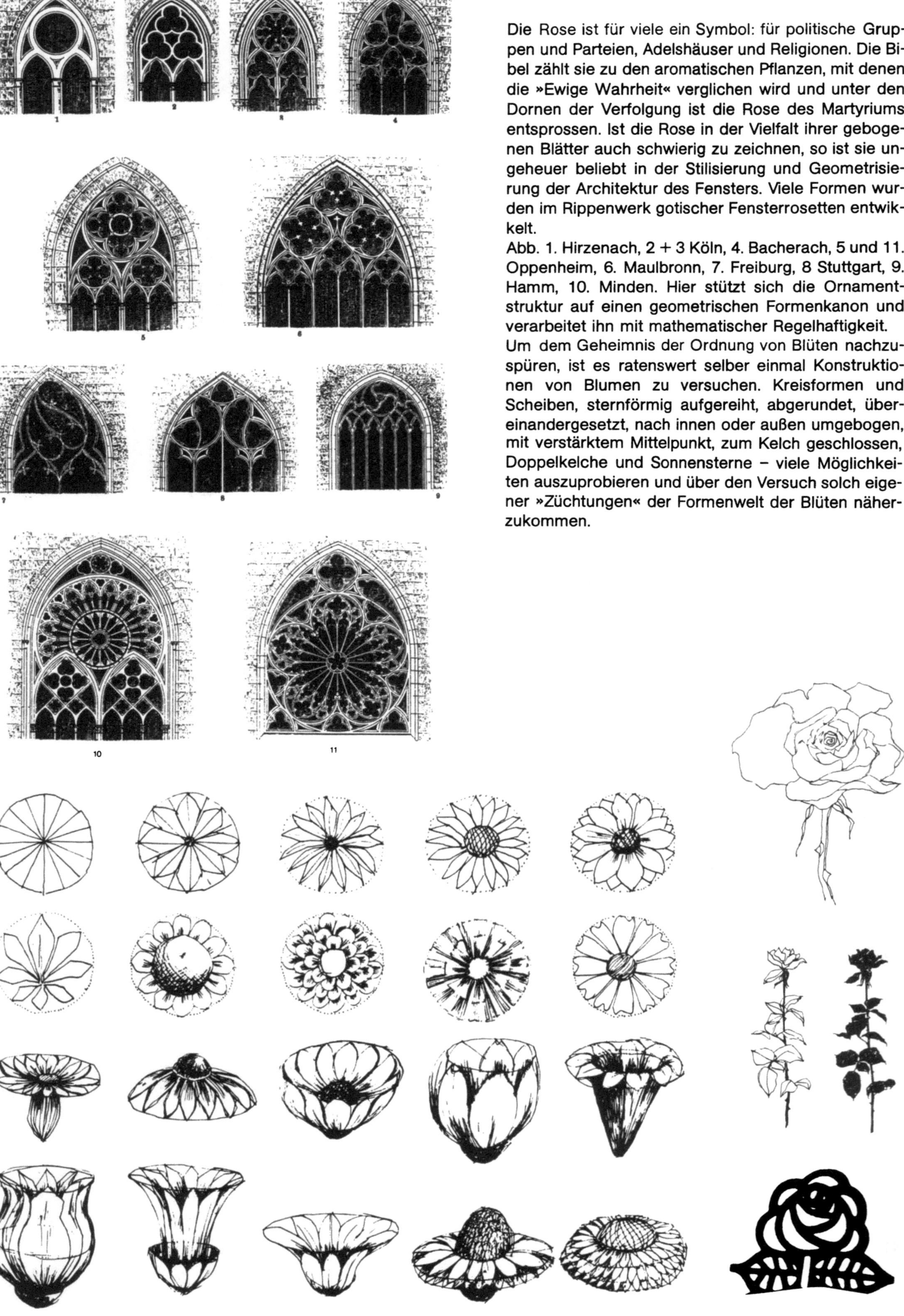

Die Rose ist für viele ein Symbol: für politische Gruppen und Parteien, Adelshäuser und Religionen. Die Bibel zählt sie zu den aromatischen Pflanzen, mit denen die »Ewige Wahrheit« verglichen wird und unter den Dornen der Verfolgung ist die Rose des Martyriums entsprossen. Ist die Rose in der Vielfalt ihrer gebogenen Blätter auch schwierig zu zeichnen, so ist sie ungeheuer beliebt in der Stilisierung und Geometrisierung der Architektur des Fensters. Viele Formen wurden im Rippenwerk gotischer Fensterrosetten entwickelt.

Abb. 1. Hirzenach, 2 + 3 Köln, 4. Bacherach, 5 und 11. Oppenheim, 6. Maulbronn, 7. Freiburg, 8 Stuttgart, 9. Hamm, 10. Minden. Hier stützt sich die Ornamentstruktur auf einen geometrischen Formenkanon und verarbeitet ihn mit mathematischer Regelhaftigkeit.

Um dem Geheimnis der Ordnung von Blüten nachzuspüren, ist es ratenswert selber einmal Konstruktionen von Blumen zu versuchen. Kreisformen und Scheiben, sternförmig aufgereiht, abgerundet, übereinandergesetzt, nach innen oder außen umgebogen, mit verstärktem Mittelpunkt, zum Kelch geschlossen, Doppelkelche und Sonnensterne – viele Möglichkeiten auszuprobieren und über den Versuch solch eigener »Züchtungen« der Formenwelt der Blüten näherzukommen.

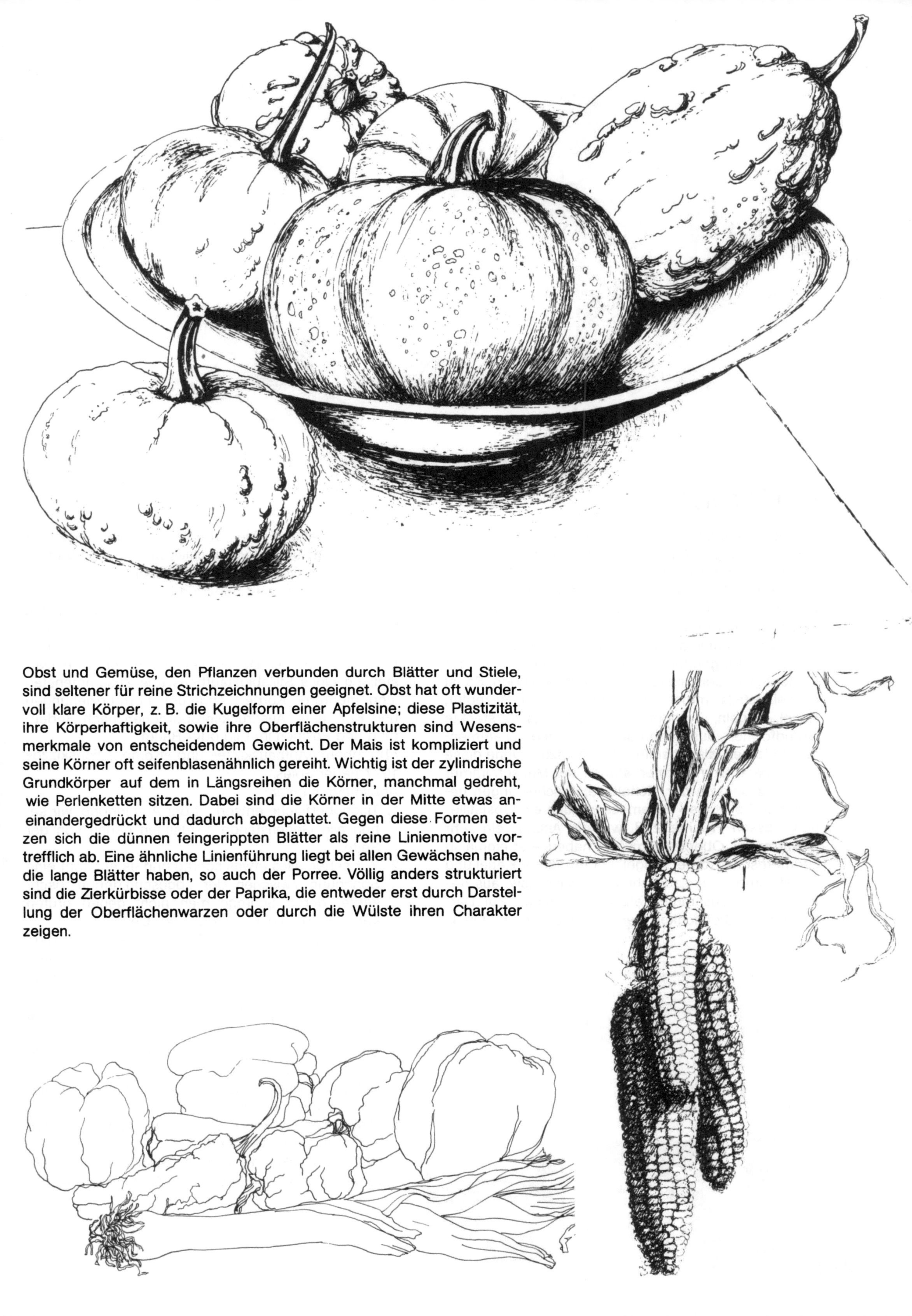

Obst und Gemüse, den Pflanzen verbunden durch Blätter und Stiele, sind seltener für reine Strichzeichnungen geeignet. Obst hat oft wundervoll klare Körper, z. B. die Kugelform einer Apfelsine; diese Plastizität, ihre Körperhaftigkeit, sowie ihre Oberflächenstrukturen sind Wesensmerkmale von entscheidendem Gewicht. Der Mais ist kompliziert und seine Körner oft seifenblasenähnlich gereiht. Wichtig ist der zylindrische Grundkörper auf dem in Längsreihen die Körner, manchmal gedreht, wie Perlenketten sitzen. Dabei sind die Körner in der Mitte etwas aneinandergedrückt und dadurch abgeplattet. Gegen diese Formen setzen sich die dünnen feingerippten Blätter als reine Linienmotive vortrefflich ab. Eine ähnliche Linienführung liegt bei allen Gewächsen nahe, die lange Blätter haben, so auch der Porree. Völlig anders strukturiert sind die Zierkürbisse oder der Paprika, die entweder erst durch Darstellung der Oberflächenwarzen oder durch die Wülste ihren Charakter zeigen.

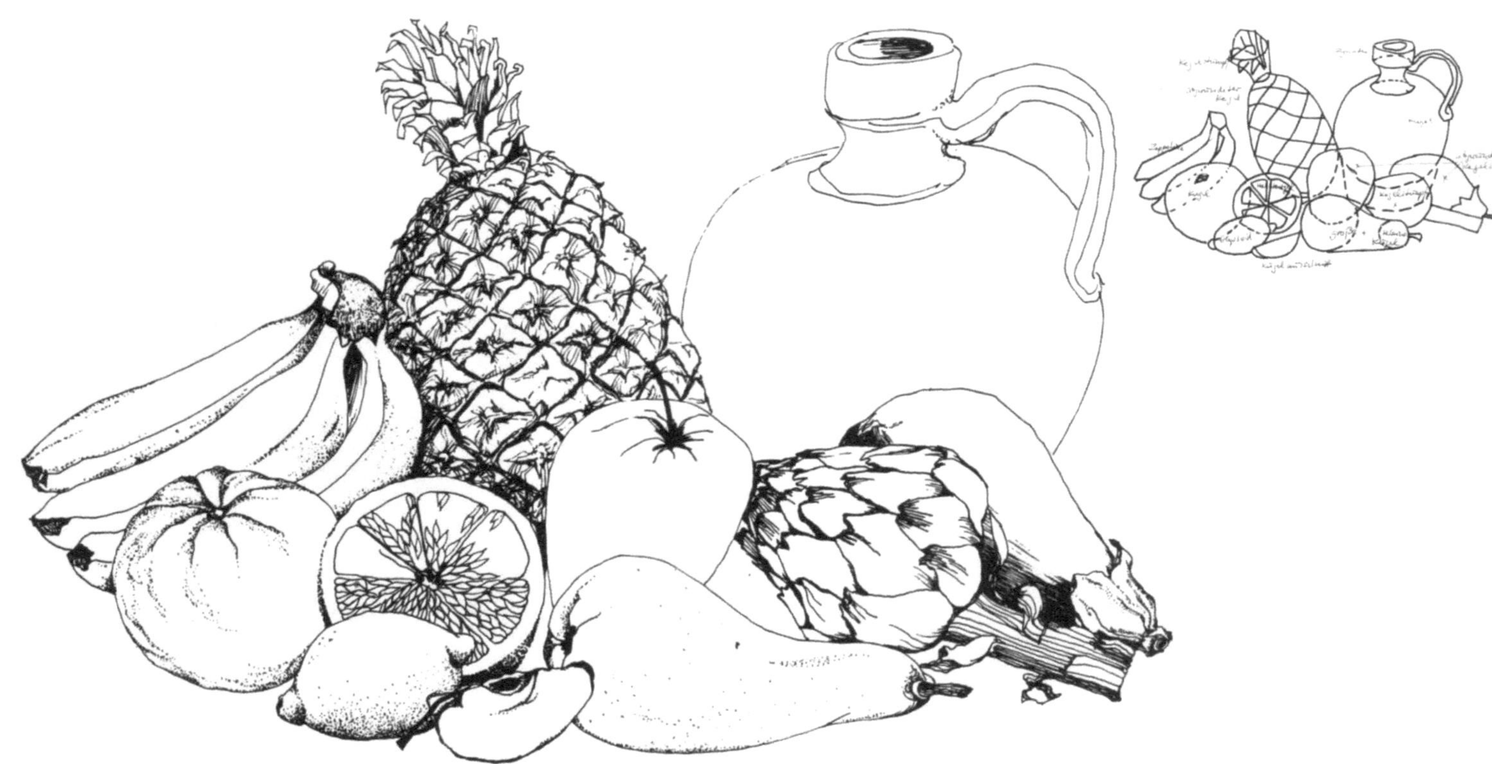

F. Körper

Bei den Bäumen wurde schon auf die Körperhaftigkeit eines Gegenstandes hingewiesen. Das folgende Kapitel soll sich eingehender mit den Darstellungsproblemen der Körperformen beschäftigen. Es ist ein allgemein verständliches Bemühen des Menschen, durch die Anwendung geometrischer Vereinfachungen, Wege zum leichteren Zugang zu den sich in den Dingen verbergenden Ordnungen, die man ja um der Eindeutigkeit der Bildaussage sucht, zu finden. So ist es keinesfalls immer eine billige Art der Rezeptur, Kegel, Kugeln, Zylinder und Würfel als versteckte Grundformen, aus denen sich die Dinge zusammensetzen lassen, als Hilfsmittel zu benutzen. Ohne diese Suche nach Grundformen stünde der Mensch immer noch fassungslos der Vielfalt der Erscheinungen gegenüber. Es ist also angemessen auch ein Obststilleben, dessen Früchte, z. B. wie die Ananas ein sehr verwirrendes Oberflächemuster haben, erst einmal in geometrische Körper: Kugel, abgerundeter Kegel und Kegelstumpf, Kugelausschnitt, Ellipsoid usw. aus denen sie sich zusammensetzen zu zerlegen. Zur Darstellung der Stofflichkeit dienen Konturlinie und Oberflächengestaltung. Die Oberfläche bietet Platz für viele Einzelangaben; unterschieden in Menge und Intensität nach wesentlich und unwesentlich:

Punkte für Poren und Schatten bei Zitrone, Apfelsine und Banane. Fruchtfleischfasern lineare Rippen und Schatten an der Artischoke und Aubergine; Formlinien an den »Polstern« der Ananasoberflächenteilung. Dem Studium der Details sei hier gleich eine Darstellung eines Stillebensaufbaus (die Zusammenstellung mehrerer Körper) angefügt: Formbeziehungen und Kontraste, Ausdrucksproportionen nach Bedeutung und Position im Bild oder Raum.

Abb. oben: »Aufbauskizze« und »Kompositionsskizze« 1977 Feder Spies.

Abbildungen unten:

1. Tischoberfläche entspricht der Augenhöhe; wir sehen alle Gegenstände sozusagen genau von der Seite.
2. Wir sehen alles etwas schräg und es entsteht eine Spannung zwischen der abgeschnittenen Tischkante, deren Schräge man nicht genau prüfen kann und dem darauf stehenden Geschirr.
3. Blick genau von oben. Es ist für eine derartige Sicht sicherlich nicht die Einzelform des Kaffeegeschirrs wichtig, sondern vielleicht die Sammlung von Kreisen der Teller, Tasse, Kanne und Vase in Überschneidung mit dieser Viertelkreisteilung des Feldes durch den Tischabschnitt.

Die 4, 5 und 6 geben die Darstellung 2 in drei Hell-Dunkelversionen wieder:

4. Hell auf Dunkel: Gegensatz innerhalb der Tischfläche, Körper gleichermaßen
5. Hell neben Dunkel: = Einheit der Dinge mit Tisch vor dunklem Hintergrund;
6. Hell und Dunkel: nur in dem Geschirr variiert, Hintergrund und Tisch bilden eine flächige Einheit.

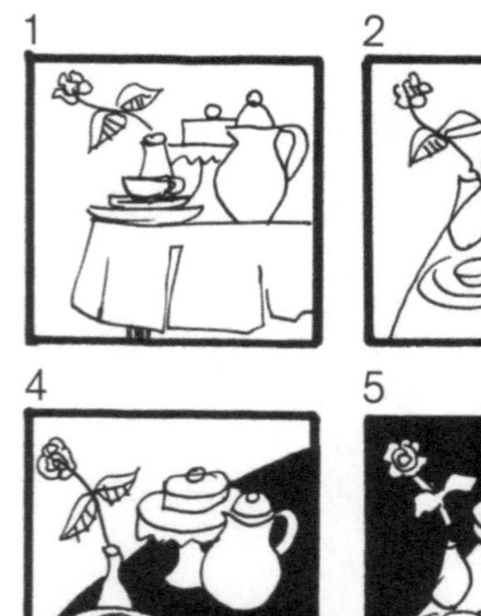
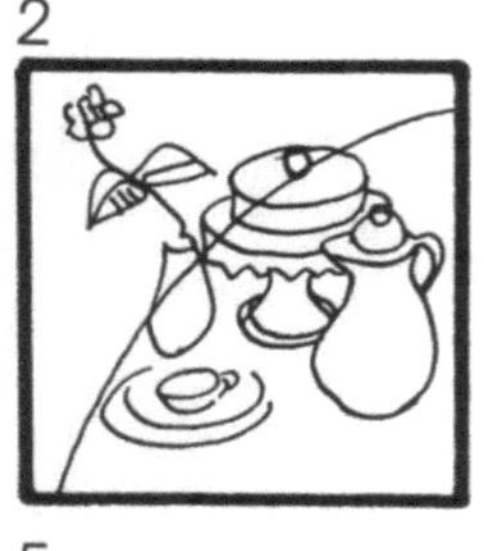
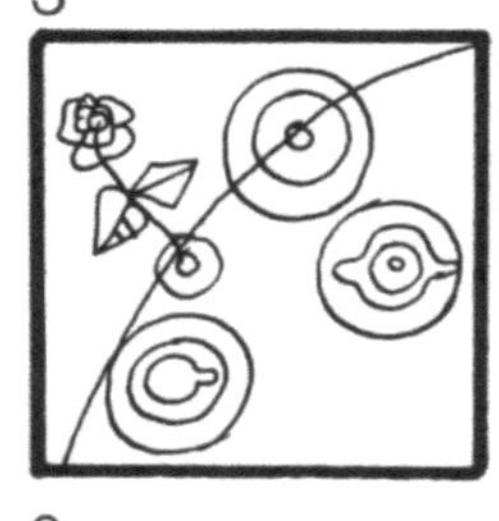
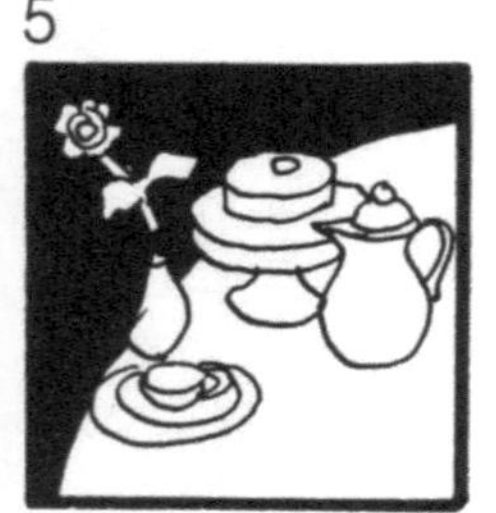
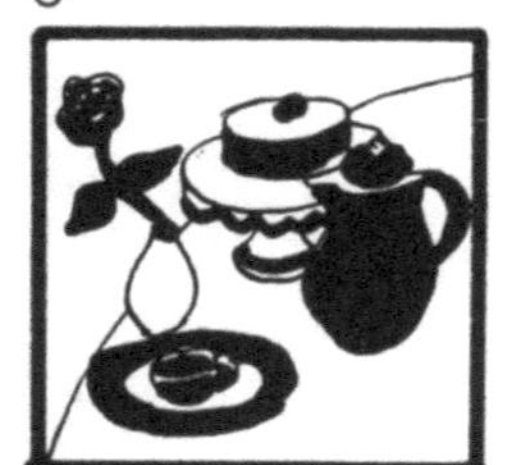

Der Versuch des rumänischen stud. arch. P. Vlad 1976
eine Hupe zu konstruieren zeigt die Bemühung, durch
ganz technische Darstellungsweise den Formen
nachzugehen; aus dem Kreis der Hupenöffnung oder
dem Gummiballon werden in der schrägen Ansicht
Ellipsen, die sich um die Mittelachse legen. Die vordere
Trompetenöffnung setzt sich aus einer Scheibe, einem
Kegel und dann teils gekrümmten Zylindern, zusammen.

Die Zeichnung zeigt ein Raumgestell, das entsteht,
wenn sämtliche Hilfslinien mitgezeichnet werden. So
zu verfahren ist sinnvoll, um Körperhaftigkeit wirklich
zu erkennen. Erst solche Art von Körpergestellen vermögen unsere Vorstellung von Plastizität zu füllen.
Die Netze oder der ostasiatische Vogelkäfig sind Körpergestelle von Natur aus und eignen sich daher besonders, diese Darstellungsart zu versuchen.
Die 3 Dimensionen als Raumcharakter, oder als Hohlform werden sichtbar durch Sichtbarmachung der
Binnengliederung.

Runde Formen erwecken Assoziationen der Fülle, lebendigen Wachstums, Plastisches, Warmes auch Verspieltes, weich, zart.

Eckige Formen wirken dagegen anorganisch, konstruktiv, überlegt gebaut, geschliffen oder auch ernst,
kalt und hart, sowie auch gerade Kanten wirken.

Spitze Formen erinnern an Geschnittenes, Scharfes,
Splitter, Dolch und Blitz. Als wegweisender Pfeil haben sie auch etwas Gebieterisches.
Beachtung muß auch den Wirkungen der großen oder
kleinen Form gewidmet werden. Groß erscheint eine
Form, die sparsam gegliedert ist, massig und
blockartig, voll verhaltener Kraft (Barlach).
Der Aesculapstab soll die Plastizität erklären, so wie
sie sich aus den wandernden Helligkeiten und Schatten ein Vor und Zurück, Oben und Unten ergibt.

2 Vogelbauer, cand. arch. Ellen Fickel, 1976
3 »Netze und Reusen« 1963, Feder, J. Spies

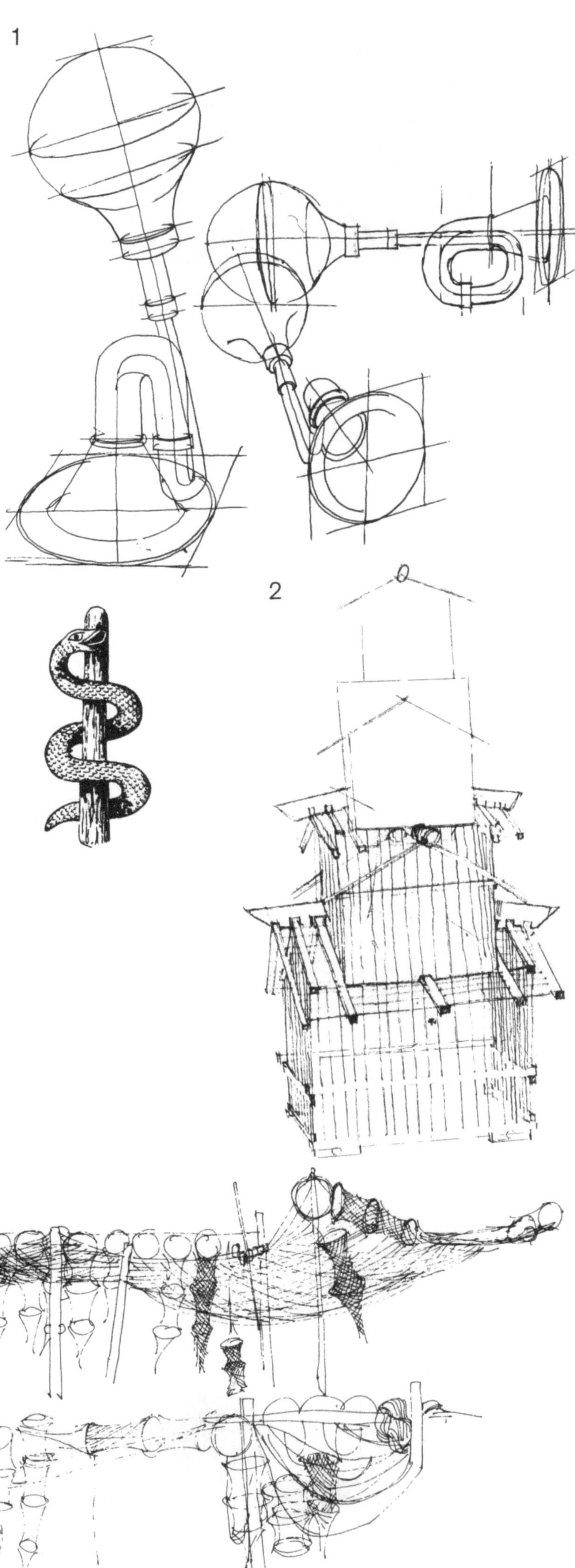

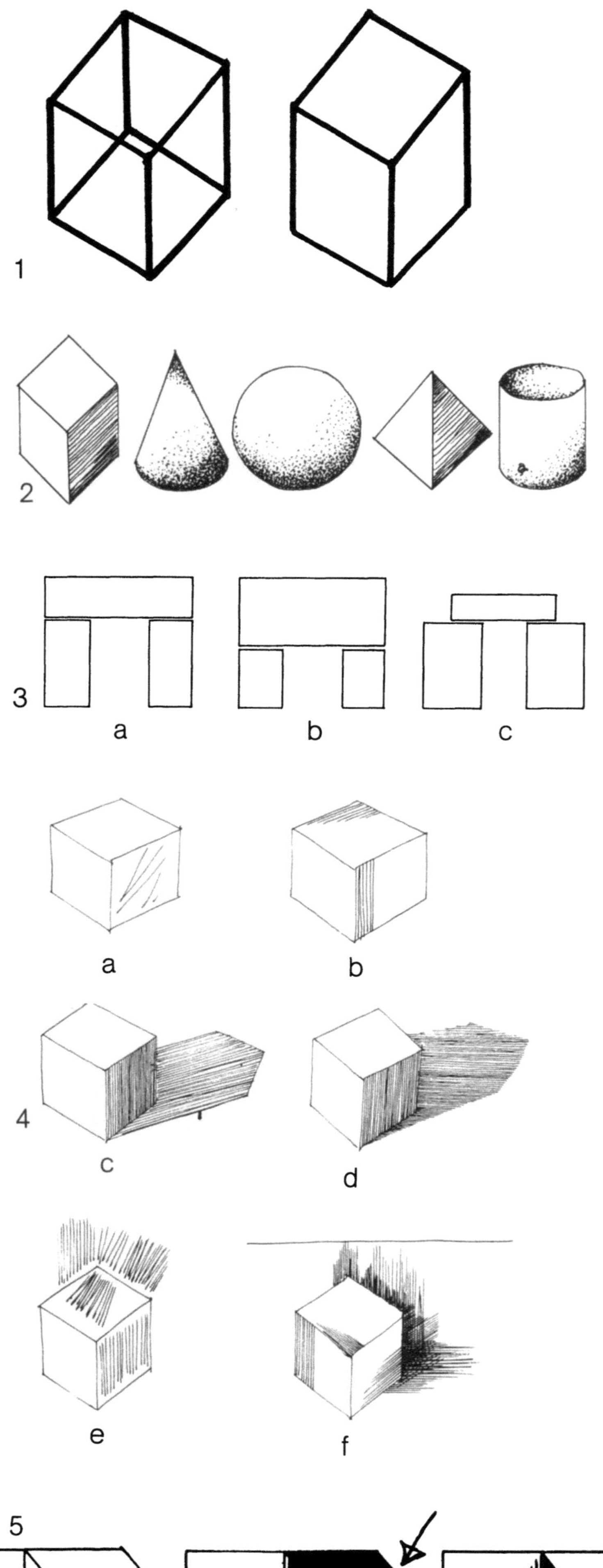

Die Abb. 1 stellt ein Körper- oder Raumgestell eines Würfels neben eine Körperdarstellung. Ein Gestell aus Linien (Draht) und zu einem ebenflächigen Körper mit festen Seiten in Beziehung gesetzt. Abb. 2 zeigt eine Sammlung geometrischer Körper mit plastischen Darstellungsversuchen durch Schraffuren oder Punkte: eckig-rund, ebenflächig – mit gewölbten Flächen.

Der Vorrat geometrischer Gestalten ändert sich je Epoche: Ägypter und Griechen bevorzugen Rechteck, Pyramide, Kubus und Zylinder.

Die Römer und die Romanik benutzen Zylinder-Halbkugel, Kreis und Halbkreis. Das Barock nimmt Ellipse und Spirale und die Neuzeit verwendet Kubus und Raster.

Abb. 3 zeigt das Tragen und Lasten von Körper und soll uns die Wirkungsweisen ihrer Maße zueinander verdeutlichen:

    a. normale bis langweilige Belastung gibt uns einen schwachen Begriff von Fragen und Lasten bei gleicher Größe.

    b. Übergewichtig und drückende Last.

    c. Fast albern leichte Belastung kräftiger Stützen.

Das ist jedoch nicht nur ein Problem der Groß-Klein- sondern auch der Kräftedarstellung (Bewegungsenergie der Mengen).

Abb. 4 soll die Körperformenden Linienschatten erläutern:

    a. Es sind keine formende Linien auf der Seitenfläche des Würfels angebracht sondern diese Linien gleichen eher formzerstörenden Säbelhieben, die den Würfel aufschlitzen.

    b. zeigt Schraffuren, die jeweils einer der Seitenkanten folgen und daher die Flächen erhalten.

    c. ein schräger Schatten darf in ihrer Schraffur nicht den Seitenbegrenzungen des Schattens parallel folgen, wie die Schraffur den Seitenkanten des Würfels. Durch einen schrägen Schatten erscheint der Würfel auf einer schiefen Ebene ins Rutschen zu kommen.

    d. die Schattenschraffuren sind waagerecht und folgen der Kante des Untergrundes oder dem Horizont; sie beschreiben die Ebene, auf der der Würfel steht.

    e. alle Schattenlinien dürfen nicht irgendwo auf der Seitenfläche eines Körpers beginnen, sonst erscheinen sie eher als Flecken oder leichte Dellen. Desgleichen dürfen Hintergrundschatten nicht vor der Körperkante enden und so eine Art Heiligenschein bilden.

    f. Schattenlinien und Hintergrundschraffuren müssen immer bis an die Kanten heran- oder von ihnen ausgehen.

Erst der Schatten bei gleicher Lichtführung von oben rechts wie Abb. 5 zeigt, ermöglicht es, die beabsichtigte eindeutige Aussage bei einem so irreführenden Körper festzulegen.

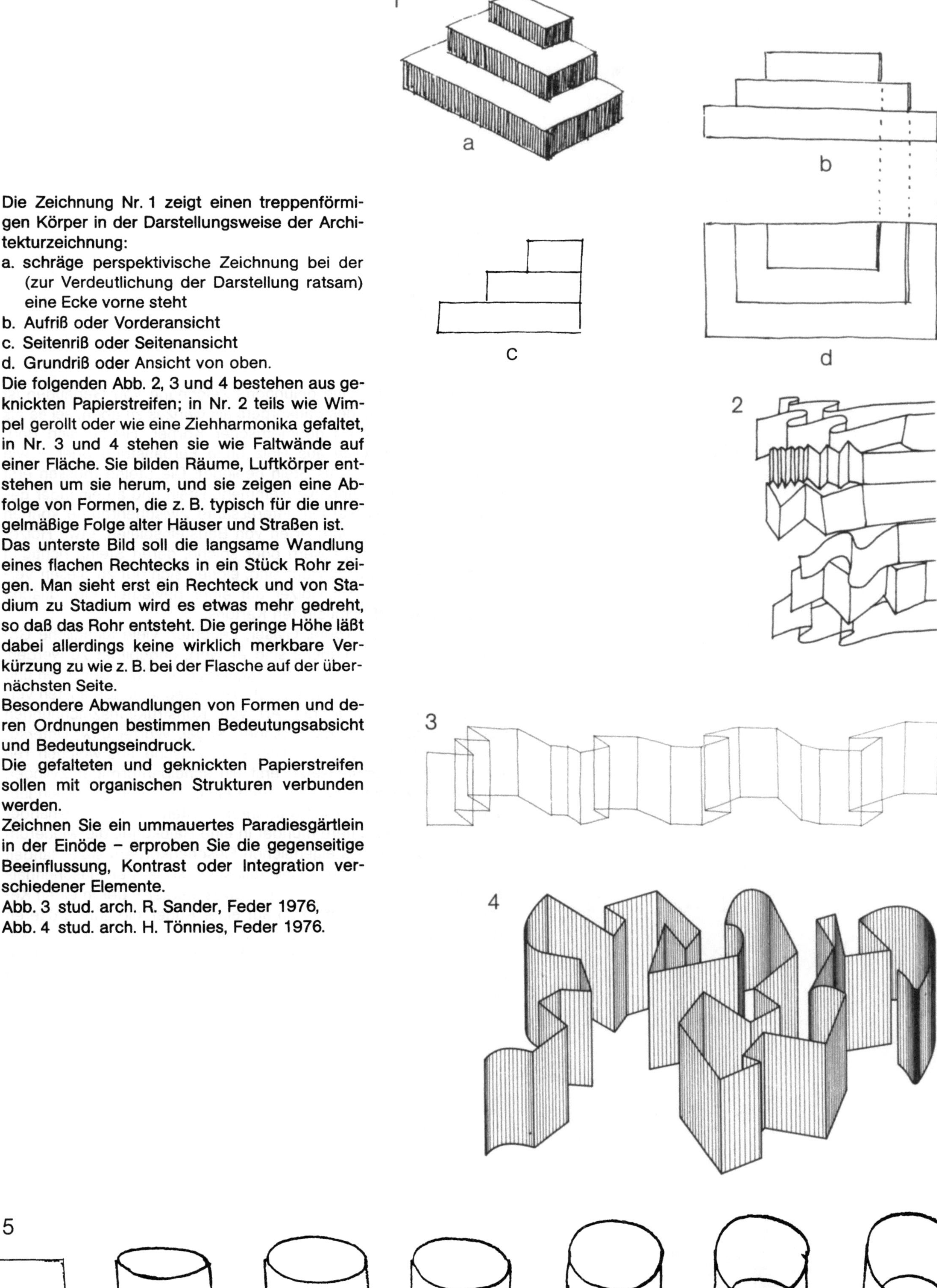

Die Zeichnung Nr. 1 zeigt einen treppenförmigen Körper in der Darstellungsweise der Architekturzeichnung:

a. schräge perspektivische Zeichnung bei der (zur Verdeutlichung der Darstellung ratsam) eine Ecke vorne steht
b. Aufriß oder Vorderansicht
c. Seitenriß oder Seitenansicht
d. Grundriß oder Ansicht von oben.

Die folgenden Abb. 2, 3 und 4 bestehen aus geknickten Papierstreifen; in Nr. 2 teils wie Wimpel gerollt oder wie eine Ziehharmonika gefaltet, in Nr. 3 und 4 stehen sie wie Faltwände auf einer Fläche. Sie bilden Räume, Luftkörper entstehen um sie herum, und sie zeigen eine Abfolge von Formen, die z. B. typisch für die unregelmäßige Folge alter Häuser und Straßen ist.

Das unterste Bild soll die langsame Wandlung eines flachen Rechtecks in ein Stück Rohr zeigen. Man sieht erst ein Rechteck und von Stadium zu Stadium wird es etwas mehr gedreht, so daß das Rohr entsteht. Die geringe Höhe läßt dabei allerdings keine wirklich merkbare Verkürzung zu wie z. B. bei der Flasche auf der übernächsten Seite.

Besondere Abwandlungen von Formen und deren Ordnungen bestimmen Bedeutungsabsicht und Bedeutungseindruck.

Die gefalteten und geknickten Papierstreifen sollen mit organischen Strukturen verbunden werden.

Zeichnen Sie ein ummauertes Paradiesgärtlein in der Einöde – erproben Sie die gegenseitige Beeinflussung, Kontrast oder Integration verschiedener Elemente.

Abb. 3 stud. arch. R. Sander, Feder 1976,
Abb. 4 stud. arch. H. Tönnies, Feder 1976.

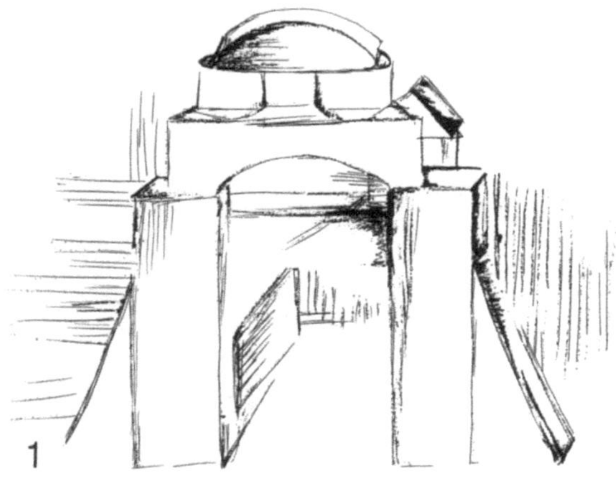

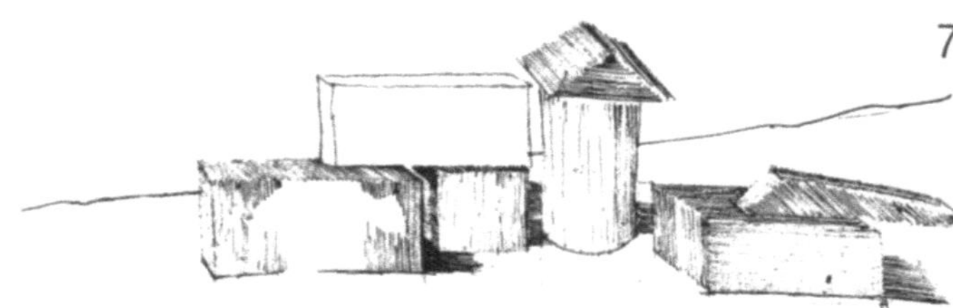

Abb. von stud. arch.
1. Anja Gräber
2. Winkel
3. Yie
4. G. Rattay
5. Paul Yie
6. A. Heckmann
7. Yie 1976

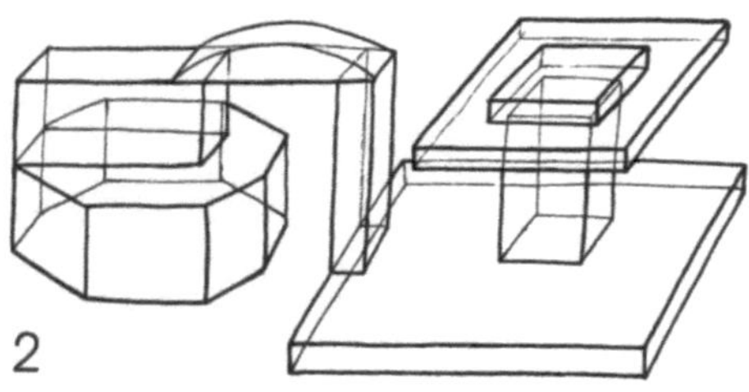

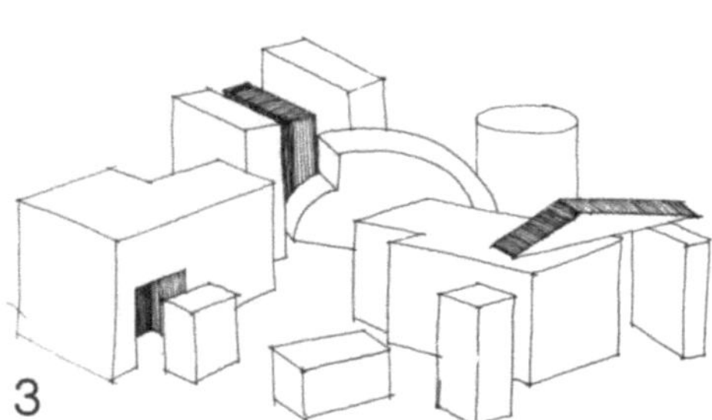

Voraussetzung für eine gelungene Zeichnung von Gebäuden ist es, die Darstellung des Baukörpers als Ganzes zu üben; sei es als Raumgestell oder als geometrischer Körper. Hierzu sind Bausteine, wenn möglich aus Holz ohne Farbanstrich oder – wie heute sehr selten – aus Stein geeignet. Die Steine müssen erst einzeln, dann in Gruppen zusammengestellt und aufeinander getürmt, gezeichnet werden. Interessante Zwischenräume können entstehen. Auch andere Arten von Bausteinspielen, etwa Hölzer zum Bau von Blockhäusern oder solche, deren Steine richtigen Baumaterialien nachgebildet sind, eignen sich gut zu diesen Versuchen. Zeichnen Sie Hölzer auf einer bewegten Grundfläche (Abb. 6) oder auf gemusterten Kartons.

Flaschen, Schalen, Töpfe, Gläser, Leuchter; viele alltägliche Gegenstände unseres Lebens sind es wert, abgebildet zu werden. Durch Übung findet man leicht Zugang zu der Fülle der Arten und dem Reichtum der Formen. Auch diese Gegenstände sollten versuchsweise einmal in der Art von Konstruktionszeichnungen zerlegt werden, in Kegel, Zylinder, Kugel, Würfel usw. Untersuchen Sie einmal genau den Hals einer Flasche, aus welchen Teilen er sich zusammensetzt: erst ein scheibenförmiger Zylinder, darunter etwas verjüngt ansetzend Abschnitte von schmalen langen Kegeln, die in der Mitte an ihren breiten Flächen aneinander gesetzt sind. Der untere mündet in eine Halbkugel, die wiederum auf dem Zylinder des eigentlichen Flaschenkörpers sitzt. Handelt es sich um eine typische Chiantiflasche, so ist der Flaschenhals ein sehr gerader Zylinder – oben etwas stärker – der in einen Kegel übergeht. Dieser sitzt nun auf einer Kugel, die zum größeren Teil in der Strohhülle steckt. Es ist wichtig darauf zu achten, wie diese Hülle sichtbar um den Flaschenkörper, etwas stärker als er selber, herumläuft. Die Flasche steht auf einer sehr flachen Scheibe eines Kegels.

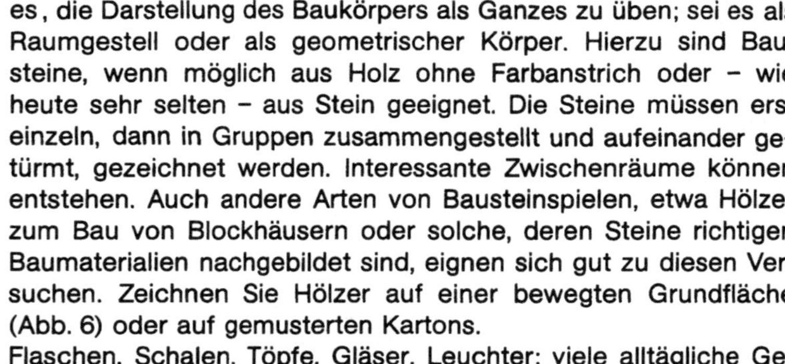

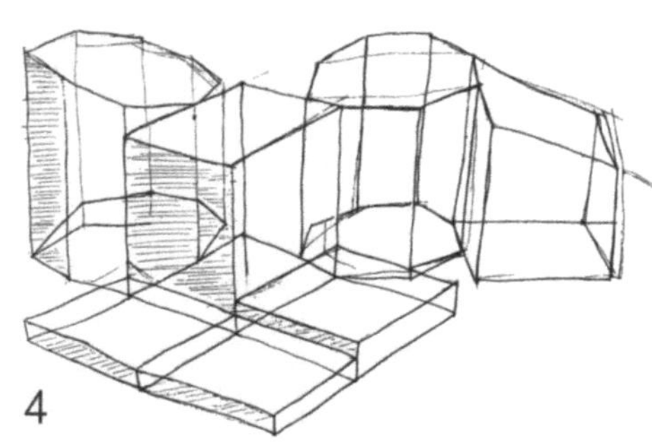

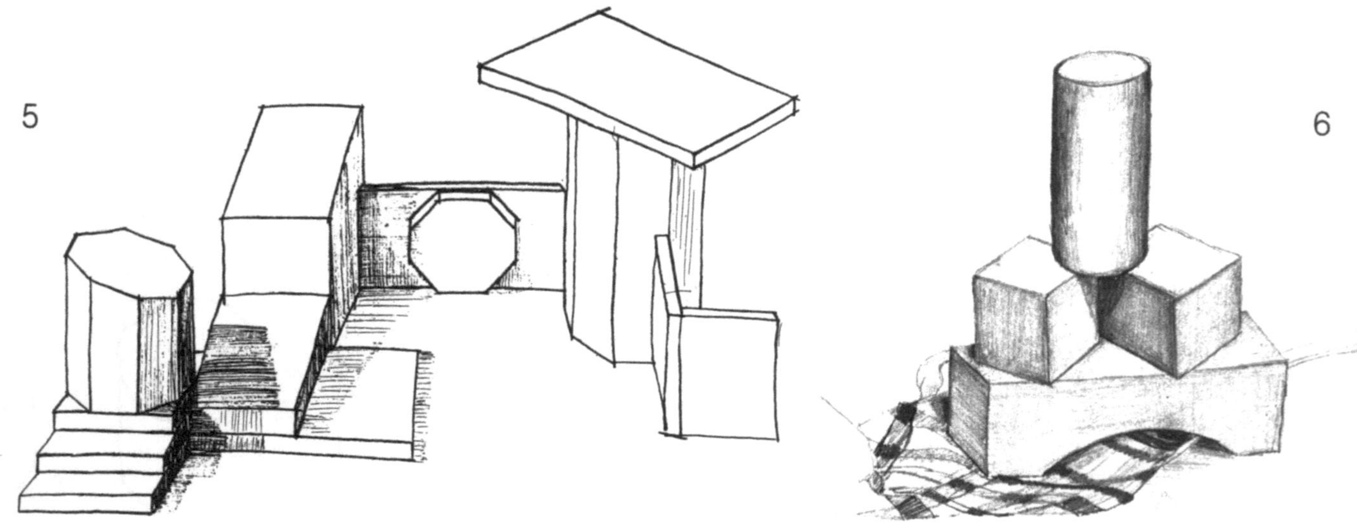

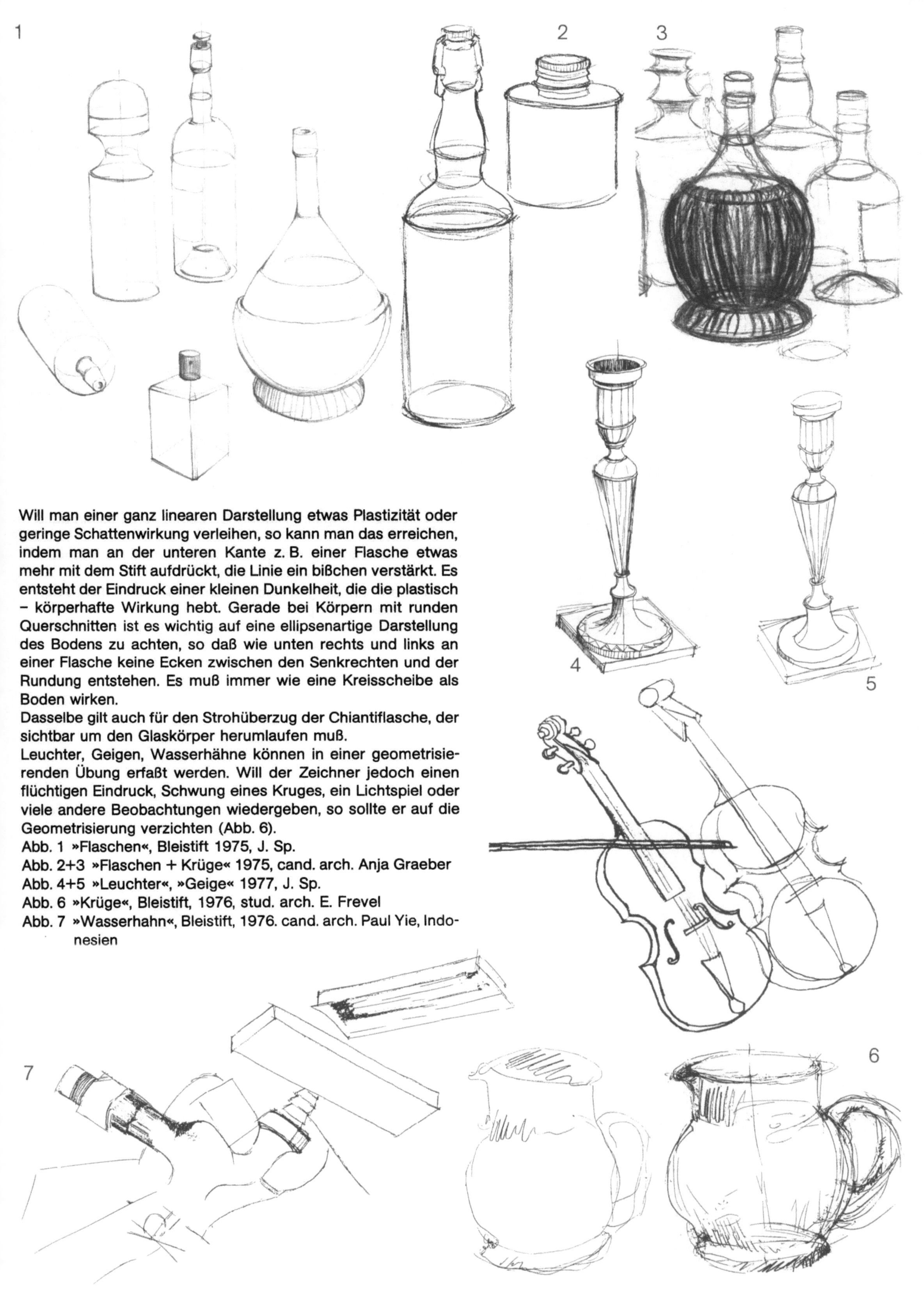

Will man einer ganz linearen Darstellung etwas Plastizität oder
geringe Schattenwirkung verleihen, so kann man das erreichen,
indem man an der unteren Kante z. B. einer Flasche etwas
mehr mit dem Stift aufdrückt, die Linie ein bißchen verstärkt. Es
entsteht der Eindruck einer kleinen Dunkelheit, die die plastisch
– körperhafte Wirkung hebt. Gerade bei Körpern mit runden
Querschnitten ist es wichtig auf eine ellipsenartige Darstellung
des Bodens zu achten, so daß wie unten rechts und links an
einer Flasche keine Ecken zwischen den Senkrechten und der
Rundung entstehen. Es muß immer wie eine Kreisscheibe als
Boden wirken.
Dasselbe gilt auch für den Strohüberzug der Chiantiflasche, der
sichtbar um den Glaskörper herumlaufen muß.
Leuchter, Geigen, Wasserhähne können in einer geometrisie-
renden Übung erfaßt werden. Will der Zeichner jedoch einen
flüchtigen Eindruck, Schwung eines Kruges, ein Lichtspiel oder
viele andere Beobachtungen wiedergeben, so sollte er auf die
Geometrisierung verzichten (Abb. 6).
Abb. 1 »Flaschen«, Bleistift 1975, J. Sp.
Abb. 2+3 »Flaschen + Krüge« 1975, cand. arch. Anja Graeber
Abb. 4+5 »Leuchter«, »Geige« 1977, J. Sp.
Abb. 6 »Krüge«, Bleistift, 1976, stud. arch. E. Frevel
Abb. 7 »Wasserhahn«, Bleistift, 1976. cand. arch. Paul Yie, Indo-
nesien

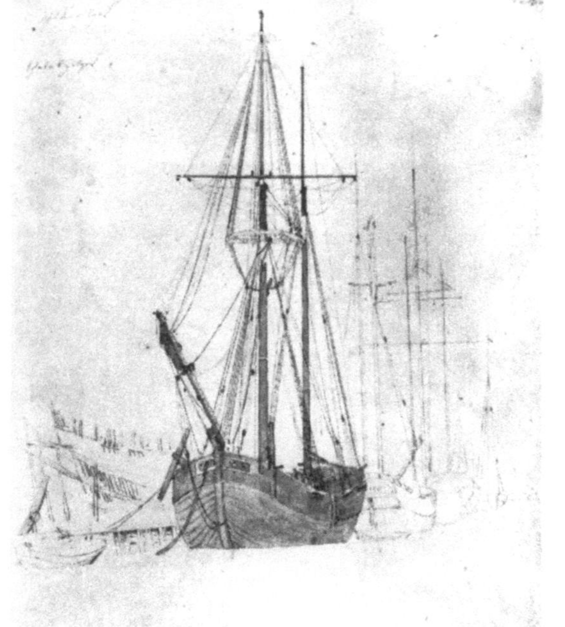

Die kompliziertesten Körper sind Schiffsrümpfe und Boote aller Art. Sie verzaubern allein schon durch ihre schön geschwungene Form, auch wenn sie kieloben zum neuen Anstrich auf Böcken liegen. Sie erregen unser Erstaunen durch die Fülle der Geräte, Takelagen, Ruder, Bojen, Tauen, Schoten und Enten (Seile) ihre komplizierte, doch sinnvolle Ordnung. Schöne Schiffsmodelle sind die Träume aller Jungen, und auch wir träumen von einer weiten, heilen und sauberen Welt, wenn Segelboote ruhig elegant ihre Bahn ziehen. Schon die Grafik der Konstruktionszeichnung eines Bootes fasziniert; oder erst die wunderlichen Liniennetze der Takelage. Besonders wichtig ist beim Zeichnen von Booten, ihre besondere Art der Verkürzung zu beachten. Um sich diese wirklich klar zu machen, ist es verständlich und sinnvoll, Abbildungen von liegenden Booten einmal durchzupausen. Der wundervolle Schwung einer Bordwand, das Auf- und Absteigen zu Bug und Heck usw. ist so reizvoll, daß ungenaues Hinsehen sehr betrübliche Ergebnisse zeigen kann. Boote sind gebaut für die Bewegung, noch am Steg festgemacht schaukeln sie schon leise hin und her. Sie sind für diese Beweglichkeit geformt und wir entwickeln bei ihrem Anblick Bewegungsvorstellungen. Bewegung setzt Raum voraus, den man durchsegelt (siehe Kapitel G).

Abb. 1 »Schonerbrigg im Hafen«. C. D. Friedrich. Bleistift aquarelliert.
Abb. 2 »Spantenriss«; dümpelnde Boote« nach Werbepapieren.
Abb. 3 »Kahn am Steg in Bodman am Bodensee« 1954. Feder + Bleistift. J. Sp.
Abb. 4+5 »Auf der Semiramis 1954« J. Sp. Bleistift.

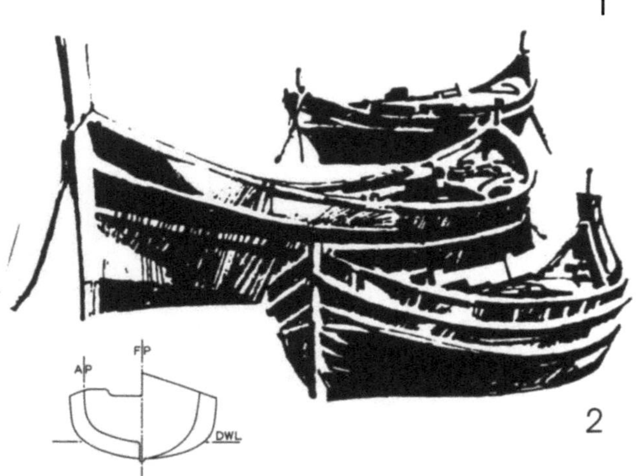

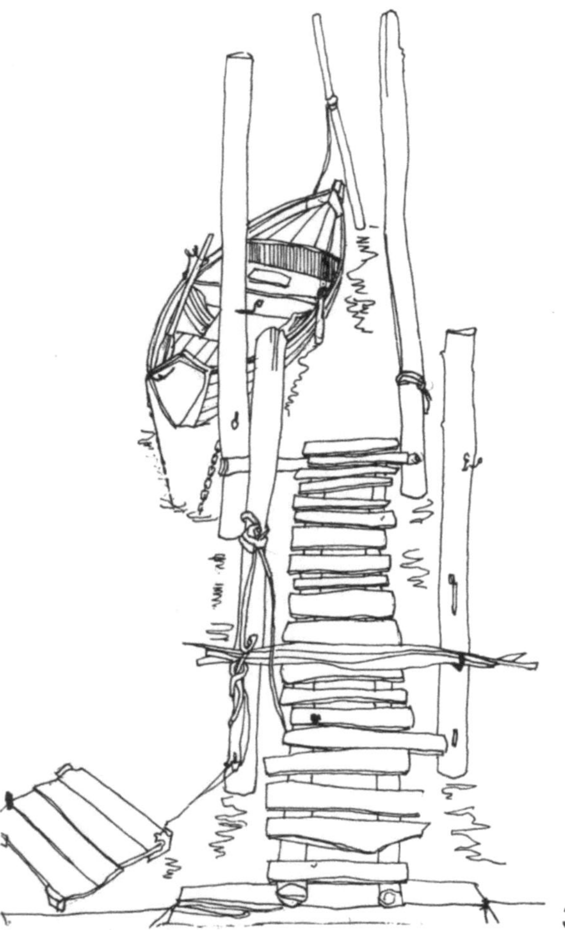

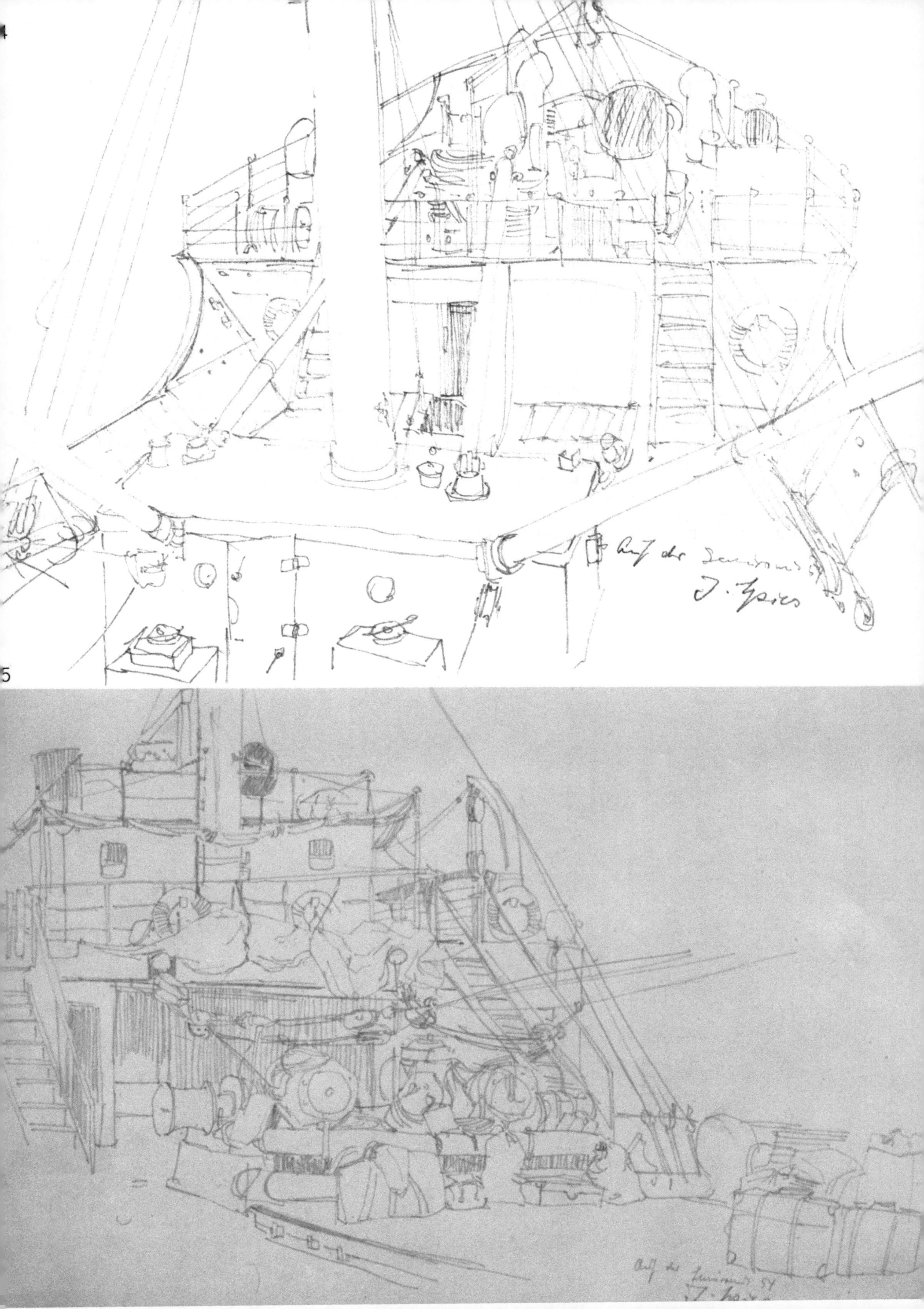

G. Raum und Perspektive

Am Anfang war der Raum, diese unheimliche und nicht auszudenkende Erfindung der Allgewalt« (Beckmann). Im Raum muß man sich bewegen, ihn schreitend oder greifend erfahren. Das Kind greift nach dem Mond, es hat Raum noch nicht erfahren. Der Mensch braucht Raum, ein Gegenstand nur seinen Platz. (Lebensraum, Spielraum, Handlungsraum usw.) Raumgrenzen provozieren verschiedene Erlebnisse, z. B. Schützen oder Einsperren, je nach Enge – Weite, Licht und Material. Die Philosophie unseres Jahrhunderts beschäftigt sich mehr mit der Zeit als mit dem Raum. In der Geometrie des Euklid, die unser dreidimensionales Koordinatensystem geprägt hat, ist Raum eine rein geistige Struktur, ein Ordnungssystem. Der Goldgrund bestimmte den »Bildraum« des Mittelalters und Verkleinerung kann eine Frage der Bedeutung des Dargestellten sein: Fürst im Hintergrund größer als Diener im Vordergrund. Dem japanischen Denken war das abstrakt mathematische Denken bis in unsere Zeit hinein fremd geblieben, so daß es im 19. Jhdt. noch Landkarten gab, die keine maßstäbliche Projektion von Teilen der Erdoberfläche war, sondern nur Bedeutsames und nichts Unbedeutendes, gleich der oben zitierten Bedeutungsperspektive verzeichneten. Der islamische Wissenschaftler Alhazar (1000 n. Chr.) entdeckte die Tatsache, daß wir ein Objekt durch die von jedem Punkt aus reflektierten Lichtstrahlen sehen. Dadurch entsteht ein Strahlenbündel vom Objekt zum Auge als Grundlage der Perspektive: Näher ist gleich größer. André Malraux sprach daher vom besonderen Phänomen der europäischen Kunst – abgeleitet vom geometrischen Raum des Euklid und im Gegensatz zu den Bemühungen des Orients – nachdem es scheint, »daß allein das Abendland Schatten wirft« (Stimmen der Stille, Das imaginäre Museum 1956).

Unser *Raumerlebnis* wird durch die Horizontale bestimmt. Zwar staunen wir vom Turm herabblickend über die Spielzeugwelt zu unseren Füßen, aber noch mehr darüber, wie weit wir sehen können. Auf dieser Seite sollen die Abb. 1 und 2 ganz extrem verschiedene Blickeinstellungen zeigen: die Mausperspektive (J. Spies) und den Blick auf den Scheitel (Vogelperspektive) von Baron Münchhausen kurz bevor er sich duckt und der Löwe dem Krokodil in den Rachen springt (von Gustave Dorè). Nr. 3 zeigt »einen Held der westlichen Welt«, Lucky Luke, in einem besonders weiten Raum; fern, durch die Beine sichtbar, steht der Gegner auf der staubigen Straße. Auf Abb. 4 aus der Zeitschrift »Science« wird verdeutlicht, wie stark wir ein Bedürfnis nach allgemeiner perspektivischer Verkleinerung haben. Der hintere Mann ist genauso groß wie der vordere, da aber alles, Straße, Bäume, Masten, Zaun, nach hinten verkleinert dargestellt ist, so wirkt er groß wie ein Riese; ja wir assoziieren sogar Bedrohliches. Wie in den Betrachtungen über Darstellungsstrukturen am Beispiel der verschiedenen gezeichneten Husaren (siehe S. 27), so soll auch hier die in allem mitwirkende inhaltliche Aussage nachgewiesen werden: bei Veränderung perspektivischer Grundsätze erreiche ich bestimmte Eindrücke.

Abb. 1 »Mausperspektive« J. Spies, Feder 72
Abb. 2 Wissenschaftliche Zeitschrift »Science« 3/72.
Abb. 3 Belvision, Brüssel: Lucky Luke. 1972 (Morris
       und Goscin) (25)
Abb. 4 »Münchhausen zwischen Löwe und Krokodil«,
       Gustave Doré 1832–1883

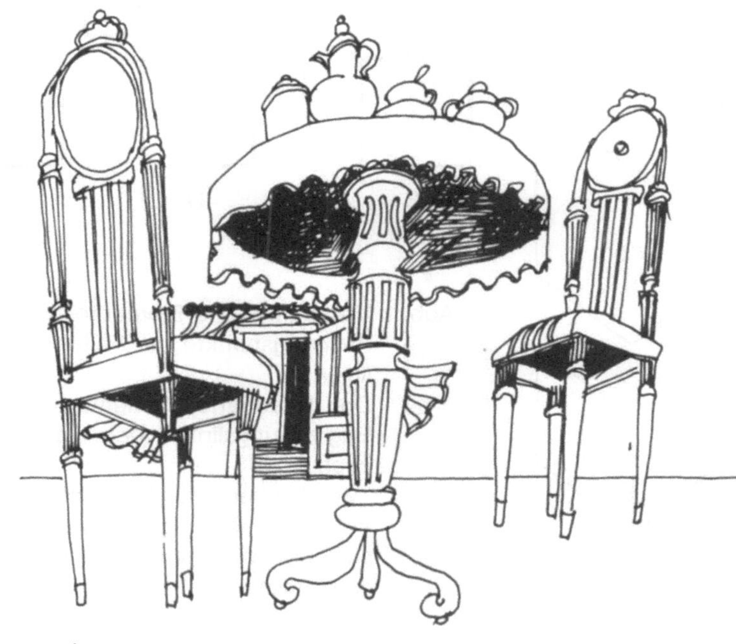

1

4

2

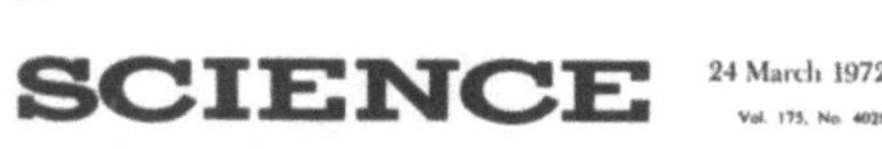

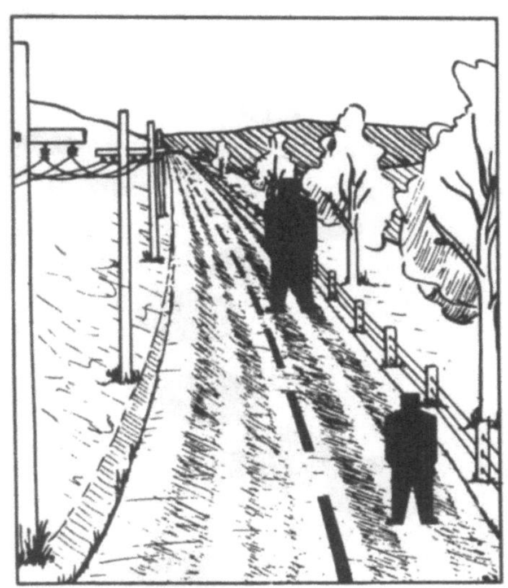

3

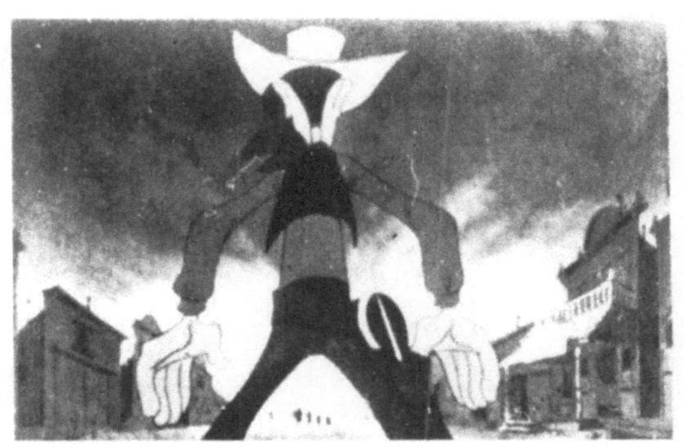

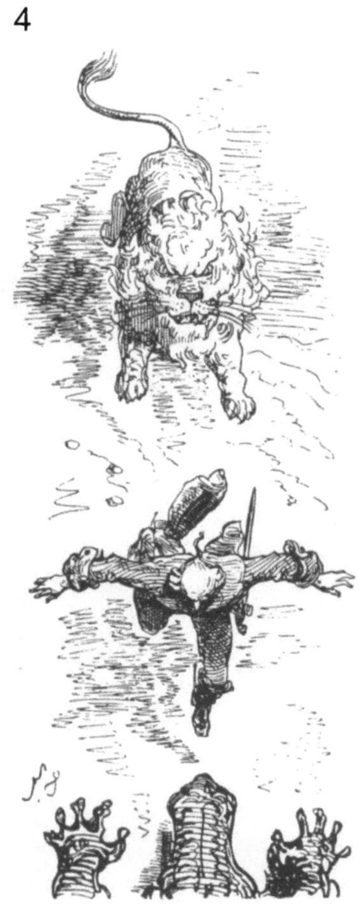

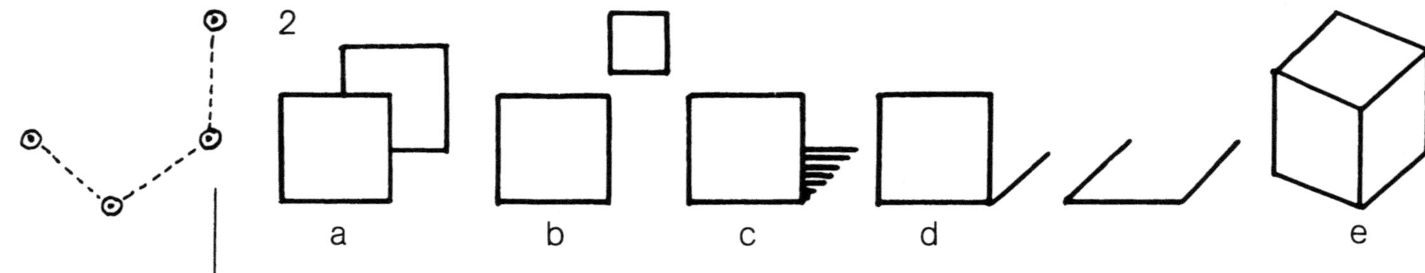

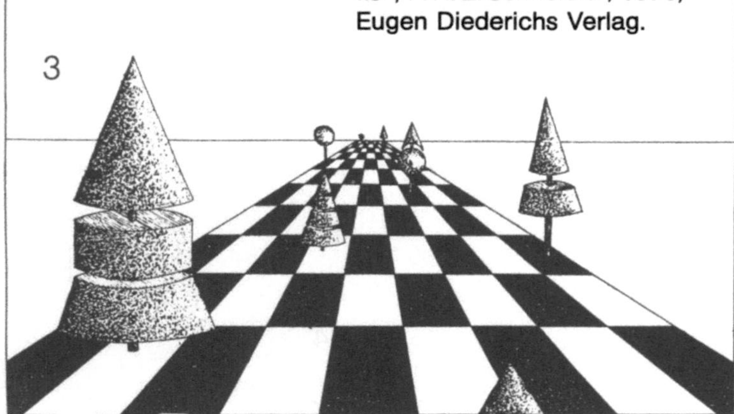

Abb. 1 Vier punkthafte Elemente =
Ausgangspunkte der Seiten-
linien
Drei linienhafte Elemente =
Begrenzungslinien der Flächen
Zwei flächenhafte Elemente
= zur Darstellung der verschiedenen gerichteten Begrenzungen des Körpers

Abb. 3 »Schachlandschaft« 76, stud.
arch. Günther Muth.

Abb. 4 und 5 Illustrationen aus »Ha-
fis«, F. H. E. Schneidler, 1976,
Eugen Diederichs Verlag.

Vom Punktesystem über Raumlinien zu Raumflächen, ist ein Weg, der auf die Raumentstehung beim Zeichnen hinweisen soll (Abb. 1). In Abb. 2 werden verschiedene Arten der Raumdarstellung vorgeführt.

a. Die Räumlichkeit entsteht durch Überschneidung (Hintereinander) von Flächen. Beispiel Abb. 5: durch reines Hintereinandergliedern sitzt der Mann auf der Wiese vor Zaun und Bäumen.

b. Räumlichkeit entsteht durch Verkleinerung. Beispiel Abb. 4 zeigt die teppichartig gemusterte Anordnung von Pflanzen und Bäumen, die sich kaum überschneiden und nur durch Verkleinerung (Bäume auf dem Horizont) räumliche Vertiefung zeigen. Desgleichen Abb. 6: (nach Calder) die Kreisscheiben erscheinen, in ellipsoider Verkürzung gezeigt, nach »hinten« kleiner zu werden: Räumlichkeit als Verkleinerung ohne anderen Anhaltspunkt.

c. Zeigt Räumlichkeit durch Schatten an, so wie Hell-Dunkel besondere Plastizität ermöglicht.

d. Räumlichkeit durch Fluchtlinien, die sich keinesfalls perspektivisch verjüngen müssen sondern parallel laufen können (sogenannte »Kavaliersperspektive« oder besser Parallelprojektion genannt); eine Darstellungsart, wie sie uns in der ostasiatischen Kunst gegenübertritt.

e. Zeigt die eigentliche Zentralperspektive, seit der Renaissance ein bevorzugtes Mittel der Raumdarstellung,

f. (ohne Abbildung) die Räumlichkeit, die durch Farben entsteht, z. B. sind Blautöne immer Mittel der Entfernung, Kühle und Tiefe, rote Farben sind nahe, und warm.

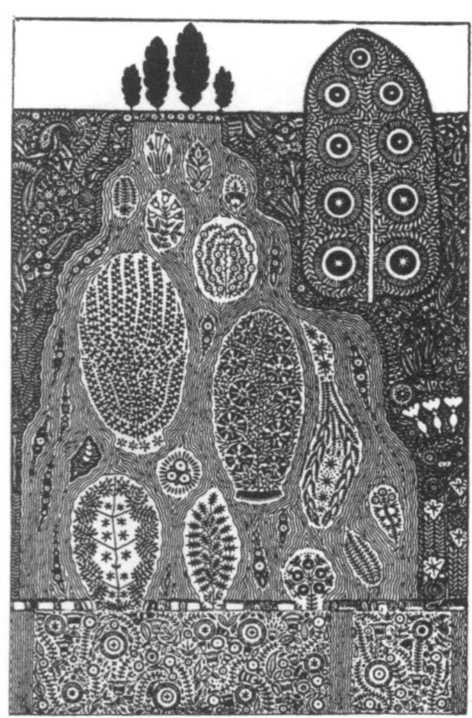

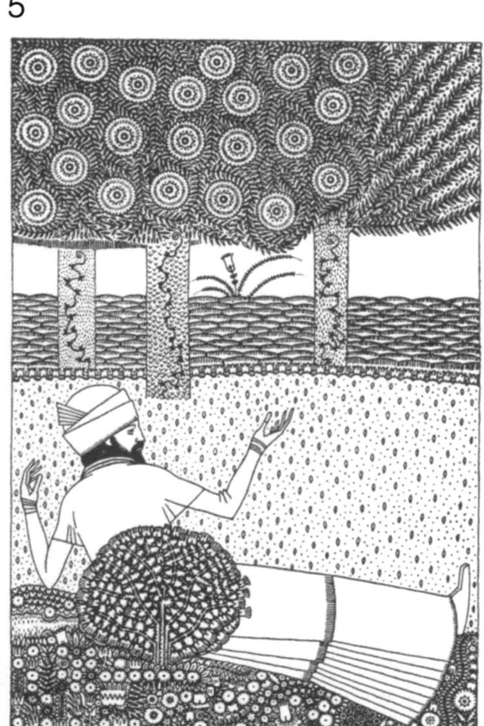

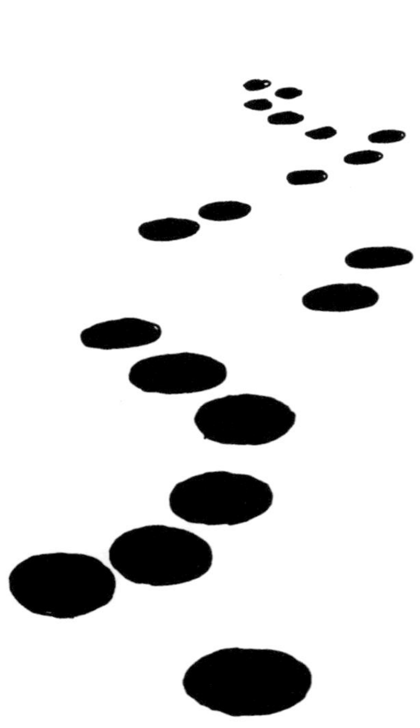

Bei perspektivischen Darstellungen sind einige Grundgesetze zu beachten, siehe auch:
»Perspektive und Axonometrie«, Reiner Thomae, Kohlhammer Architektur 1976.

1. Jede Zeichnung, die Raum zeigen soll, hat einen Horizont. Dieser Horizont wird auch als Augenhöhe bezeichnet. Diese Augenhöhe legt man selber fest. Man kann stehen, sitzen, liegen, man kann von der Bergspitze oder aus tiefem Tal schauen.
   (Die Abbildungen der ersten Seite dieses Kapitels zeigen Maus- oder Vogelperspektive als extreme Beispiele.)

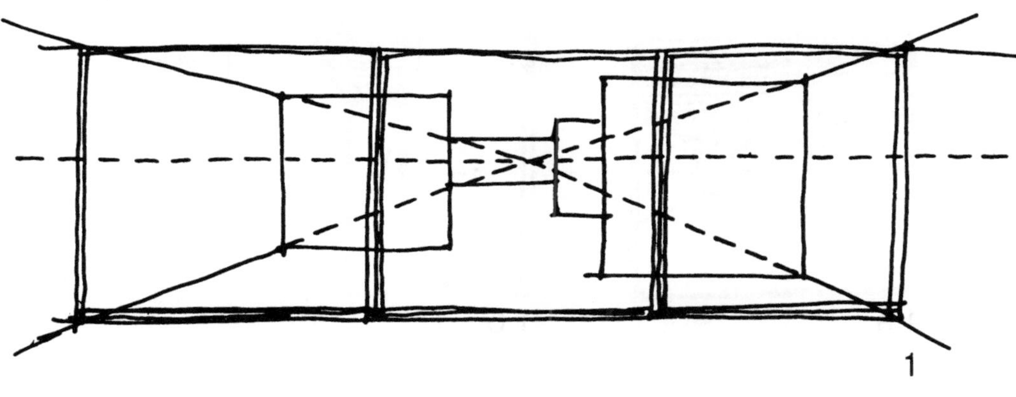

2. Alle parallelen Kanten z. B. eines Innenraumes (Abb. 1) haben einen gemeinsamen Fluchtpunkt, d. h. die Kanten der Decken und des Fußbodens müssen sich in einem Punkte auf der Horizontlinie treffen. Es liegen alle Fluchtpunkte auf der Horizontlinie. Das trifft auch für Möbelstücke zu, z. B. ein Schrank, der an der Wand steht (Abb. 2).

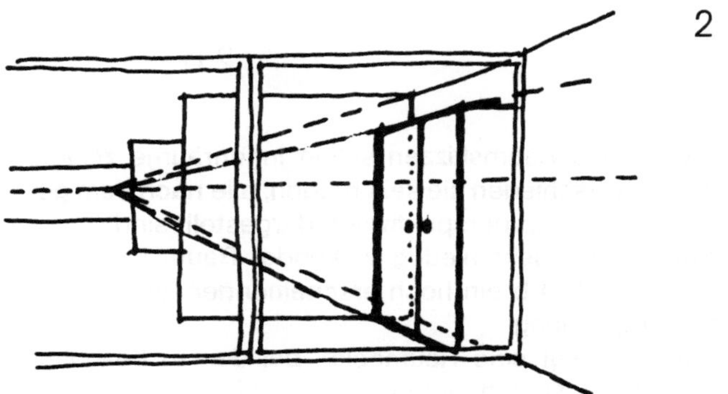

3. Steht ein Möbelstück nicht parallel zur Wand, z. B. ein Tisch, sondern frei quer im Raum, so haben zwar die parallellaufenden Seiten auch gemeinsame Fluchtpunkte auf der Horizontlinie, aber diese Punkte sind nicht identisch mit dem Fluchtpunkt der Zimmerkanten (Abb. 3).

4. Alle Kanten über Augenhöhe fallen in der Perspektivzeichnung nach hinten ab (z. B. Deckenkanten, Oberkante Fenster, Gardinenstange). Alle Kanten (Linien) unter Augenhöhe (Fußleiste, Bettkante, Fensterbrett) steigen nach hinten. Alle Senkrechten bleiben senkrecht (Fensterkreuz, Schranktür, Türrahmen, Zimmerecke). An diesen Senkrechten kann man auch leicht den Neigungswinkel den z. B. das Fensterbrett hat, überprüfen.

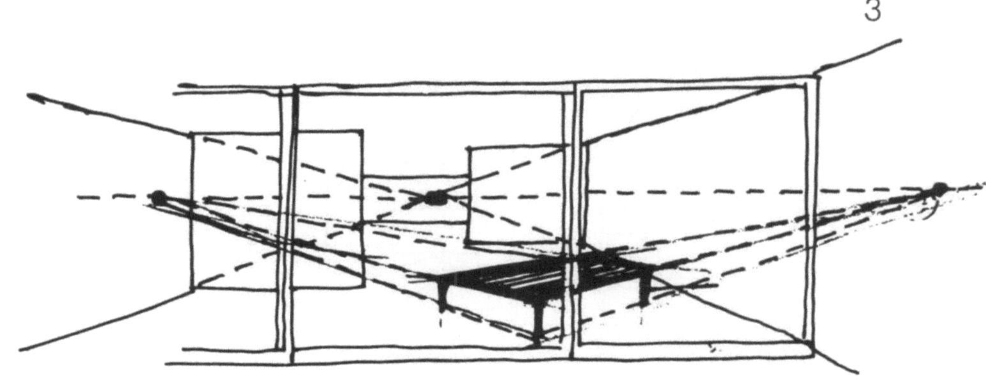

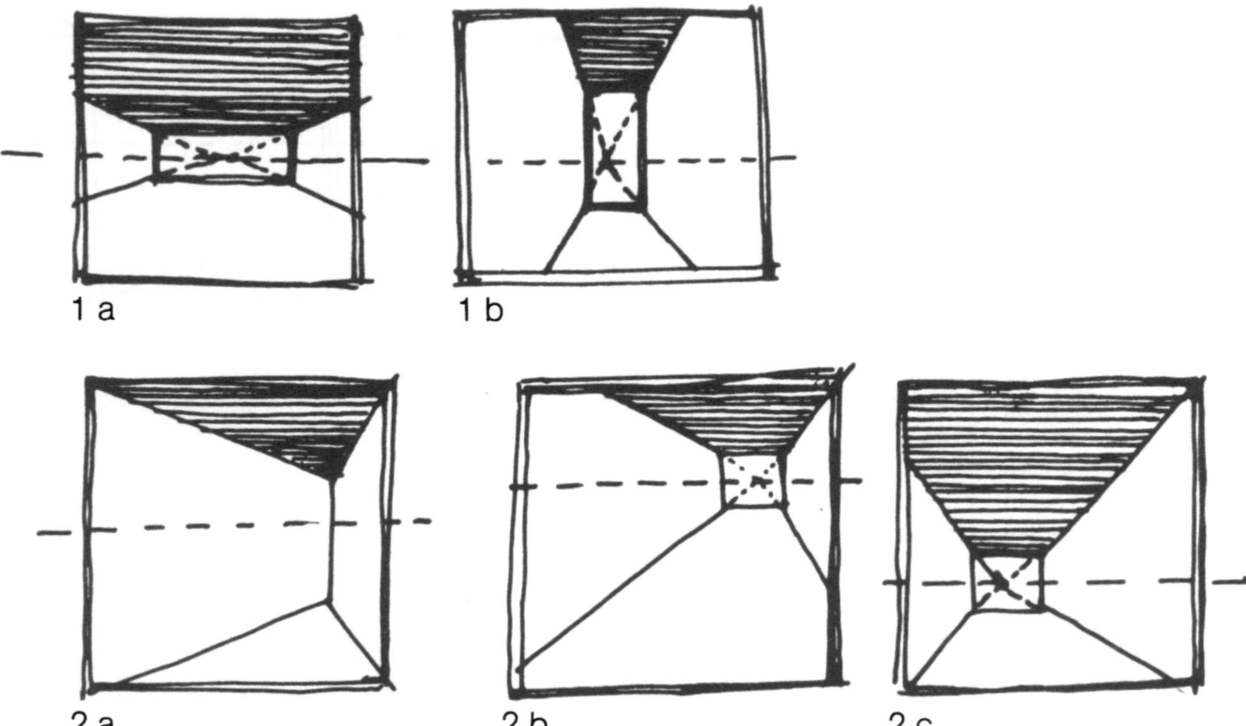

1 a   1 b

2 a   2 b   2 c

Die kleinen Raumskizzen sollen Innenräume zeigen, die, so verschieden sie sein mögen, alle nach dem genannten Prinzip perspektivisch dargestellt sind.

Abb. 1 a ein sehr niedrig wirkender Raum im Querformat, Abb. 1 b ein hoch erscheinender Raum, etwa ein langer Gang.

Abb. 2 a zeigt eine Raumecke, bei der zu beachten ist, daß die Kanten einer Raumwand jeweils einen gemeinsamen Fluchtpunkt haben.

In den Abb. 2 b und c ist der Blickwinkel sowohl seitwärts als auch nach oben, bzw. nach unten verschoben. Die Wirkungen der 5 dargestellten Beispiele sind verschieden, die Konstruktion ist immer dieselbe geblieben. Es sind Einstellungsperspektiven; Untersicht – Bauchsicht oder Normalsicht und Aufsicht.

Den Umstand nutzend, daß es nur eine Sonne gibt, vermag die Perspektive dem Auge räumliche Tiefe und Plastizität auf dem nur zweidimensionalen Papier vorzumachen. So versucht sie nicht nur eine interessante Augenfreude zu sein, sondern sie will und vermag auch den Tastsinn anzusprechen.

Abb. unten: »Balken«, J. Spies 1968

Abb. unten: aus: Niceron: Konstruktionsskizzen für ein Deckengemälde.

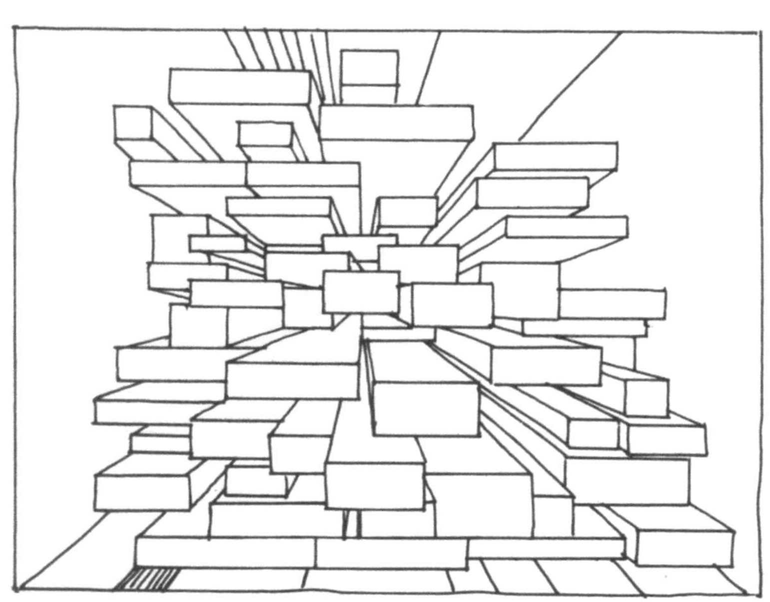

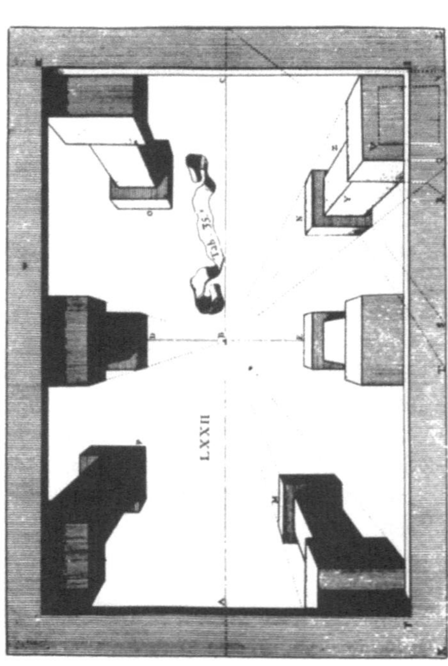

Perspektive im Freien: Hier gilt das gleiche Konstruktionsprinzip.

Die Abb. 1 a zeigt einen Würfel dessen Fluchtpunkte auf einem Horizont oberhalb des Gegenstandes liegt. Man sieht auf die Oberseite herab; alle Fluchtlinien steigen nach hinten.

Bei Abb. 1 b überschneidet der Körper (Würfel) mit dem Horizont; man kann weder Boden noch Deckel sehen. Die Fluchtlinien laufen von oben herab, von unten herauf, um sich in den Fluchtpunkten auf dem Horizont zu treffen.

(Die Fluchtpunkte können auch außerhalb der eigentlichen Bildfläche liegen, wenn ein Gegenstand mit einer Seite fast parallel zum Zeichner steht, d. h. seine Fluchtlinien sehr flach den Horizont treffen.)

In Abb. 1 c sieht man unter den Würfel, er schwebt über dem Horizont, seine Fluchtlinien fallen alle nach hinten ab.

Allen drei Beispielen gemeinsam ist, daß auch hier Senkrechte immer senkrecht bleiben und daß diejenige Senkrechte, die dem Betrachter am nächsten ist, auch immer die längste ist. Gerade diese Senkrechte muß man suchen, um dann um so einfacher feststellen zu können, welche Linien steigen und fallen.

Es erscheint recht einfach, wenn man es mit einem Würfel darstellt; ohne irgendwelche Zutaten, die die Perspektive einer Landschaft kompliziert machen; nämlich wenn man vor Wald und Bergen keinen Horizont findet, wenn es vielgliedrige und komplizierte Baukörper sind, die es darzustellen gilt und wenn der eigene Standpunkt Einzelteile unter Augenhöhe und andere darüberliegend erscheinen lassen.

So soll Abb. 2 noch einen Konstruktionsversuch perspektivischer Darstellung mit zwei Häusern zeigen, von denen eines im Vordergrund größtenteils unter Augenhöhe steht – nur der Dachfirst überschneidet mit der Horizontlinie – und das andere auf einer kleinen Anhöhe über dem Horizont von unten gesehen wird.

Wichtig zu prüfen ist in diesem Zusammenhang immer in welche Fensterleibung und Türfüllung, oder unter welche überstehende Dachkante man sieht. Die sollten entsprechend gezeichnet werden, denn sie verdeutlichen die Raumwirkung in hohem Maße.

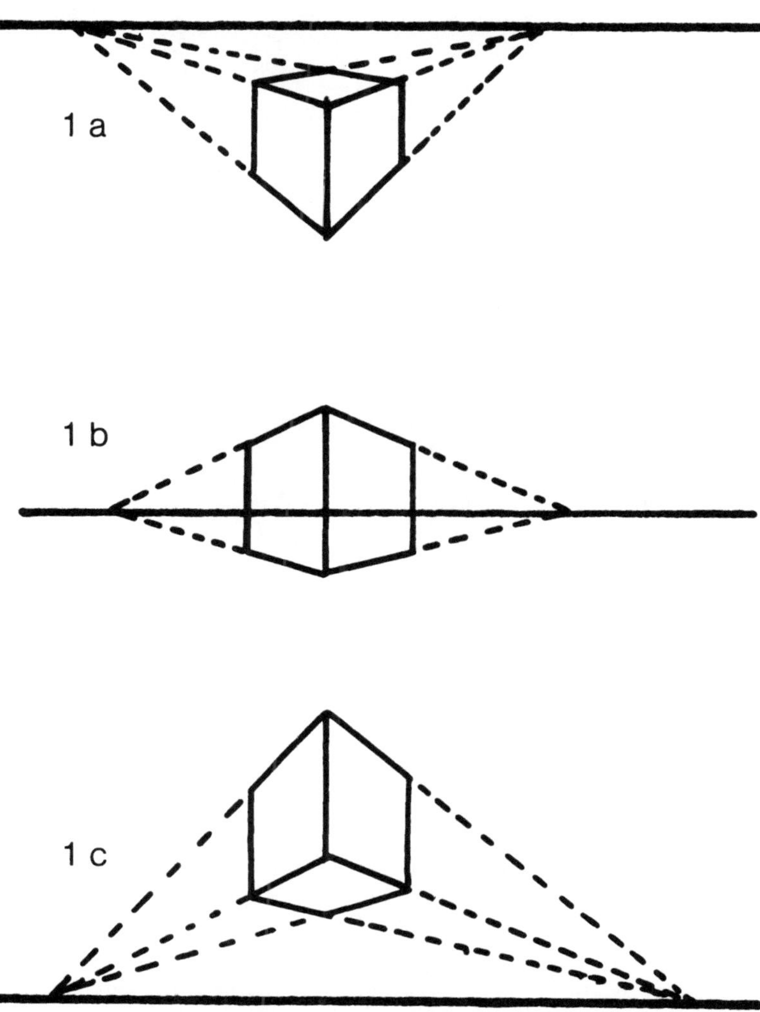

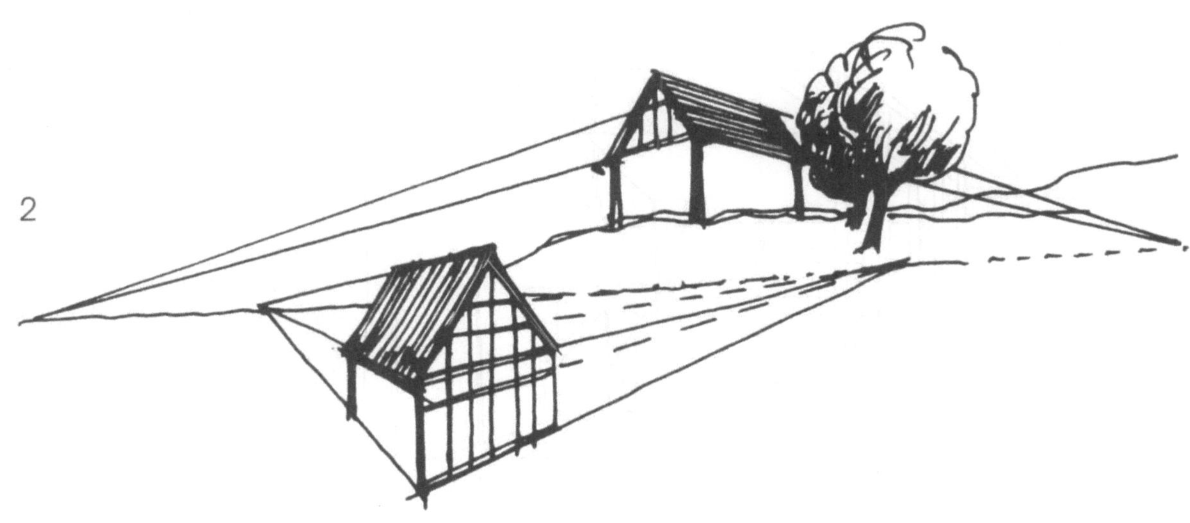

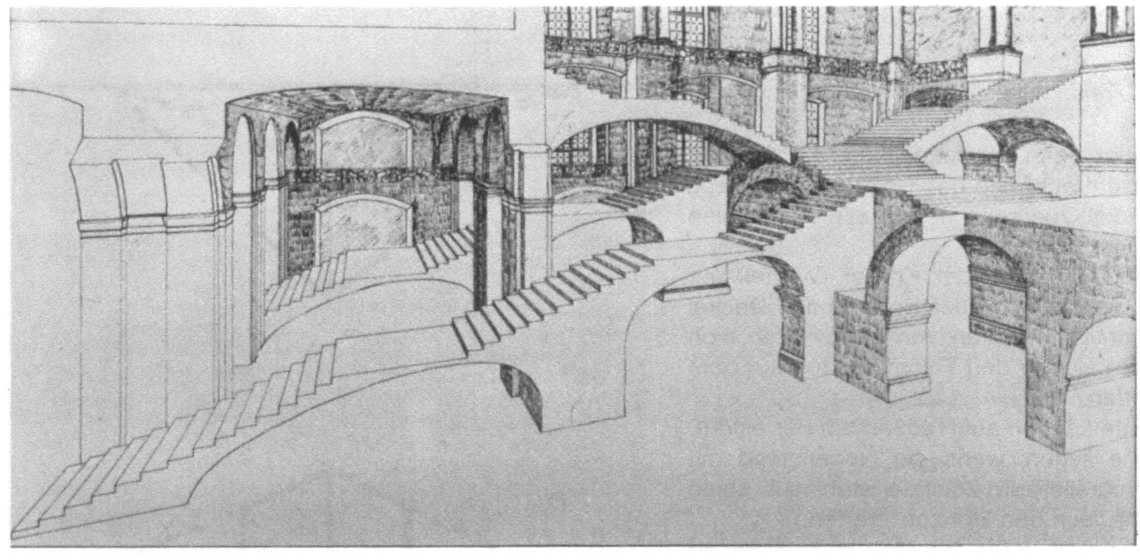

1

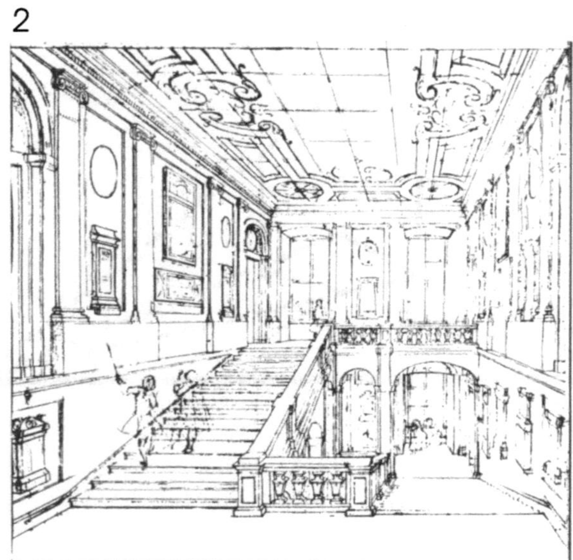

2

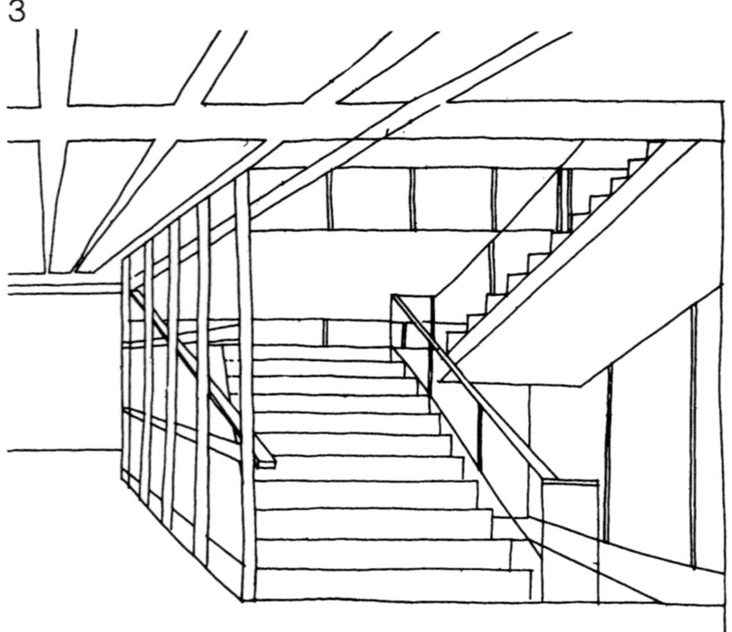

3

Ein ganz besonderes Problem stellen Treppen dar. Treppen helfen kleinere Höhenunterschiede zu überwinden. Sie sind keine schiefe Ebene, sondern Stückelungen in kleine waagerechte Ebenen. Sie sind durch die Raumwirkung ihrer Form ein bedeutendes Element der Architektur. Hier sind drei Treppenhäuser abgebildet: Abb. 1 eine Konstruktionszeichnung des Treppenhauses der Wiener Hofburg, Balthasar Neumann (1687–1753).

An dieser Arbeit ist die Klarheit eines derart komplizierten Objektes sehr zu bewundern. Die Horizontlinie muß etwa auf der Grenze zwischen oberem und mittlerem Drittel der Zeichnung angenommen werden, denn dort treffen die Fluchtlinien der parallelen Stufen zusammen. Das ist bei allen Stufen durchgehalten, wodurch die Tiefe bestimmt wird. Zeichnerisch interessant ist außerdem die Mischung von klaren Flächen, der schon erwähnten räumlichen Wirkungen und die sehr geschickt verteilten gleichmäßigen Schattenschraffuren, die das Ganze mit leichten Dunkelheiten kontrastieren.

Die Abb. 2 zeigt ein barockes Treppenhaus bei dem der Betrachter etwa auf einem Treppenabsatz auf halber Höhe steht, d. h. die Stufen steigen auf der einen und fallen auf der anderen Seite ab. Die parallelen Waagerechten der Seitenkanten der Stufen – nicht die schräge Treppensteigung – müssen sowohl vom oberen als auch vom unteren Teil ein und denselben Fluchtpunkt haben, denselben übrigens wie die Kante der Decke und der Stukkaturen.

Abb. 3 zeigt eine zeitgenössische Treppenhausgestaltung, sehr einfach und konstruktiv. Die Schwierigkeit besteht hier ganz deutlich in dem Wettstreit der Verkürzungsschrägen – wie z. B. an der Seitenwand zum Flur oder Geschoßdecke – und der Steigungsschräge der Treppe selbst, einschließlich der Untersicht des oberen Teiles. Bestechend ist die eindeutige Handschrift des Architekturstudenten Andrew Tagoe aus Ghana.

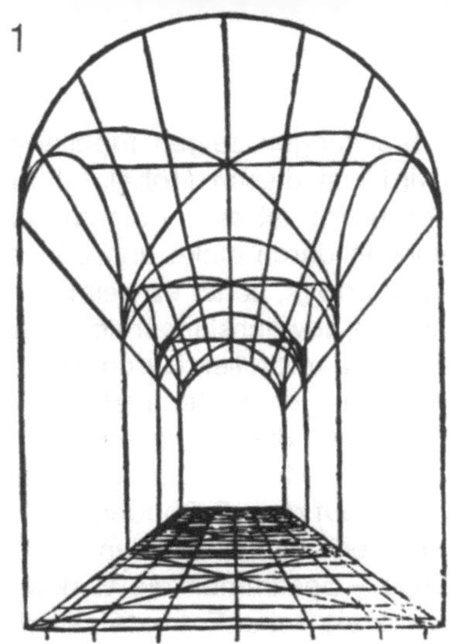

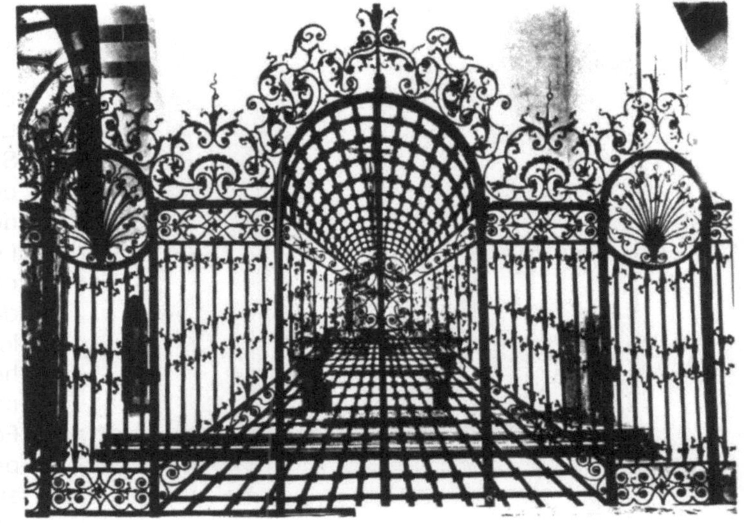

So schwierig wie Treppenhäuser erscheinen auch Torbögen und Gewölbe zu sein.

Abb. 1 zeigt eine sehr abstrakte Konstruktionsweise eines Gewölbes. Dabei ist auch die Verwandlung eines Halbkreises (Bogen) in eine halbe Ellipse zu beachten. Der Halbkreis des frontalen Torbogens verwandelt sich an der Seite zu einer halben Ellipse im Hochformat, während die diagonalen flacheren Halbbögen, z. B. von vorne links zur nächsten Senkrechten rechts, zu flachliegenden Ellipsenformen verändert werden.

Abb. 2 zeigt ein schmiedeeisernes Gitter, das uns einen Eindruck von Perspektive, vergleichbar dem Gittergang der Raubtiere im Zirkus vorspielt. Es ist aber alles in einer Ebene und nur derart mit Verjüngungen geschmiedet, daß diese Wirkung entsteht.

Abb. 3 ist ein Innenhof in Andalusien, Abb. 4 und 5 sind sogenannte Galerien. Nr. 4 zeigt ein romantisches Verfallsstadium, bei dem besonders die Schatten die Form geschickt zur Wirkung bringen. Das von rechts einfallende Licht erzeugt auf der rechten Innenseite starken Schatten, der die Form der Torbögen und die Länge des Baukörpers betont. Bei dem Gebäude im Vordergrund rechts wird dieser Schatten auf der entsprechenden Seite auch angewendet, links wird alles sehr hell (in der Sonne) gezeigt. Irritierend ist nur die Tatsache, daß die Häuser, die sich rechts mit den Torbögenfenstern der Galerie überschneiden, nicht ebenfalls dunkel gezeichnet werden, obwohl sie auch im Schatten liegen. Hier ist bewußt verschieden gestaltet worden, um die Wirkung der Galerie hervorzuheben.

Abb. 5 zeigt auch eine derartige Galerie, bei der es etwas unklar ist, wo die im offenen Gewölbebogen links sichtbare Fassade ihren Sokkel hat. Spannungsreich ist die Aussicht nach oben in den offenen Himmel.

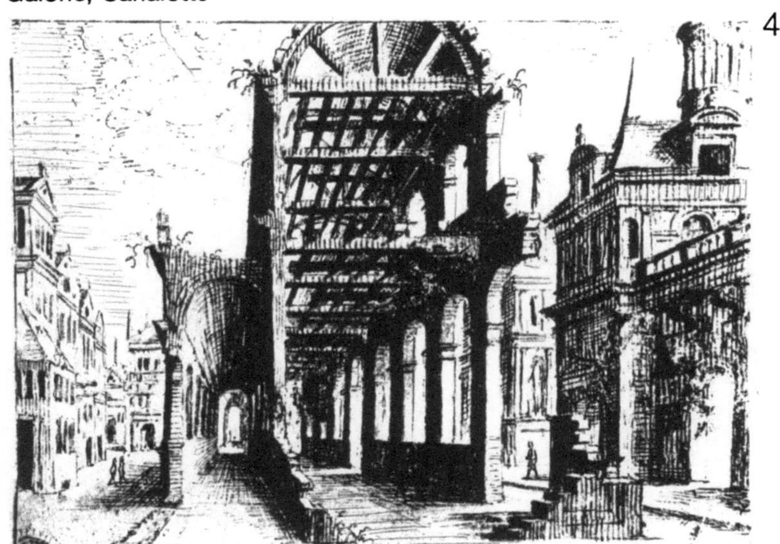

H. Lautensack, 1618, Konstruktion eines Kreuzgewölbes
Verjüngung im Eisengitter, Maria Einsiedeln, C. Moosbrugger
Innenhof Sevilla, 1952, J. Spies
Hans Vredemann De Vries, 1526–1606, Straße mit 2stöckiger Kurve,
Galerie, Canaletto

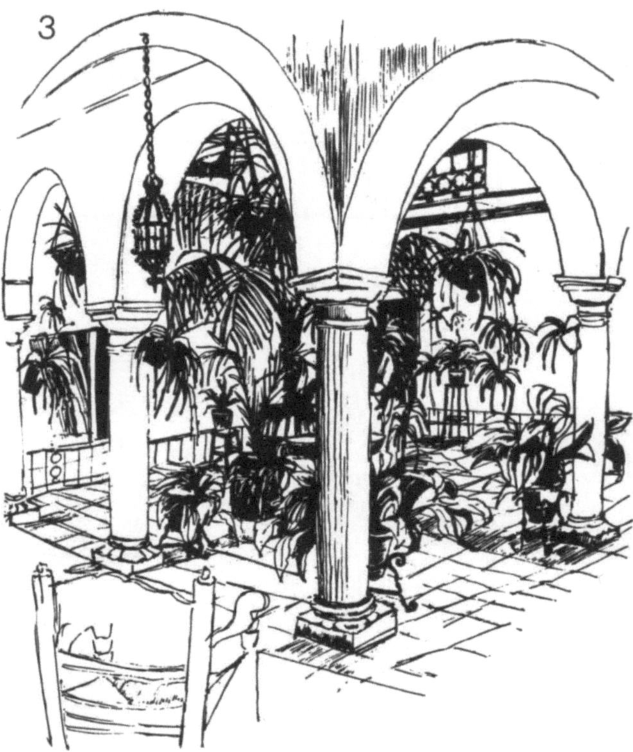

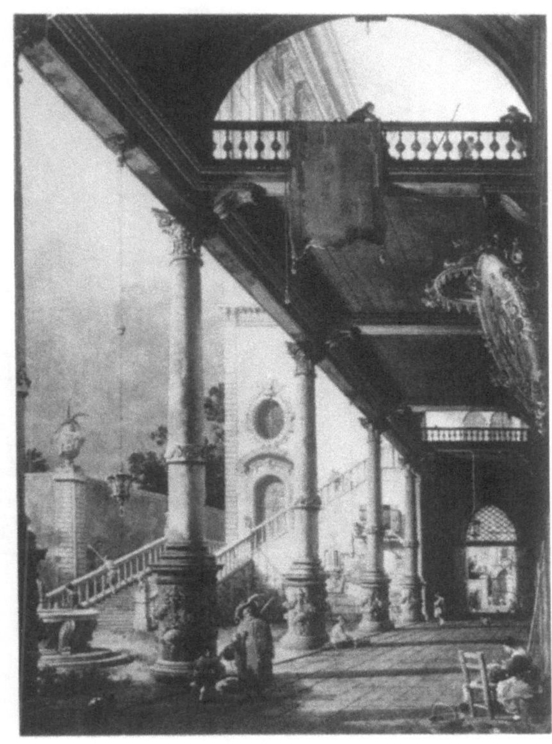

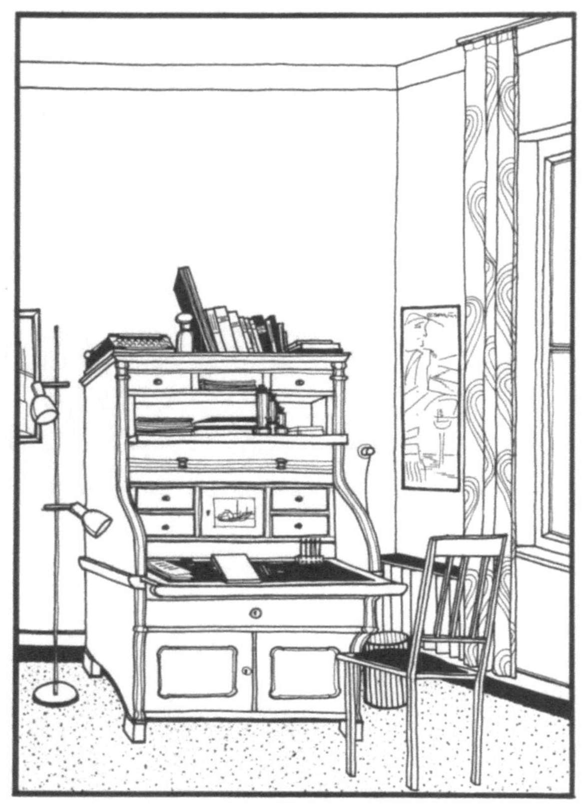

Diese drei Abbildungen zeigen möblierte Innenräume. Ihr Charakter wird von diesen Möbeln, ihrer Form und ihren Strukturen bestimmt. Ist es bei einem der Schreibsekretär, dessen Betonung durch dicke und dünne Linien wie auch der Anordnung erfolgt, so ist es beim anderen die schräge Fensterwand, die abwechslungsreiche Gestaltung des Bücherbords und des reizvollen Durcheinander auf dem Tisch, das den Innenraum charakterisiert. Die untere Zeichnung legt größten Wert auf die Teppichstruktur, die um alle Möbel herum die Fläche füllt und zusammenzieht, ähnlich Abb. 1 mit den Punkten auf dem Fußboden.

Formen und Oberflächenstrukturen – Hölzer, Teppich, Tapete, Vorhänge – bestimmen die Wirkung einer Raumdarstellung ebenso wie seine Formate selbst.

Abb. 1 »Innenraum«, stud. arch. Barbara Romberg, Feder 1976

Abb. 2 »Arbeitsplatz« stud. arch. G. Rattay 1976, Feder (Ausschnitt)

Abb. 3 »Wohnraum« stud. arch. W. Orth, Feder 1976

Abb. 4 von C. D. Friederich »Fensterausblick mit Parkpartie«, Sepia und Bleistift, Ermitage, Leningrad; soll etwas von dem Übergang und der veränderten Blickrichtung, nämlich Konzentration auf die helle Öffnung, vermitteln.

1

2

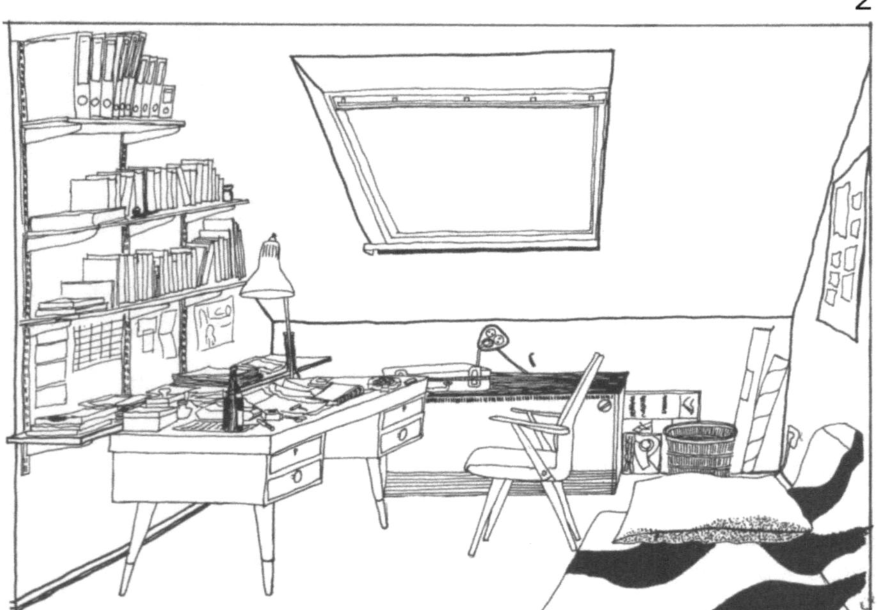

3

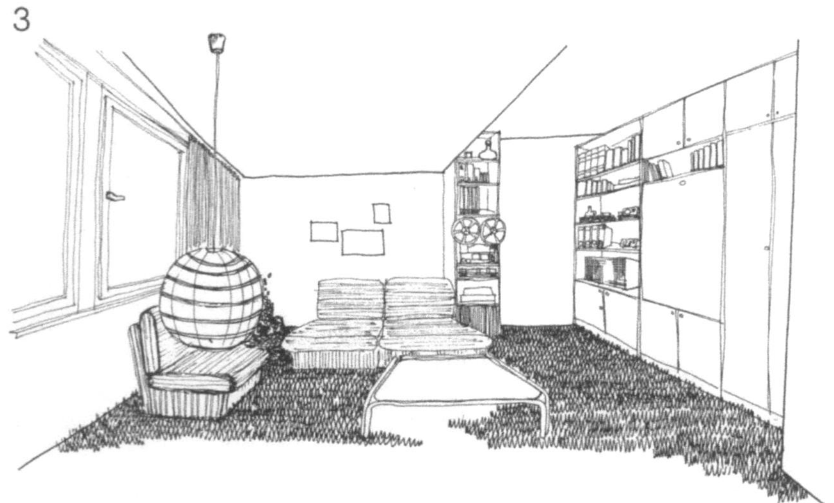

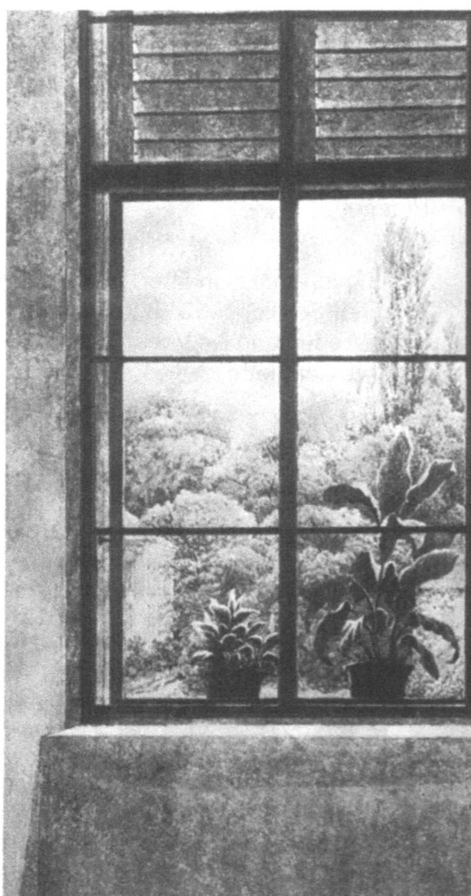

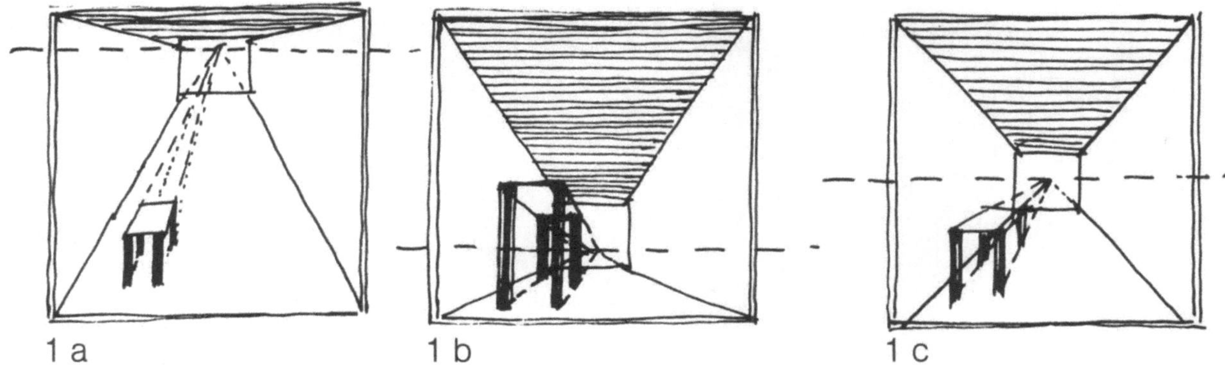

1 a   1 b   1 c

Die verschiedenen Raumansichten in (Abb. 1) zeigen welche Bedeutung das Mobiliar in einem Raum gewinnen kann. In Abb. 1 a steht der Hocker etwas verloren auf einem riesigen Fußboden, die Horizontlinie ist sehr hoch im Bild festgelegt. Der Betrachter scheint auf einer Leiter zu stehen. In Abb. 1 b ist die umgekehrte Situation gegeben, jetzt liegt der Betrachter auf dem Fußboden und der Hocker steht erhaben hoch vor ihm. Die Abb. 1 c dagegen scheint einer Normalsicht eines stehenden Menschen zu entsprechen. Die Darstellung die vom Beobachter gewählt werden sollte, ist ausschließlich davon abhängig, was angestrebt wird; Abb. 1 c etwa ist nicht Pflicht!

Die lebendige Formenwelt vieler Stile ist in Abb. 2 zusammengefaßt: Gotik, Renaissance, Barock, Rokoko, Klassizismus, Biedermeier und Jugendstil. Um etwas mehr in diesen Formen- und Stilreichtum einzudringen ist sehr ratsam, gelegentlich in ein Volkskundemuseum zeichnen zu gehen; diese Museen zeigen oft sehr reizvolle Raumzusammenstellungen.

Motivanregungen: Kaffeehaus, Stühle, Vorgarten, Sofa, Markisen, Sonnenschirm.

Möbel aus Weltausstellungen des 19. Jh. Neue Sammlung Staatl. Museum f. angewandte Kunst, München, Abb. 3.

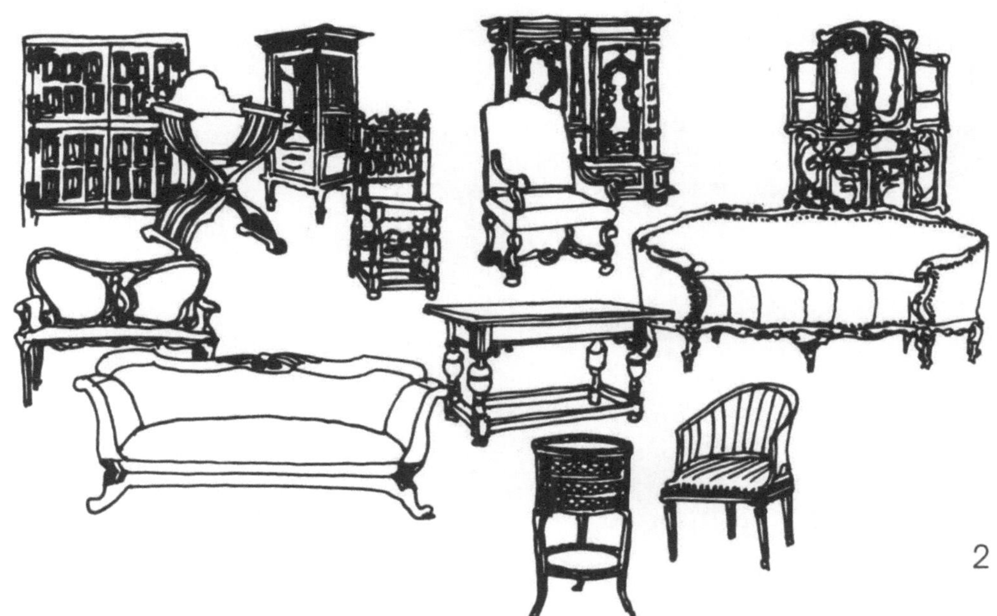

2

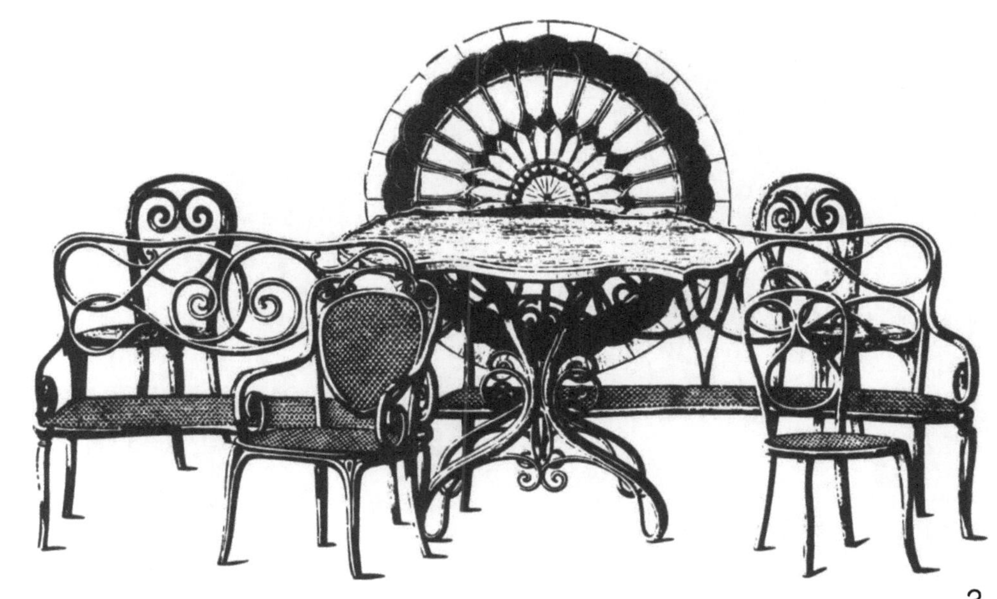

3

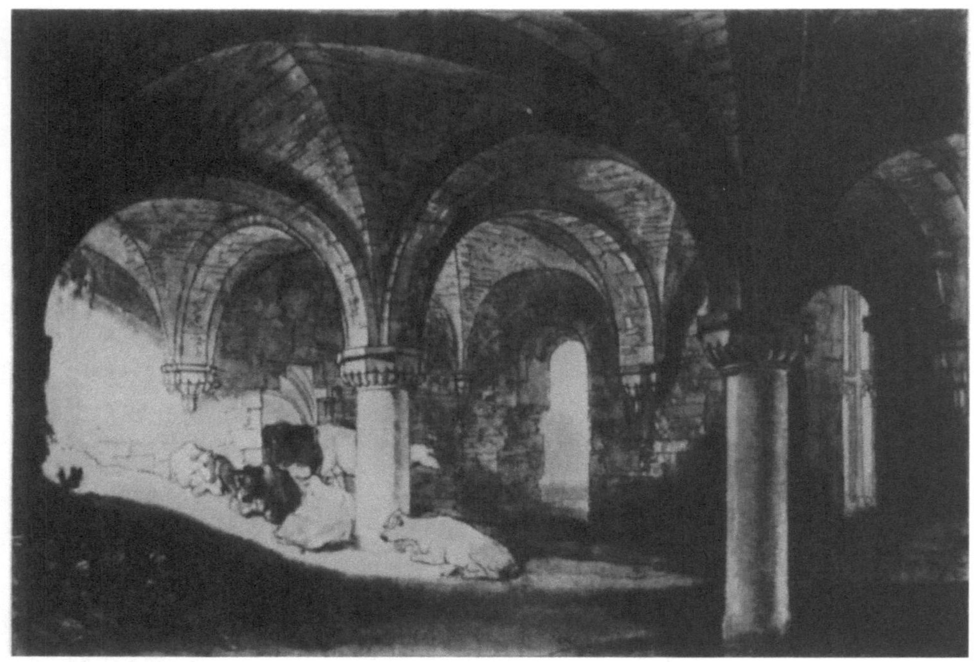

1

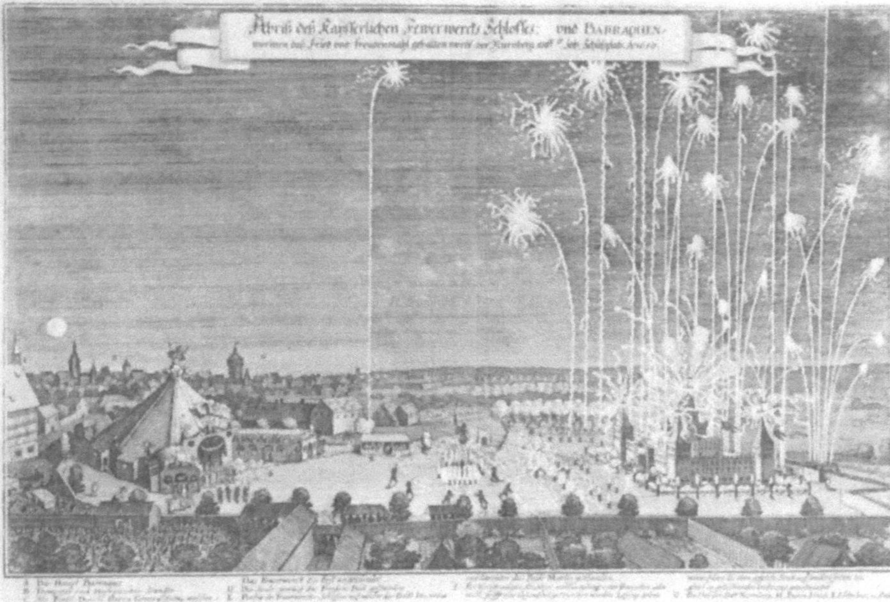

2

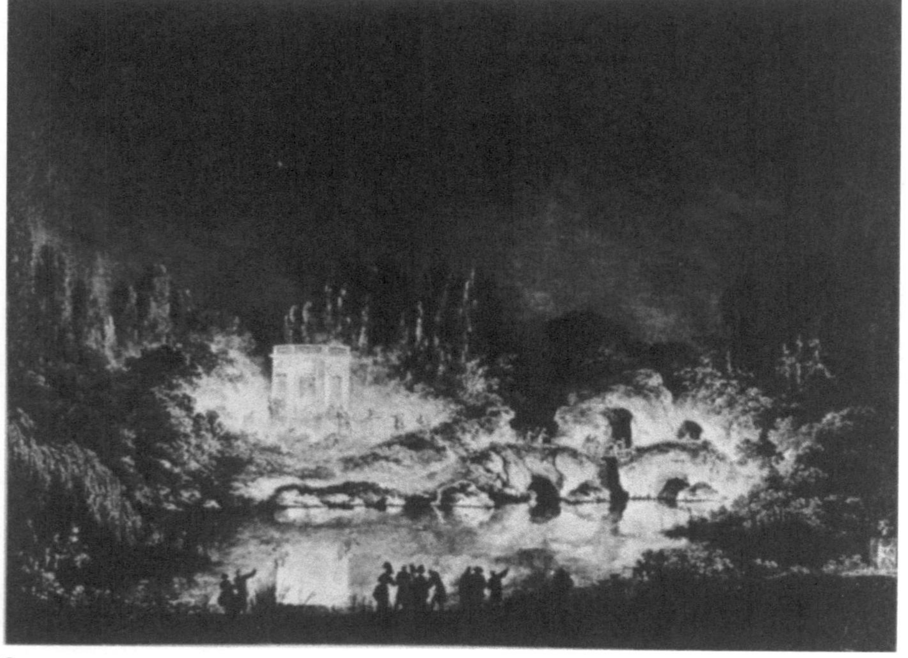

3

Im 20. Jhdt. wird seit Cézanne die Zentralperspektive gelegentlich verteufelt zugunsten eines imaginären freien Raumes.

Zentralperspektivischer Raum und sogenannter »imaginärer Bildraum« sind kein »Entweder-Oder«, das eine überholt, das andre Fortschritt, einerseits etwas statisches oder zeitgemäß dynamisch andererseits.

Es sind Alternativen als Stilmittel, bestimmte Raumkonstruktionen oder Raumschemata sind Mittel, die spezifische Wirkungen auszulösen vermögen.

Durch Licht, Lichtquelle und Lichtführung entstehen leicht Raumdarstellungen, die Grenzfälle sind, weder zentralperspektivisch noch eindeutig imaginär, aber voller Bedeutung.

Hell-Dunkel weitet die Fläche zum Raum durch Lichtperspektive.

– Je weiter ein Körper von der Lichtquelle entfernt ist, desto dunkler ist er. Eine Raumhöhle, ein Tiefenraum entsteht in der Folge »Hell nach Dunkel«, Raum als dunkler Innenraum.

– Wechselnde Helligkeiten und Dunkelheiten im dekorativen Flachraum erzeugen reizvolle Unruhe die das Auge zu erhöhter Sehleistung herausfordert.

Abb. 1 Kühe im Schatten eines verlassenen Klostergewölbes von Gainsborough.
Alles wird mit den Tönen, wenig durch Linien beschrieben. Lichtquelle ist die Sonne, die von außen hereinfällt.

Abb. 2 ist ein Merianstich, 1650, von einem Feuerwerk in Nürnberg. Hierbei ist auf die Entstehung der hellen Lichtsterne durch dunkle Zeichnung des Himmels hinzuweisen. Der Himmel bleibt dunkel, nur die Lichtkörper strahlen hell auf die Erde, Häuser und Gärten.

Abb. 3 Die beabsichtigte romantische Verzauberung durch dieses Rokoko-Ereignis wird in der leichten Darstellungsart von zitternden Lichtern auf Wasser und Landschaft voll erreicht.
»Illumination des Belvédère im kleinen Trianon« Claude-Louis Châtelet (1753 bis 1794)

Untergrund
schwarz: alles Licht wird absorbiert, keine erleuchtete Fläche wird reflektiert – dadurch entsteht unbegrenzter Raum – alles drängt zurück;
weiß: alles Licht wird reflektiert – kein Raum, da alles nach vorne drängt – (z. B. Birkenstamm vor dunklem Gehölz).

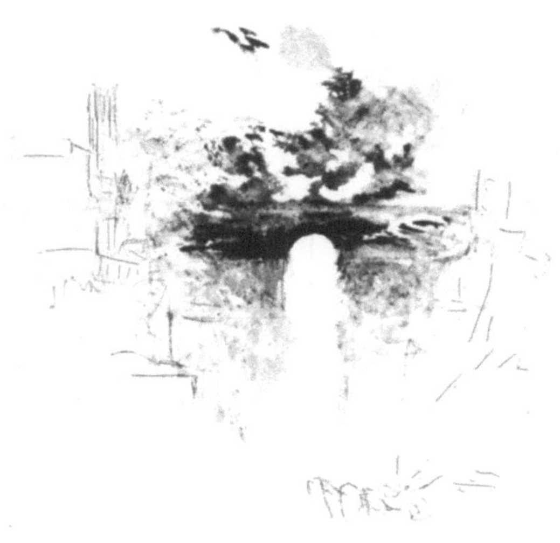

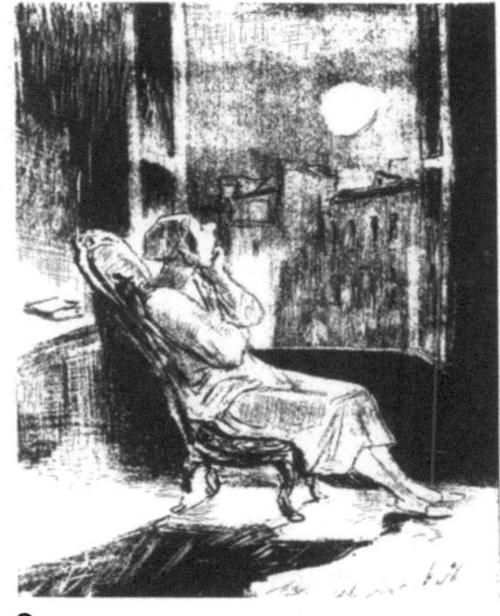

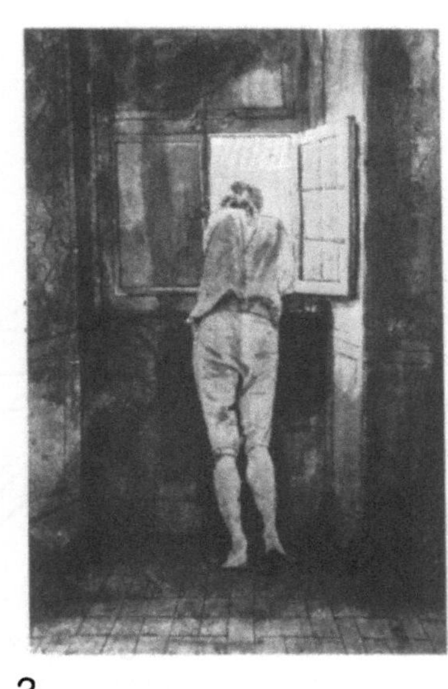

1
2
3

Weisen diese drei Abb. schon auf die Wirkungen der verschiedenen Lichtquellen hin, so sollen die weiteren Zeichnungen dies unterstützen.

Die ersten drei Zeichnungen mit natürlichem Licht: Abb. 1 Sonnenuntergang von Turner, mit alles überstrahlendem Flimmern der Spiegelung im Wasser. In Abb. 2 zeigt Daumier, daß das Mondlicht zwar nicht alles überwältigend anstrahlt, aber doch klare Schatten und Helligkeiten erreicht. Abb. 3, Goethe am Fenster, von Tischbein, läßt das Außenlicht nur einge-

schränkt in den Raum hinein. Die Gestalt Goethes wird der eigentliche Lichtträger im Innenraum, obwohl sein Hosenboden dem Licht abgewandt ist. Die Abb. 4 und 5 haben eine künstliche Lichtquelle, Lampen auf dem Tisch. Die linke Zeichnung des russischen Malers Fedotow hat mit Hilfe der Schatten, die sich bedrohlich strecken, einen dramatischen Akzent. Wirklich hell ist nur die Rückwand, vor der sich dunkel die Figuren abheben, die selbst trotz Licht merkwürdig dunkel bleiben.

Nr. 4 dagegen, eine Bildniszeichnung August Mackes von seiner Frau, strahlt eine beschauliche Ruhe und Abendfrieden aus. Hell sind Gesicht, Hände und Tischtuch, auch der übrige Raum wird so ausgeleuchtet, daß kein Platz für Unheimliches bleibt.

Abb. 6 und 7 haben übernatürliche Lichtquellen. In der Anbetung geht das Licht nur vom Jesuskind aus. In der Radierung von Rembrandt Nr. 7 ist es das Funkeln des Steins der Weisen, das in der Studierstube des Doktors Faustus Licht erzeugt.

Abb. 1 »Sonnenuntergang«, William Turner um 1835, Bleistift

Abb. 2 »Vollmondnacht«, Honoré Daumier

Abb. 3 »Goethe am Fenster«, J. H. W. Tischbein, 1787, Tusche, laviert, Goethe Museum Frankfurt

Abb. 3 »2 Spieler«, P. Fedotow, 1815–1852, Kreide, Staatl. Museum Leningrad

Abb. 4 »Elisabeth an der Petroleumlampe«, 1910, August Macke

Abb. 5 »Anbetung der Hirten«, Luca Cambiaso, Mailand, Pinacoteka di Brera

Abb. 6 »Faust«, Rembrandt, Radierung um 1652

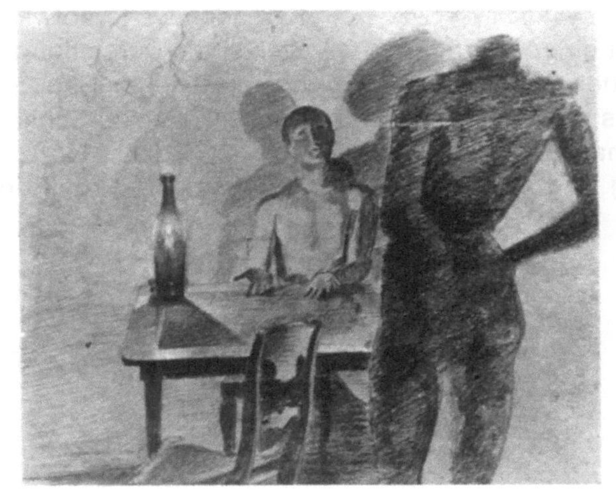

4

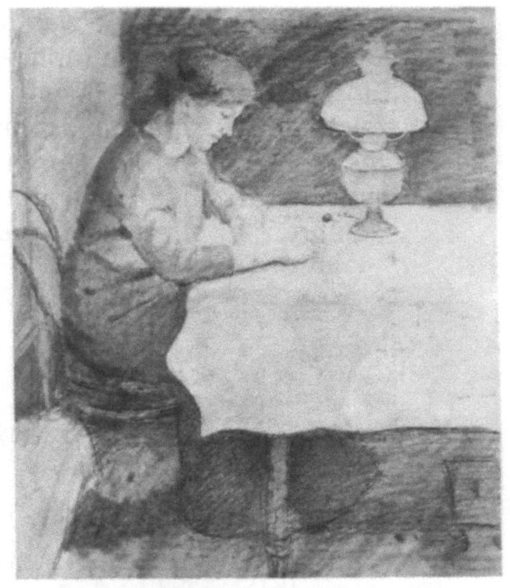

5

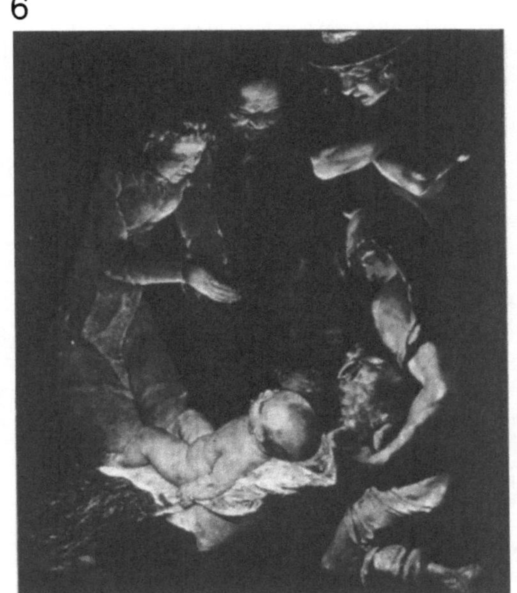

6

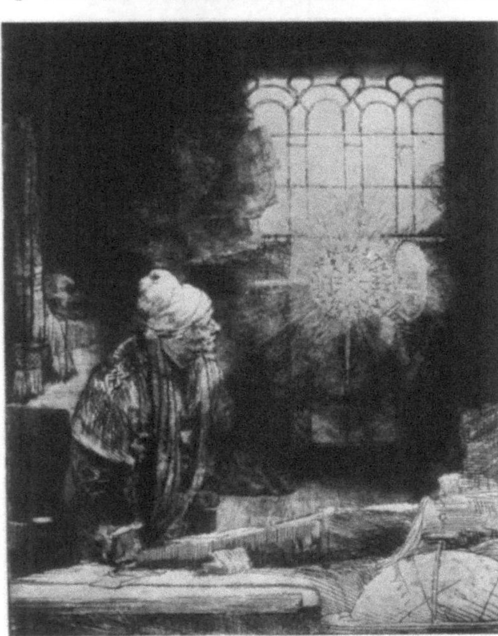

7

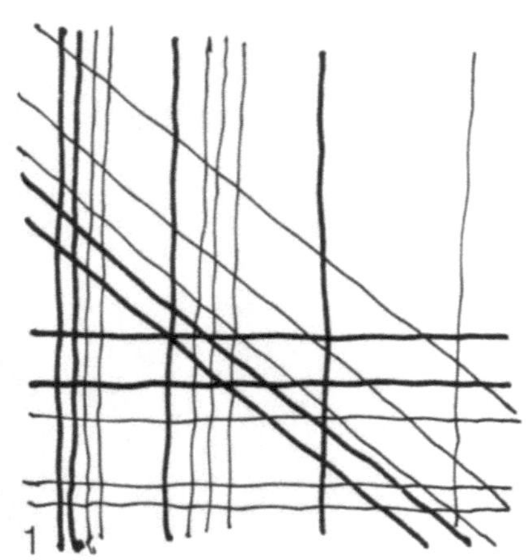

1

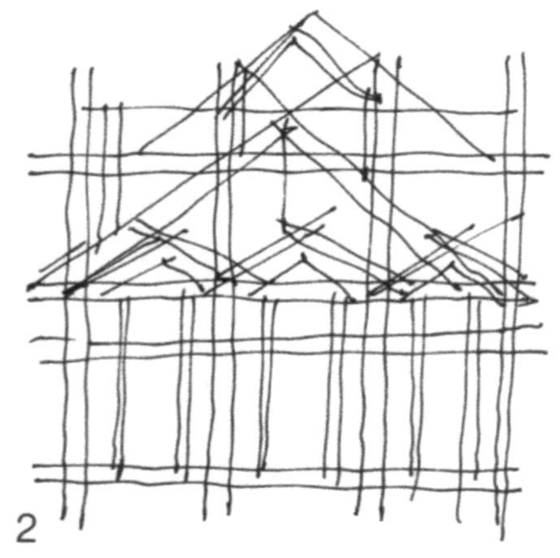

2

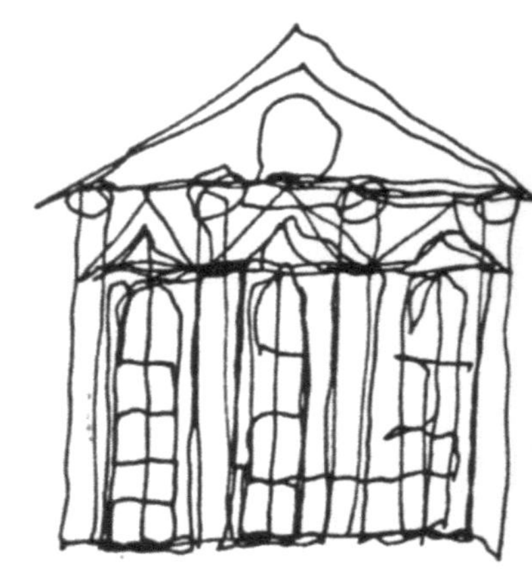

3

Vor dem Beginn, Baukörper zu zeichnen, möchte ich noch einmal ein paar grundlegende Zeichenübungen anregen.

Da klare, entschiedene Linien einen Baukörper markieren, möchte ich Linienversuche über ein ganzes Blatt hinweg, – waagerecht, senkrecht und diagonal, dicke oder zarte, – vorschlagen (Abb. 1). Als nächstes sollten diese Linien zu einem Raster geordnet werden, so daß sich leicht Assoziationen zu einer vielgegliederten Fassade älteren Baustils ergeben. Die Striche sollen die Frische der Handschrift behalten und an Knotenpunkten ungeniert etwas über die gekreuzte Linie hinausschießen (Abb. 2).

Ein ähnlicher Versuch kann mit einer Fassadenzeichnung in einer Linie, ohne den Stift abzusetzen, gemacht werden. Durch das hierbei automatische Kritzeln überwindet man leichter die Gefahren zu strenger Ordnung und erhält sich das spielerische Element der Zeichnung (Abb. 3). Im vierten Versuch werden dichte Schraffuren geübt, die in einem weiteren Blatt in freihand gezeichnete Quadrate eingesetzt werden sollen (Abb. 4 u. 5).

In der nächsten Übung werden nun die ersten Rasterfassaden mit den Schraffurübungen kombiniert. Die Architekturformen sollen Plastizität und Hell-Dunkel-Belebung aufweisen, und die Linien des Rasters sollen erhalten bleiben (Abb. 6).

Eine Anregung auf S. 47, gefaltete Papierstreifen zu zeichnen, sollte nun zu einer Gruppe von Fassaden weiterentwickelt werden (Abb. 7 u. 8).

Ziel ist die Darstellung einer Architektursituation aus plastischen Baukörpern mit linearer Fassade und Hell-Dunkel-Schatten zur Belebung (Abb. 9).

Zeichnungen: Prof. Rubcic und Prof. Spies

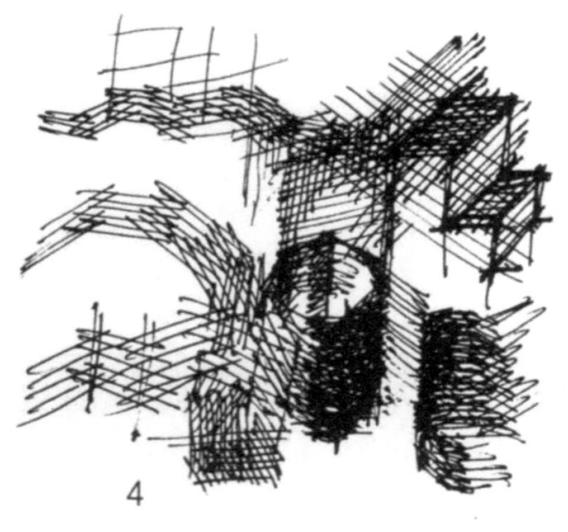

4

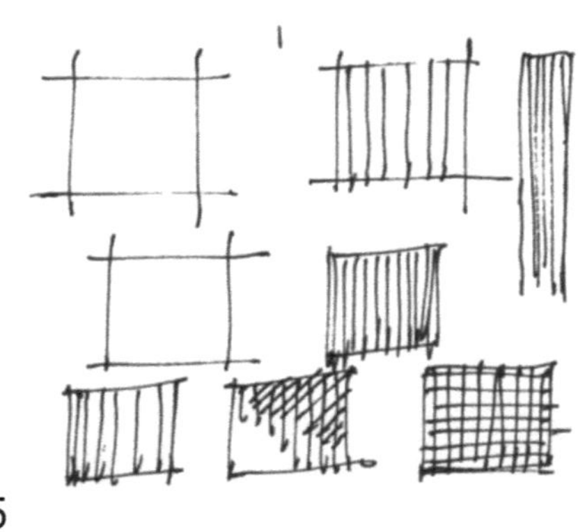

5

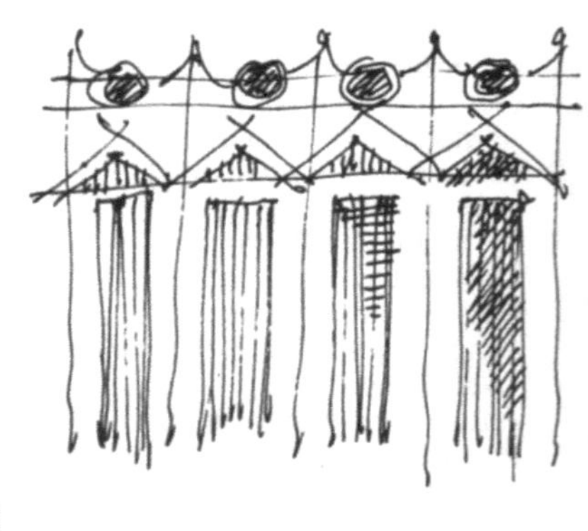

6

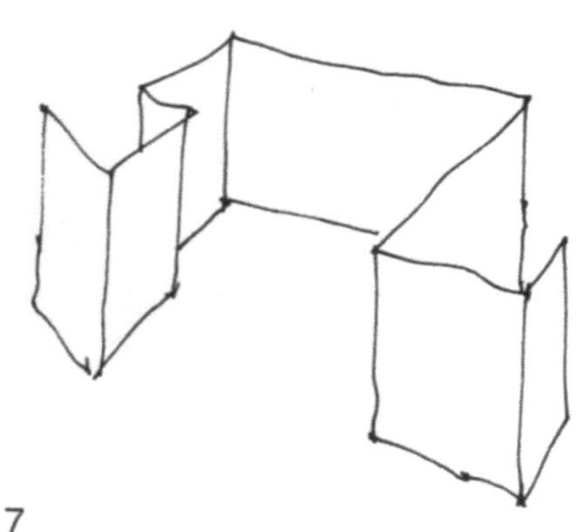

7

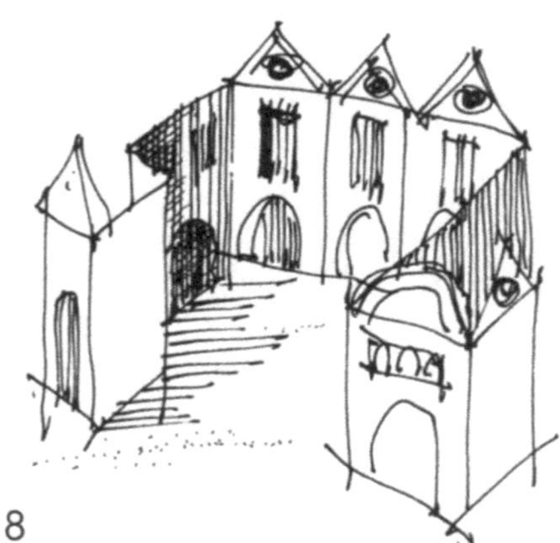

8

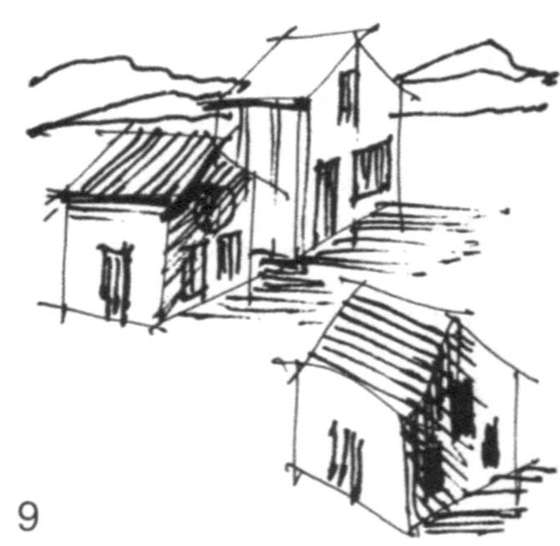

9

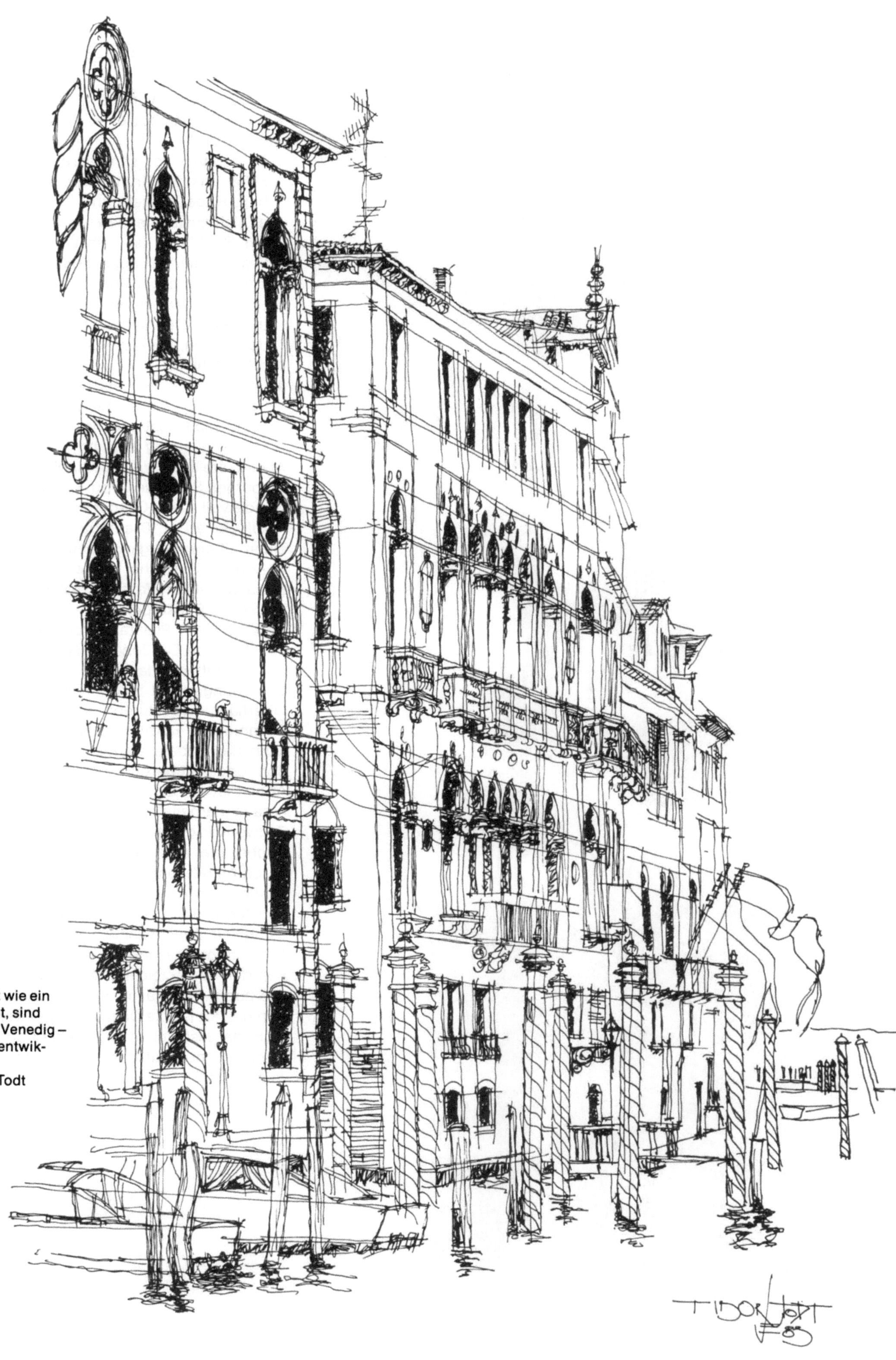

»Aus Linien, fast wie ein
Raster aufgebaut, sind
diese Fassaden, Venedig –
Canale Grande, entwik-
kelt.«
Dipl.-Ing. Tibor Todt

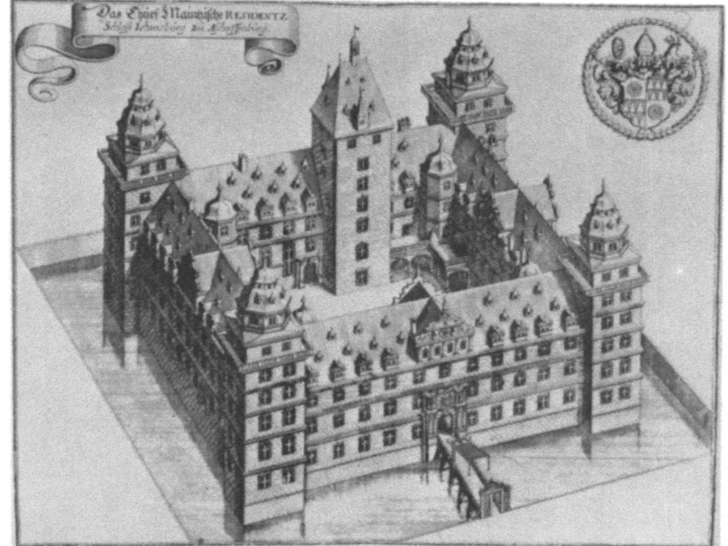

1

H. Baukörper

Die Darstellung von Baukörpern vereint einen Teil der Arbeitsprobleme, die bisher aufgezeigt worden sind.

1. Es bedarf eines sehr klaren und eindeutigen Erfassens des Grundkörpers, der Würfel, Kuben, Kegel, Kugeln und Zylinder, aus denen er sich zusammensetzt, und ihrer Maße.
2. Ein Baukörper ist selbst in sich gegliedert; Fassadenaufteilungen, Fenster, Verzierungen, Türen oder sogar Portale und Stukkaturen.
3. Er ist aus Materialien errichtet, die die Struktur seiner Oberflächen bestimmen: Steinquader, Ziegel, Klinker, Putz, Holz, Dachpfannen oder Schiefer.
4. Er steht in einer Landschaft, die eine große Bedeutung für seine Wirkungen hat, der seine Maße entsprechen, in der er verloren oder großspurig dasteht.

Abb. 1 stellt die Vogelperspektive des Aschaffenburger Schlosses von Merian dar, das eine wundervoll klare Gliederung zeigt. Von Georg Riedinger ab 1610 erbaut; der 5. Turm gehört einem älteren Vorgängerbau an.

In Abb. 2 bildet eine 10-Pfennig-Briefmarke der Bundespost ein Wasserschloß in sehr einfacher Weise als Baukörper ab.

Abb. 3: Die Phantasiearchitektur »Olympias Fenster« von Eva Johanna Rubin, Berlin, verbindet vortrefflich Plastizität und perspektivische Bemühungen mit einer Fülle verschiedenster Oberflächenstrukturen; Mauerwerk, Schilder, Ornamente, Holzverkleidung usw. Das eine kann das andere stärken, darf es nicht behindern oder unübersichtlich machen.

Abb. 4 ist ein Luftbild einer jener aus dem Fels herausgearbeiteter Monolith-Bauwerke – unter Zagwe-König Lalibela, 12. Jhdt. Äthiopien, eine Kirche, die nicht durch Stein auf Stein, nicht durch Ausweitung einer Höhle in der Felswand, sondern als ein Loch ausgehöhlt wurde, jedes Fenster, Mauer und Dach aus dem Fels herausgemeißelt. Alles Beispiele, die die Grundformen der Baukörper eindeutig darstellen.

Aus der Kinderzeichnung Abb. 5 wird deutlich, daß noch wenig räumlich – plastisches Bewußtsein geklärt ist; die Dachschrägen werden senkrecht dargestellt und ein Horizont als Bildebene eingezeichnet, auf dem alles steht (Markus S. 7 Jahre).

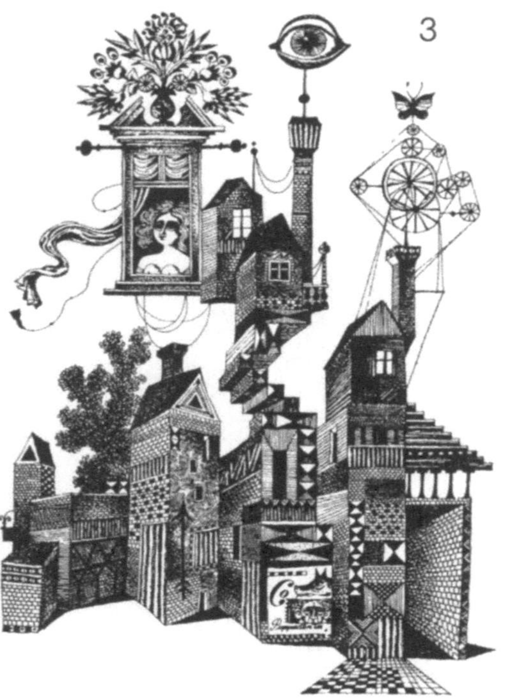

3

2

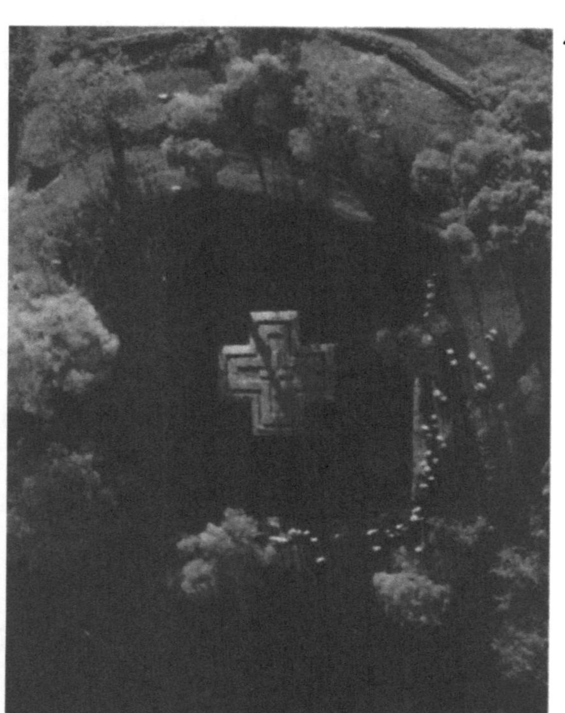

4

5

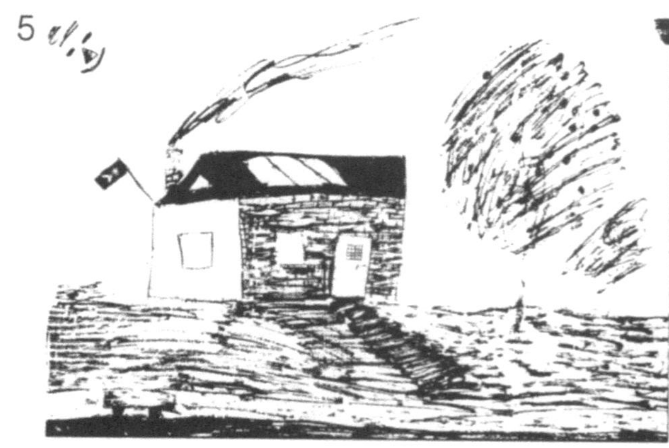

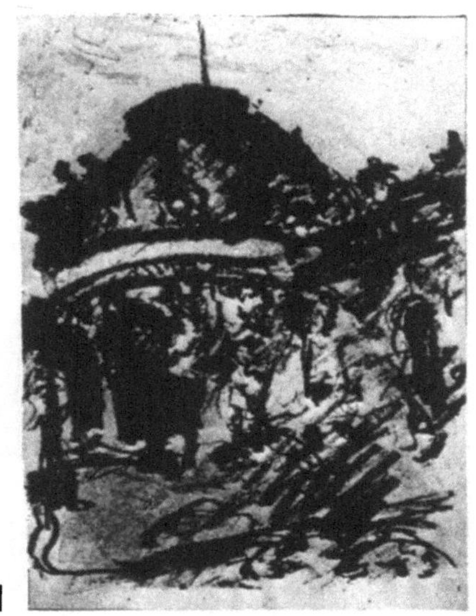

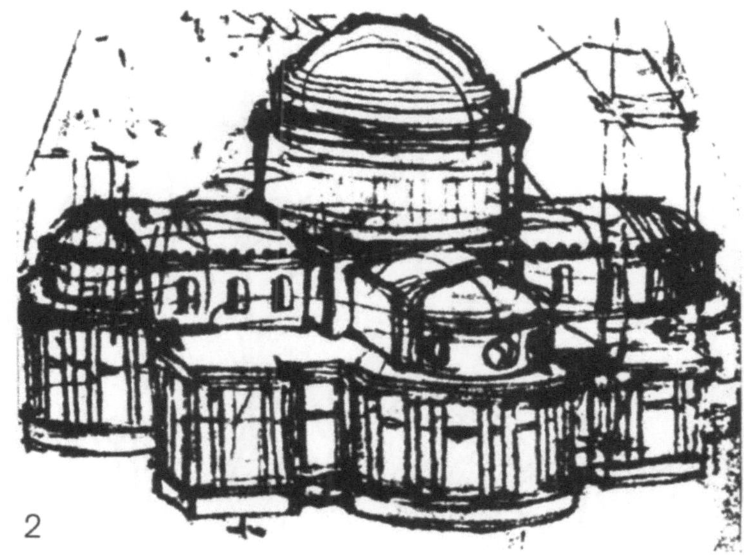

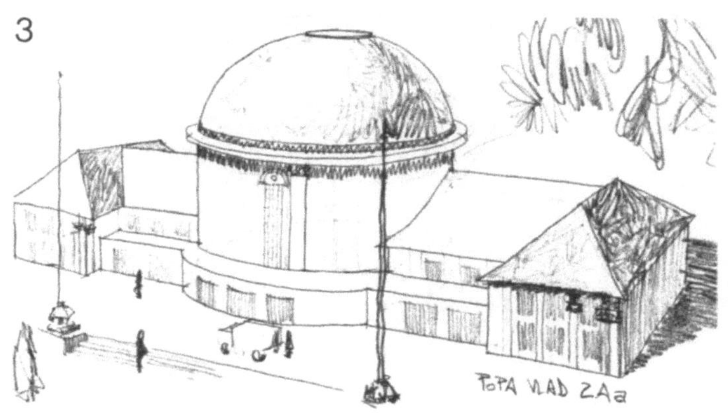

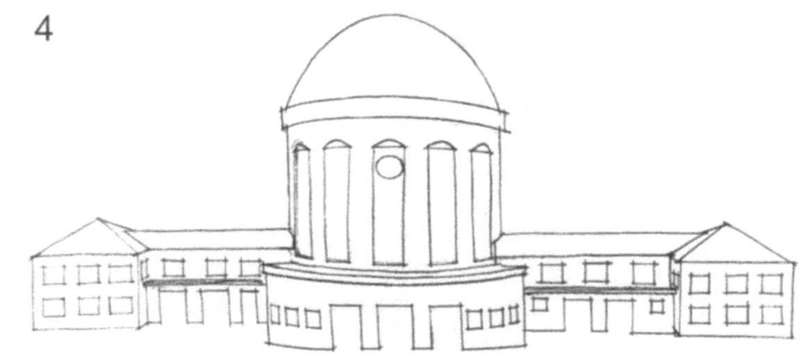

Ein aus verschiedenen Einzelelementen zusammengesetzter Baukörper (z. B. Kuppelbauten) erfordert besondere Aufmerksamkeit, um sich über seine Gesamtform, Einzelteile und ihre Gliederung klar zu werden. Abb. 1 »Sanssouci« von Lovis Corinth, ist eine stimmungsvolle malerische Skizze aus seiner Reihe »Fridericus Rex«, Abb. 2 Michelangelos »Kuppelbau« und die »Kuppeln« und Abb. 5 von Leonardo da Vinci, Entwürfe für Zentralbauten (Ms. B., Paris, Institut de France) sind Skizzen, die stark die Grundkörper, ihre Gliederung und ihre Struktur, den Rhythmus der Fenster und Säulenaufteilungen zeigen. Ganz frei, leichte und starke Linien übereinander, Wiederholungen und Veränderungen sich überlagernd sind sie das Produkt bildhaften Denkens durch Zeichnen.

Abb. 3 und 4 des Deutzer Bahnhofes von cand. arch. Popa Vlad (Rumänien) und stud. arch. H. Davidi sind Darstellungen eines ähnlich gegliederten Baukörpers.

Die Zeichnung Nr. 6, von stud. arch. W. Roth, Bleistift 1977 zeigt Maria della Salute, Venedig.

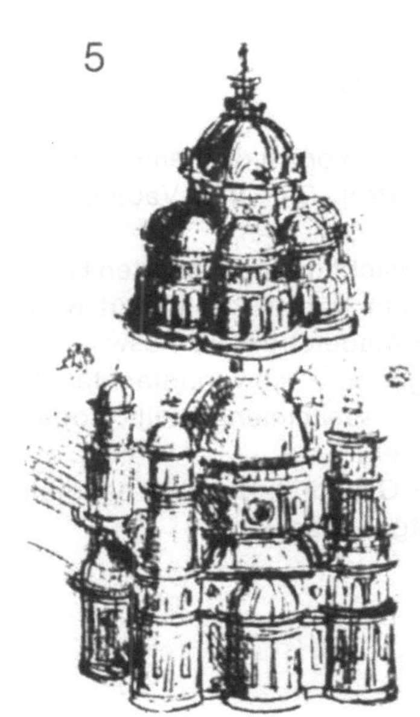

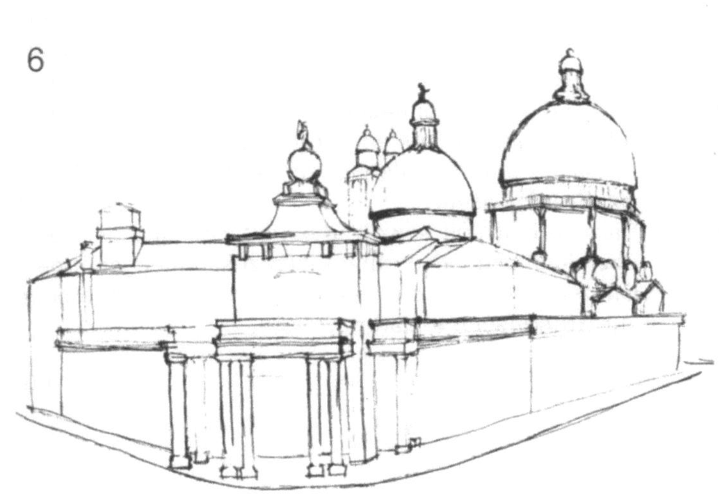

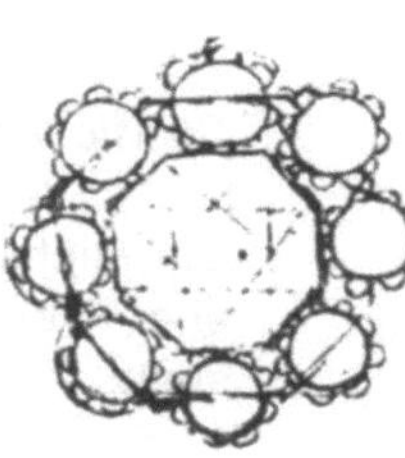

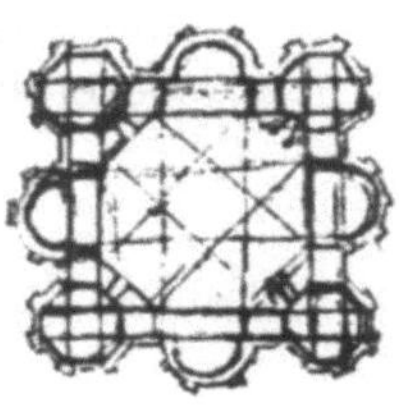

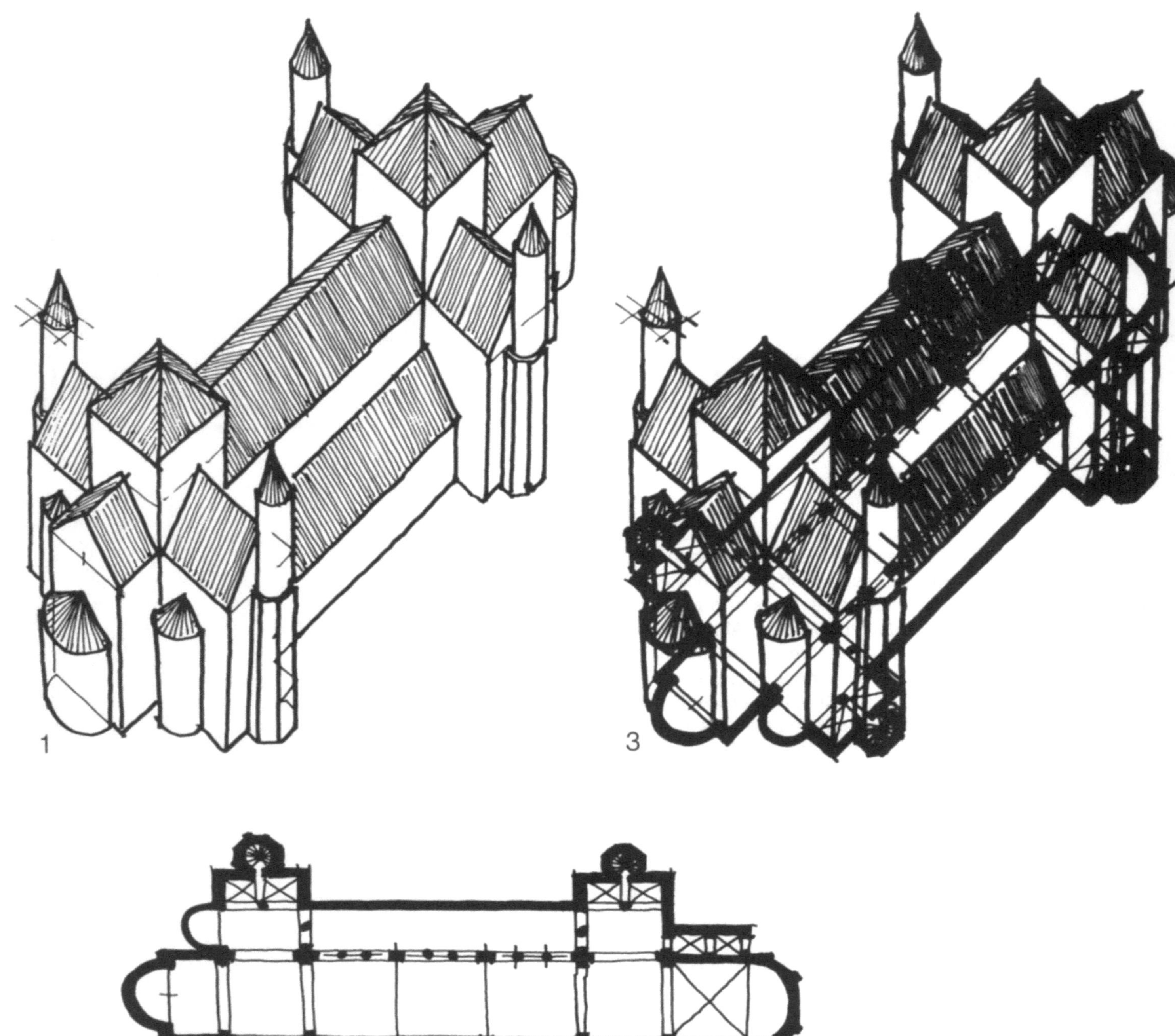

St. Michael 1033 erbaut

Die Michaeliskirche von Hildesheim ist hier in dreifacher Weise von Prof. Dipl.-Ing. Vaupel, Köln, dargestellt.

1. Eine Modellansicht des gegliederten Baukörpers, in dem alle Teile sehr konstruktiv erklärt werden; überflüssiges – etwa Mauerstrukturen usw. – wird weggelassen. Nur die geometrisch vereinfachten Körper werden übersichtlich zusammengestellt; sogar mit Konstruktionshilfslinien.

Abb. 2 zeigt den Grundriß, bei dem ebenfalls nur das Wesentliche festgehalten wird.

Abb. 3 verbindet nun 1 und 2 mit grafisch reizvoll unterschiedlichen Strichstärken und stellt auf sehr einleuchtende Weise den Zusammenhang von Fläche und Körper, Fläche und Raum her. Aus dem schräg gestellten Grundriß wächst der Baukörper heraus und beweist in dieser einfachen Darstellung, daß Architektur mehr ist als nur ein Grundriß, an dessen Seiten Fassaden aufrecht stehen, sondern daß Raumkörper wachsen müssen.

Diese Arbeit soll sowohl die vielfache und dennoch übersichtliche Gliederung eines zusammengehörigen Ganzen, als auch die Beziehung eines Raumkörpers zur Grundfläche erklären.

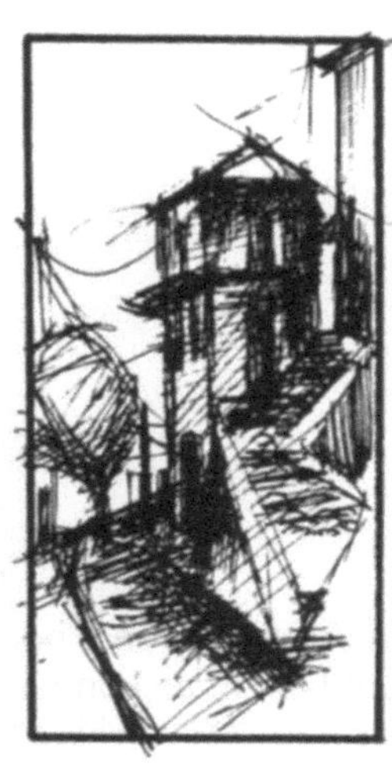

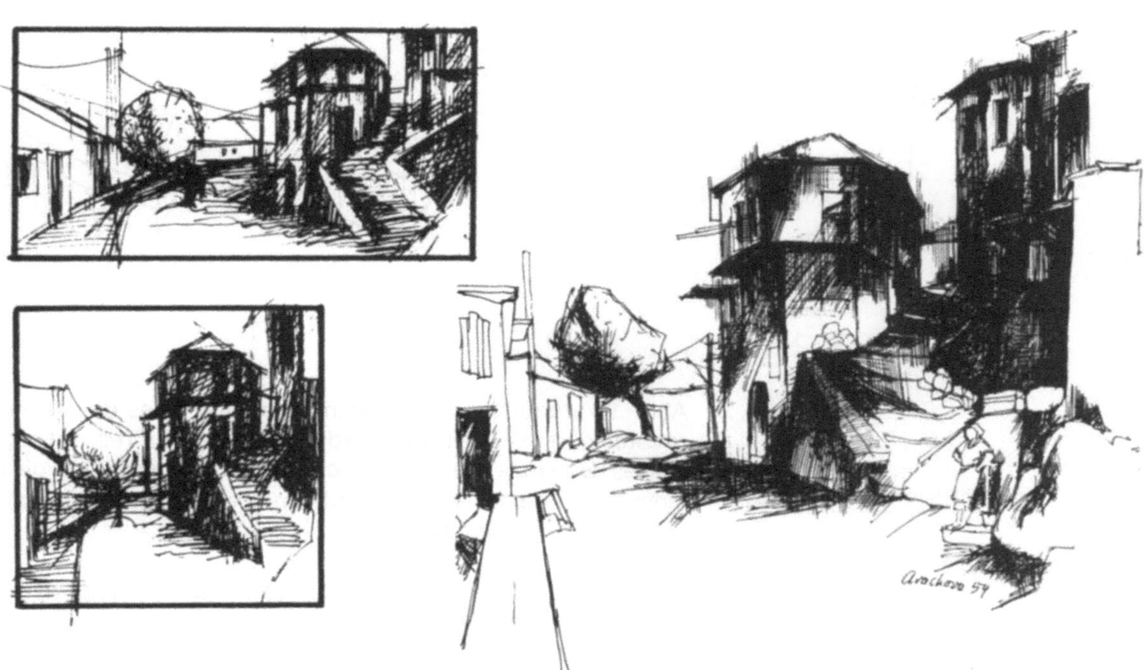

Die größere Zeichnung rechts oben, »Straße in Arachova«, Griechenland, bei Delphi, wird in drei kleineren Variationen mit verschiedenen Formaten wiederholt.

Diese Abbildungen sollen auf die unterschiedlichen Möglichkeiten der Wiedergabe ein und derselben Ansicht hinweisen; im Bild entstehen verschiedenartiger Ausdruck und Spannung: durch das Hochformat erhält das Bild ein aufsteigendes Motiv; es könnte sogar als beängstigend eng bezeichnet werden. Das Querformat ergibt eine breitlagernde Ansicht und eher eine idyllische Dorfstraße als einen dramatischen Bergstadtakzent wieder. Die gleichen Baukörper, nur etwas anders dargestellt und in ein anderes Format gegliedert erhalten andere Betonungen, die eine veränderte Wirkung ein und derselben Straße erzeugen können.

Die Zeichnungen rechts bestehen nur aus der Wiedergabe der dunklen Teile von Häusern, die in einer schneebedeckten Landschaft stehen. Die obere Zeichnung ist ganz flächig, die Häuser entstehen nur durch Überschneidungen verschieden dichter Strichlagen, aufgelockert durch stark symbolisierte Bäume. Die untere Abb. läßt auf sehr einfache und eindrucksvolle Weise plastische Baukörper erscheinen, von denen man eigentlich nicht mehr als die schattigdunklen Wände sieht; z. B. ist kein Dachfirst gezeichnet.

Dorf im Schnee, Feder 76
stud. arch. R. Raasch
Häuser im Schnee, Feder
stud. arch. H. Schneider

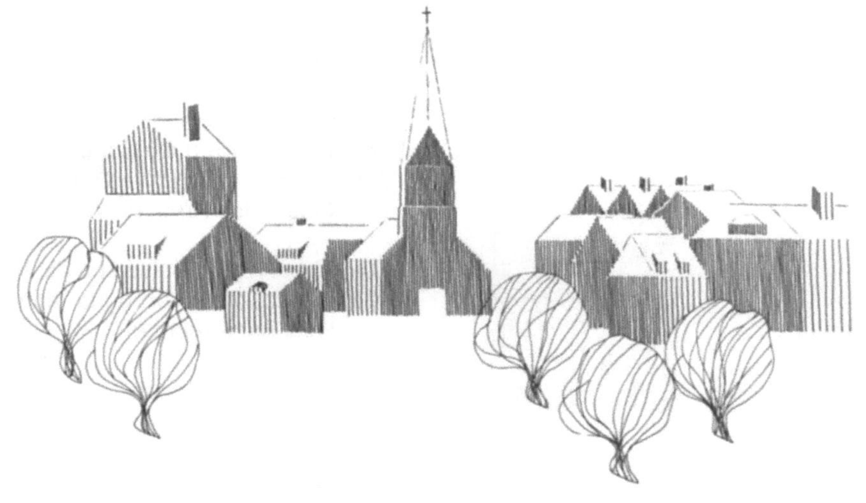

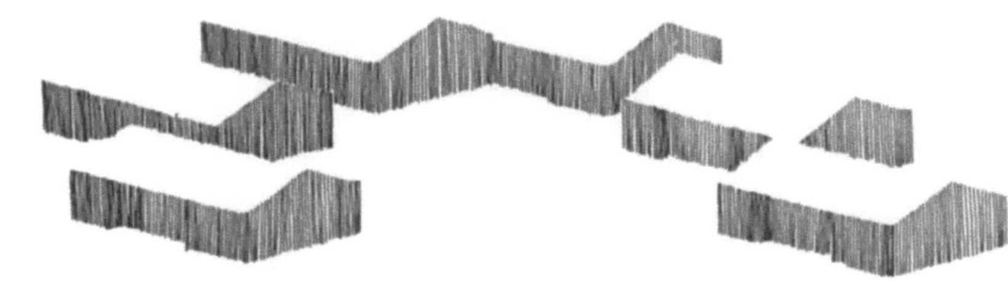

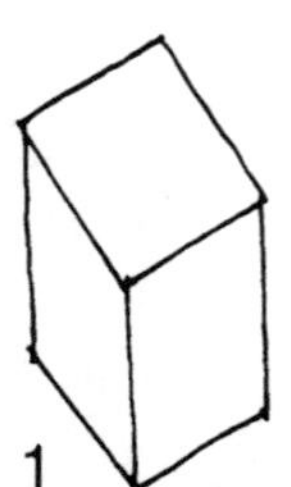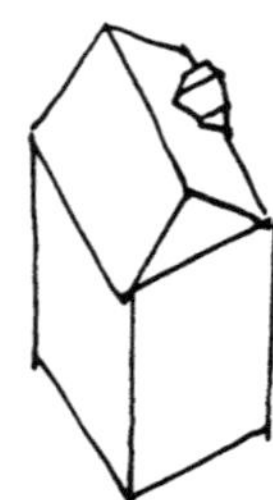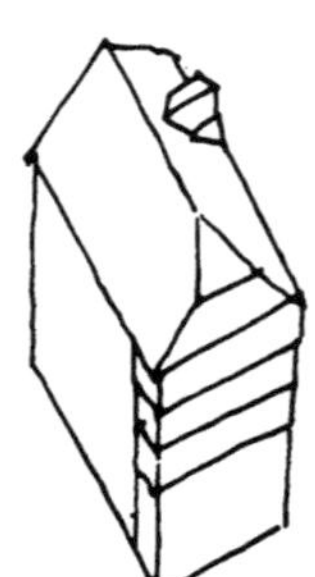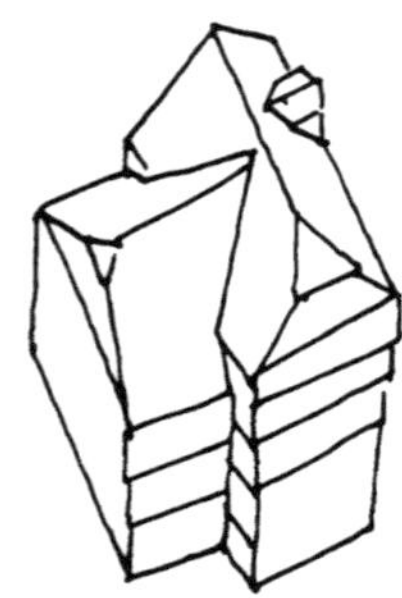

1

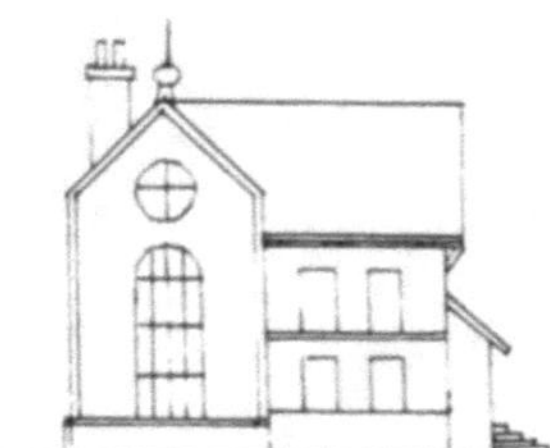

Abb. 1 verdeutlicht die Zusammensetzung eines Baukörpers. Ausgehend von einer rechteckigen Würfelform, werden immer mehr Teile hinzugefügt bis ein so kompliziertes Gebäude wie dieses Fachwerkhaus entsteht. Um die Maße und Formenvielfalt einmal zu übersehen, ist es ratsam, einen derartigen Versuch an einem Gebäude zeichnerisch zu unternehmen.

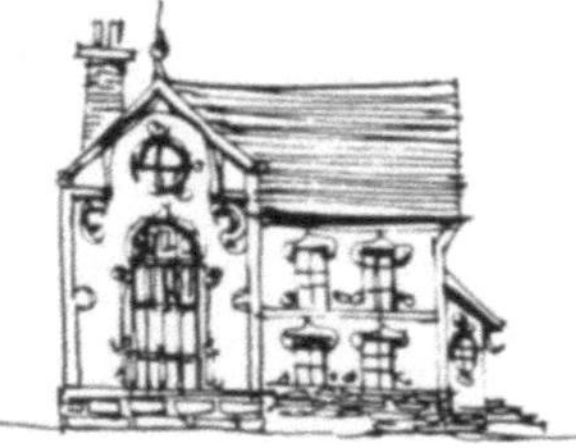

Abb. 2 ist eine Serie von verschiedenen Darstellungsweisen eines Gebäudes; von simpel-konstruktiv, oder in schneller einfacher Skizze, bzw. ornamental strukturiert, bis hin zu flächiger oder mit dramatisch-schraffierter Zeichenart. Mit diesem Beispiel soll verdeutlicht werden, daß eine gegenständliche Zeichnung in vielen Abwandlungen ein Objekt wiedergeben kann, und daß dabei die möglicherweise beabsichtigten Ausdrucksarten gar nicht als Veränderung auffallen. Es bleibt dasselbe Haus.

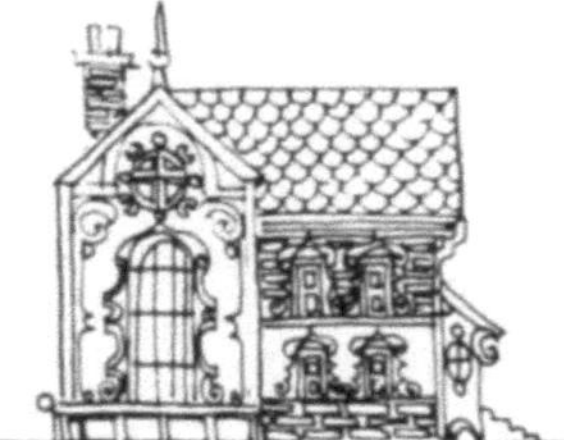

Abb. 3 ist eine Fensterzeichnung, links ein schlechtes und rechts ein besseres Beispiel. Das linke Fenster ist einfach durch überkreuzende Striche als Sprosse unterteilt. Diese Art zeigt aber nicht mit Sicherheit Holzsprossen, es könnte sich auch um ein eisernes Gitter im Zellenfenster handeln. Die rechte Darstellung hat den gleichen Doppelrahmen als Mittelsprosse. Daneben sind nicht die Querteilungen gezeichnet, sondern die Scheibenränder, so daß der Mittelsteg einfach entsteht. Diese Arbeitsweise macht die Darstellung eines Fensters und seiner Aufteilung deutlicher als ein simples Kreuzen von Strichen.

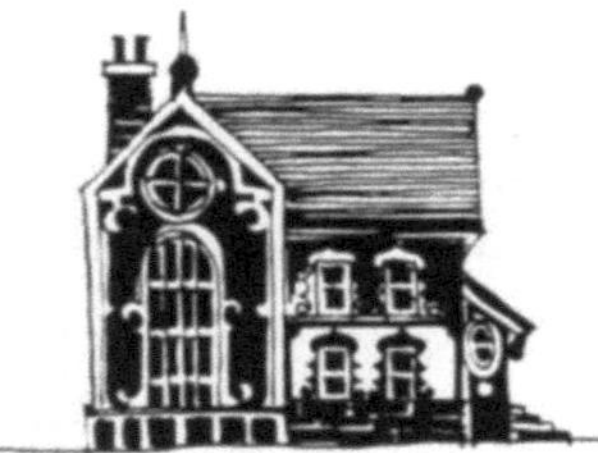

Die Abb. 4 gibt Beispiele für verschiedene Dacharten und ihre Bezeichnungen, die zu Abb. 1 als Anregung dienen sollen.
Von links nach rechts:
1. Satteldach
2. Mansardgiebeldach
3. Walmdach
4. Zwerchdach
5. Krüppelwalmdach
6. Pultdach

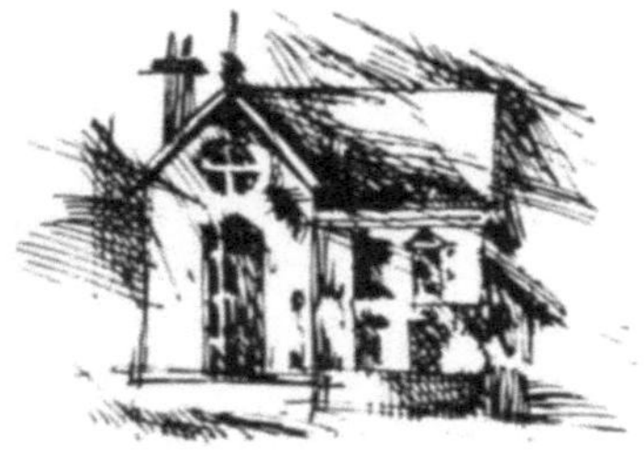

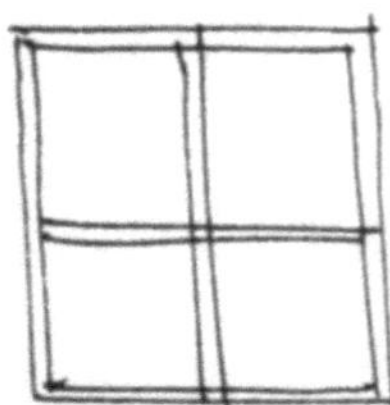

2

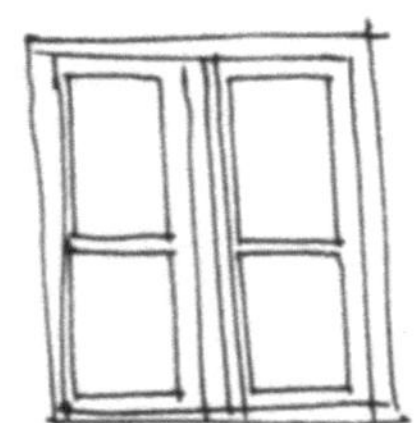

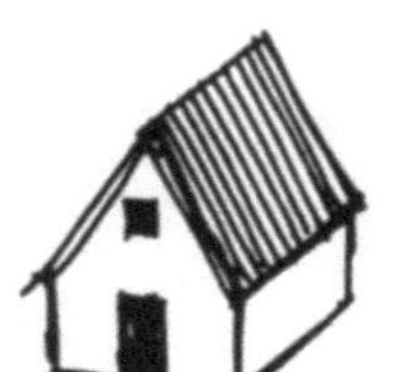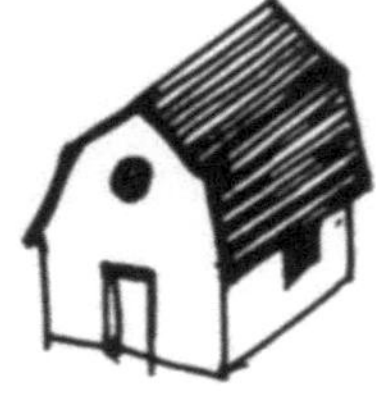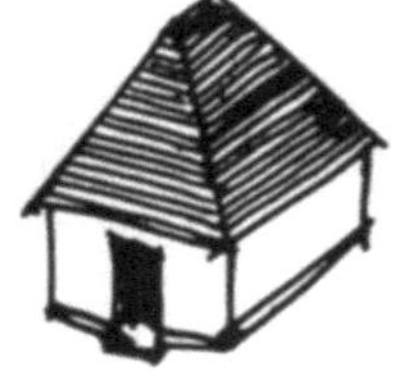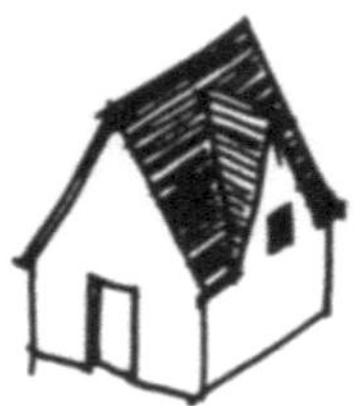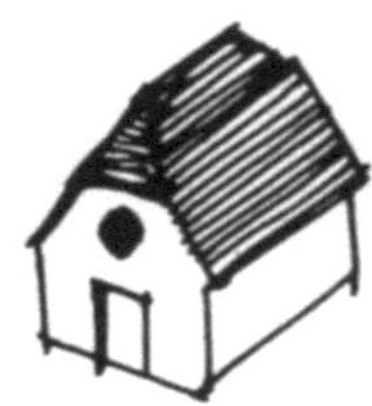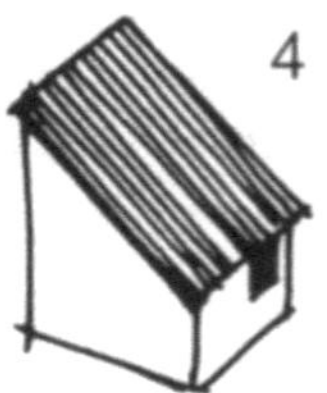

3

4

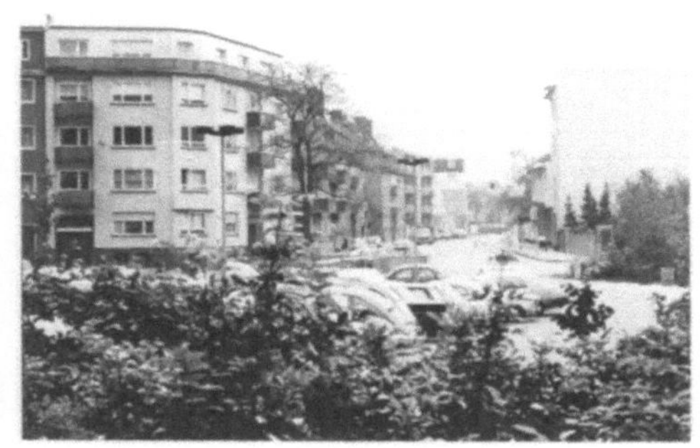

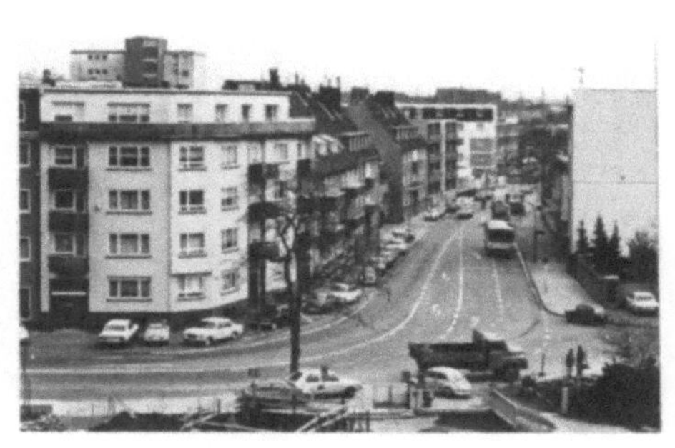

Zwei Fotografien einer Straße in Köln-Deutz, links aus einem Fenster im Erdgeschoß, rechts aus dem 3. Stock. Mit den Zeichnungen sollen Gesichtspunkte, die zu beachten sind, verdeutlicht werden, sowohl beim Ausblick ebenerdig als auch aus dem höheren Geschoß. Dabei erweisen sich einige Punkte als gleichartig, andere als sehr verschieden. Auf den obersten Zeichnungen rechts und links ist der Horizont eingezeichnet; links ist die Augenhöhe ebenerdig, also auch der Horizont etwas über dem Ende der flach verlaufenden Straße; rechts dagegen ist die Augenhöhe mit dem Dachfirst identisch, da die Augenhöhe des Zeichners seinem Standort im 3. Geschoß entspricht.

Entgegen der Erfahrung ist die Straße breiter als hoch, weil sie sich in perspektivischer Darstellung nach hinten verjüngt. Die Zeichnungen zeigen, daß sich die Senkrechten nicht verändern und senkrecht bleiben. Sie sind daher ein sehr gutes Hilfsmittel, um an den Schnittstellen die Winkel und damit die perspektivische Verkürzung zu prüfen; dies geht besonders gut, wenn man einen Zeichenwinkel daran hält.

Wie die vier Bilder zeigen, verändern sich die Schrägen (Waagerechten) sehr stark nach oben oder unten, wobei z. B. Dachfirst, Dachkante und Bodenlinie als Parallele, die sich in einem Punkt treffen müssen, strahlenförmig fächern. Eine leichte Verstärkung einer Dachkante bewirkt den Eindruck von Schatten und Plastizität.

Die unterste Zeichnung rechts soll die Hilfslinien zur Darstellung gleichmäßig gereihter Fenster zeigen, da sie ja in Reihen sitzen und nicht kreuz und quer verteilt sind. *Man muß zeichnen, was man sieht, und nicht, was man weiß, z. B. daß in der Zeichnung eine Straße kürzer als breit ist.*

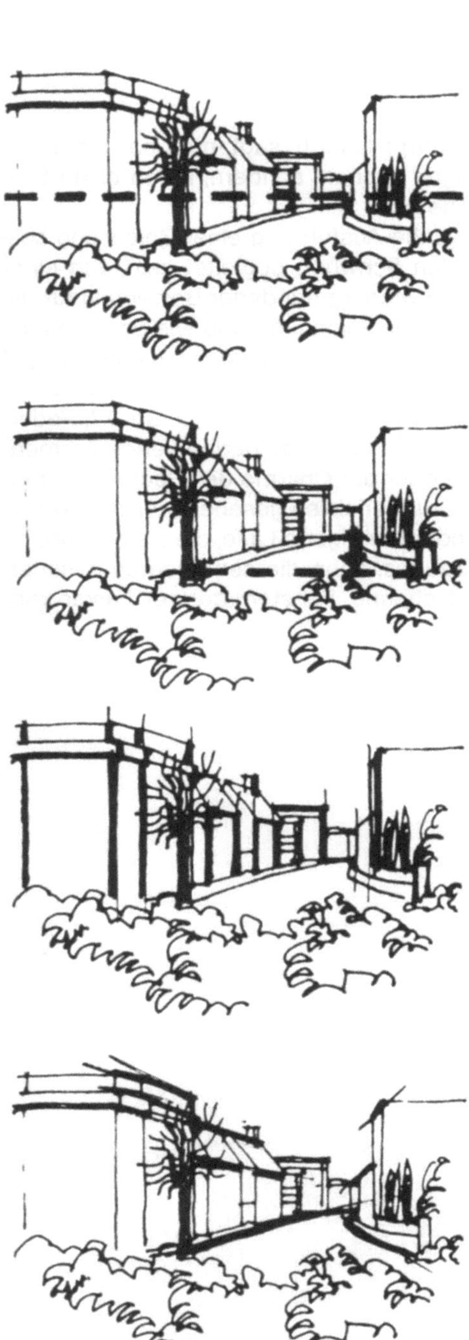

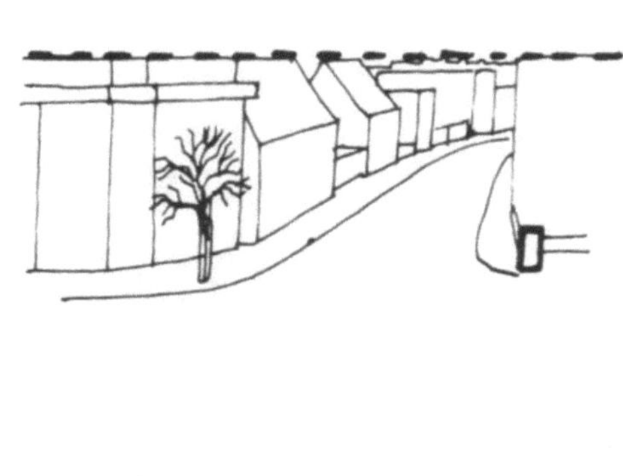

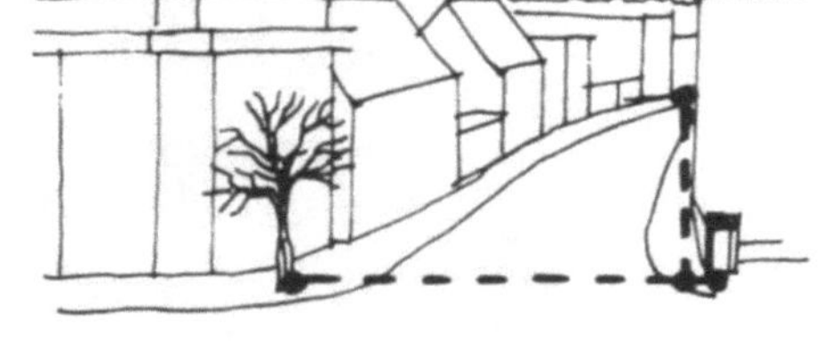

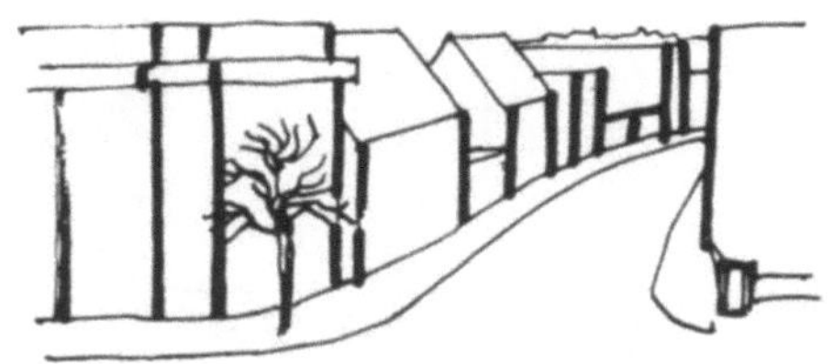

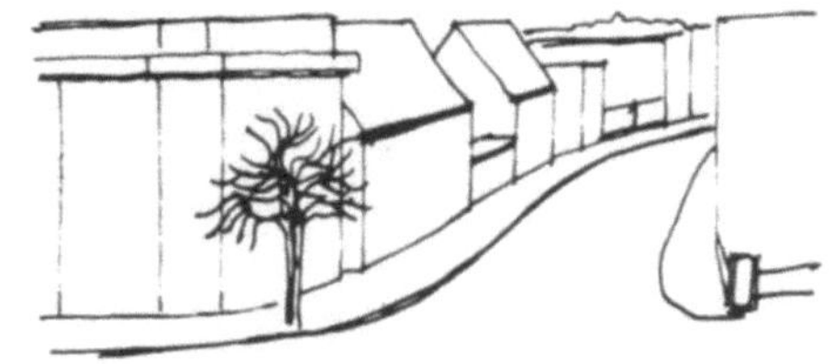

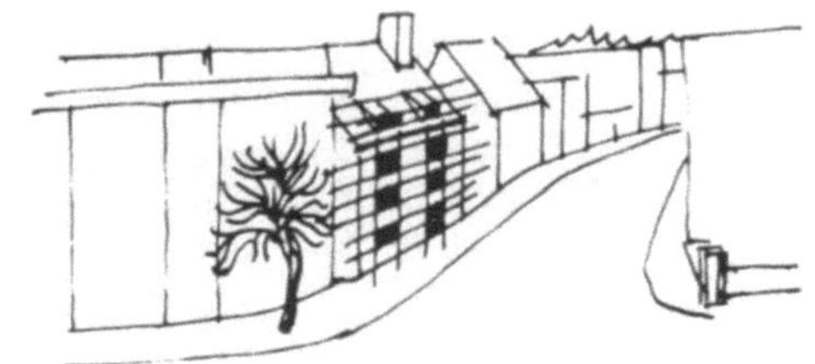

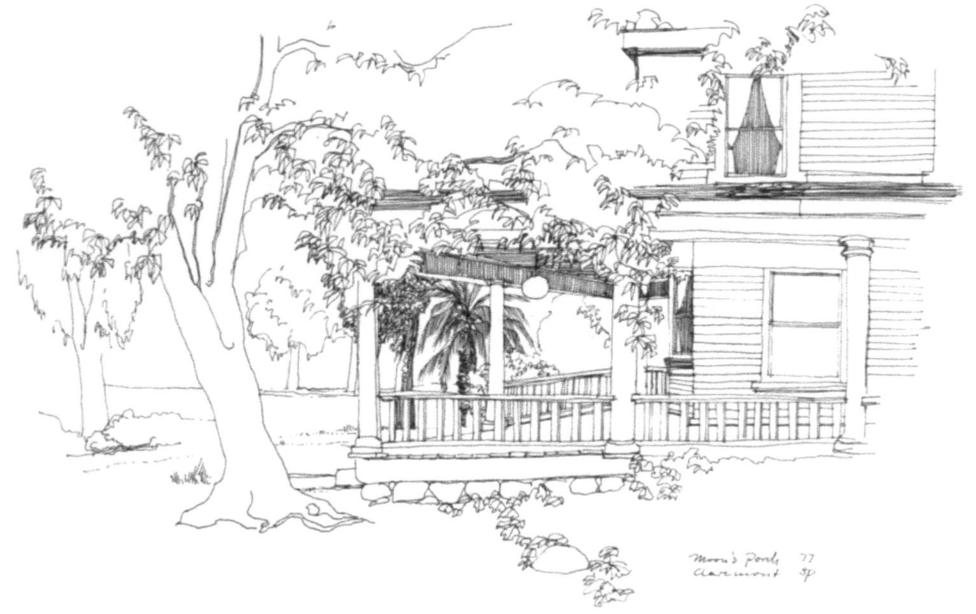

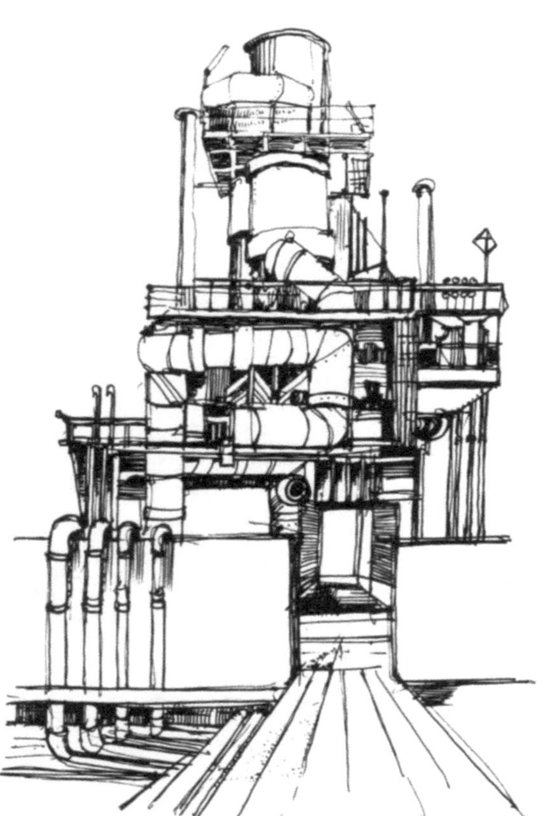

Garaudy, der französische Kulturphilosoph, sagt, man soll nicht den verborgenen Sinn in den Dingen suchen, sondern, ihnen einen Sinn zu geben, ist der schöpferische Akt.

Die Schärfe des Blicks und rasche Ausführung einer Zeichnung sollten immer von einem verliebten Schwung begleitet sein, von einer Kühnheit der Phantasie und von wiedergefundener Bewegung für die Schönheit der Welt. Man kann alles zeichnen; muß wie Spitzweg sagen: »Ein Maler muß sein voller Gesichte.« Darstellungsobjekte gibt es überall, und verwirrende Vielfalt ist anregender als simple Übersichtlichkeit. So ist auch die Arbeit »Moon's Porch«, J. Sp. 77, Feder, Claremont, (Calif.) zu verstehen; so kann der bedrückende Formenreichtum einer Industrieanlage oder der Charme der Flächentexturen einer Fassadenzeile aus den Gründerjahren gesehen werden (Abb. 2 und 3: Spies). Jeder Form gehört ihre eigene Linie, die sie beschreibt. Z. B. erst die Querlatte des Zaunes, dann die senkrechten dahinter, die einzelnen Bretter der Feldscheune, Fenstergitter vor Fensterrahmen, usw.

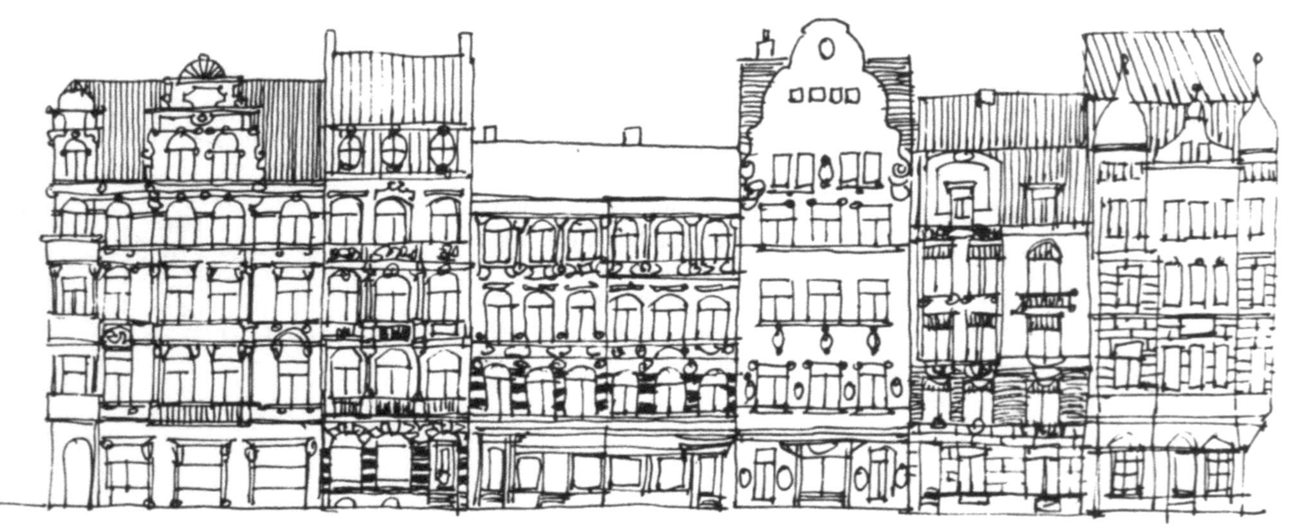

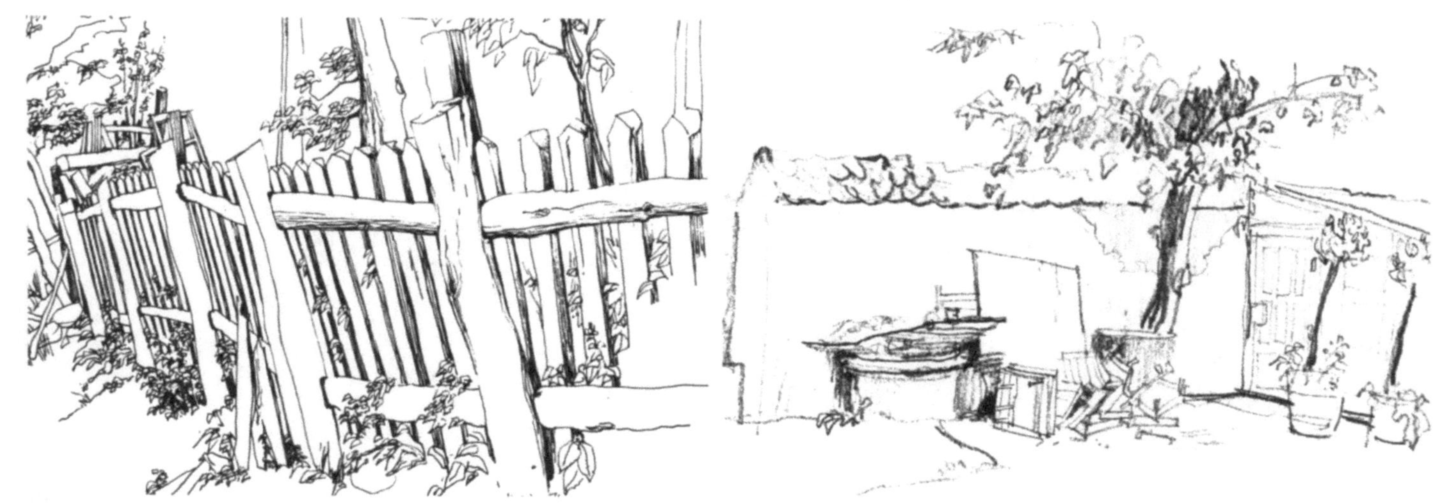

Ein windschiefer Gartenzaun, das Mäuer-
chen und das Gartengerümpel, die Feldscheune; sie sind Beispiele für die vielfältigen Möglichkeiten, sich zum Zeichnen
anregen zu lassen und liebenswerte Gegenstände und Ecken zu entdecken. Alle
haben nicht nur den Reiz des Motivs gemeinsam, sondern die Fülle der Formen
und die Strukturierung ihrer Oberflächen
ist anregender als bei vielen neuen Bau-
werken. Es sind keine bedeutenden Bild-
anlässe, aber reizvolle Details. So wie
Morandi sich fast nur der Darstellung einfacher Flaschen und Gläser ergeben hat,
denen er tiefgründige Beziehungen zueinander durch Farbe, Form und Stellung
gab, so kann der einfachste Gegenstand
Bildanlaß werden.

Die 3 Studienblätter der unteren Reihe:
Blick in eine Gasse in Sevilla, die bemer-
kenswerten Jalousien eines Hauses in
Tarragona oder der Blick aus dem Hotel-
fenster über Dächern verkörpern das. Die
Vielfalt und Fremdartigkeit der Gassen und
Winkel soll in diesen Reiseskizzen wiedergegeben werden: die Verzierungen der
Straßenlaterne, der Stamm der Platane,
die Dachziegel und Balkongitter, der flache Stein des Pflasters.

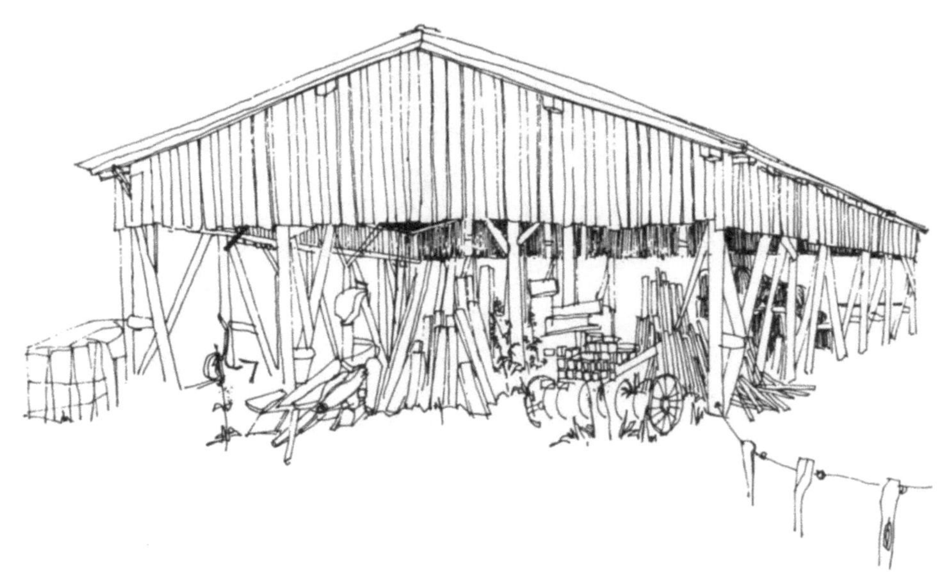

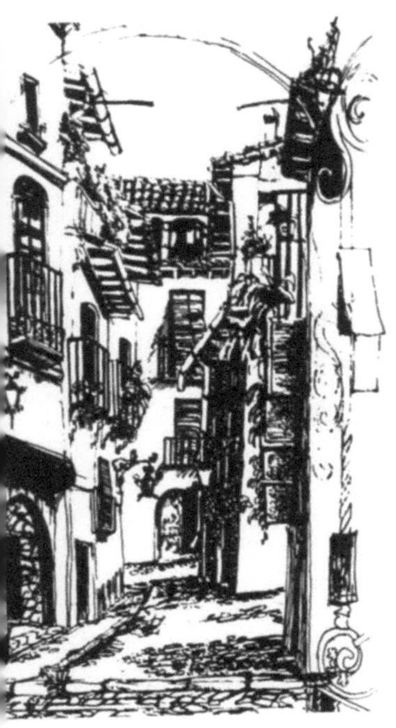

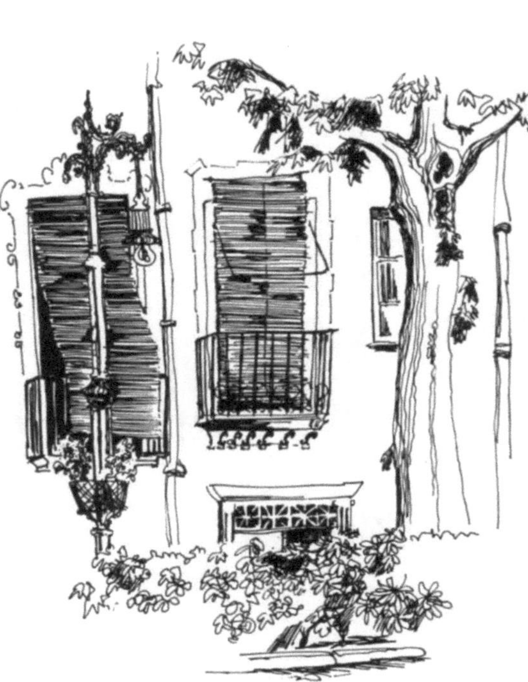

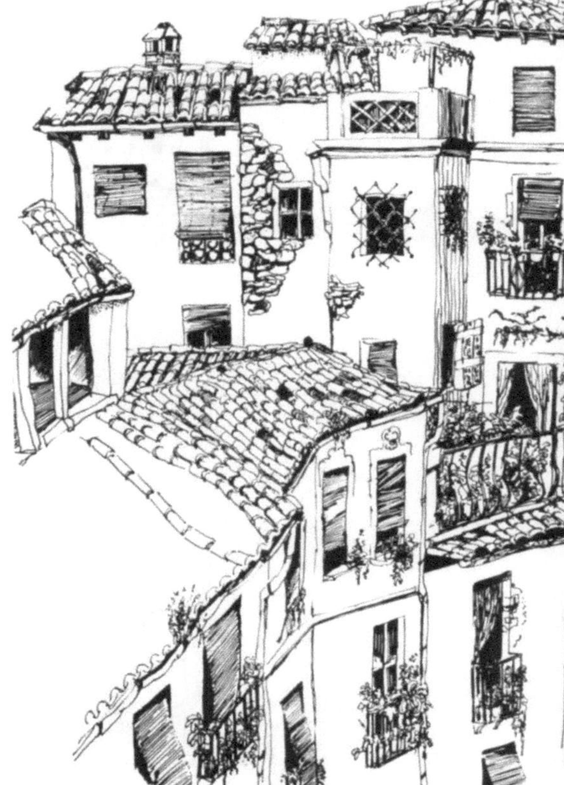

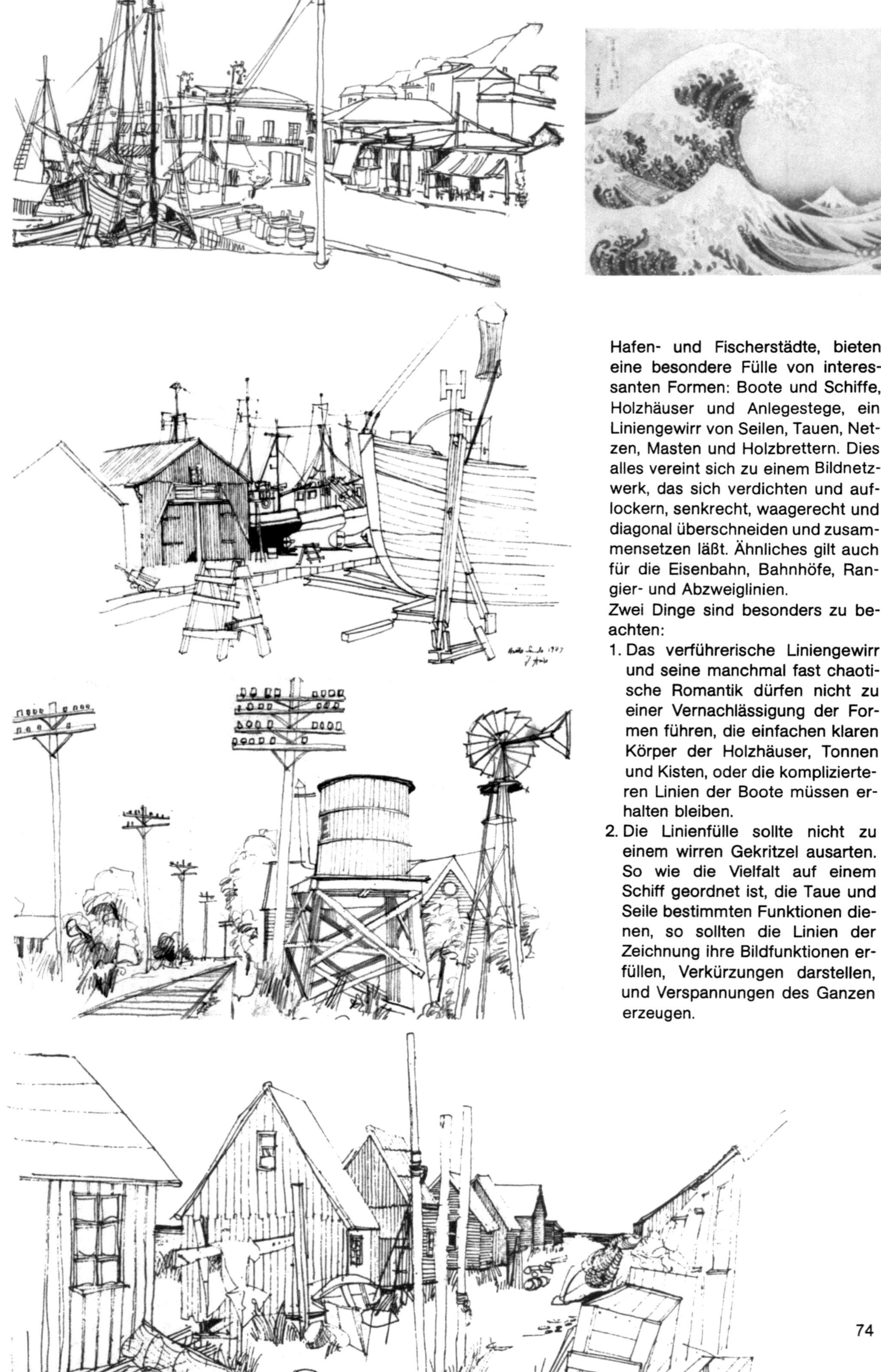

Hafen- und Fischerstädte, bieten eine besondere Fülle von interessanten Formen: Boote und Schiffe, Holzhäuser und Anlegestege, ein Liniengewirr von Seilen, Tauen, Netzen, Masten und Holzbrettern. Dies alles vereint sich zu einem Bildnetzwerk, das sich verdichten und auflockern, senkrecht, waagerecht und diagonal überschneiden und zusammensetzen läßt. Ähnliches gilt auch für die Eisenbahn, Bahnhöfe, Rangier- und Abzweiglinien.

Zwei Dinge sind besonders zu beachten:

1. Das verführerische Liniengewirr und seine manchmal fast chaotische Romantik dürfen nicht zu einer Vernachlässigung der Formen führen, die einfachen klaren Körper der Holzhäuser, Tonnen und Kisten, oder die komplizierteren Linien der Boote müssen erhalten bleiben.

2. Die Linienfülle sollte nicht zu einem wirren Gekritzel ausarten. So wie die Vielfalt auf einem Schiff geordnet ist, die Taue und Seile bestimmten Funktionen dienen, so sollten die Linien der Zeichnung ihre Bildfunktionen erfüllen, Verkürzungen darstellen, und Verspannungen des Ganzen erzeugen.

Zuerst das vorderste Objekt zeichnen, dann immer weiter nach hinten wandern. Doch schon beim ersten Strich muß das Bild im Hintergrund mitgesehen und berücksichtigt werden. Das ist wichtig für den Bildaufbau, der die verschiedenen Elemente sinnvoll ordnen soll: die Körper der Boote, Häuser usw., die Linien der Taue und Drähte und die hellen Flächen, auf denen alles geschieht, die Quais und Hafenstraßen die in ihrer Breite eher Plätze sind, und die Wasserflächen der Hafenbecken. Ein Beispiel der Eleganz bewegten Wassers zeigt das Bild auf der gegenüberliegenden Seite rechts oben: die »Woge« (Hokusei).

Um mit dem Stift Entfernungen zu messen, sollte der Arm immer ausgestreckt gehalten werden. Ein angewinkelter Arm garantiert bei Wiederholung nicht den gleichen Maßstab, ebensowenig ein schräg gehaltener Stift. Schrägen prüft man am besten durch den Winkel zur Senkrechten.

Abb. linke Seite:
Patras 1954, Bleistift
Hvide Sande »Werft« 1973, Bleistift
Santa Fè Railway Station, Spies 77
Hvide Sande »Fischerhütten« 1973, Bleistift
J. Sp.

Abb. rechte Seite:
Porec 1968, J. Sp.
Greifswalder Hafen, C. D. Friedrich 1815, Bleistift
Patras Hafen 1954, J. Sp.

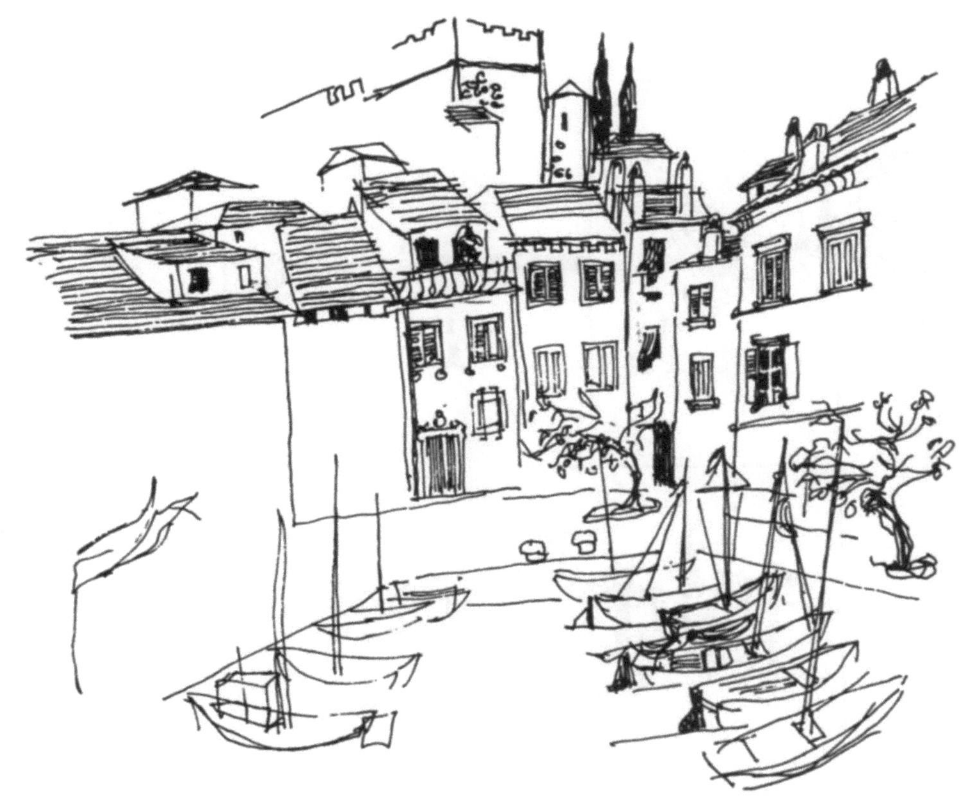

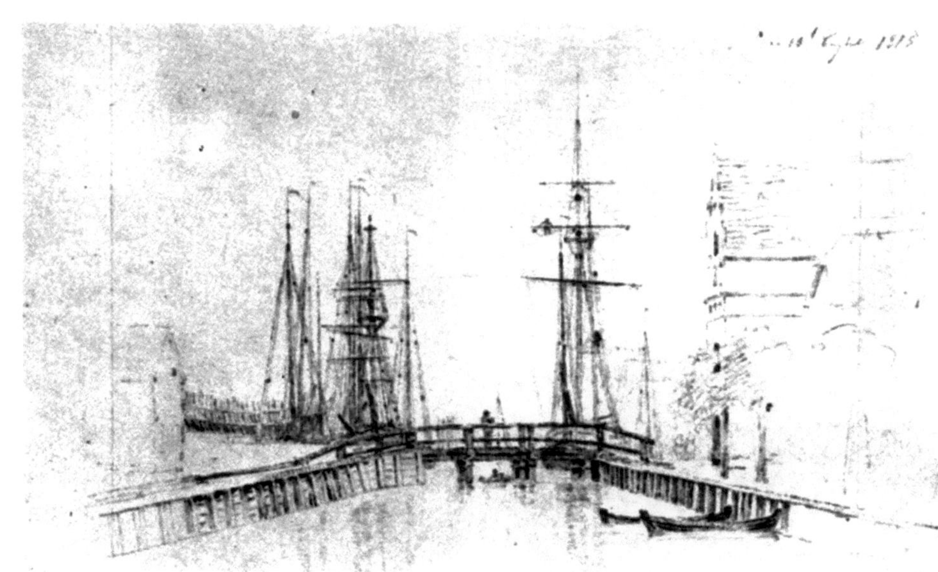

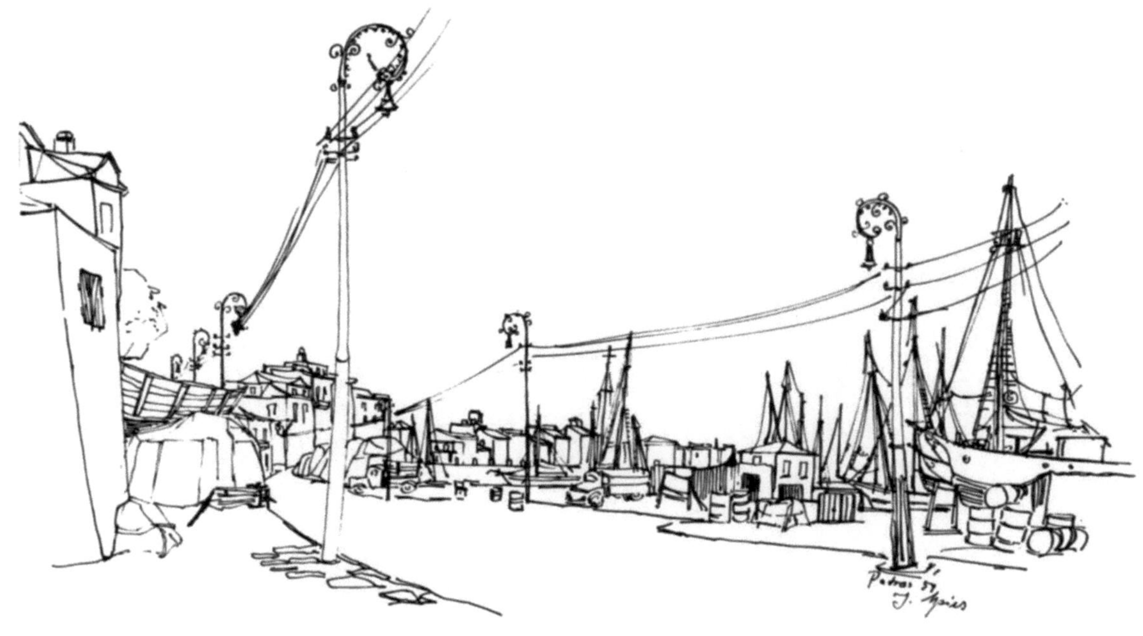

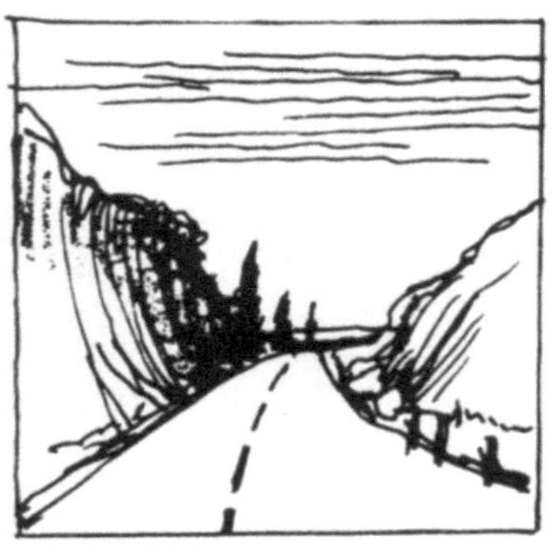 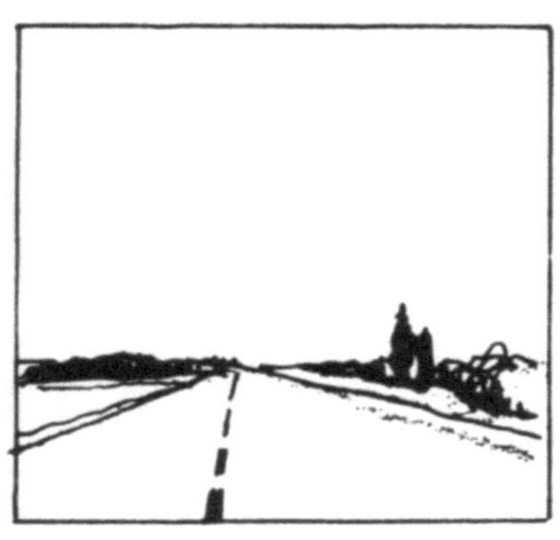 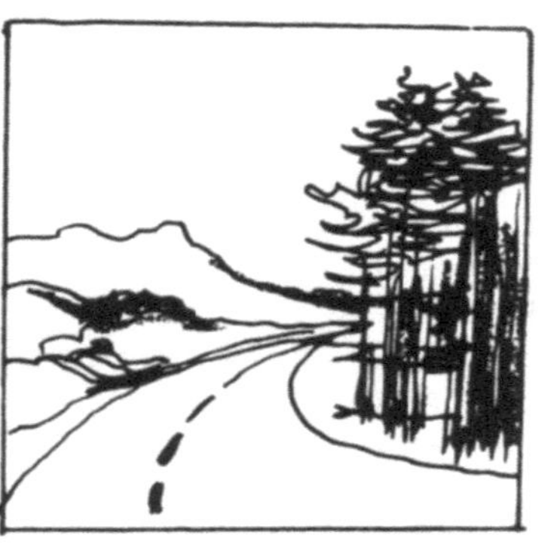 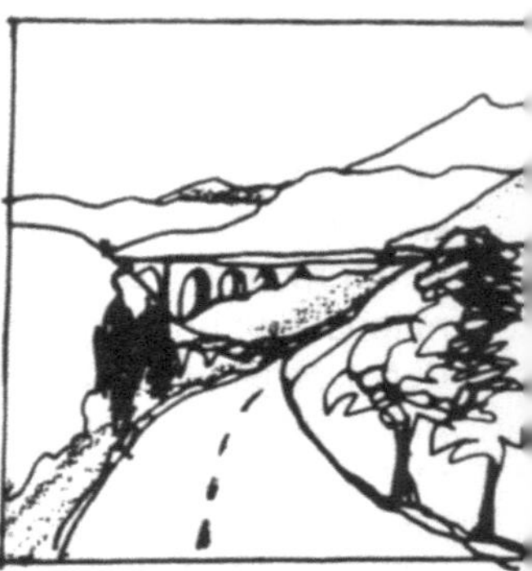

1

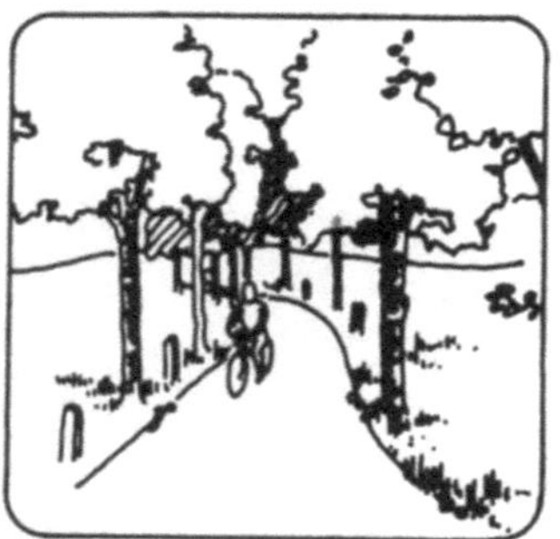

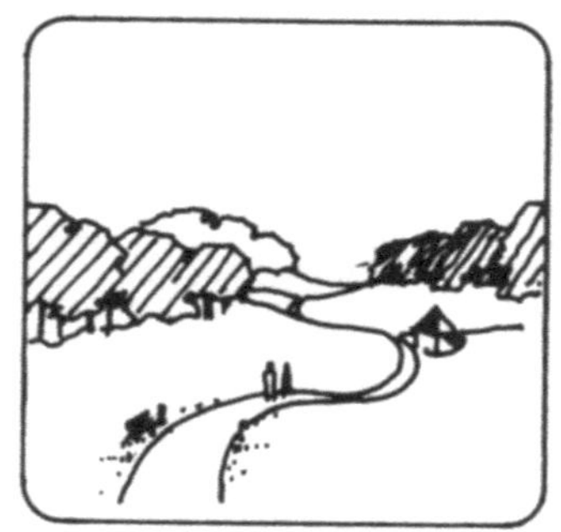

2

Zum Übergang vom Raum im engeren Sinne (Innenraum) zum Natur-Raum gehört der städtebauliche Raum mit seinen Straßen und Plätzen. Straßen sind die Beziehungslinien zwischen den Orten: Autostraßen, Autobahn, Bundesstraßen und Landstraßen (Abb. 1 J. Spies, Feder; und Abb. 2 Prof. Dipl.-Ing. Prinz, Köln). Sie ermöglichen uns ein bewegtes Raumerlebnis. Beachten Sie einmal einen einzelnen Baum und seine »Bewegung« vor dem Hintergrund des Waldes oder der Berge. Das gleiche Phänomen entsteht, wenn man über eine Brücke in einer Stadt fährt und sieht, wie sich ein herausragendes Gebäude im Vordergrund vor der hinteren Stadtsilhouette bewegt. Der Unterschied in der Ansicht großer Gegenstände der Nähe und ihre »Wanderung« vor dem Hintergrund beim Fahren vermittelt Raum durch Veränderung. Raum und Bewegung sind dann nicht zwei verschiedene Phänomene, sondern ein Element.

Der Ort in der Stadt, das Ziel der Straßen, ist der Platz. Er ist sichtbarer Mittelpunkt im Gemeinwesen. Plätze wie »Il Campo a la Chiesa dei Gesuiti« in Venedig, von Canaletto, 1721–1780 (Abb. 3) und der Piazzetta di San Marco di Venetia von Merian (Abb. 4; links) machen den besonderen Wert derartiger Begegnungsstätten mit ihrer großen Zahl von Veranstaltungen und Treffpunkten deutlich.

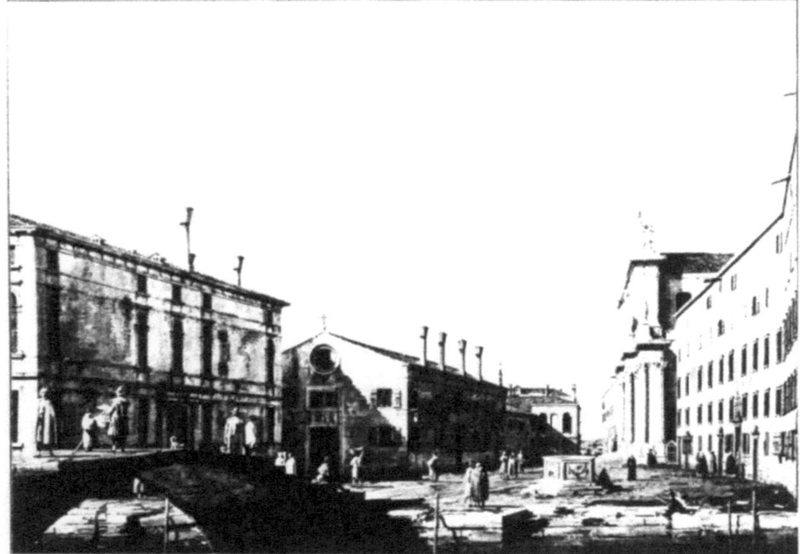

3

4

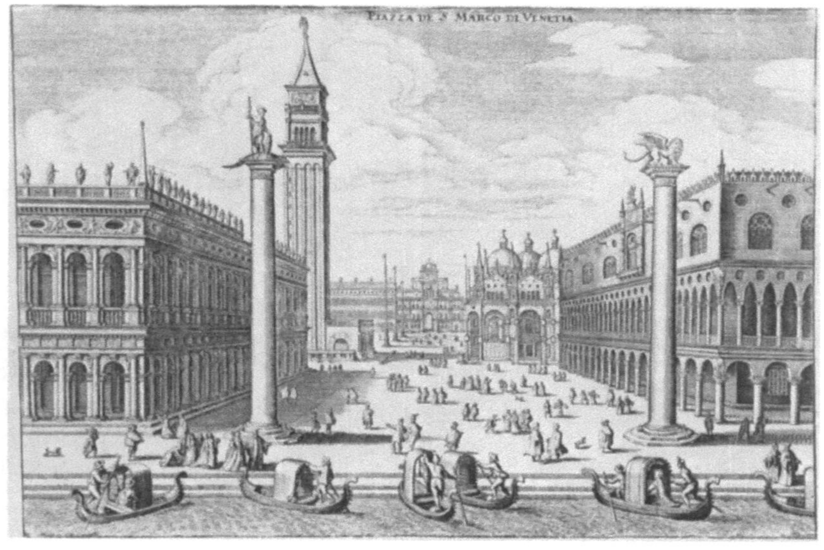

Plätze

Die Piazetta di San Marco gilt als einer der schönsten Plätze überhaupt, belebt durch Säulenstatuen, umgeben von Arkaden, offen zum Gondelplatz mit dem Blick hinüber nach Santa Maria della Salute. Der Marktplatz von Patras (Abb. 1, rechts) in Hafennähe, der Kirchplatz von San Josè auf Ibiza (Abb. 2) und der freie Raum vor den Häusern in der Altstadt von Istanbul (Abb. 3) zeigen nur einige der zahlreichen Varianten von Plätzen. Plätze gliedern Zeichnungen sehr reizvoll auf. Sie verdeutlichen die Ebene, auf der sich alles ordnet, auf der sich alles bewegt; sei es der überfüllte Markt oder auch die Kulissen der Häuser und die Leere in der Mittagsglut. Zeigt die Straße immer eine Richtung – die in der man selber reist oder die an einem vorbeizieht, fast ohne Anfang oder Ende, so ist der Platz hingegen Anfang und Ende selbst, eher einem großen Punkt vergleichbar als einem gerichteten Pfeil.

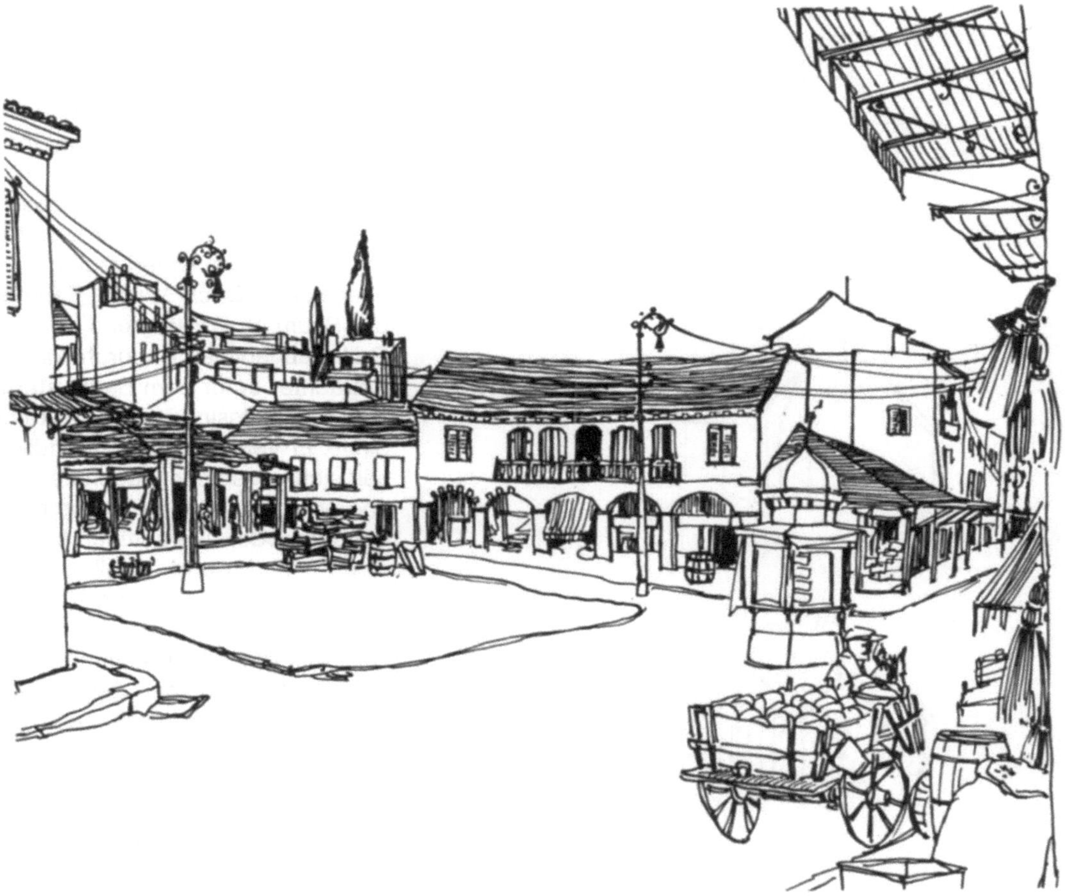

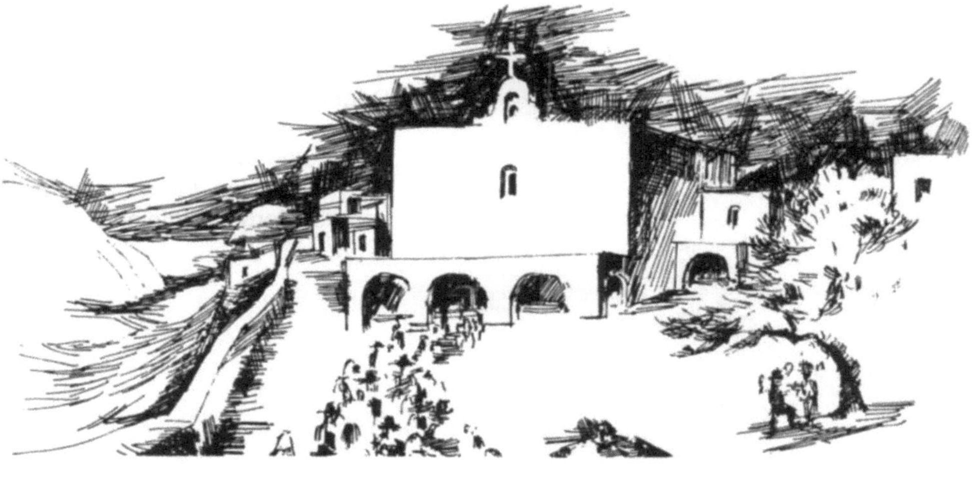

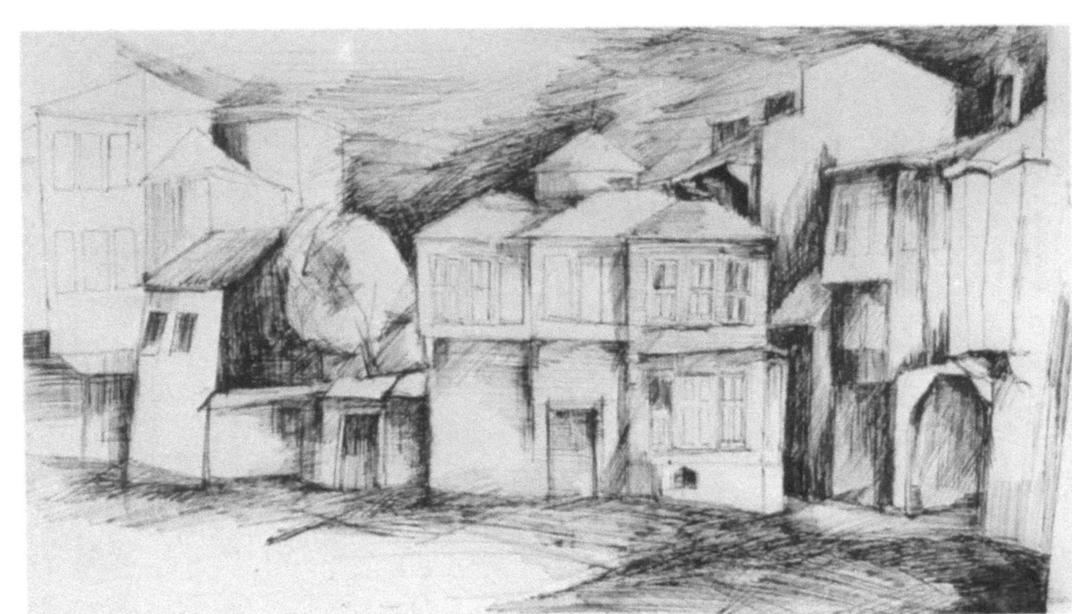

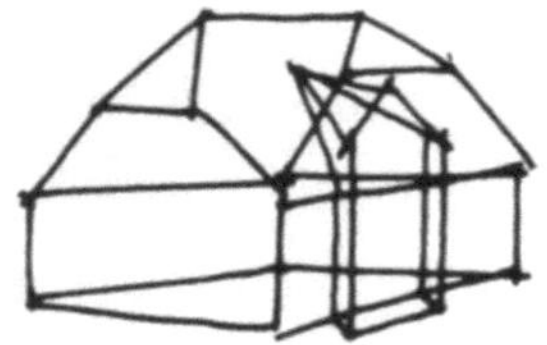

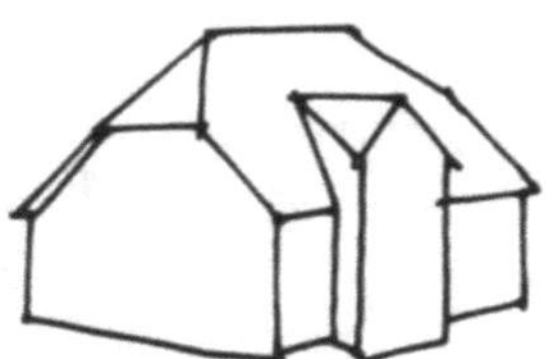

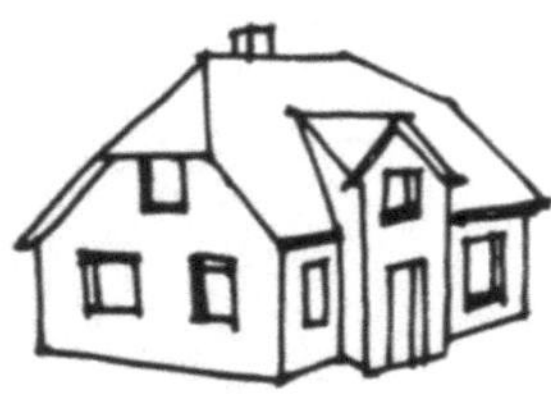

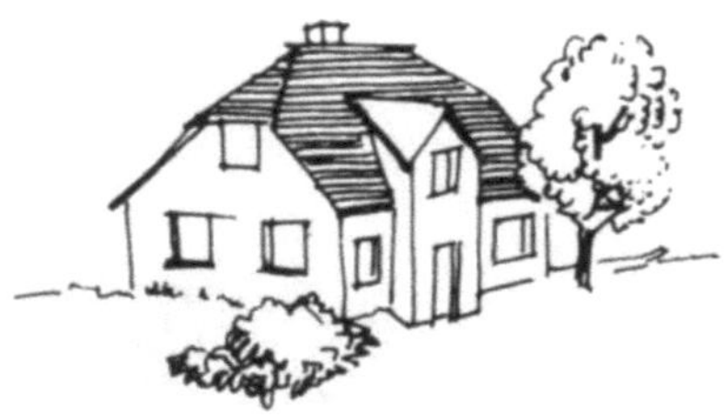

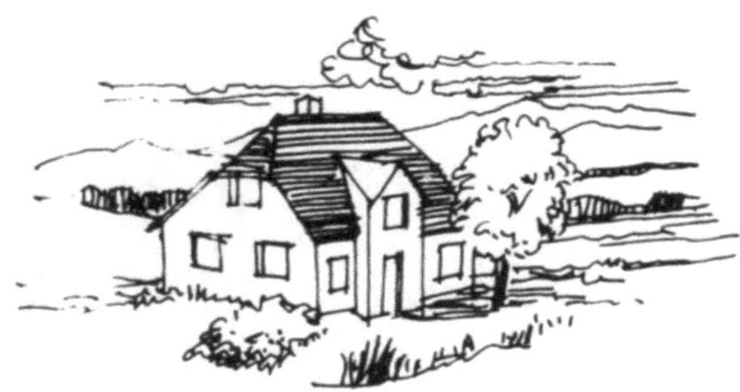

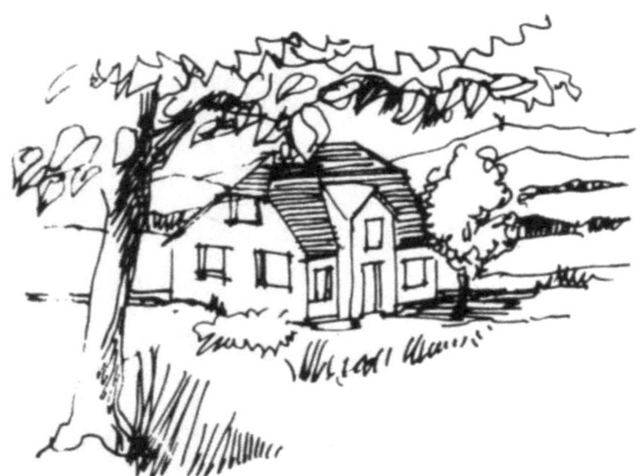

Die Abbildungen dieser Seite sollen noch einmal den Weg markieren: vom Raumgestell zum Baukörper, seiner perspektivischen Darstellung, der Hinzufügung von Bäumen und Pflanzen, bis zum Entstehen einer Landschaft mit Vordergrund (angeschnittener Baum), mit Mittelgrund (Haus und Garten) und Hintergrund (Berge, Wald und Wolken); und alles mit Strukturen zur Markierung von Wesensmerkmalen versehen, die die Form verdeutlichen sollen: Dach, Wiese, Bäume, Wald.

Der Baum im Vordergrund ist »angeschnitten«, d. h. nicht in voller Größe abgebildet. Dadurch wird der Eindruck vermittelt, daß »der Betrachter unter dem Baum steht; also »im Bilde ist«.

»Der Gesichtssinn ist der vollkommenste und köstlichste unserer Sinne. Er verschafft uns unendlich viel mehr Gedanken, er unterhält sich mit seinen Gegenständen über eine größere Distanz hin, und er ist länger tätig als die andern, ohne daß ihn dieser Genuß ermüden oder übersättigen könnte ... Man kann im Gesichtssinn einen feineren und erweiterten Tastsinn erkennen, der sich über eine unendliche Zahl von Körpern hin erstreckt, die ausgedehntesten Figuren umfaßt und einige der am weitesten entfernten Teile des Weltalls erreicht« (Addison).

Die Abbildungen der gegenüberliegenden Seite »Heidelberger Schloß« (1), Marburg an der Lahn (3), von Mathaeus Merian, 1593–1650, und »Kölner Dom vom Rheinufer« (2), William L. Leitch, 1840 – zeigen vortrefflich gegliederte Stadt-Landschaften; (1) und (3) dem barocken Empfinden an bewegter Klarheit angepaßt, die zweite mit malerisch-romantischem Verständnis. Sie zeigen eine Bildwelt, die uns heute besonders anmutet. Das unterschiedliche Verständnis von Landschaften wird von Herbart (1892) so beschrieben: »Nicht alle sehen alles gleich. Der nämliche Horizont hat diesem Auge viel, und jenem wenig anzubieten. Er zeigt Einem das Schöne, einem anderen das Nützliche, einem Dritten ist er eine auswendig gelernte Landkarte. In der gleichen Landschaft sucht der Knabe die bekannten Thürme, Schlösser, Dörfer und Menschen – hängt immer an einzelnen Puncten, während der Maler die Parthien gruppirt, und der Geometer die Höhen der Berge vergleicht.«

Die hier abgebildeten Stadt-
landschaften zeigen
nicht nur typische Züge von
barockartiger Fülle und Klarheit oder romantisch-impres-
sivem Zauber, sondern sie
entsprechen auch den
Grundsätzen, die insbesondere bei der Darstellung von
Landschaften beachtet werden sollten:
1. Erfassen als Ganzes; lassen Sie sich nicht von der
verwirrenden Fülle verschiedenster Formen, Farben und
Strukturierungen überwälti-
gen. Sensibilisierung für Zusammenhänge, Perspektiven
und Situationen.
2. Wesentliches gleich zu Beginn einzeichnen – einspan-
nen – kein zufälliger Ausschnitt soll entstehen.
3. Die Proportionen beachten und im gewählten Format
verdichten: Querformat,
Hochformat, senkrechte,
waagerechte, diagonale Bewegungen und ihre Bezie-
hungen entdecken.
4. Den Raumaufbau planen;
Vordergrund, Mittelgrund und
Hintergrund (außerdem vielleicht noch einen Seitengrund
wie beim Bühnenbild) und mit
Einzelformen (Baum, Haus,
Strauch, Brücke, Boot) und
den Bodenformen (Feld,
Wald, Fluß, Berge) und ihren
Strukturen ergänzen.
5. Die Darstellungsarten von
linear, strukturiert, hell-dunkel
und malerisch bewußt ein-
setzen und als Kontraste nut-
zen (z. B. Vordergrund: hell-
klar-linear, Hintergrund:
dunkler-weich-malerisch).
Bewältigung der ganz ver-
schiedenen Anlässe in Verbindung verschiedener Techniken.

»Freuet Euch des wahren
Seins, Euch des ernsten
Spieles. Kein Lebendiges
ist eins, immer ist's ein
Vieles« (Goethe).

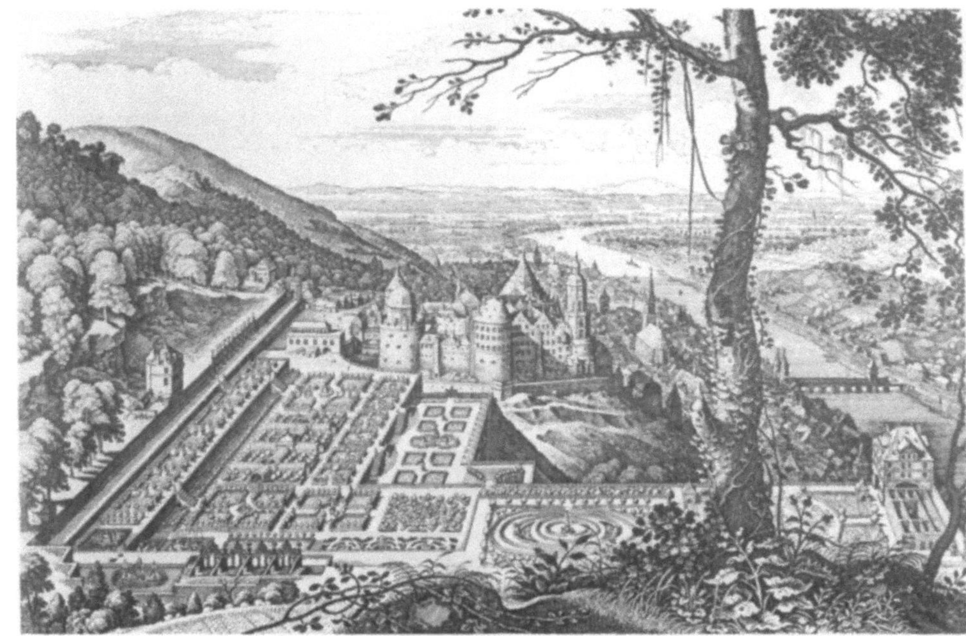

1

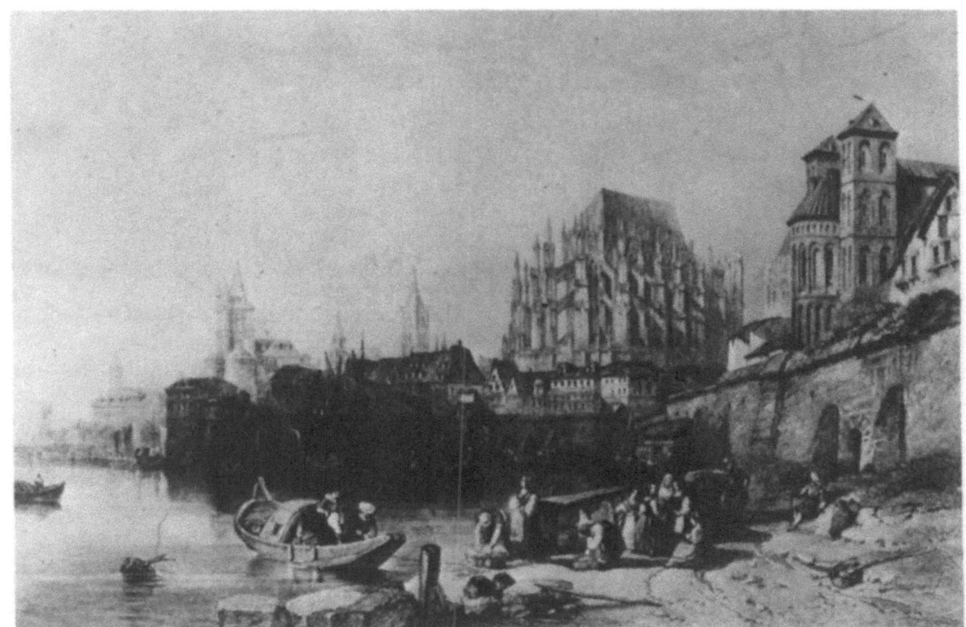

2

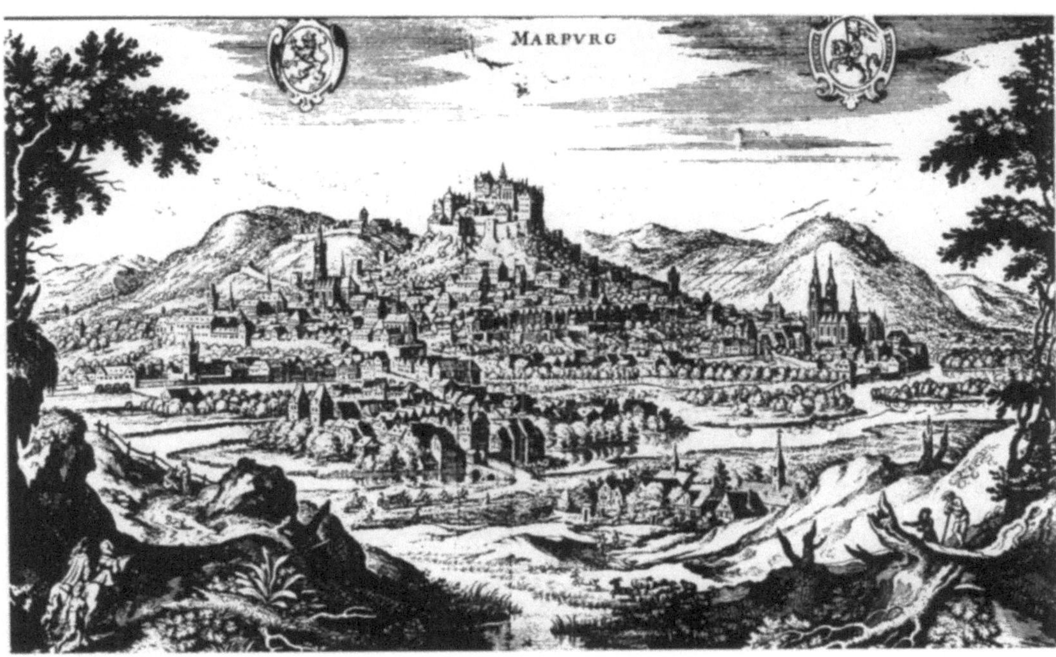

3

I. Landschaften

Die verschiedenen
Landschaftsarten:
- Stadtlandschaft
- Dorflandschaft
- Naturlandschaft
- Industrielandschaft
sollte man sich be-
wußt machen, um
wirklich in ihren Cha-
rakter einzudringen
und sie zeichnen zu
können. »Wenn man
das Unsichtbare be-
greifen will, muß man
so tief wie möglich in
das Sichtbare vor-
dringen« (Kabbala).
1. Stadtlandschaft
- Stadtbild als Ge-
  samtansicht;
- Hochhäuser und
  Türme als Markie-
  rungspunkte;
- Verkehrsströme;
- Brücken, Straßen,
  Wege, Autobahnen,
  Fluß;
- vertikale enge
  City-Bebauung und
  Trabantenstadt;
- horizontale Aus-
  breitung in Villen-
  viertel und Siedlun-
  gen;
2. Dorflandschaft
- Art der Bebauung,
  Haufen- oder Stra-
  ßendorf;
- Siedlung oder
  Bauerndorf;
- Typische Bau-
  weisen, Klinker, Holz,
  Fachwerk;
- Einbettung in
  Landschaft – Berge,
  Flachland, Wald;
3. Naturlandschaft
- Wald, Feld, Berge,
  See, Fluß;
- vertikal aufstei-
  gende Berge, hori-
  zontale Flächen von
  Meer und See;
- Geometrische Ein-
  teilungen der Felder
  und Wälder;

– Einschnitte von Straßen
und Flüssen;
– organisch strukturiert: Wald,
Pflanzen, Wolken;
– anorganisch strukturiert:
Berge, Steine, Sand, Wasser;
– Ferienlandschaft, Feriensilo,
Campingplatz, alter Erholungs-
und Kurort;
4. Industrielandschaft
– technische Körper und Formen, Silos, Leitungen, Drähte;
– technisch wirkende
Materialstrukturen sind
anorganisch;
– charakteristische Indu-
striearchitektur.
Hinzu kommen noch Wet-
ter und Jahreszeiten:
Regen, Gewitter, Wolken,
Sonne und Schnee, die
Farbigkeit des Sommers,
die Grafik der schwarzen
und weißen Flecken und
der Liniennetze des Win-
ters. Die größte Bedeutung
hat jedoch im doppelten
Sinne des Wortes der
Blickwinkel des betrach-
tenden Menschen. Er kann
von Türmen, von der
Brücke, aus dem Auto
beim Fahren oder beim
Einkaufsbummel, beim
Wandern oder Bergstei-
gen, von der Sitzbank im
Park oder beim Sonnen-
baden am Strand, von der
Terrasse oder vom Balkon
die Landschaft betrach-
ten. »Die Landschaft spie-
gelt sich in mir, wird
menschlich, wird denkbar«
(Cezanne).
Ebenso sehen wir die Landschaft so wie wir durch
unsere Erfahrung in der
Lage sind sie zu sehen:
stumpf, teilnahmslos, ab-
gearbeitet, erlöst oder befreit. Die Zeichnungen von
Studienreisen nach Grie-
chenland und Italien
(1. Nauplia, Pelepones,
Spies, 1954, 2. und 3. Friaul,
4. Arachova bei Delphi,
5. bei Itéa, 6. auf Mykonos)
sind ganz linear, ohne
Strukturen, ohne viel Schatten, etwas distanzierte Aus-
schnitte ohne Vordergrund.

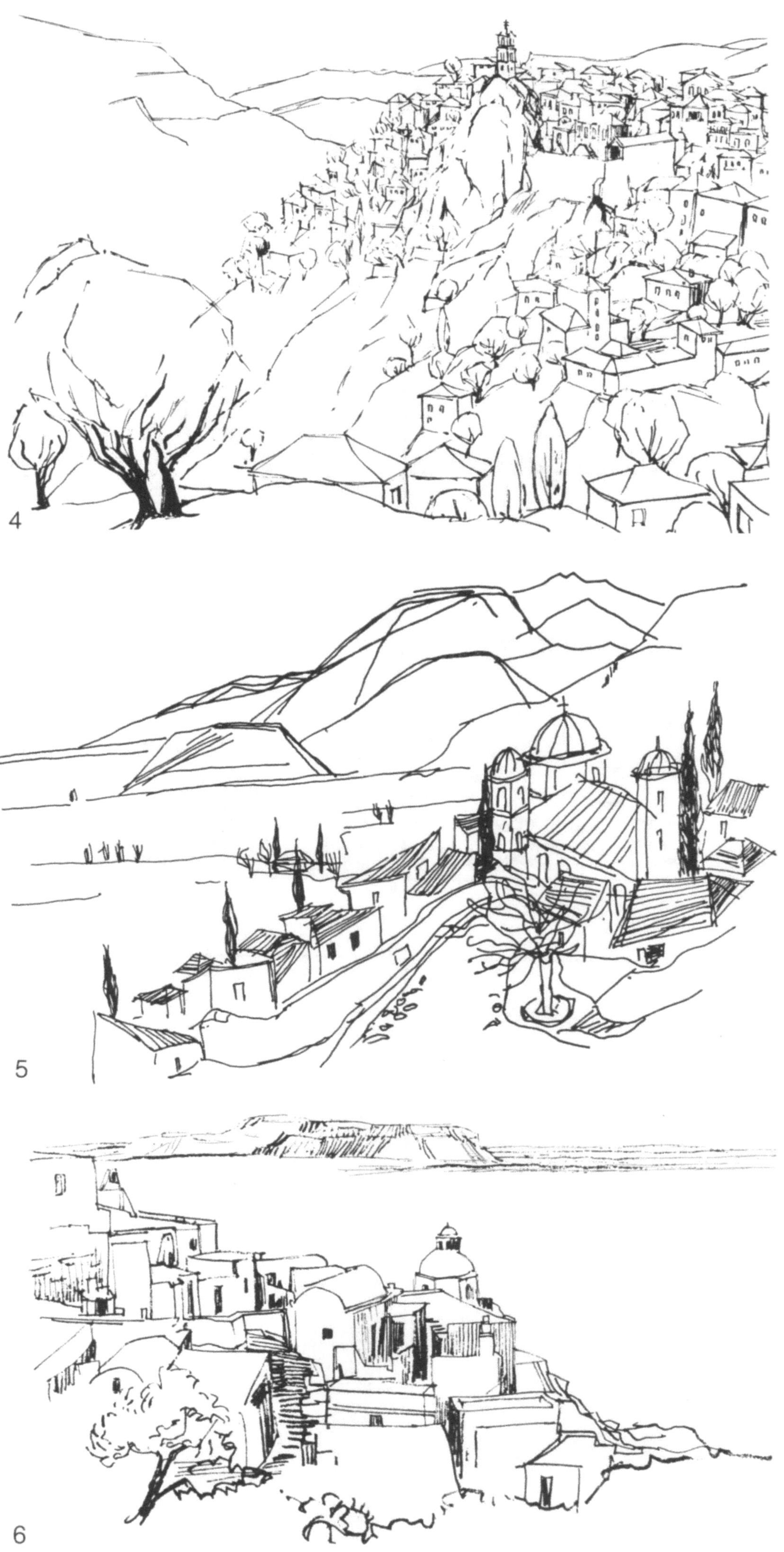

4

5

6

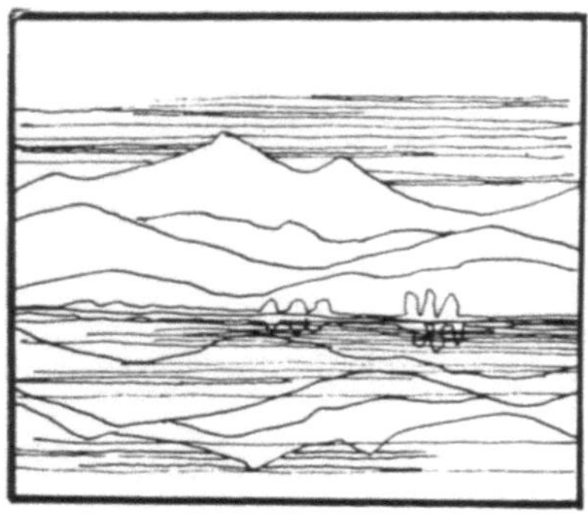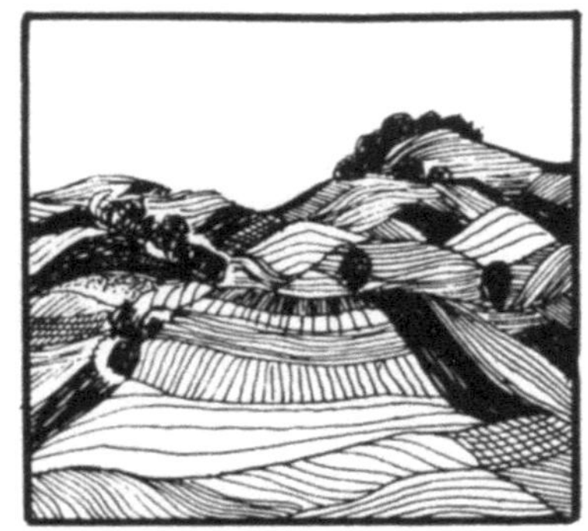

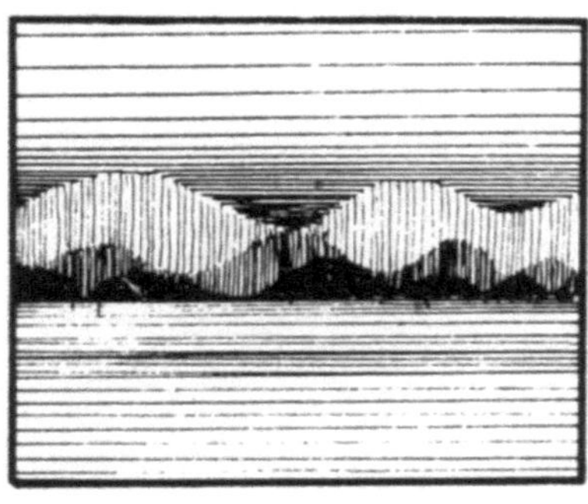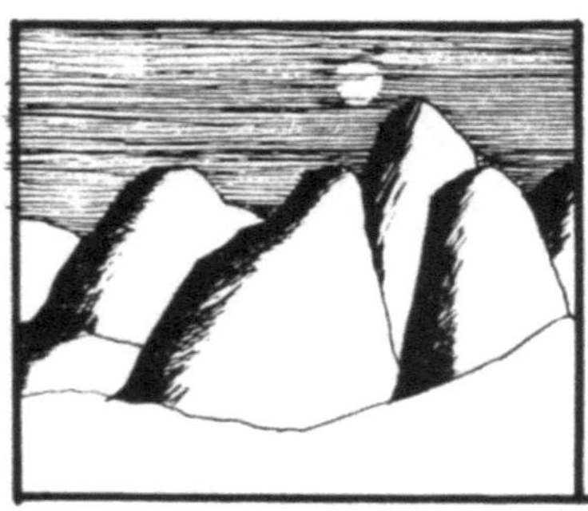

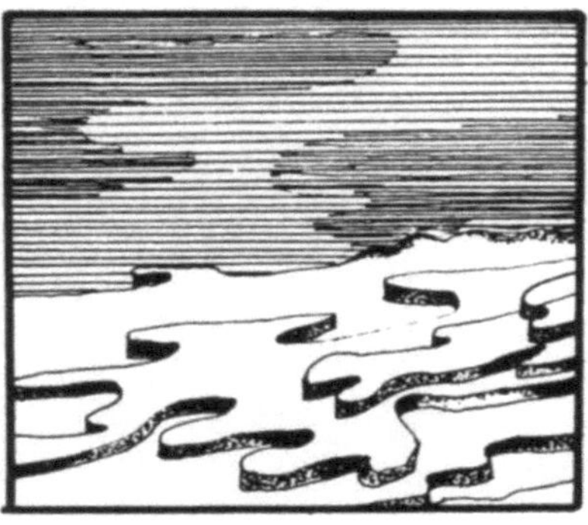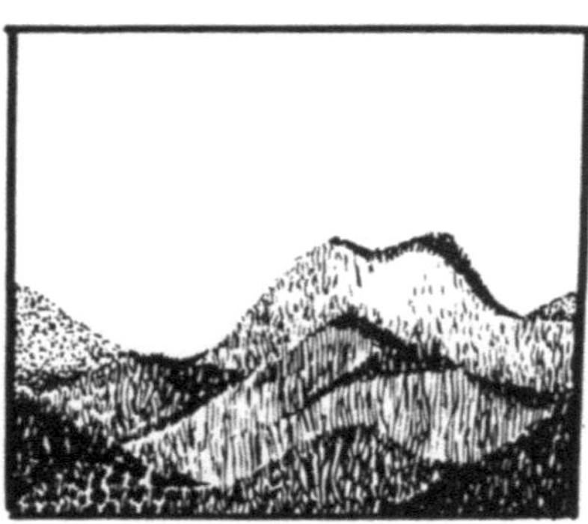

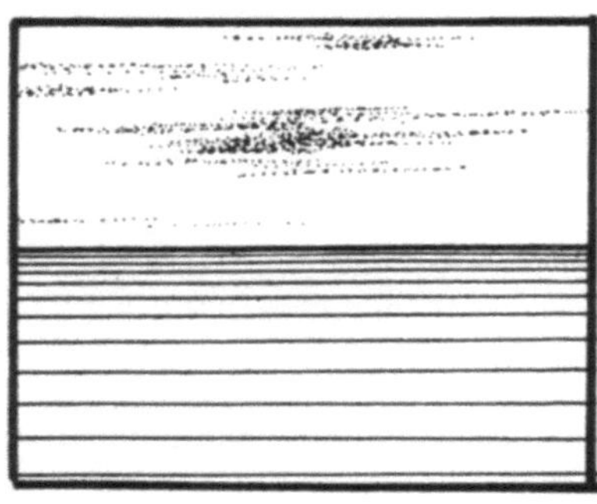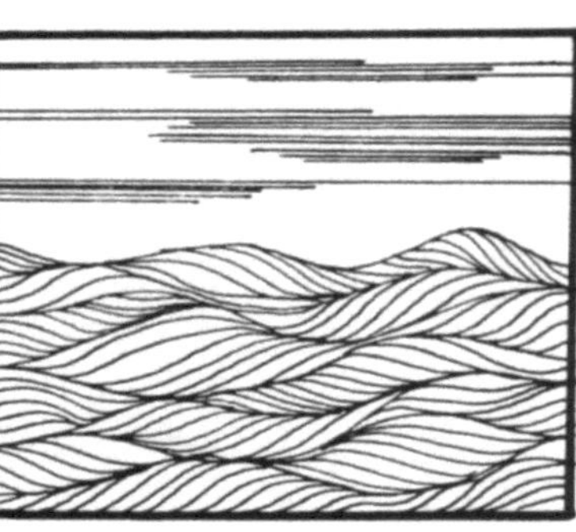

Vielfältig sind die Darstellungsmöglichkeiten von Landschaften, Abb. dieser Seite:
- aus gewellten und waagerechten Linien ein Gebirge mit Spiegelung im See;
- durch gewölbte strukturierte Felder mit Baumknäueln;
- Hügel im Dunst hinter den liegenden Linien des Sees;
- wulstige Berge wie aus Sandförmchen, entstehen durch Schatten vor dunklem Himmel-Hintergrund;
- Schichten eines Modells erzeugen Ebene vor bewegtem Himmel aus Linienkonzentration;
- in wellenartigen Flächen durch verdichtete und gestreute Punkte und Strichel;
- aus Linien sich endlos dehnendes Meer mit Pünktchen-Wolken;
- liniengewellte Flächen ähneln wogendem Meer oder fernen Hügeln.

Das Shellplakat zeigt, wie wenige Mittel – eine gerade und einige geschwungene Flächen – Landschaftsassoziationen erwecken können. (Federzeichnungen »Landschaftsstrukturen«. J. S. 1975. Werbeplakat der Firma Shell für einen Autoatlas von Mairs Geografischen Verlag).
Beobachten Sie die Bewegungen in der Natur, Wachstum oder windbewegte Bäume, das wellenartige Schichten der Berge, Fließen der Hügel und Flüsse, das Einbetten oder sogar störende beunruhigende Herausstoßen der Häuser, das Steigen von Rauch.
Die früheste Bedeutung des Wortes Raum hängen mit dem Wort »räumen« zusammen – nach dem Grimmschen Wörterbuch der Deutschen Sprache bedeutet es ähnliches wie Roden, wobei Siedlungs»raum« entsteht.

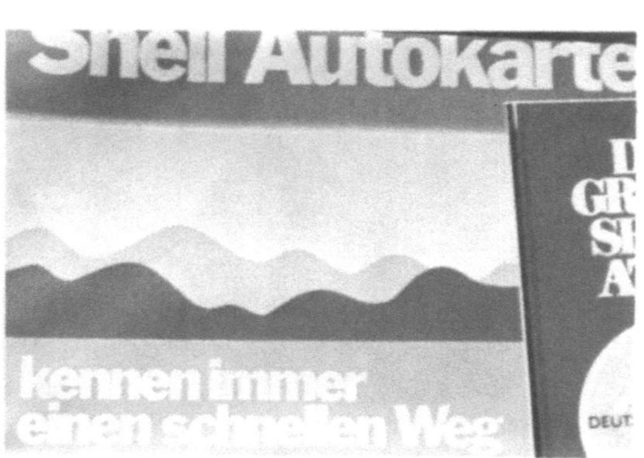

Durch Anpflanzungen und Rodung greift der Mensch ein. Terrassierung von Berghängen für den Weinbau, Sand- und Kiesgruben, Straßeneinschnitte oder Stauseen; er schafft sich – oft unharmonischen – Lebensraum. Im natürlichen Raum ist kaum etwas, dessen Anblick stört. Sich unseres »Lebensraumes« bewußt zu werden ist eine Existenzfrage bei der zunehmenden Enge unserer Erde; gemäß unserem neu gewonnenen Naturbewußtsein.

In den vier linearen Zeichnungen ergeben sich Assoziationen zu Landschaften.

– die gewinkelten Linien zu bröckligem Stein und Mauerwerk,
– die geknickten und flachen Linienschraffuren mit bewegten Grenzen zeigen eine Berglandschaft mit Flußeinschnitt;
– schräge, geschichtete Schraffuren, die in einer durch Waagerechten gekennzeichneten Ebene enden, ohne andere Strukturelemente, zeigen dennoch eindeutig ablesbar eine karstige Landschaft am Wasser;
– geschwungene Linien im Vordergrund, sanft geschwungene Punktreihen im Hintergrund und waagerecht in der Mitte, lassen Dünen und Berge am Meer entstehen.

(Radierung von stud. päd. A. Musterle, 1976):

Alle Abbildungen sind keine Landschaftnachahmungen. Die Anregungen solche zu erkennen, erfahren wir nur durch die bewußte Anwendung der Möglichkeiten von Punkt, Linie, Fläche und Hell-Dunkel.

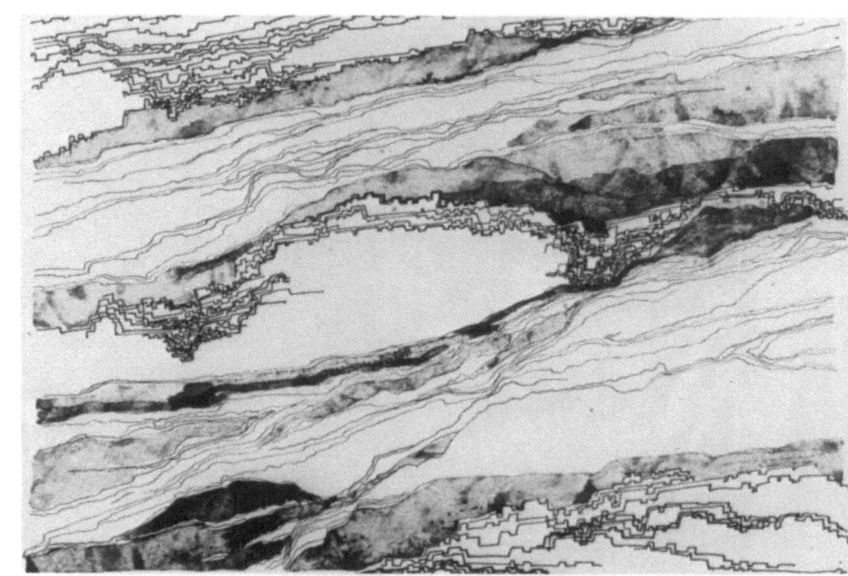

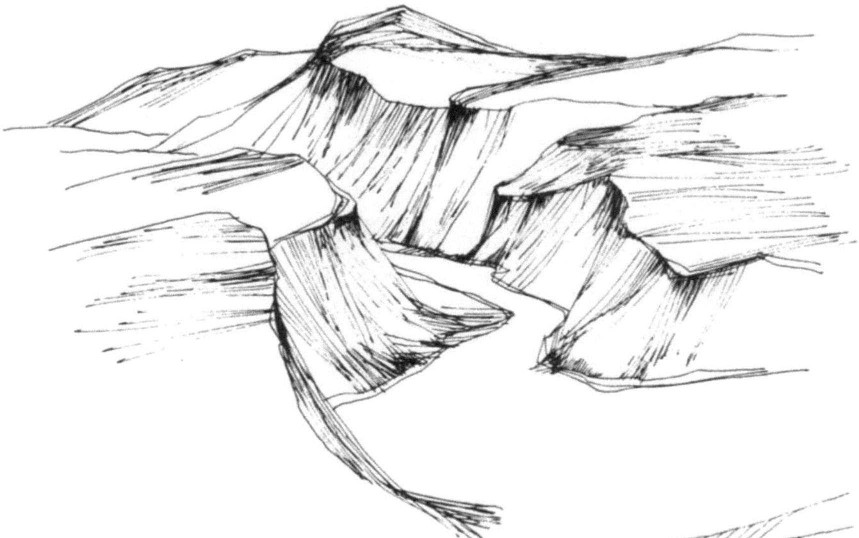

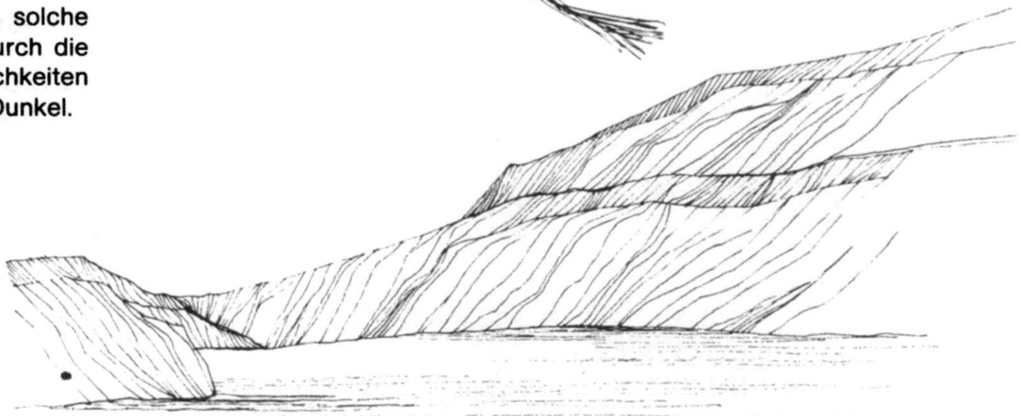

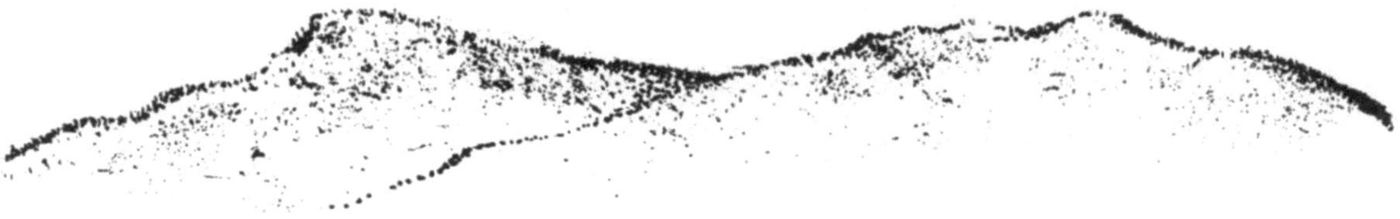

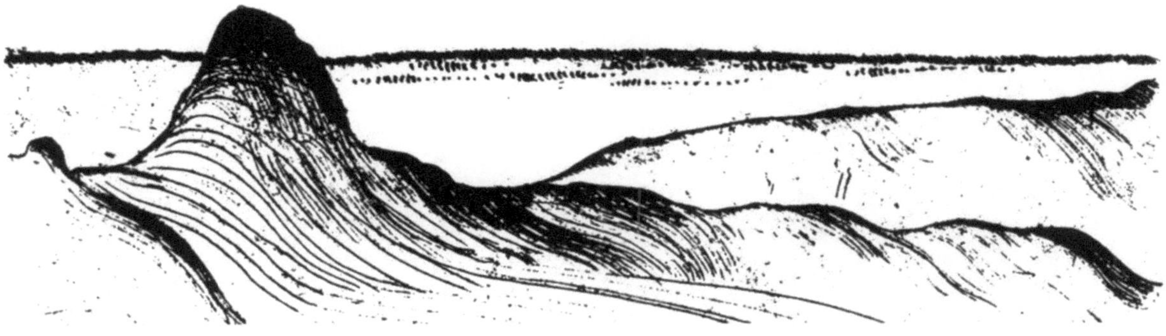

Wesentliches Element der Landschaftsgestaltung in einer Zeichnung sind Steine, Felsen und Berge. Man muß daher genau beobachten, um diese Kennzeichen angemessen wiedergeben zu können; vom einzelnen Stein bis hin zum Felsmassiv:
- Mauern unterschiedlicher Steinarten, Ziegel, Kies, Lava, Findlinge, Pflastersteine;
- Sandsteineinfassungen, gemauerte Rundbogen über Tor und Fenster;
- Gesteinsschichten lagernd, aufgetürmt, hochgeschobene Basaltsäulen;
- Oberflächenstrukturen fein, grob, Ader durchzogen, körnig, rund, zerklüftet, gefaltet, eckig, glatt, gewaschen, aufeinander geschichtet;
- Begrenzungen, hart und schwer in der Nähe, weich und scheinbar leicht in der Ferne;
- gebrochen, geschnitten, groß, klein, gemischt;
- Anzahl; wenige Große erzeugen mehr Plastizität;
- Helligkeit kann kontrastreich in sich oder zur Umgebung wirken, besonders in der Nähe und verbunden mit Schatten; verschwommen in der Distanz.

Zeichnen Sie den einzelnen Stein in seiner charakteristischen Form.

Gehen Sie den Kantenlinien, den Bruchkanten mit dem Stift nach. Legen Sie Schraffuren an, die die Bruchflächen zeigen. Versuchen Sie die Härte des Steines mit seiner vielfältigen Unregelmäßigkeit darzustellen.

Abb. 1 »Steinbruch«, Aquarell und Bleistift 1813

Abb. 2 C. D. Friedrich »Felsblöcke am Kochelfall«, 1810 Bleistift

Abb. 3 »Küstenlandschaft in der Umgebung von Genua« Jean-Honorè Fragonard (1732 bis 1806)

Abb. 4 »Felsstudien« Feder laviert, um 1799 Caspar David Friedrich

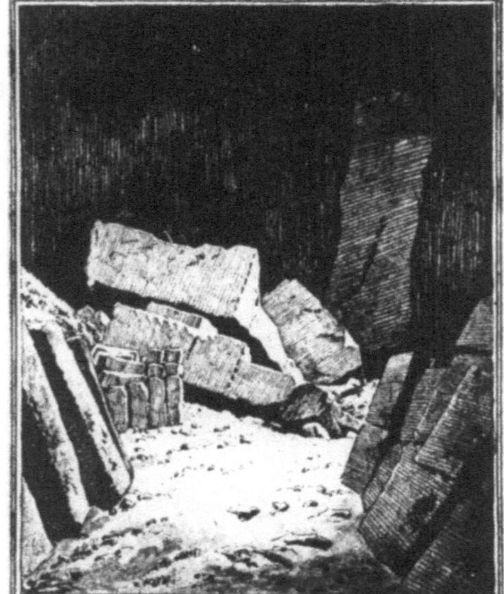

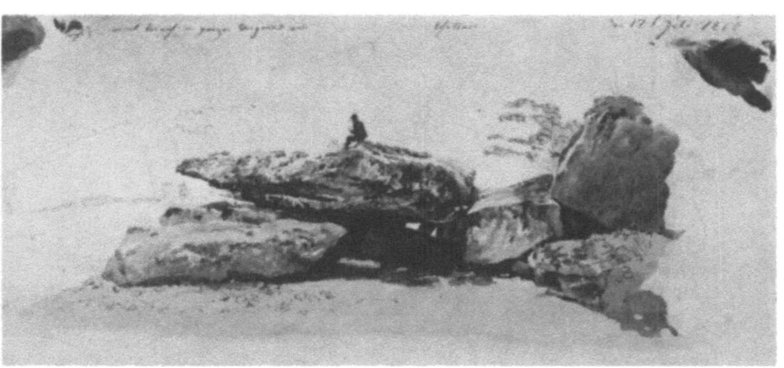

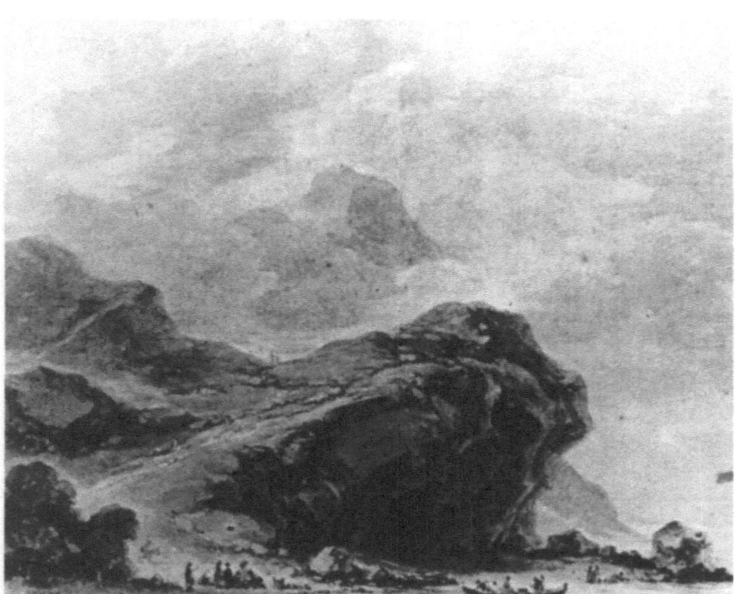

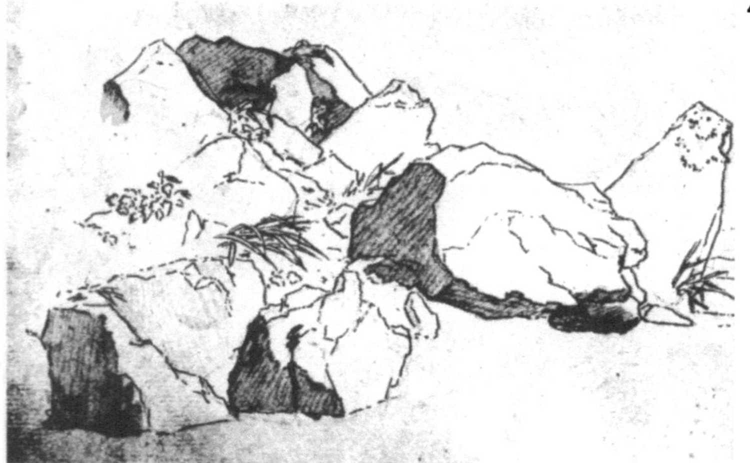

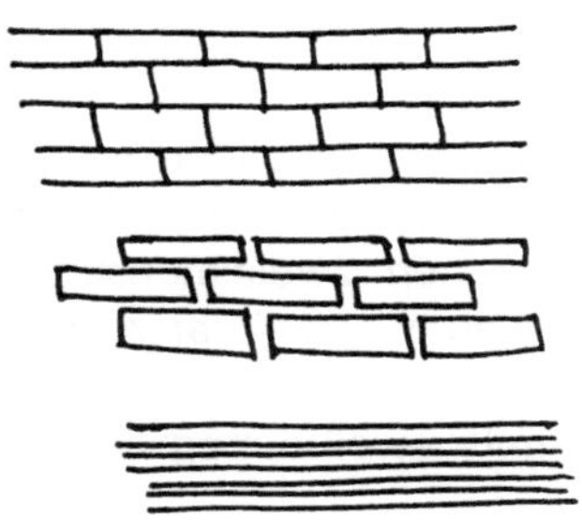

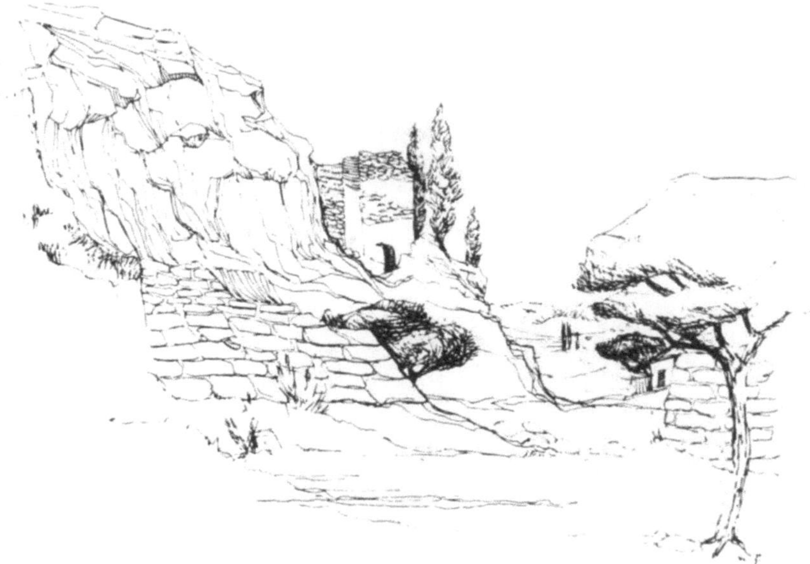

Wichtig ist das Verhältnis von Gestein zu Bäumen und Pflanzen. Die Abb. oben rechts und mitte »Bei Sparta« 1954 und »Brücke in Jugoslawien« 1965 (Feder und Tusche J. Spies) zeigen Kompositionen in denen weiche und schroffe Linien miteinander im Zusammenhang gebracht werden. Im Bild »Berglandschaft« von Alexander Cozens (1716–1786) London, Britisch Museum, rechts unten, wird aus Hell-Dunkel-Formen der Eindruck bröckelig harten Gesteins zu duftig-schwebenden Konturen ins Verhältnis gesetzt.

Gestein kann man als distanzierte Landschaftsstruktur ganz in Linien zeigen. Diese können zu Schattenkanten verstärkt oder zu Schraffuren werden, die ganze Felspartien oder gemauerte Wände zusammenfassen (siehe Abb. unten). Sie können auch nur als Konturlinie riesige Gebirge am Horizont markieren. Oben links ist das häufig verwandte Gittermodell für Mauerwerk gezeigt, das aber Steine nicht überzeugend darstellt, sondern eher einem waagerechten Spalierobstgitter entspricht. Besser ist es den Umriß des einzelnen Steines abzubilden und seine Form und Größe zu zeigen, sei es ein Ziegelstein oder Bruchstein. Bruchsteinmauerwerk aus durchgehenden Linien statt mit einzeln umrissenen Steinen gezeichnet sieht eher einem Netz ähnlich und ist für die Darstellung nicht geeignet.

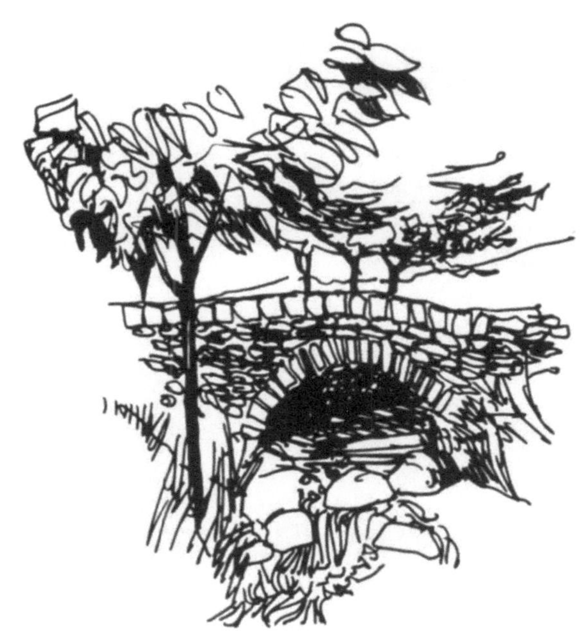

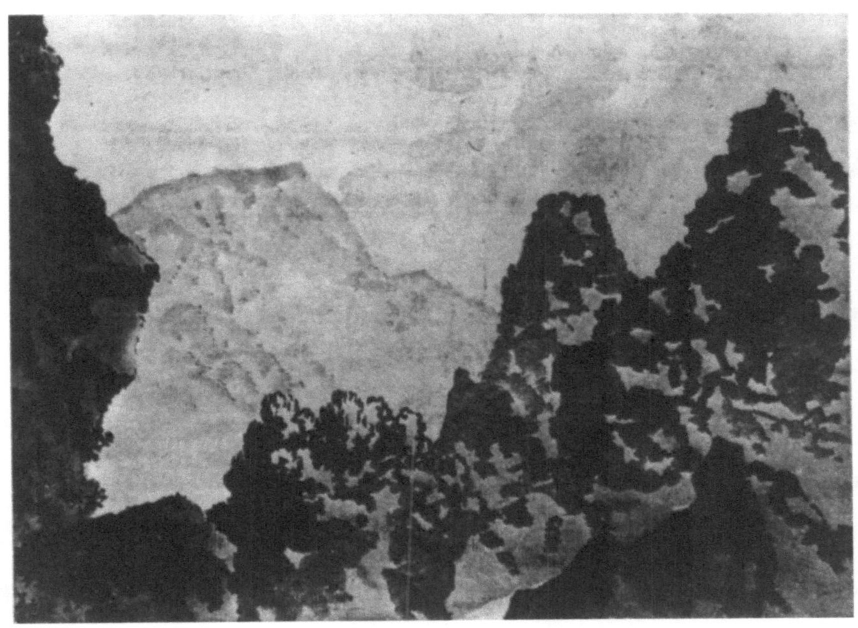

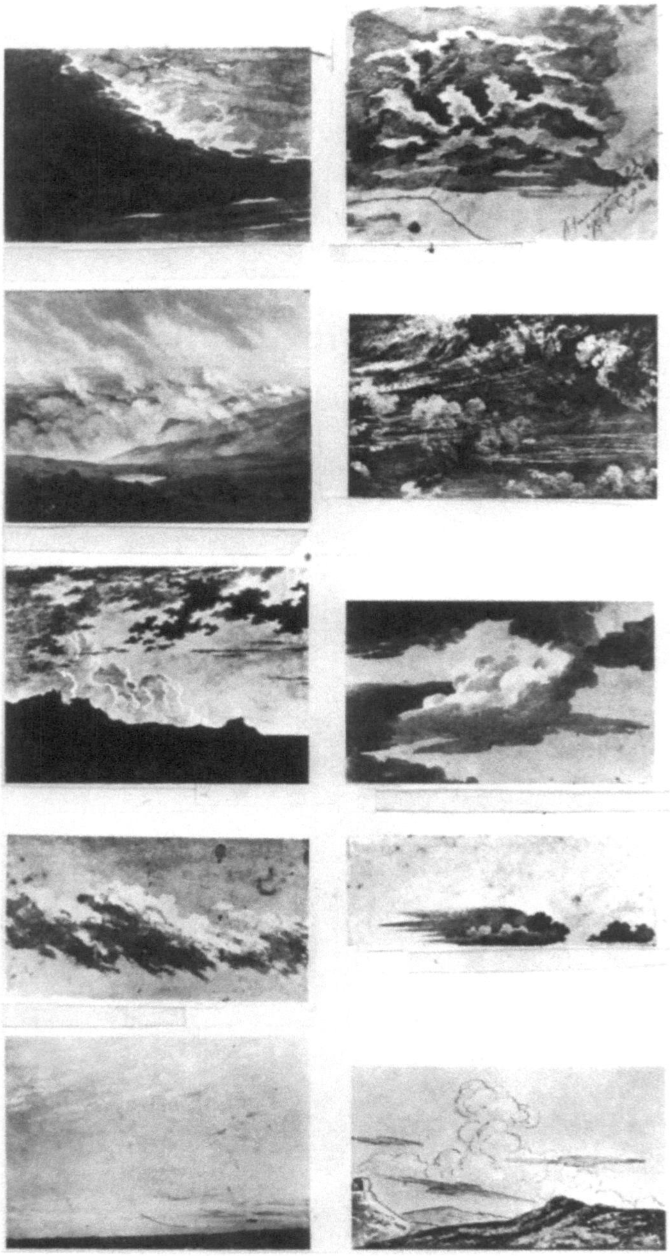

Viele Menschen verbleiben in einem flächigen Sehen, erkennen nicht den Raum um, unter und über uns, so daß es schwierig ist, ihnen mit dem zweidimensionalen Schema beim Zeichnen Raum begreifbar zu machen. Am ehesten ist dies beim Anblick der Sonne und Wolkenwände am Himmelsgewölbe möglich.
Beispiele:
1. Reihe von oben:
- C. D. Friedrich: »Abendlicher Wolkenhimmel mit Mond« 1806
- C. D. Friedrich: »Ziehende Wolken« 1821
- A. Cozens: um 1780
- L. Howard: um 1803
- C. D. Friedrich: »Abend« 1824
und in der 2. Reihe von oben:
- J. W. Goethe: 1779
- J. Constable: um 1822
- Jh. Girtin: 1794
- L. Howard: um 1803
- J. W. Goethe: um 1810
Insbesondere die Zeichnung »Regenschauer einer Alpenlandschaft« von Leonardo, Rötel, um 1506 bis 1510, mit Wolken zwischen Tal und Bergspitze, zeigt Raum.
Sie sollen Anregungen für Gestaltungen des Himmels geben:
Wild bewegte Strichlagen, dunkle Felder, leichte Töne für Wolken im Sonnenlicht, aufgelöste oder verdichtete Strukturen.
Wesentlich ist, daß sich am Ende einer Arbeit nicht plötzlich schnelle Verlegenheitsstriche in die Zeichnung einschleichen, die den Himmel wie mit Säbelhieben zerteilen, nur um nun fertig zu werden: »und da fehlt noch etwas«.
Der Ballonaufstieg sei hier beispielhaft für das urmenschliche Bemühen auch diesen unendlichen Raum zu durchziehen. Vielleicht wird dadurch wirklich etwas vom »Raum« spürbar, der einen Körper umgibt, nicht etwa nur der konstruierbare der Renaissance-Perspektive sondern auch der Phantasie-Raum des Cèzanne, in dem etwas geschieht.
Ballonaufstieg. Aus: *A. Gerli*, Opuscoli. 1785

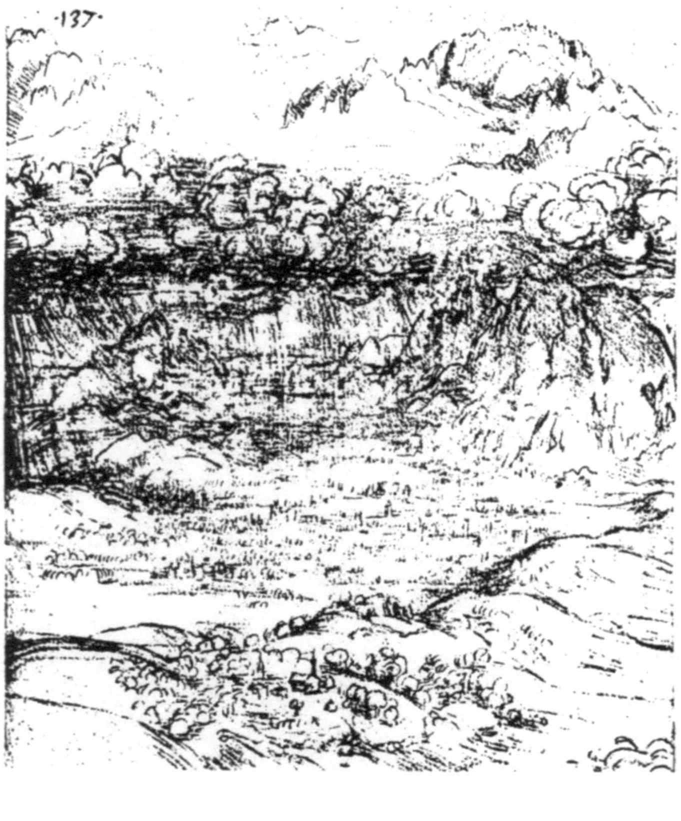

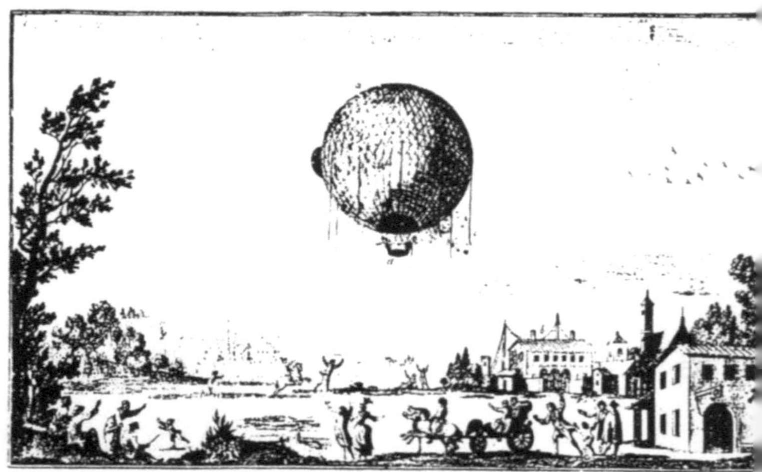

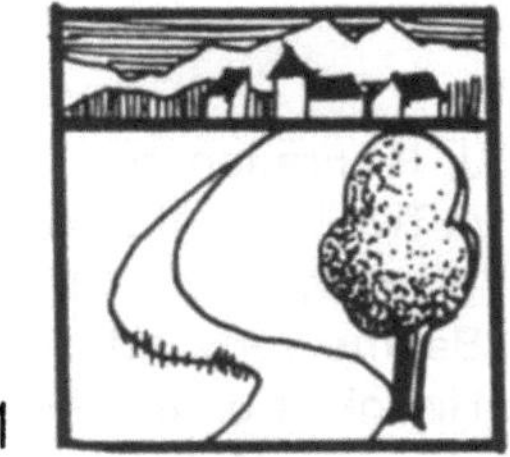 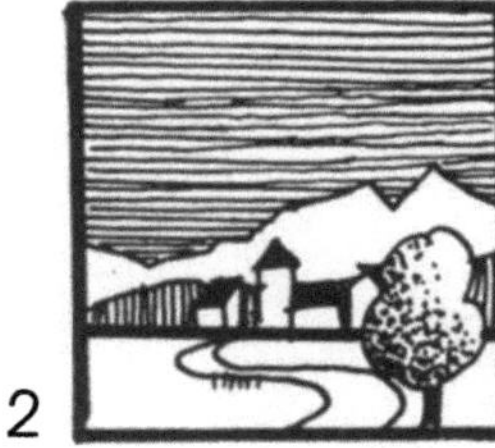 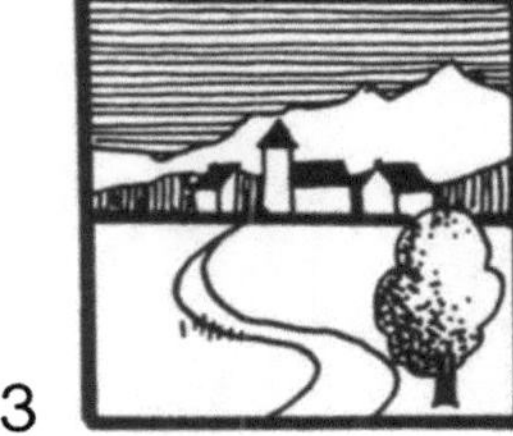 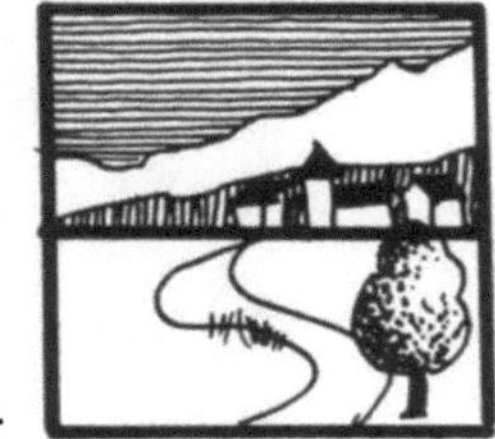

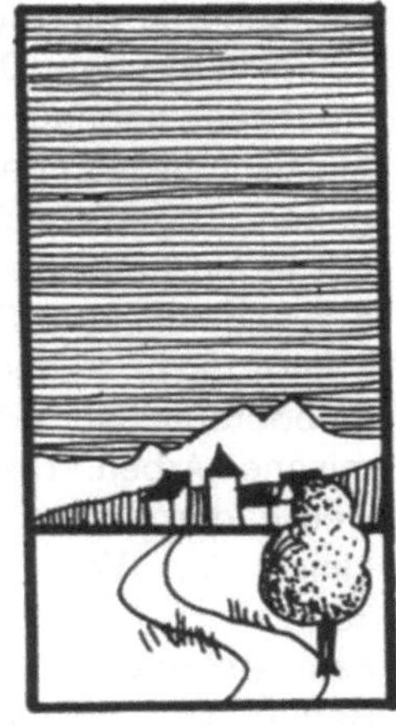 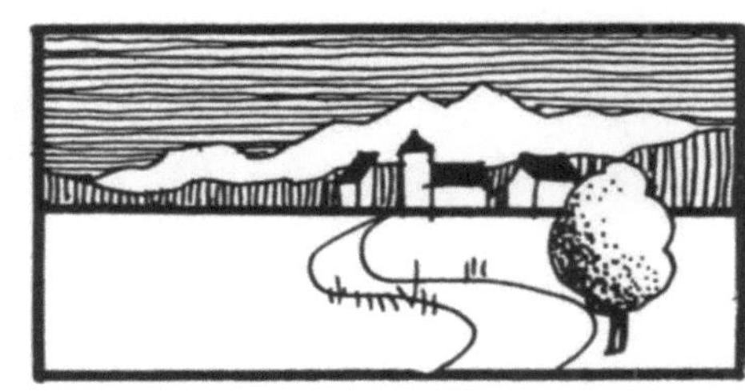 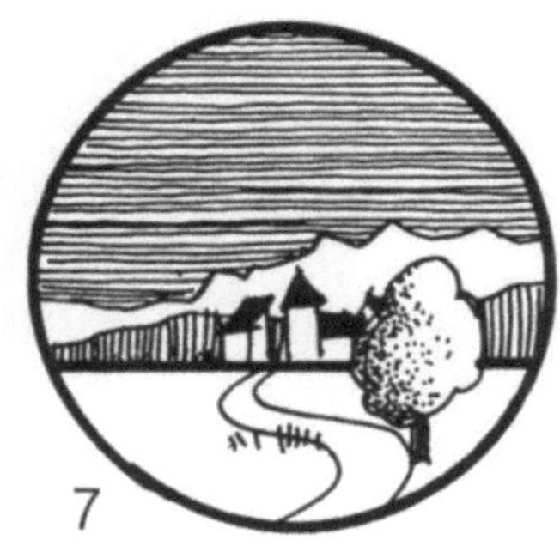

Aufteilungsmöglichkeiten der Bildfläche in einer Landschaftsdarstellung:

1. Horizont höher: kleiner Himmel
2. Horizont tiefer: großer Himmel
3. Horizont mittig: ausgeglichen bis spannungslos
4. Horizont mittig mit rechts verschobener Berg-Silhouette; die Spannung ist von der waagerechten Lagerung in die vertikale Aufteilung verschoben.

Abb. 5 und 6 und 7 zeigen die veränderte Wirkung in sehr ungewohnten Formaten. Es sollen bei diesen einfachen Beispielen Mengen und Massen, die Raum schaffen, bewußt gemacht werden. Landschaft ist Raum, der in der Darstellung durch Richtungen und Bewegungen der Massen entsteht, und zu dessen Darstellung es der Bewegung bedarf.

Die Sinnlichkeit dieser Erfahrung ist ein dreidimensionales Zeit- und Bewegungsphänomen:

In Abb. 1 ist es die Bewegung des Wegschreitens, die direkt frontal hinein über große Ebene führt, in Abb. 2 das Lasten des großen Himmels auf den Horizont, in 4 die diagonal aufsteigende Silhouette der Berge.

In der heiteren Werbelandschaft für Ihring-Melchior-Bier aus Lich sitzt der Horizont weit oben, und man kann sich durch das Sammeln der »Blumen«, die durch Verkleinerung und Undeutlichkeit im Hintergrund Raum schaffen, zu den Hügeln hinauf arbeiten. Dieses Bild steht in angenehmen Gegensatz zu den vielen Versuchen altdeutscher Protzerei in der Bierwerbung.

»Die Wiesen bei Greifswald« C. D. Friedrich, 1820 bis 1822, verbreiten große Ruhe in ausgeglichener Schichtung von Himmel, Stadt und Wiesen. Sanft führt die Hecke im Vordergrund ins Bild, die Flecken der bewegten Pferde ziehen das Auge weiter; helle immer zartere Töne und leicht unklare Konturen erzeugen einen Raum, in den man sanft hinein schwebt.

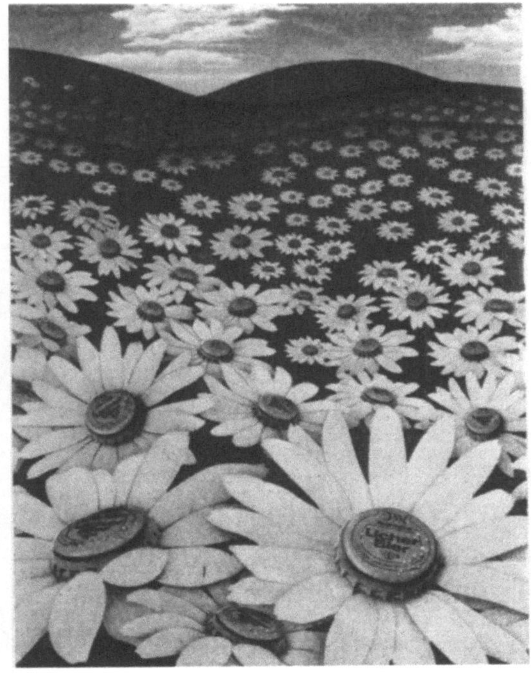

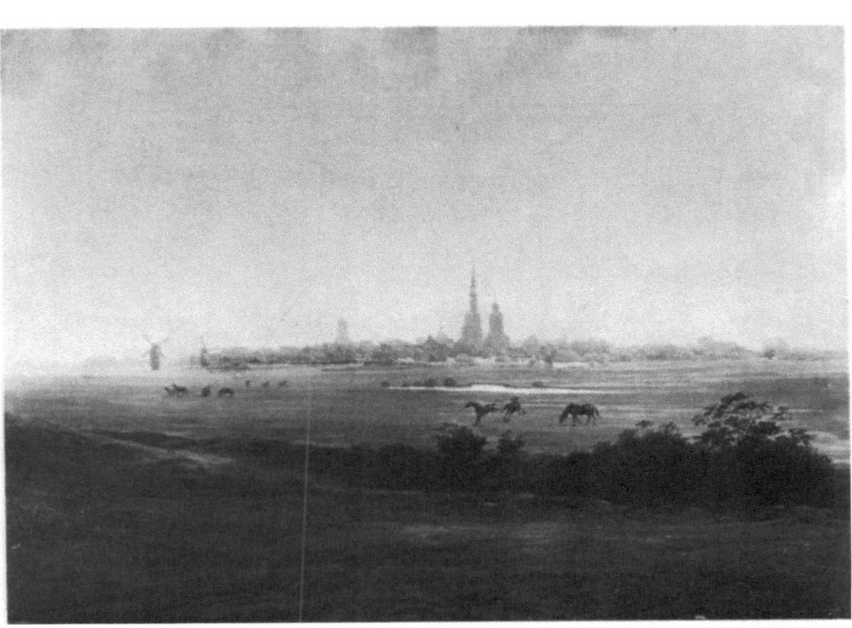

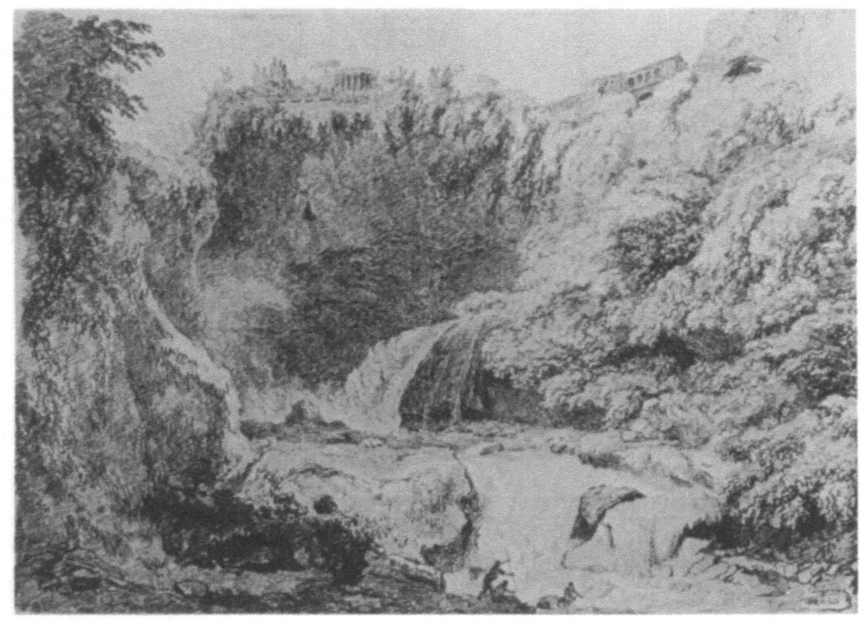

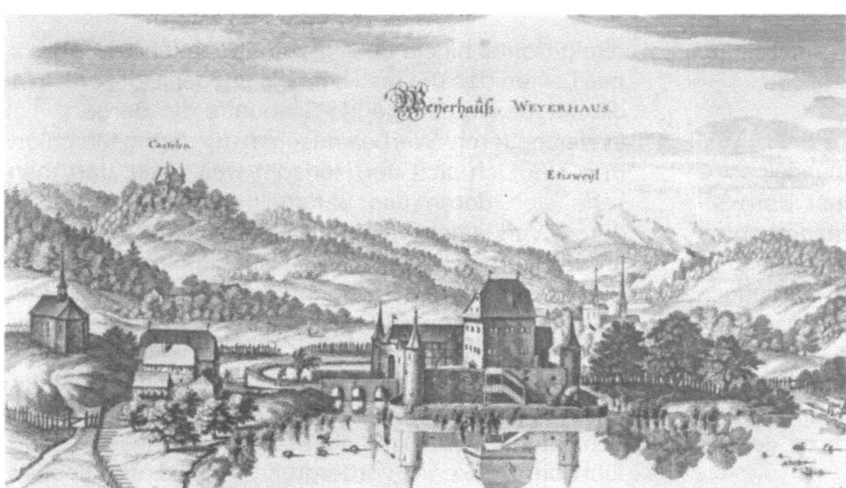

J. H. Fragonard's »Neptuns Grotte in Tivoli«, zeigt bewegte, sprudelnde Wasser, der Strukturierung der Bäume verwandt und nur durch die Helligkeit unterschieden.

»Schloß Weiershaus bei Ettiswil« von M. Merian hat eine ruhige Wasserfläche, in der sich die Gebäude spiegeln können. Diese Spiegelung ist etwas ungenauer, etwas weniger plastisch gezeichnet, als die gespiegelten Objekte selbst, nicht aber mit jenen üblichen, unzutreffenden Schlangenlinien. Claude Monet's (1840–1926) »Landschaft mit Segelbooten« ist eine ganz dynamische Arbeit, die der bewegten See dadurch gerecht wird, daß die Linien der Wellen wie diese tanzen.

Fast stehendes Gewässer hat die Radierung »Flußlandschaft mit Schäfer und Schafen« von Gainsborough, 1785; das ruhige Fließen des Wassers wird durch die schlängelnde Form des Gewässers und durch seine glatte Oberflächendarstellung deutlich. Kräftige Schraffuren in den Bäumen schaffen einen deutlichen Unterschied zu dem fast bewegungslos wirkenden Schäfer mit seinen Tieren. Bekannten Wortbegriffen von dem spiegelnden See, dem sich schlängelnden Fluß, der tobenden Wellen oder der aufgewühlten See muß man nachgehen und beim Zeichnen zu Bildbegriffen machen, die dies anschaulich darstellen.

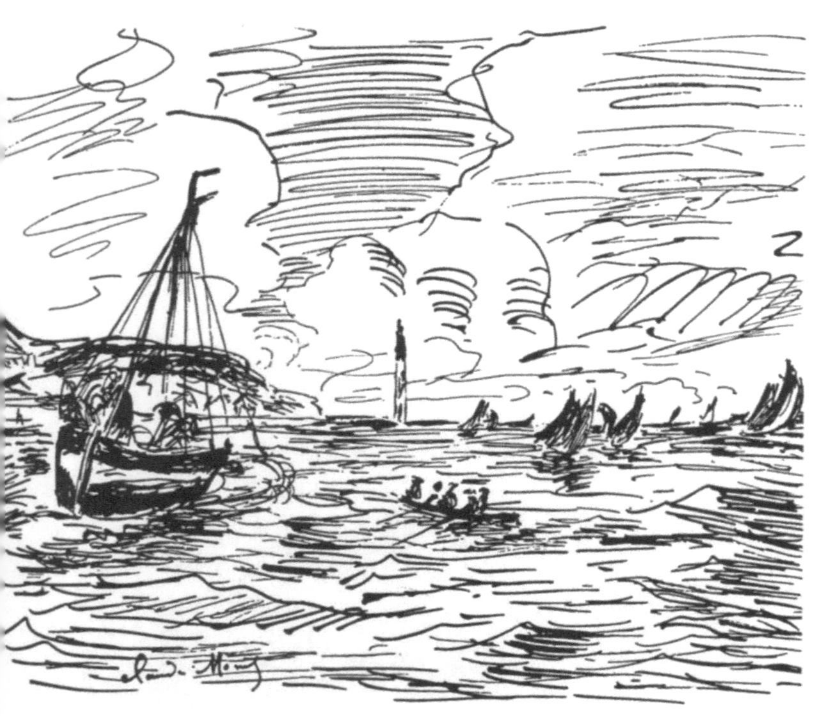

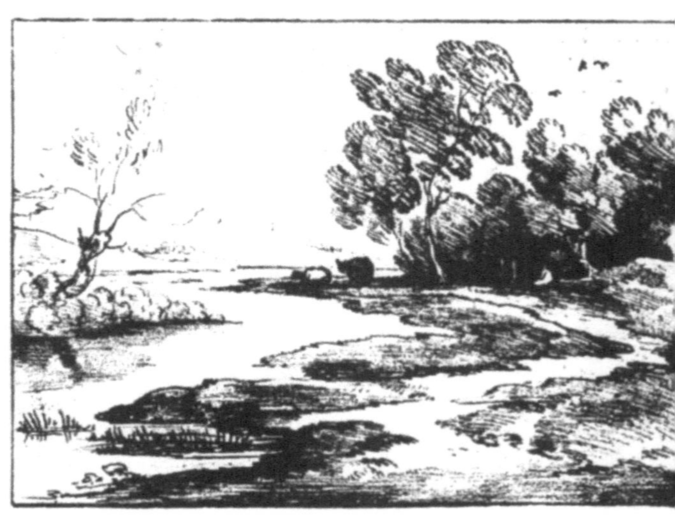

Abb. 1: »Pelzhändler auf dem Missouri« von George Kaleb Bingham, 1811–1879, USA, gibt einen guten Eindruck von der weiten Ebene der Missouri-Flußlandschaft und des träge dahingleitenden Bootes. Die Wasserfläche in geringer Bewegung, wie eine flache Platte, ist das eigentliche Thema. In einer Zeichnung sollte das nur mit einfachen waagerechten Linien gezeigt werden, alle Schrägen oder Wellenlinien würden einen ganz anderen Eindruck hervorrufen.

In Abb. 2, »Amstellandschaft«, einer Radierung von Rembrandt, ist nur wenig Wasser zu sehen. Dennoch gruppiert sich alles darum: der alte knorrige Baum, die sumpfige Uferwiese im Vordergrund, die Stadt und Mühle im Hintergrund. Die Wasserfläche wird zwischen die anderen Elemente der Landschaft eingespannt.

Abb. 3: »Die Bleiche an der Lahn« Emma Tichy-Bock, verrät etwas von jenen letzten romantischen Winkeln an Flüssen, die Städte durchfließen. Ihre Ufer, solange nicht alles durch Regulierung zerstört ist, sind grüne Refugien der Städter.

Abb. 4: »Kaub und die Rheinpfalz« von M. Merian macht den Aufbau einer Flußlandschaftszeichnung besonders deutlich. Wie zwei flache Keile stoßen Himmel und Fluß aufeinander, begrenzt und geformt durch die Berge. Betonungen und Verstärkung dieser Grundeinteilung bringen die Burg über Kaub und die Pfalz.

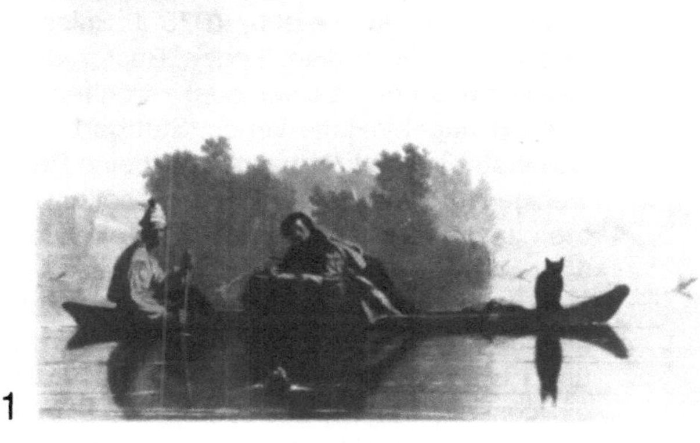

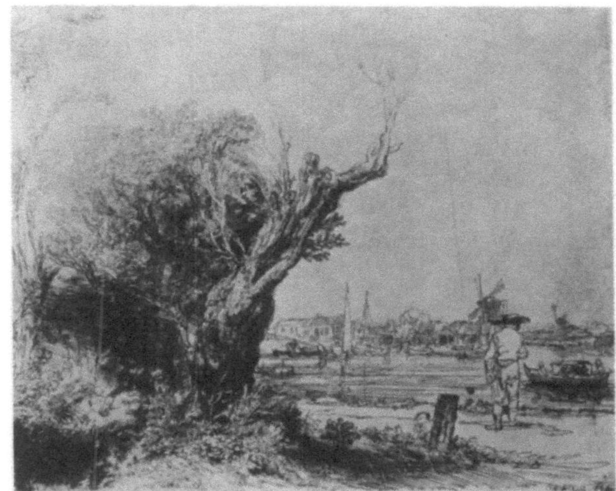

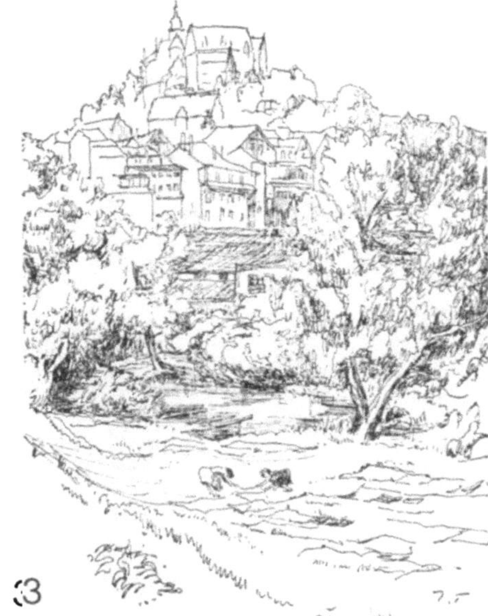

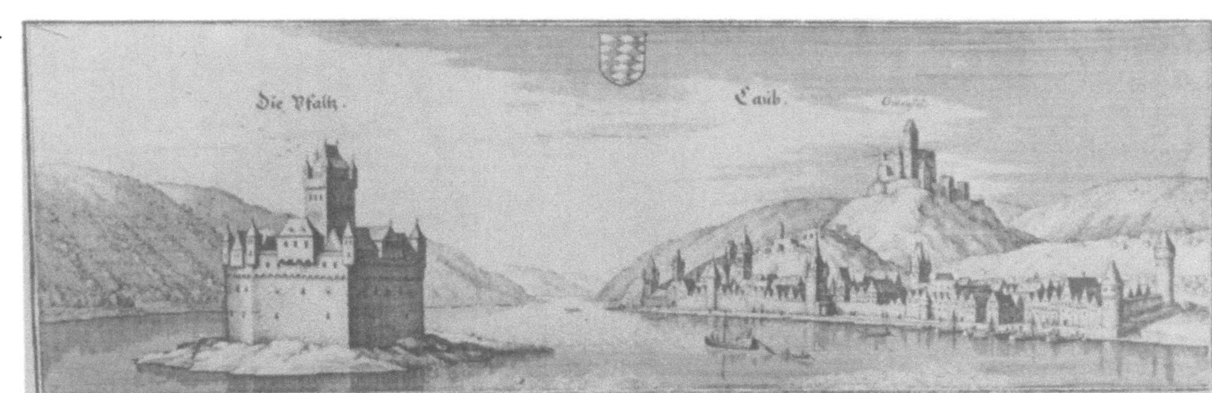

Zum Abschluß dieses Kapitels möchte ich noch einmal zwei Beispiele erläutern: »Cafe de la Marine«, bei Hourtin, Gironde, Bleistift, 1975 J. Spies und »Trowbridge«, Städtestudien, Feder, Raster und Farbfolie, 1958, von Gordon Cullen, aus: »Architekturdarstellungen«, H. Jacoby Hatje-Verlag, Stuttgart.

Das erste Beispiel (Abb. unten) ist eine Reiseskizze, in wenigen Minuten angefertigt; es sollen nur die Formen und Proportionen dieses Straßencafés gegenüber dem Kaserneneingang mit Pinien im Hintergrund zur Erinnerung an einen interessanten Anblick wiedergegeben werden. Die zweite Zeichnung (Abb. gegenüber) ist, wie schon ihr Titel »Städtestudie« aussagt, ein genauer Bericht in Bildern über eine Stadt. Sehr klar und übersichtlich sind die Baukörper und ihre Zusammenstellung erfaßt, verbunden mit Hell-Dunkel-Werten, einfachen Strukturen und Schraffuren. Mit freier energischer Linie sind sie in geometrischer Vereinfachung dargestellt und ihre Dachschrägen, Gesimse und Fensterreihen in formbeschreibenden Binnenkonturen eingezeichnet. Die eingefügten Details, deren Beobachtungspunkte und -richtungen aus der Stadtübersicht hervorgehen, erweisen sich als sehr genaue und bewußt genutzte Ergänzungen unter Verwendung aller möglichen Zeichenarten – Punkt, Linie, Fläche, Hell-Dunkel, raffinierte Strukturen und Raster. – Jedes für sich ist eine gute Grafik, die oberflächlich gesehen sehr nüchtern wirkt bis man das Vergnügen begreift, in ihr entdecken zu gehen.

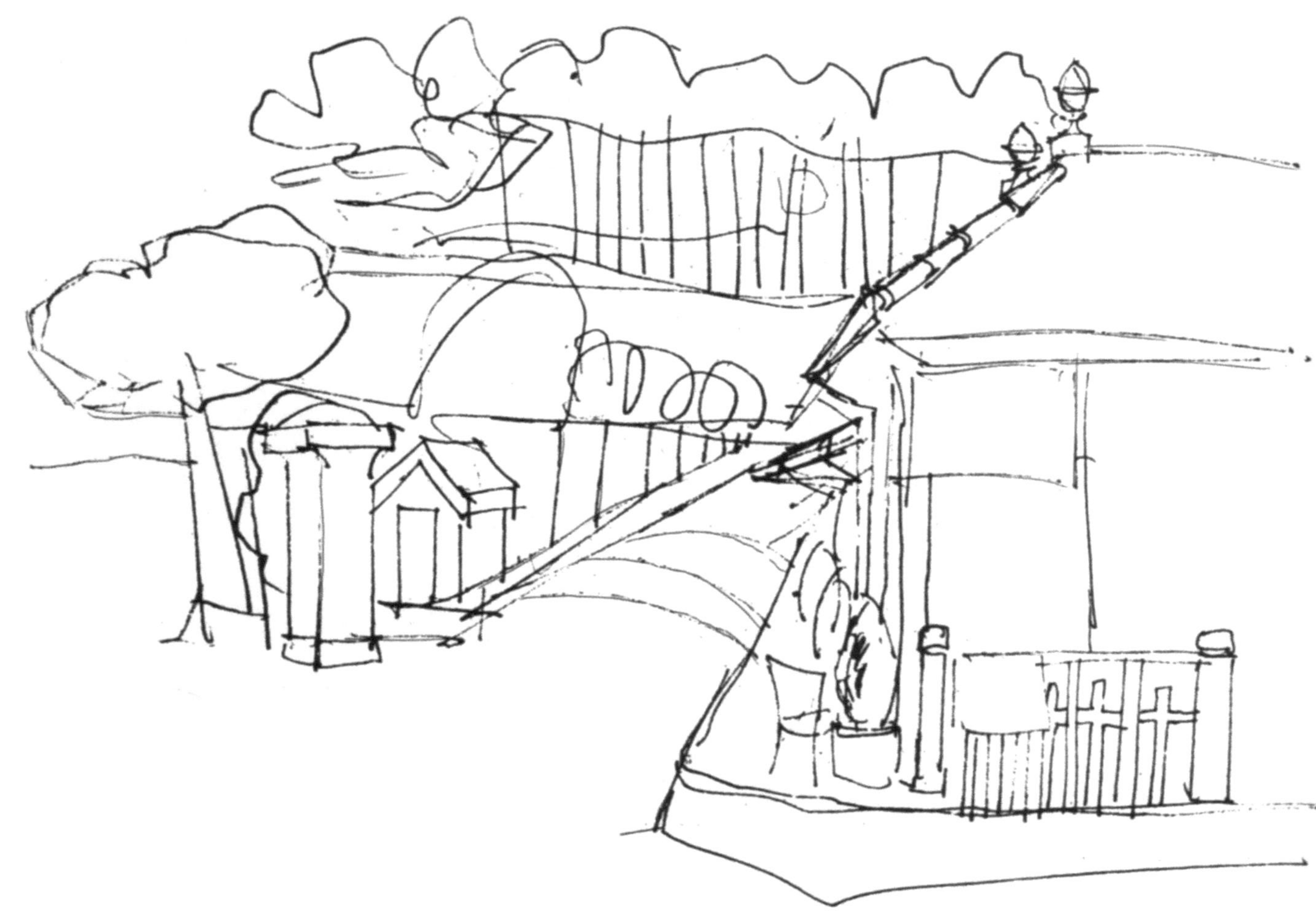

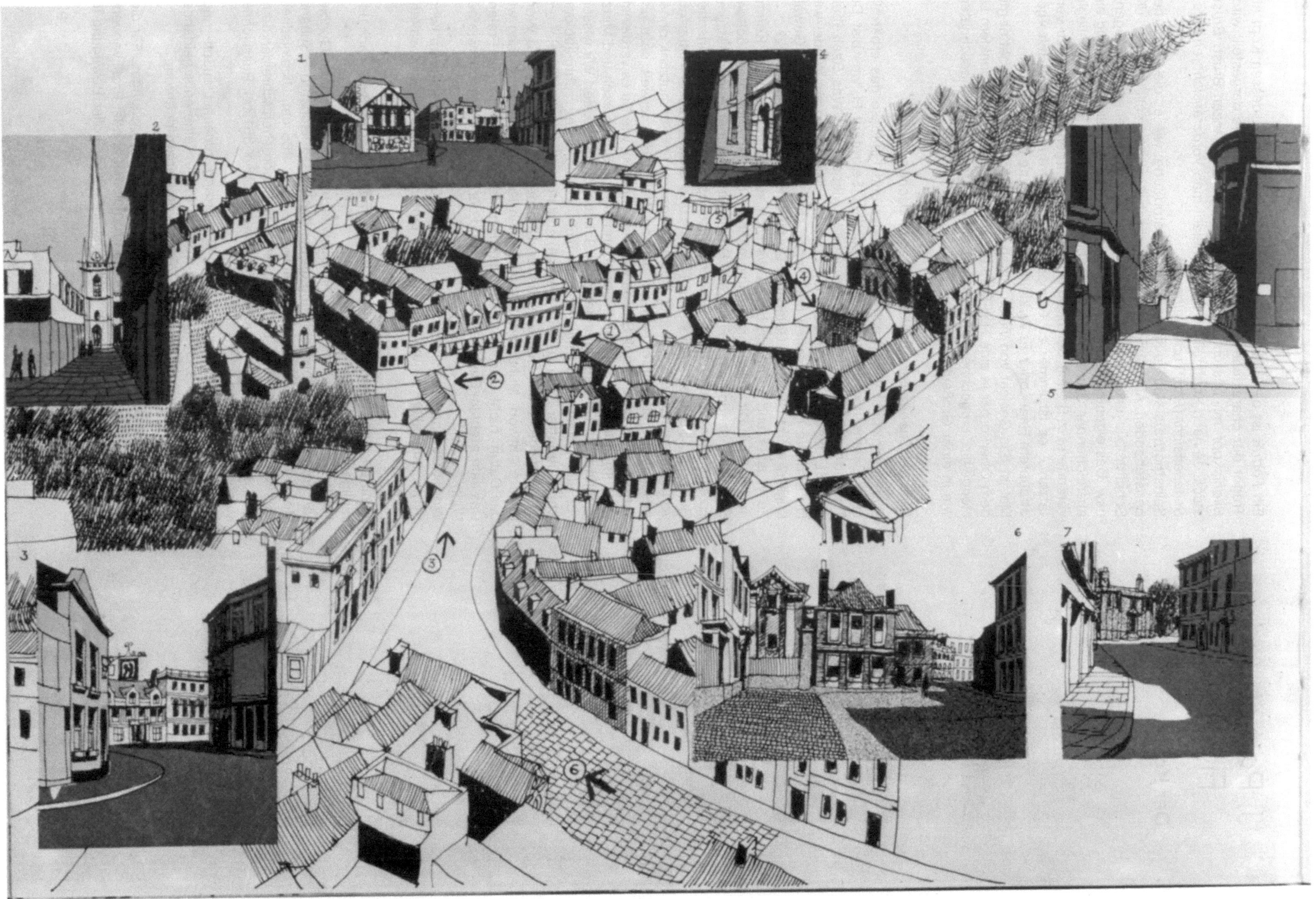

1
2
3
4
5
6
7

J. Porträt und Figur

Der Kopf

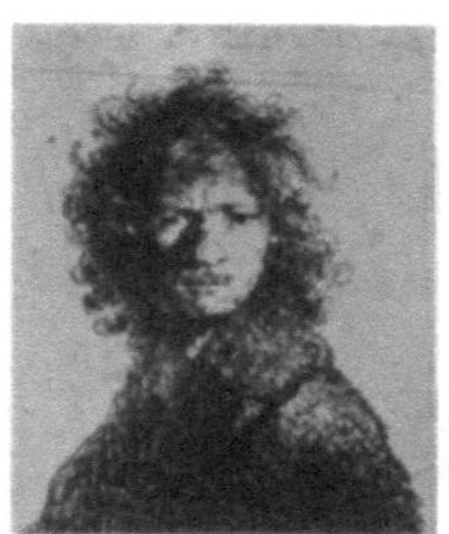

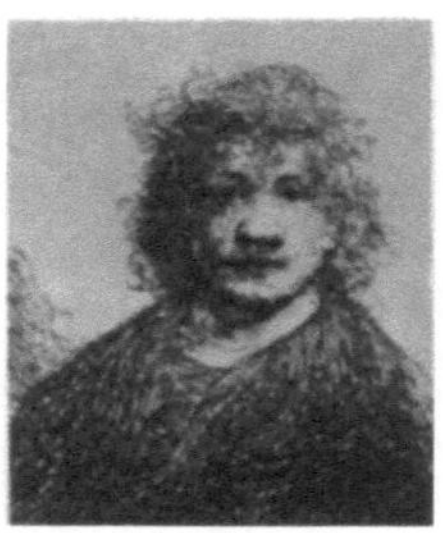

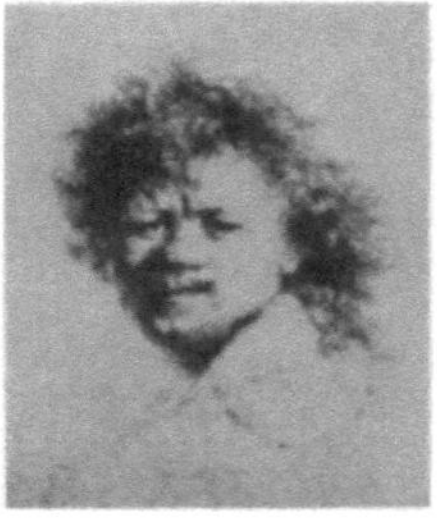

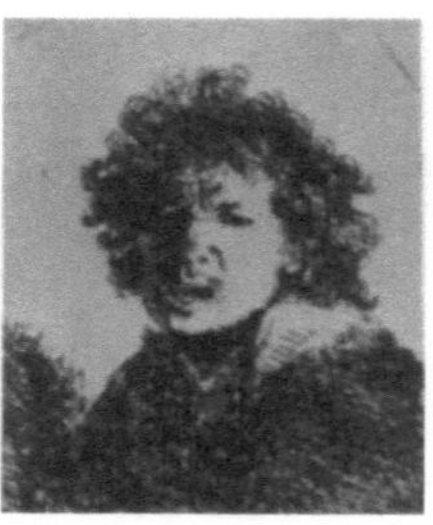

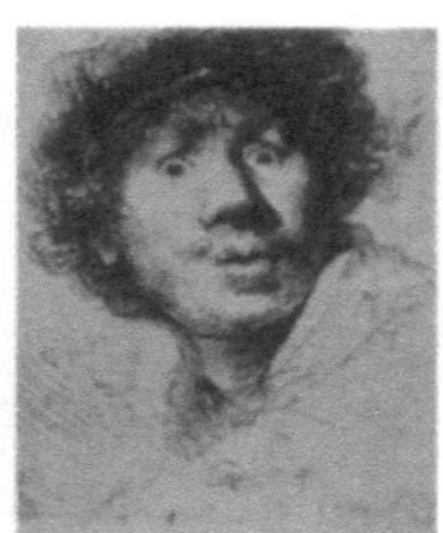

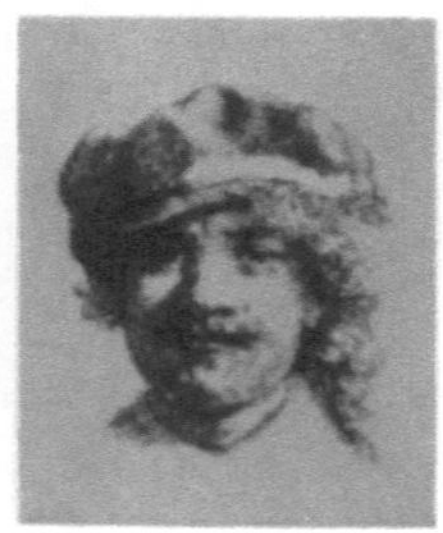

Ein *Porträt* ist die Bildnisdarstellung eines Menschen, dessen Kopf als Träger der charakteristischen, individuellen Merkmale dargestellt wird: *Bildniskopf* mit oberem Brustteil: *Büste;* mit der ganzen Brust: *Bruststück.* Je nach Kopfstellung unterscheidet man *Vorderansicht (en face), Seitenansicht (Profil)* und *Halbprofil.*

Selbstporträts sind Zeugnisse der Selbstprüfung, wie es die sechs nebenstehenden Abbildungen von Rembrandt zeigen sollen, »über die Schulter blickend«, »mit offenem Mund«, »mit aufgerissenen Augen« usw. Das eigene Gesicht ist ein billiges Modell; sicherlich oft genug ein ausreichender Grund, um es abzubilden. Man kann es auch beliebig verändern, z. B. »mit der breiten Nase«, ohne irgendjemanden zu verletzen – es ist immer zu Grimassen bereit, freundlich oder mit »gesträubtem Haar« oder zu Verkleidung durch Hüte und Helme.

Mal ist das Gesicht von vielen Linien dunkel gerahmt – eingebettet mit dem Oberkörper in eine Hell-Dunkel-Situation, mal nur von dunklem Liniengewirr umgebenes Gesicht fast ohne Körper, oder angeschnitten wie in einer Großaufnahme.

Brief der Saporosher Kosaken an den türkischen Sultan

»Du sultanischer Teufelsschwanz, Bruder und Genosse des erbärmlichen Satans und des leibhaftigen Lucifers Sekretär!! Ei, was bist Du Hosentrompeter doch für ein trauriges Zwiebelchen! Was Beelzebub scheißt, das frißt Du samt Deinen Scharen! Wie will so ein Windei wie Du ehrliche Christensöhne und Saporosher Kosaken in seine Gewalt krigen? Hörst Du unser Gelächter, Du taubstumme Krötenzehe???

Zu Wasser und zu Lande haben wir Dich zu Boden gestreckt! Komm nur, daß wir Dir völlig den Garaus machen! Du babylonischer Küchenchef, Du mazedonischer Fingerhut, Du alexandrinischer Ziegenmetzger, Erzsauhalter von Ägypten, Du armenisches Schwein, du tatarischer Geisbock, Du Taschendieb von Podolsk und blutbesudelter Hinterfotz von Kamenetz, Du Enkel aller Höllenbewohner, Du Schmutzfink ohnegleichen, Du stinkender Narr der ganzen Welt und Unterwelt, dazu unseres Gottes Dummkopf! Sollten wir Dich anreden, wie Du es verdienst, Du aufgedunsener Schweinekopf? Dann hör zu, Stutenarsch und Metzgerhund, der Du bist! Du ungetaufter Schädel und Mistkäfer! Wir wissen vor allem dieses: Du Unfläziger bist nicht würdig, einer rechtgläubigen Christenmutter Sohn zu sein! Deshalb schlagen wir Dir diesen Brief um Dein rotziges Maul, Ungewaschener. Und das ist auf Siegel und Wort unsere Antwort, Muhamed! Da wir keinen Kalender haben, wissen wir das Datum nicht. Der Mond steht am Himmel und wir tafeln im Freien. Das Jahr steht im Buch geschrieben. Und der Tag ist der gleiche wie bei Euch.

Womit Du uns den Hintern küssen kannst! Dem Altlager-Ataman Iwan Syrko und allen seinen braven und tapferen Saporosher Kosaken! Amen!«

Inspiriert durch die Lektüre dieses Briefes malt Repin 1878–91 nach unzähligen Zeichnungen und Vorstudien:

1891: »Die Saporoshen. Iwan Dimitrijewitsch Serke mit seinen Genossen antwortet der überheblichen drohenden Gesandtschaft des Sultans Mohammed IV. mit Hohn«, Öl/Leinwand, 170 x 265 cm, Ukrainisches Museum für Kunst, Kiew, und 1880–91: »Die Saporoshen schreiben dem türkischen Sultan einen Brief«, Öl/Leinwand, 217 x 361 cm, Russisches Museum Leningrad.

Anmerkung: Mohammed IV. (1648–87), errang zunächst außen- und auch innenpolitische Erfolge, erlitt 1683 vor Wien eine entscheidende Niederlage und wurde nach dem Verlust von Ungarn entthront.

Wichtig für uns ist hier die Fülle verschiedener Kopfhaltungen. Für die Zeichnung eines Kopfes soll nicht nur Frontalansicht oder Profil verwendet werden: etwa so wie ein Scherenschnitt, zwar voller Bewegung in der Kontur, aber nicht in der Haltung. Der Kopf kann vielmehr verschiedene Haltungen einnehmen: er kann zurückgebeugt sein, etwas zur Seite geneigt oder leicht gesenkt; das sind einige der vielen Arten, um mit der Bewegung des Kopfes Aussagen zu machen. Durch Gestik und Kopfhaltung wird wie bei einer Momentaufnahme ein Augenblick eines Handlungsablaufes eingefangen; das Bild wirkt sehr dynamisch.

»Der Maler hat nur einen Augenblick«, schreibt Diderot; »er darf ebensowenig über zwei Momente wie über zwei Handlungen verfügen«.

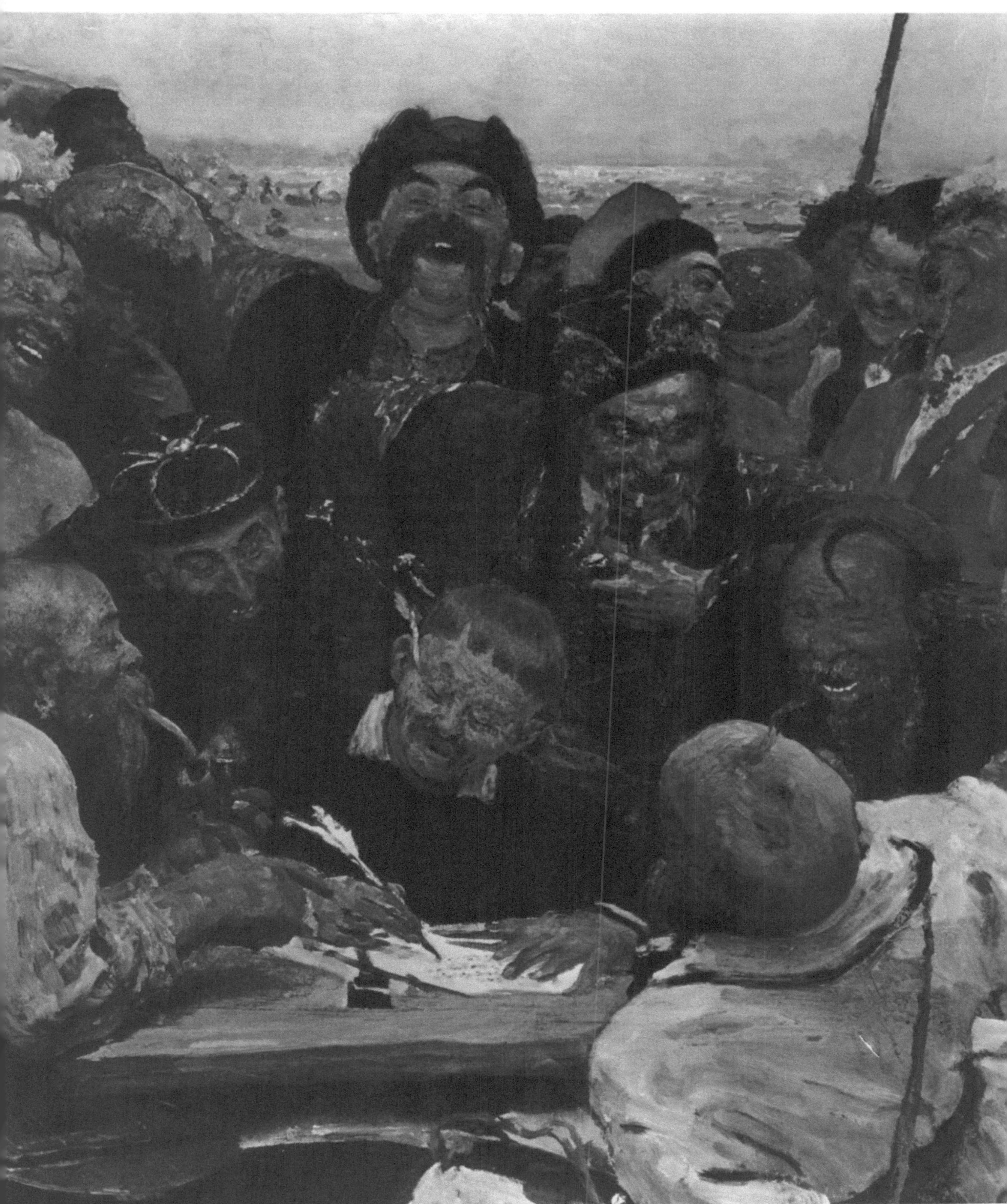

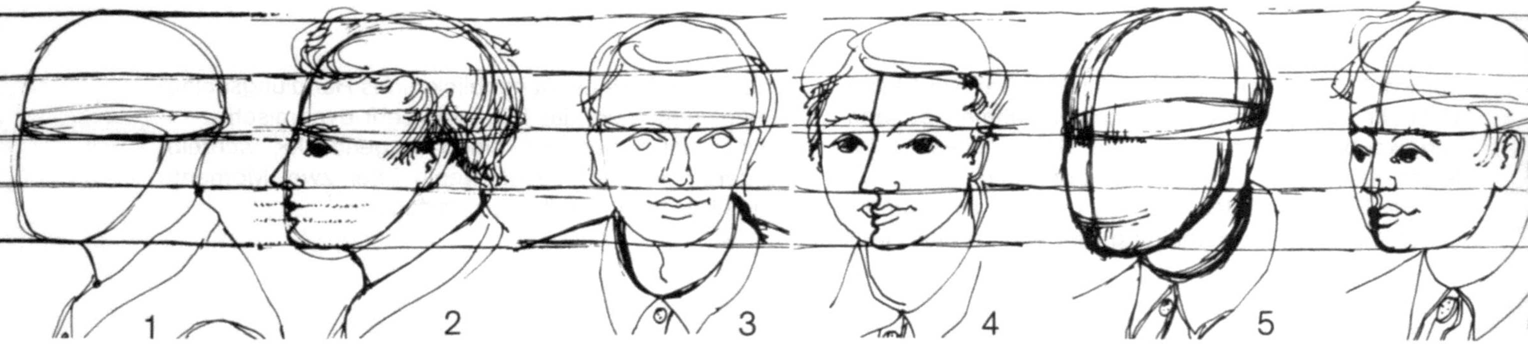

Diese Abbildungsreihe soll helfen, Grundformen zum Zeichnen des Kopfes zu finden. Vereinfacht setzt sich der Kopf aus einer Halbkugel und einem halben Ei zusammen, das am Vorderteil unter der Halbkugel befestigt ist. An der Hinterseite der Halbkugel sitzt der Hals, der schräg vorn am Brustkorb befestigt ist, leicht an jedem Hemdkragen von der Seite zu beobachten, der hinten wesentlich höher ist als vorn am Kragenknopf. (Der Kopf steht keinesfalls auf den Schultern wie ein Blumentopf auf dem Fensterbrett.) In der Abb. 1 – Grundform von der Seite – ist er in 4

Streifen geteilt: oben Haare und Hirnschädelrundung – darunter für Stirn und Hinterkopf, wo im Genick sich schon die Schädelbasis befindet. Im Streifen darunter sind Nase und Ohr auf etwa gleicher Höhe, das Ohr am Schnittpunkt von $\frac{1}{2}$ Ei und Hals. Der unterste Streifen besteht aus Mund und Kinn, selbst und wiederum dreigeteilt: Oberlippe – Unterlippe und Kinn (Abb. 2 und 3). Abweichungen von diesem Schema zeigt die zweite Reihe der vielen Köpfe auf der gegenüberliegenden Seite.

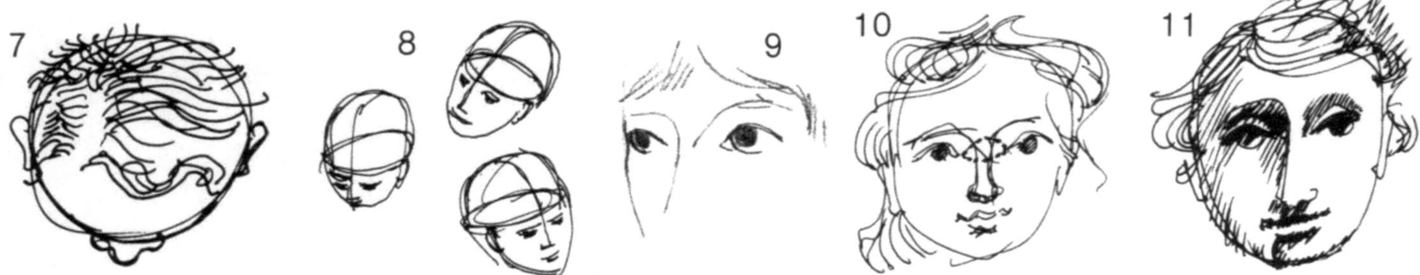

Abb. 4 ist ein Versuch, ein Halbprofil zu zeichnen. Hierbei werden Teile – Hals, Kinn – in den entsprechenden Rundungen dargestellt, Nase und Mund dagegen sind einfach als Profilzeichnung hineingesetzt. Abb. 5 soll auf diese in allen Richtungen gerundete Form hinweisen – nicht nur wie ein Stirnband herumführend, sondern auch vom Hinterkopf, über Scheitel bis zum Kinn herab.

Abb. 6 zeigt das in einer Anwendung für ein Halbprofil. Abb. 8 bei gedrehten Köpfen. Es mag hilfreich sein, beim Zeichnen eines Halbprofils an einen buntge-

streiften Badeball zu denken. Beim leichten Drehen der senkrechten Streifen reduziert sich der eine bereits stark in der Breite (= abgewandte Gesichtshälfte), während der andere (= zugewandte Gesichtsseite) noch in voller Breite zu sehen ist. Abb. 7 verdeutlicht die Rundung durch einen Blick auf den Scheitel und Abb. 9 soll auf das schmaler werdende Auge der abgewandten Seite hinweisen. Abb. 10 gibt den Abstand der Augen an; etwa eine Augenbreite Abb. 11 soll auf die Schatten eines Gesichtes, gerundet und modellierend, hinweisen.

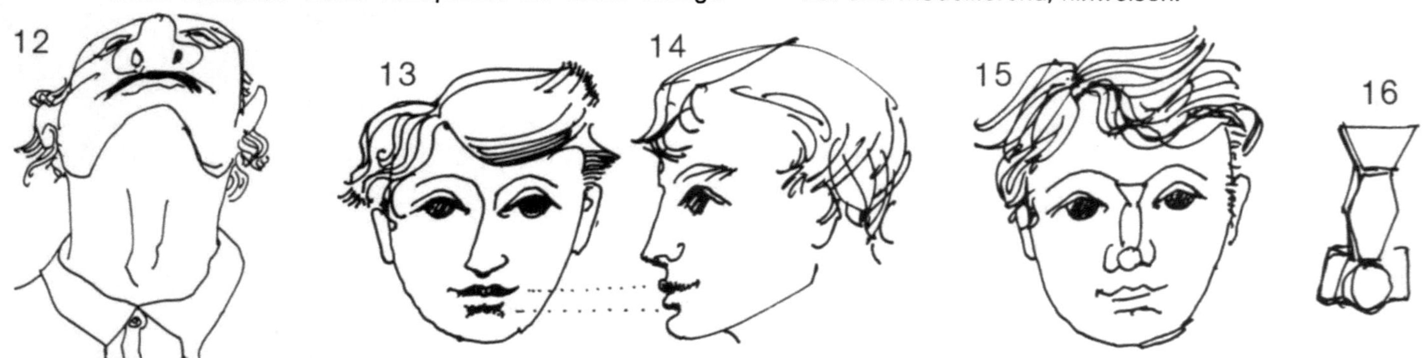

Abb. 12 zeigt, daß auch der Mund eben in einer Rundung sitzt und nicht etwa flach wie ein Briefkastenschlitz, folglich sich im Halbprofil ebenfalls verkürzt. Abb. 13 und 14 sollen die Einteilung des Mundes demonstrieren: Oberlippe im Schatten, Unterlippe im Licht. Darunter ein Schatten, der sie hervorhebt und begrenzt. Die Unterlippe hat keine eigentliche Rand-

linie. Die Mundwinkel können herabgezogen werden, oder sie zucken, lächeln – sie sind Ausdruck von Strenge oder Lieblichkeit, Alter oder Jugend. Die Abb. 15 und 16 zeigen eine vergrößerte Nasenkonstruktion: Nasenwurzeltrapez, Nasenrückenrhombus, Nasenspitzenkugel und die angesetzten Nasenflügel.

94

Viele Nasenformen, Bärte und Frisuren bilden bei gleichbleibender Kopfform völlig verschiedene Charaktere. Versuchen Sie einmal derartige Köpfe zu erfinden und sie auch zu drehen und dabei ihre Veränderungen zu zeichnen (Abb. 1). Augenbrauen können viel über Stimmung und Charakter eines Menschen aussagen: buschig oder ausrasiert, herab- oder hochgezogen, klein oder groß und geschwungen. Ein Gesicht kann am Kopf oben oder weiter unten sitzen; hohe oder flache Stirn; großer oder kleiner Kiefer; kleine oder große Nasen und Backen; und rund, spitz, lang, kurz, dick sein. Ein Kopf ist rund oder eckig; ist ein Langschädel, ein Eierkopf oder ein Rundschädel. Haare liegen am Kopf an, stehen aufrecht wie eine Bürste, oder in allen Richtungen ungebändigt ab. Sie sind lockig oder glatt, strähnig oder geschmeidig, geordnet und gekämmt oder ungepflegt.

Bärte können wilde Männer markieren oder einen eitlen Beau: herabhängend oder hoch gezwirbelt oder einfach lustig struppig sein.

Abb. 4: Der Holzschnitt »Schädel« von H. S. Beham, 1528, dient der Ergänzung der Konstruktionsbeispiele auf der gegenüberliegenden Seite: eine Halbkugel an der einseitig die Kinnlade sitzt.

Das Scherenschnittporträt Hölderlins von Schellenberg für Lavater ist ein Beweis für die flächige Darstellungsmöglichkeit mit lebendiger Kontur (Abb. 2); die »Null mit Bärtchen« als Hitler-Karikatur (Abb. 3) nach dem englischen Zeichner Low steht für die Einfachheit, deren die Karikatur mit einer Linie fähig sein kann.

Die Studie zur »Frau Manet am Klavier«, Manet, 1867, Rötel, macht die Hilfslinien deutlich, die Manet benutzt hat, um in ihrem Netz die Konturen genau finden zu können.

Abb. 5: Die Abbildung der kubistischen Köpfe von A. Dürer ist ein Versuch mit schnitzwerkartigen Abflachungen die Flächen die etwa in einer Ebene liegen klar zusammenzufassen (Abb. 6). In Abb. 7 wird ein Gesicht neunmal in verschiedenen Linienarten und Punkten dargestellt. Darstellungsstrukturen bestimmen die Bedeutung des Gesichtsausdrucks, im Gegensatz zu den oberen Reihen, in denen die Form die Aussage festlegt.

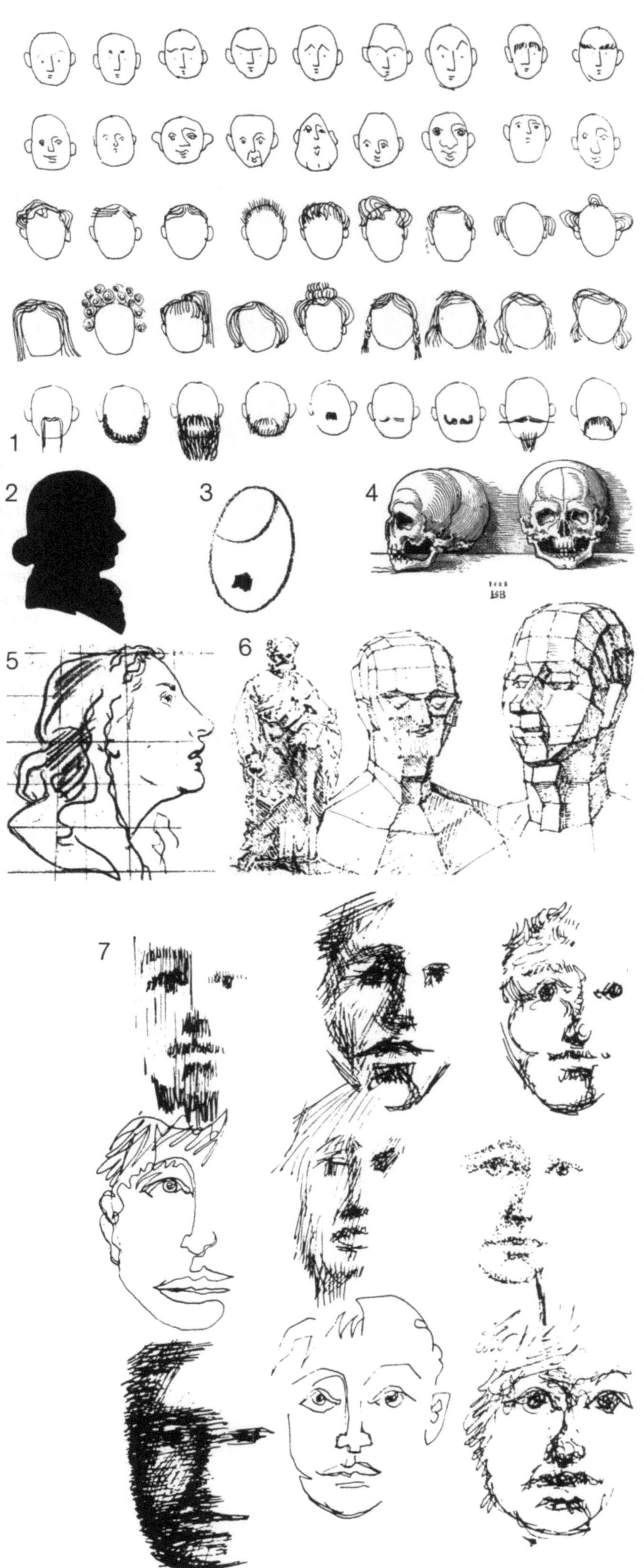

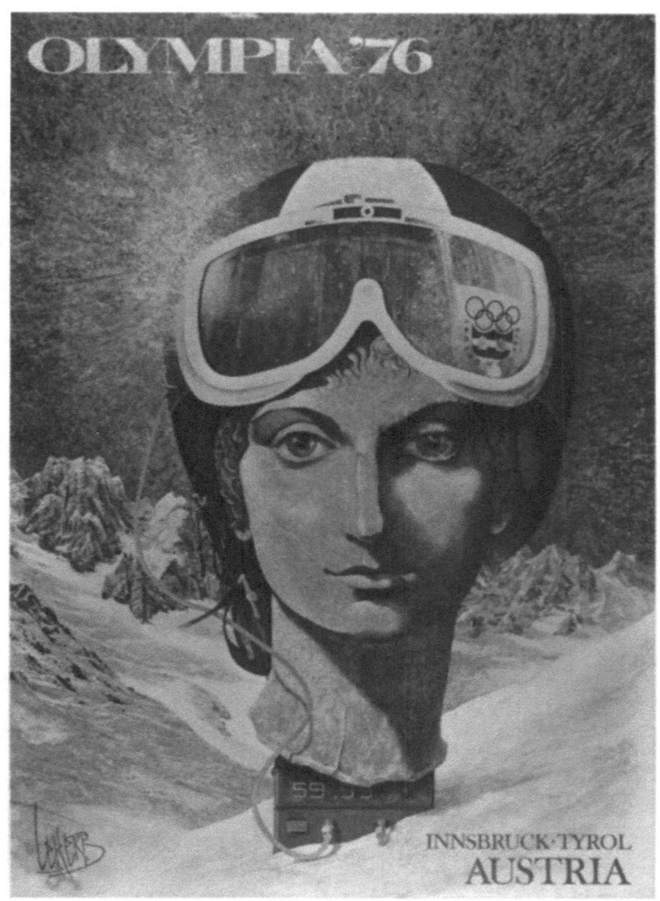

1

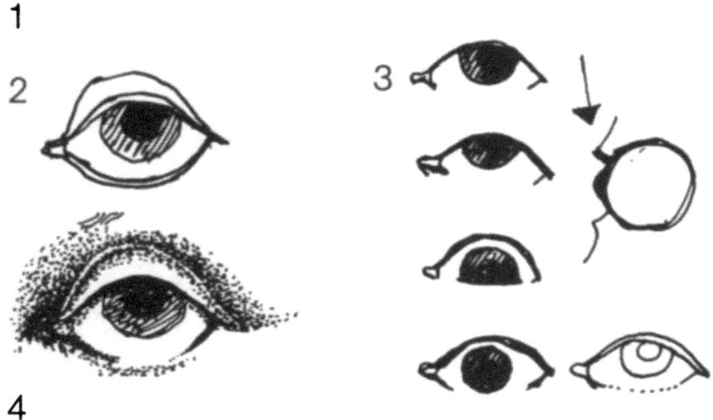

2

3

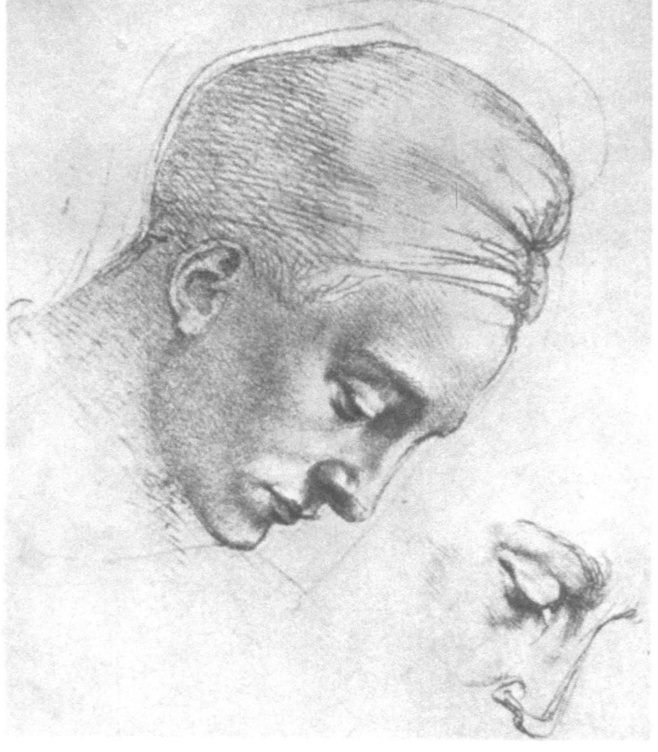

4

»Wie der Dichter seinen automatischen Denkvorgängen lauscht und sie notwiert, so projeziert der Maler aufs Papier, was ihm seine optische Eingebungskraft eingibt« (MAx Ernst).

Das Plakat für die olympischen Winterspiele 1976 ist ein wundervolles Beispiel phantasievoller Werbung. Hier soll es aber wegen der besonders deutlichen Darstellung der Augen abgebildet werden. Augenlider, Augapfel, Pupille und ihre Proportionen im Antlitz der Skigöttin sind mit Hilfe von Linien, Punkten und Hell-Dunkel sehr klar und einfach gezeichnet. Das Licht fällt auf das obere Lid, das eingebettet wird vom geschwungenen Wulst unter der Augenbraue und bei Dunkelheit zum Nasenrücken. Licht fällt auch auf die Kante des unteren Lides. Schatten liegt über der Pupille an der Kante des oberen Lides. Der ganze Kopf ist bestechend deutlich modelliert – ähnlich den Phantasievorbildern klassischer Marmorporträts.

Die Abb. 2 zeigt einen Versuch, ein Auge linear oder durch Punkte plastisch darzustellen. Abb. 3 soll, von oben nach unten, Augen im Zustand verschiedenen Alters abbilden: Erwachsener mittleren Alters, alter Mensch mit schon gesenktem Lid, staunendes Kinderauge, rundlich und mit einer aufgehenden Sonne ähnlichen Pupille, darunter: schreckgeweitetes Auge: Daneben der Schnitt durch ein Auge, der – bei Sicht von oben – nachweisen soll, daß die Kante des oberen Lides dunkel, weil im Schatten, ist, während auf die untere Lidkante Licht fällt, also hell ist. Es ist daher falsch, dem Auge oben und unten eine dunkle Lidkante zu geben, die untere ist eigentlich nur in Augenwinkeln dunkel zu sehen. Schon eher kann man einen zarten Schatten unter die untere Lidkante setzen, so wie es auch auf dem Olympiaplakat zu sehen ist. Abb. Nr. 4 ist eine männliche Kopfstudie von Michelangelo, um 1511–12, Rötel, Florenz, Casa Buonarotti. Sie beweist, daß auch das Auge in die Rundungen des Kopfes und speziell in der Augenhöhle neben dem erhobenen Nasenrücken eingebettet ist. Augen sind keine Bunkerschlitze, also auch von der Seite nicht eine einfache Deckelklappe. Bitte beachten Sie die Form des oberen Lides zur Nase hin und wie der Augapfel darunter liegt, eingebettet zwischen den Lidern, Nase, Augenbraue und Backenknochen. Frontal den Betrachter ansehende Augen verfolgen und begleiten ihn in alle Ecken des Raumes – das ist nicht nur bei dem gepriesenen Blick der Sixtinischen Madonna von Raffael in Dresden so: ein träumender Blick in ein Reich der Phantasie.

»Confiance et conscience – Vertrauen und Gewissen« fordert Corot; und Michelangelo: »Zeichne, Antonio, zeichne, zeichne!« Wir sind zum Sehen geboren; wir denken mit den Augen und suchen mit ihnen die Schönheit. Im »Tod von Venedig« (Thomas Mann) träumt Gustav Achenbach einen Dialog des Sokrates: »Denn die Schönheit, mein Phaidros, nur sie ist liebenswürdig und sichtbar zugleich: sie ist, merke es wohl, die einzige Form des Geistigen, welche wir sinnlich empfangen, sinnlich ertragen können.«

Die Abbildungen auf dieser Seite sind Beispiele für unterschiedliche Beleuchtungs- und Darstellungsarten.

Nr. 1 zeigt Seitenlicht und Strukturmischungen von aufgelösten Linien und Stricheln mit Kreuzschraffuren (»Trinker«, J. Spies 1964 Feder).

Nr. 2 ist die Clownesse Cha-U-Kao von H. d. Toulouse Lautrec auf der Bühne mit Unterlicht (Rampenlicht), das die Schatten ihres Gesichts, wie auf einem Foto (= negativ) umkehrt.

Nr. 3 Dieser Harlekin besteht nur aus Schatten, keine andere Linienkontur vervollständigt ihn. Alle Linien verlaufen senkrecht und gehen nur durch die Darstellung der Schattenkonzentration den Formen nach; sie modellieren nicht, J. Spies 1968.

Nr. 4 ist ein Frauengesicht mit hellem Oberlicht, das nur wenige starke Schatten um das Auge, Nase und Mund, erzeugt. Serow, »Porträt der Ballerina Anna Pawlowa« 1909.

Nr. 5 und 6 sind auf verschiedenartige Weise unterschiedliche zart-lineare Darstellungen von jungen Frauengesichtern; zeigt wenig Binnenkonturen im Gesicht, wodurch besonders die jugendlich glatte Haut entsteht, ähnlich Fotos mit Weichzeichnern. Außen herum ist viel Linienstruktur: Haare, Kleiderfalten usw., die im Kontrast diese Wirkung verstärken. Selbstporträt stud. päd. Gaby Pfeil, Radierung 1976, Saskia Rembrandt 1633 Silberstift.

Nr. 7 »Gebrüder Grimm«, sind plastisch modelliert durch viele kleine Punkte und Schraffuren, darüber hinaus durch lineare Haarwellen, die anders als Abb. 5 hier eine plastische Form finden sollen. Insgesamt sind die beiden Köpfe aber nur so modelliert, daß sie wie ein Flachrelief, etwa wie auf einer Münze, wirken.

Nr. 8 »Mädchenkopf« von J. Carreno de Miranda, Prado, Madrid, zeigt die volle Plastizität der Rundungen eines Kopfes und wie Augen, Nase, Mund und Kinn sich in der Drehung verändern; d. h. verkürzen. Ähnlich der Konstruktion auf S. 90, Abb. 8 wird die Rundung des Kopfes und darin sitzenden Augen, Nase und Mund mit ihren Verkürzungen auf der abgewendeten Seite dargestellt.

Nr. 9 Dürers Mutter Barbara, 1514, Berlin, Kupferstichkabinett, gewinnt durch viele Linien, Binnenkonturen im Gesicht und am Hals gerade jenen Ausdruck der Alterswürde, der in Abb. 5 und 6 vermieden wurde. Die Linien beschreiben nicht allein die Form, sondern gleichzeitig die Faltenstruktur, die im Gewand fortgesetzt wird.

Nr. 10 »Brustbild eines Kriegers«, Leonardo, um 1475, London, British Museum, ist ebenfalls auf Linearstrukturen aufgebaut, nur hier ganz dekorativ. Die Ornamente in Helm und Brustpanzer überwiegen das Porträt, von dessen Profillinie man sogar den Eindruck haben könnte, daß auch sie sich ins Dekor einordnet.

Die Abbildungen so unterschiedlicher Zeichenarten sollten die Anwendungsmöglichkeiten der vorletzten Seite noch einmal bei ganz verschiedenen Künstlerpersönlichkeiten und ihrer Phantasie nachweisen. »Wer so Großes erreicht hat, daß er des Zeichnens mächtig ist, der kann Gestalten schaffen, und jede Mauer, jede Wand wird zu eng und zu klein sein für die Unbegrenztheit seiner Phantasie« (Michelangelo).

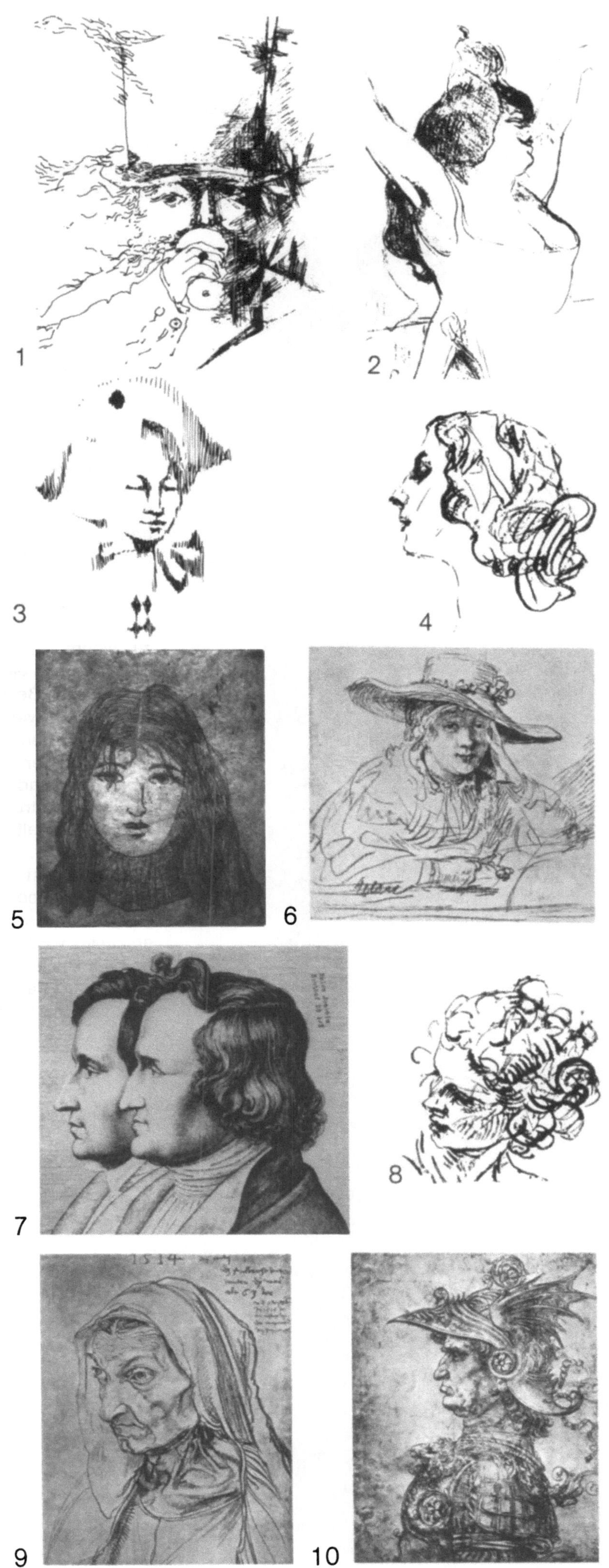

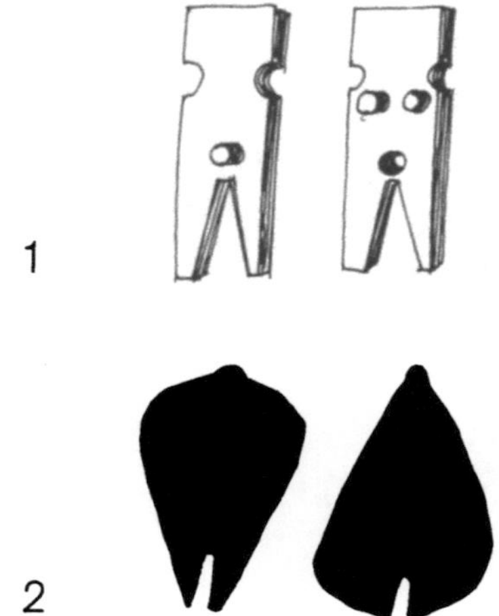

1

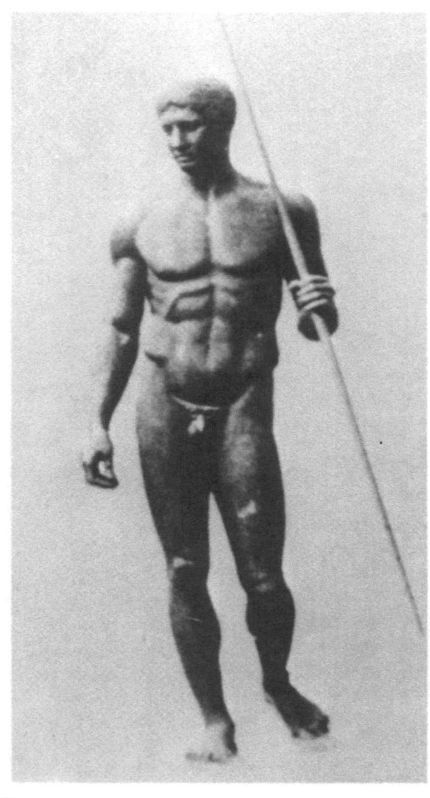

2

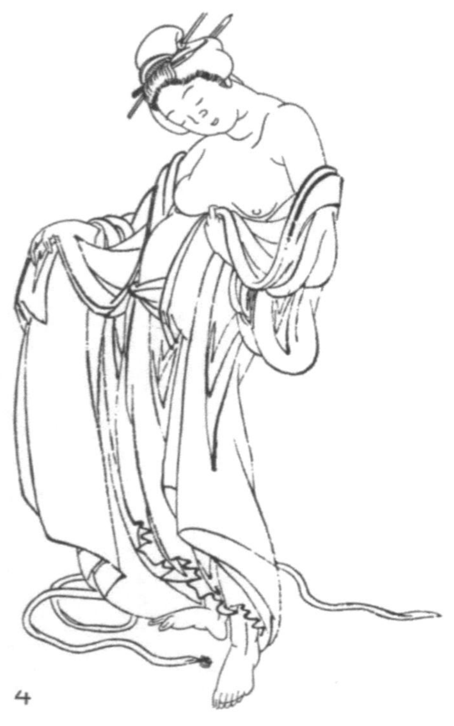

3

4

Die menschliche Figur

Nach einem Bericht des römischen Dichters Ovid, schnitzte sich Pygmalion, König von Zypern, eine ideale Gefährtin aus Elfenbein, in die er sich unsterblich verliebte. Aphrodite erhörte sein Flehen und hauchte der Skulptur Leben ein.

Einfache, geometrisch-symmetrische Formen, wie etwa die beiden Holzfiguren, »Adam und Eva« genannt, sind uns schon als Bilder von Menschen verständlich (Abb. 1). Untersuchungen ergaben, daß die Mehrheit der Befragten bereit ist, die Formen der Abb. 2 auch als menschliche Gestaltsschemata anzuerkennen – links maskulin, rechts feminin. Zu den kennzeichnenden Artmerkmalen gehört unter anderem der aufrechte Gang, mit dem nicht nur die vielen Eigenheiten des Knochen- und Muskelsystems zusammenhängen, z. B. Körperproportionen, Bau der Gliedmaßen, Form des Brustkorbs, Lage des Hinterhauptloches an der Schädelunterseite, sondern eben auch die starke Entwicklung des Gehirnschädels.

Der Speerträger des Polykleitos, Abb. 3, um 400 v. Chr., ist eine Statue aus der hochklassischen Periode Griechenlands. In ihr wurden Symmetrie und Geometrie vorangegangener Darstellungen aufgegeben. Ausgangspunkt – und daher ist diese Skulptur für eine Zeichenlehre von Bedeutung – war die natürliche Gestalt, schreitend und stehend im Raum. Das Körpergewicht ruht ganz auf dem rechten Bein, und das linke ist leicht zurückgezogen. Kopf, Schultern und Hüften sind gedreht und es wird der Eindruck von Bewegung vermittelt (ganz im Gegensatz zu einem Zinnsoldaten). Bewegung ist eine Ausdrucksmöglichkeit menschlicher Gefühle, z. B. im Theater und beim Tanz – bis zu völlig individuellen Bewegungsabläufen im Hopsen und Springen.

Verdeutlicht wird das wiederum durch geometrische Vereinfachungen der natürlichen Gestalt, die Bewegungsvorstellungen werden entsprechend unserer Wahrnehmungsstruktur verformt. (Form sehen wir vor Oberfläche und Farbe, insbesondere Form in Bewegung, z. B. aus dem Wald heraustretendes Reh.) Unserer Formprägnanztendenz gemäß wird die Gestalt zu einem geschlossenen Gestaltsystem entwickelt.

In der Abb. Nr. 4 »Hofdame«, Tuschezeichnung von Katsushika Hokusai, 1760–1849, ist eine natürliche Gestalt Ausgangspunkt der Darstellung. Was beim Speerträger durch die geometrisch vereinfachten Bewegungsabläufe von Standbein und Spielbein, Kopf und Schultern lebendig erscheint, wird in dieser Zeichnung durch den Fluß der Linien im Gewand und der Biegung des Körpers von Fußspitze bis Kopfneigung vermittelt. Die Eleganz des Linienflusses an Stelle der Geometrisierung ist das Produkt verschiedener Weltbilder.

Die Zeichnung eines Landsknechts (Abb. 1) weist ebenfalls eine Spielbein-Standbein-Bewegung auf, die jedoch vom üppigen Liniennetz der Kleidungsstrukturen und ihren wulstigen Schwüngen überlagert wird. Hier überwiegt die Lust am Zierat der Garderobe. Über Watteau schreibt Caylus: »Er hatte elegante und auch einige komische Kleider, mit denen bekleidete er die Personen beiderlei Geschlechts, die ihm stillehalten wollten, und zeichnete sie in den Stellungen, die ihm die Natur zeigte … Wenn ihn die Lust ankam, ein Bild zu malen, machte er Gebrauch von seiner Sammlung. Er wählte darin die Figuren aus, die ihm gerade dann am besten paßten.« Aus diesen Gestalten seiner Skizzenbücher setzte er dann Bilder zusammen, zu Bäumen aus dem Jardin Luxembourg, Lichteffekten und anderen zerstreuten Elementen; alles zu einer neuen Welt vereinigt.

Zeichnen Sie Menschen in Verkleidungen: Kinder beim Karneval, Erwachsene bei Volksfesten, freuen Sie sich an der Vielfalt der Gewänder, versuchen Sie die kleinen Eitelkeiten der Kostümierungen zu erfassen. Spielen Sie einmal das Kind aus des »Kaisers neuen Kleidern«, das die Verkleidungsrituale durch Fragen durchbricht.

Der Offizier mit Fahne (Abb. 2) von Jean Antoine Baron Gros (1771 bis 1835) ist durch die Linien der Zeichnung bewegt, die handschriftlich suchend über das Blatt hin- und hereilen, mal dünner, mal stärker, kurvig oder gerade. Es ist eine schnelle Skizze, die Bewegung ausdrückt und die Gesamtform erfaßt, kein Aufhalten mit Details, die man später hinzufügen kann, sondern durch Vereinfachung festgelegt und dann weiter »beschrieben« und eingekreist. Wir schreiben von links nach rechts; zeichnen hingegen sollte man überall zugleich und dabei einen Überblick über das Ganze gewinnen.

Corot beschreibt seine ersten Bemühungen so: »Zwei Männer blieben stehen, um zu plaudern. Ich wollte beginnen, sie Stückchen für Stückchen zu skizzieren, ich fing an mit dem Kopf – da gingen sie weiter, und alles, was ich auf dem Papier hatte, waren einige Stückchen ihrer Köpfe.«

Abb. 3 zeigt eine Darstellung von König Tutanchamon von Hathor und Amibis geleitet (Theben, Grab des Tutanchamon, Bildarchiv Foto Marburg) mit den typischen ägyptischen Flachmenschen, die im Kopf, Armen und Füßen im Profil, mit dem Rumpf frontal gemalt sind – die dritte Dimension wird hineingedreht. Rodin sagt: »Die Vorderansicht ist die Summe vieler Profile, und der menschliche Körper gleicht einem Tempel in Bewegung.«

Die Darstellung menschlicher Figur wird durch Massen und Flächen – das einzelne als Ziel im ganzen gesehen. Leben erhält eine gezeichnete Figur nur dann, wenn der lebendige Stromkreis vom Auge zur Hand geschlossen bleibt und zur bewegten Linie auf dem Papier wird.

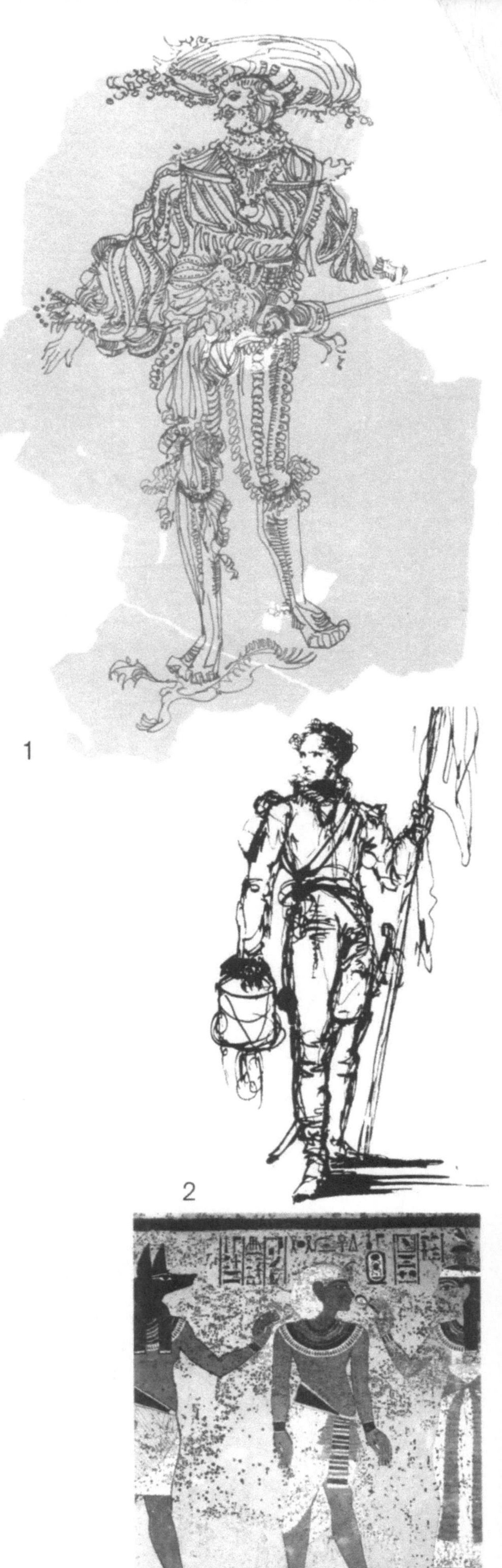

1

2

3

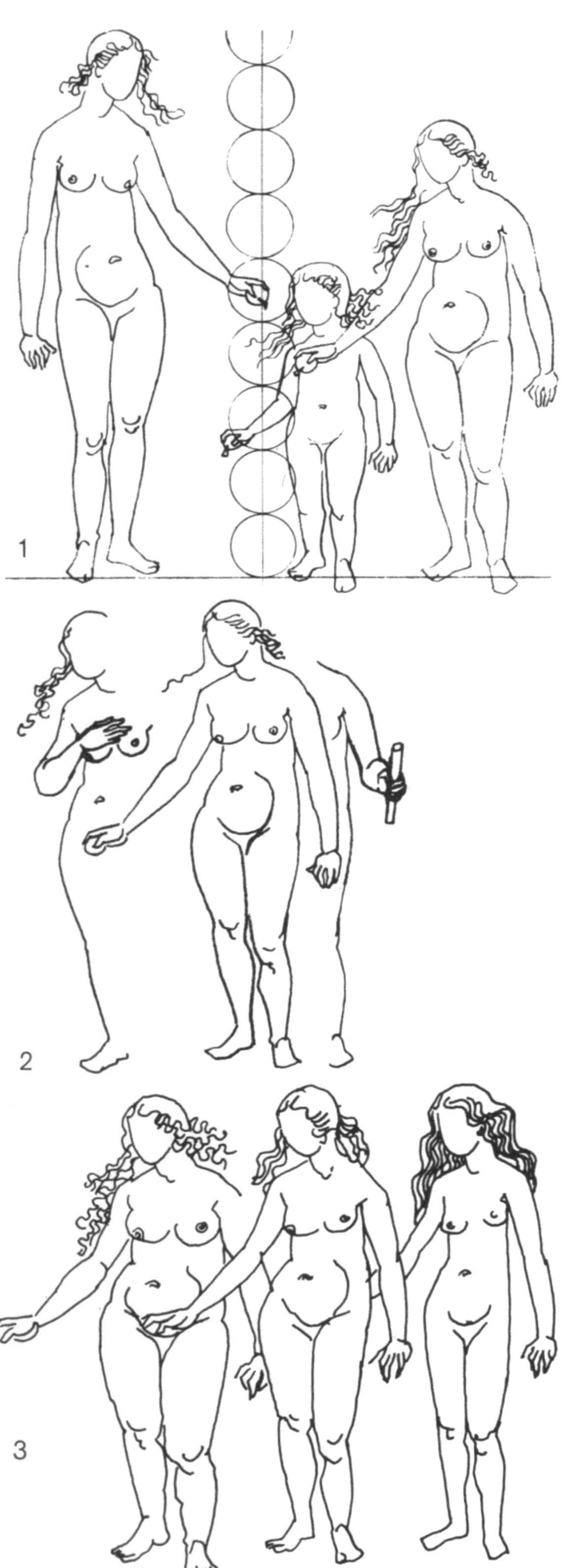

1

2

3

Die Körpermaße eines Erwachsenen durchschnittlichen Alters stehen etwa im Verhältnis 1 : 6 = Kopf zu Körper (hier Kreis = Kopf). Bei einem Kind sind es je nach Alter zwischen 1 : 6 bis 1 : 3 beim Kleinkind. Verändert sich dieses Maß, etwa in der Art, wie Michelangelo bei vielen seiner Figuren im Deckengemälde der Sixtinischen Kapelle 1 : 9 oder sogar 1 : 10 verwandt hat, so entstehen Riesen, die Bedeutung ändert sich (Abb. 1). Die Leiste bildet in etwa die Körpermitte; die Fingerspitzen reichen bis zur Mitte des Oberschenkels herab. Alle Figuren sind nach Hans Baldung Grien, »Eva unter dem Baum des Paradieses«, Zeichnung von 1510, Hamburg/Kunsthalle Abb. 1, Seite 99 gezeichnet.

Besondere Aufmerksamkeit muß den Verkürzungen gewidmet werden. Bei der Darstellung von Flaschen im Kapitel »Körper« habe ich auf die Verkürzung der Höhe einer Flasche hingewiesen, wenn sie auf den Betrachter zeigend, auf dem Tisch liegt.

Die Verkürzung eines angewinkelten Armes, der auf den Betrachter zeigt, ist ähnlich. Bei der Abb. 2 ist der Arm einmal an den Körper gelegt, so daß sich sowohl der Oberarm als auch das Ellenbogengelenk verkürzt zeigt; rechts dagegen will die Hand vorgestreckt etwas zeigen oder übergeben, und der Unterarm ist folglich nur noch als eine Rundung zu sehen. Daß dieser Unterarm gebeugt ist, wird durch die gerundete Linie, die die Armbeuge anzeigt, sichtbar gemacht.

In Abb. 3 wird die mittlere Figur einmal dünner (etwa »Twiggy« entsprechend) und einmal rundlicher, barocker dargestellt. Die Veränderung ein und derselben Figur in Zusammenhang mit dem Bedeutungsgehalt soll damit deutlich gemacht werden. Wir verbinden eine Fülle von Assoziationen mit der einen oder anderen eigentlich sehr einfach darzustellenden Gestaltform. Nach Cèzanne ist der Künstler das Bewußtsein der Natur, mehr als ihr Sprachrohr, und kann sein eigenes Ich nicht aus der Arbeit heraushalten.

Der gesamte Körperaufbau besteht aus einem System beweglicher drehbarer Elemente, die durch Bänder und Muskeln gehalten werden. Kugelige, zylindrische und kubische Grundformen werden in Dehnungs- und Schwellbewegungen verändert.

Abb. 1 auf der Seite 99 ist die Eva aus der Originalzeichnung von H. B. Grien; Abb. 2 zeigt den Versuch, ganz vereinfacht die Bewegungen er Körperformen wiederzugeben:

– die Rundung der Schulter mit dem zylindrischen Hals, die etwas geschwungenen Zylinder des Oberkörpers und der Arme;
– die Rundung des Bauches und die Stellung der Beine in Spielbein (rechts) und Standbein (links). Eine besondere Dynamik ist dieser diagonal-unsymmetrischen Form in der Anordnung von Spielbein und Standbein zu eigen.

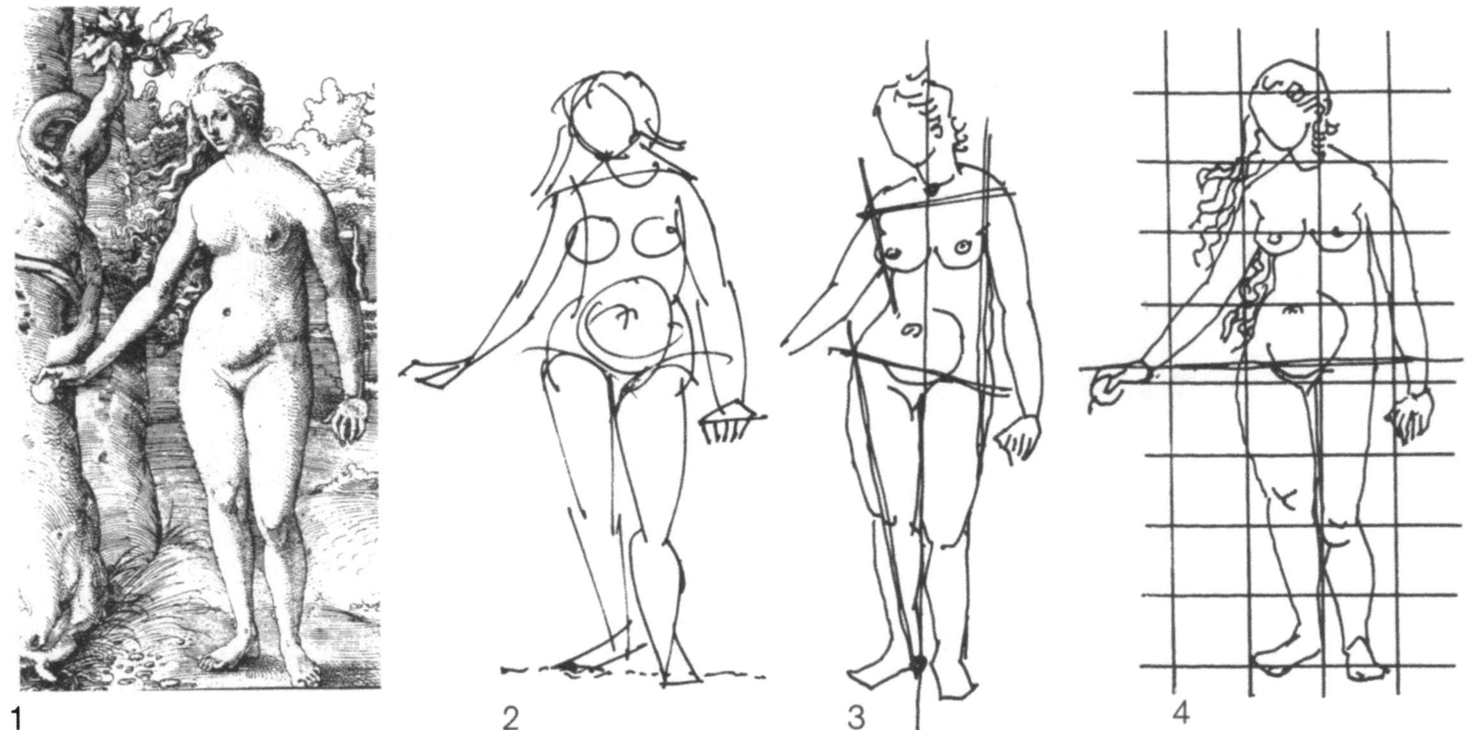

Abb. 3 stellt mit Hilfe einer Senkrechten dar, daß die Halsgrube genau über der Ferse oder Knöchel des Standbeines sitzt; außerdem zeigt sie das Trapez von Schulter und Becken, dessen kurze Seite sich immer am Standbein befindet.

Abb. 4 soll mit Hilfe des Rasters die vielen Richtungen der Körperteile zeigen: kaum etwas ist senkrecht. Dazu führt es mit der Waagerechten in der Leistengegend diese Stelle als Mitte des Körpers vor. Abb. 5 hat Bewegungslinien eingezeichnet, die den Balanceakt des stehenden Menschen mit seinen Bewegungsabläufen darstellen; aufsteigend im Standbein, der Drehung der Wirbelsäule bis in den Hals- und Kopf-Ansatz folgend, im Becken und den Schultern quer, von da in den Armen bis zu den Händen und bis zu dem Spielbein wieder herablaufend. Zusammen ergeben sie einen von der Wirbelsäule bestimmten Bewegungsablauf, der das komplizierte System von Labilität und Stabilität einer stehenden Figur vorführt.

Die folgenden Abbildungen bemühen sich besonders um die plastische Körperlichkeit. Abb. 6 stellt die einzelnen Grundformen der Körperteile dar:

– Kopf eine Kugel;
– Bauch und Brüste Halbkugeln;
– Arme und Beine aus zylindrischen Körpern, die sich leicht verjüngen;
– Schultern ein abgerundetes Dreieck;

klar als Einzelteile getrennt und als Hilfsform zur Verdeutlichung der Plastizität zusammengefügt.

Abb. 7 versucht durch formbeschreibende Linien (Tastlinien), den Wölbungen eines Körpers nachzugehen.

Bei Abb. 8 ist in einer Hell-Dunkel-Zeichnung das Bemühen um die Körperlichkeit mit Andeutung von Hintergrundraum vorhanden; dieser besteht dabei nur aus senkrechten Linien, dichter, enger, kürzer, länger.

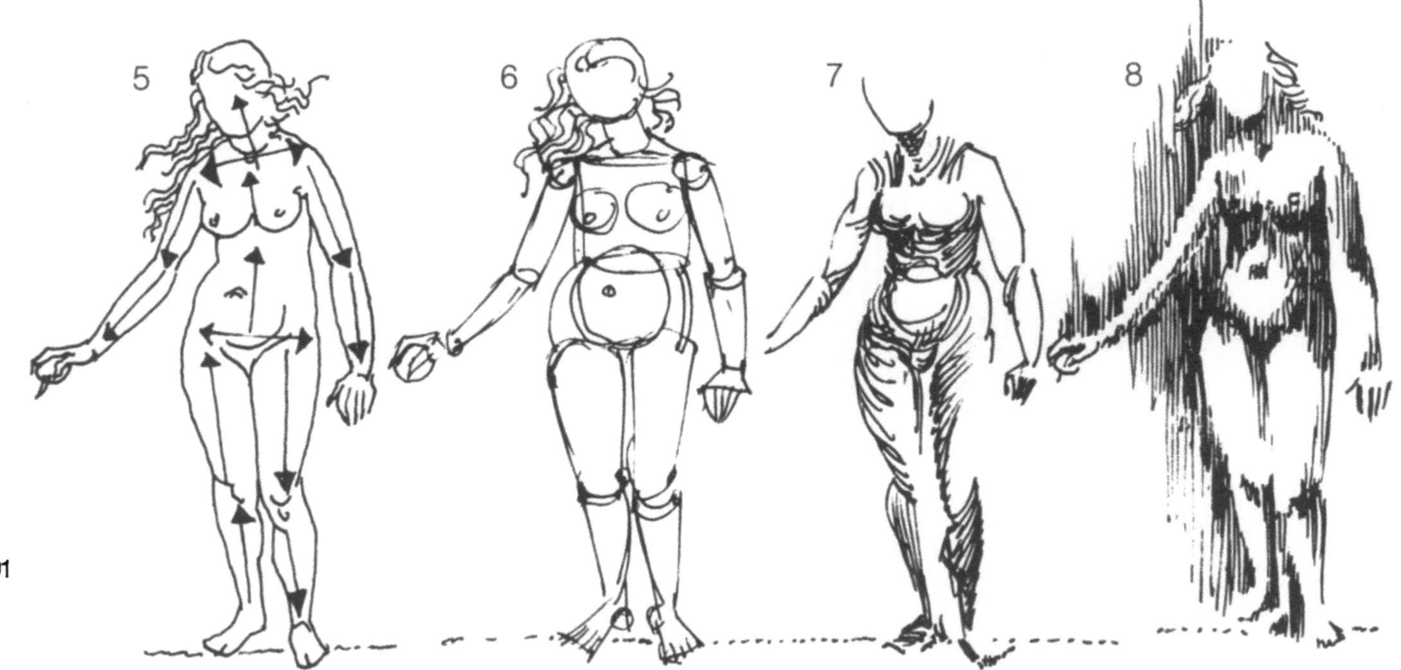

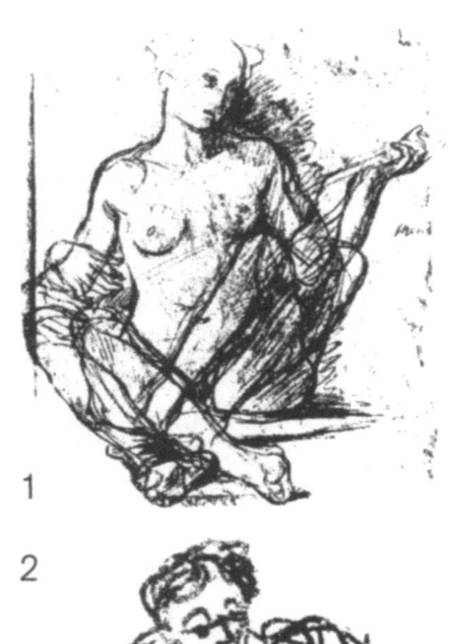

1

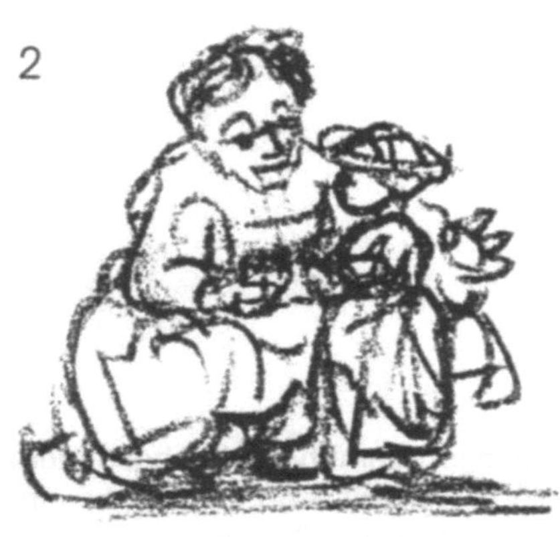

2

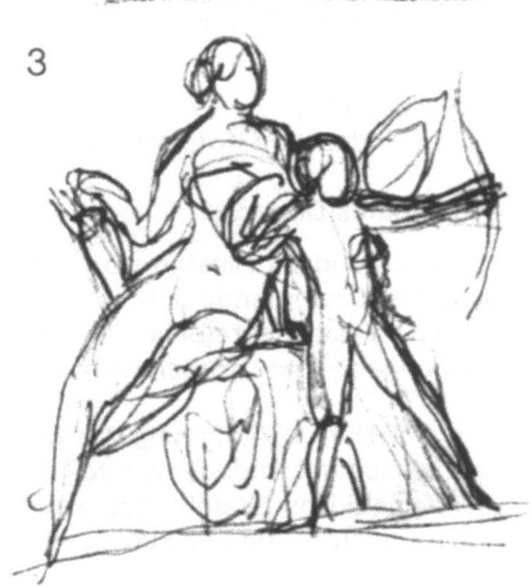

3

Menschen sind lebendige Modelle, sie bewegen sich, sonst schlafen ihnen die Glieder ein – allein schon ihr Atmen verhindert den Eindruck einer Gipsfigur. Betrachten Sie Gipsabgüsse, aber benutzen Sie sie nie als Modell.

Der Zeichenstift soll dem Leben des Körpers nachforschen. Versuchen Sie, eine Figur in einer Linie nachzugehen, nicht in einer Kontur oder als Umriß (wir zeichnen auch keinen Landschaftsumriß oder ein Stilleben nur mit einer Kontur). Sondern versuchen Sie, hin und her zu eilen auf dem Papier, rauf und runter und herum. Machen Sie kleine, 2-Minuten-Skizzen, dann sollte das Modell die Stellung ändern. Bitten Sie das Modell sich ruhig zu bewegen und dann auf Zuruf stehenzubleiben. Gehen Sie um ein sitzendes Modell herum, ändern Sie laufend Ihre Blickrichtung. Dann versuchen Sie aus der Vorstellung ohne Modell dieselben Figuren noch einmal zu zeichnen, prüfen Sie, ob Sie das Wesentliche erfaßt haben.

Die Abbildungen dieser Seite zeigen solche schnelle Skizzen, in denen ohne Zurückhaltung versucht und geändert wird. Nicht radieren, erst leicht zeichnen und dann lieber zur Änderung stärker darüberzeichnen, so daß man den Unterschied kontrollieren kann; z. B. Abb. 1, Aktstudie, von Jean-Auguste-Dominique Ingres, 1780–1867, Musée Ingres Montaubau, in der er sich mehrfach um die angewinkelten Beine und Arme bemüht hat. Vor unseren Augen entsteht die Zeichnung noch einmal; man spürt das Suchen der lebendigen Hand. Haben Sie keine Angst, wenn ein Arm einmal etwas zu lang ist; Liebermann, der kritisch auf einen »zu langen« Arm eines Cézanne-Bildes hingewiesen wurde, sagte: »so'n jut jemalter Arm kann jarnicht lang jenug sein«! Zeichnungen 2 und 4 von Rembrandt – »Am Boden sitzende Frau mit Kind«, 1635, Rötel, London, British Museum und »Zwei Frauen stützen ein Kind bei den ersten Gehversuchen«, um 1635, Rötel, sind großzügige Auffassungen der Figuren; sehr einfach wird das Wesentliche beschrieben: runde Kopfformen, Schulter und gebeugte Haltung und die dadurch bedingte Verkürzung des Oberkörpers, so daß man auf den Scheitel sieht, und der Kopf vor dem Rumpf sitzt. Ausgestreckter oder angewinkelter Arm, sind mit einem schwungvollen und einem runden Strich um den Ellenbogen körperhaft plastisch geworden: Zusammenfassung einer Gestalt in großen schnellen Linien. Zeichnung Nr. 3 von Bertel Thorvaldsen (1768–1844) »Venus mit bogenschießendem Amor«, Bleistift, hat in den gespreizten Beinen, in dem gestreckten und dem angewinkelten Arm mit Rumpf und Kopf zusammen alle Aktivität des Bogenschützen eingefangen. Die Venus erfaßt eine schnelle kräftige Linie: ein Bein angewinkelt mit angewinkeltem Knie unter das lang gestreckte Bein geschoben,

4

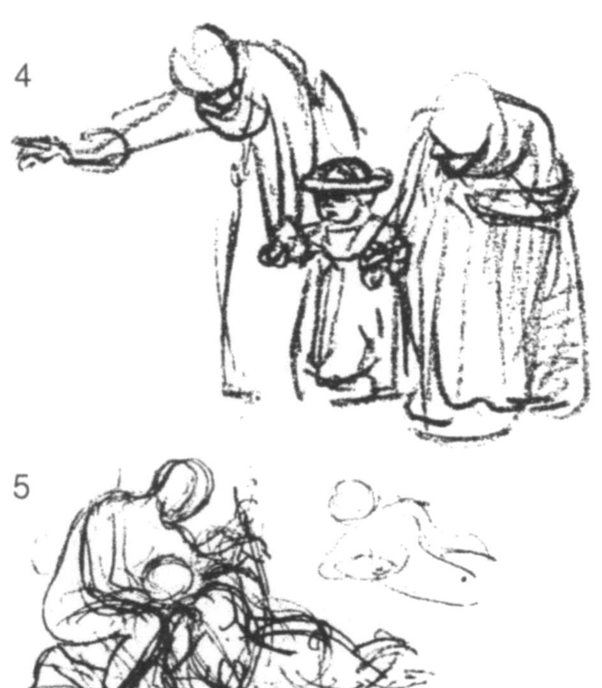

5

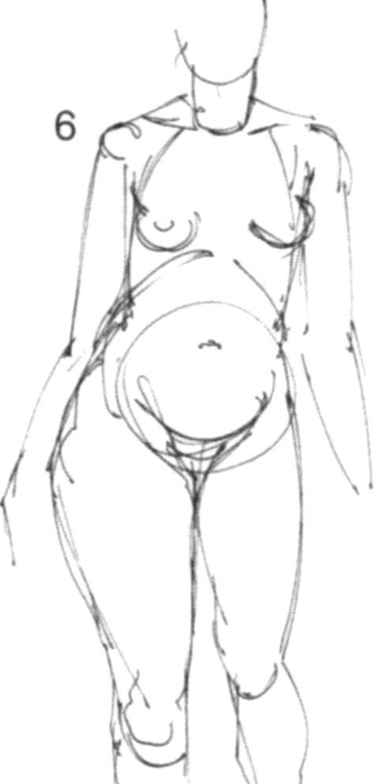

6

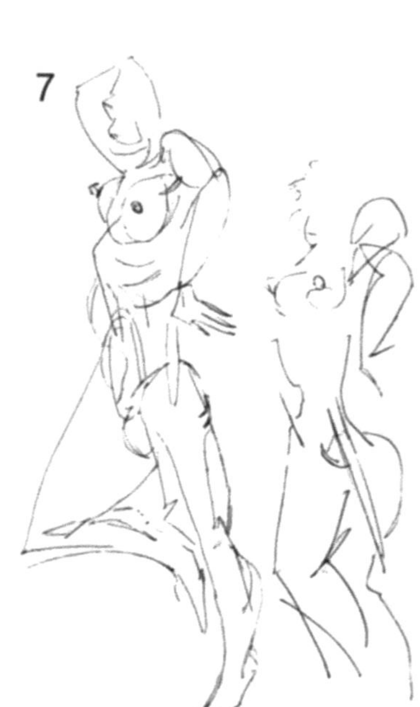

7

die Schultern aus der Bewegung der Rumpfkurve tragen Hals und Kopf oder fließen herab in den linken Arm. Von der Fußspitze bis in den Scheitel ist eine Drehbewegung spürbar, die der Figur ähnliches Leben verleiht wie sie der gespannten Aktivität des bogenschießenden Amor zu eigen ist.

Abb. 5 »Amor erweckt die ohnmächtige Psyche«, Thorwaldsen, Bleistift, Thorwaldsen Museum, zieht zwei Figuren zu einer eng verbundenen Gruppe zusammen. Die Linien bleiben nicht an jeweils einer der Figuren haften, sie gehen ineinander über, laufen gegeneinander und zusammen.

Abb. 6 versucht mit wenigen Strichen den Aufbau des Rumpfes, gruppiert um die Halbkugeln des Bauches und der Brüste als Ausgangspunkt, in einer Bewegung von den Beinen zum Halsansatz darzustellen. Abb. 7 ist eine Bewegungsstudie, in der nicht die Formen, sondern ihr Fluß, ihr Strecken und Beugen Bedeutung haben (J. Spies 77 und 67, Feder, Bleistift).

Die Abbildungen auf dieser Seite betreffen das Sitzen und das Liegen. Nr. 1 – verschränkter Arm mit vielen formbeschreibenden Falten des Hemdes. Abb. Nr. 2 dasselbe Modell sitzend und liegend mit angezogenen Knien, wobei sich besonders die Oberschenkel verkürzen. In beiden Abbildungen helfen die Falten der Kleidung, in der Leiste oder am Ellenbogen, die Rundung einer Verkürzung verständlich zu machen. Abb. 3 ist eine Zeichnung nach Manet »Der tote Torero« 1864. In der unteren sind die Hilfslinien eingezeichnet, z. B. am Kopf, Ellenbogen, Gürtel, Knie und Knöchel, dazu längs über den Körper von Hals bis Schritt.

Im Ölgemälde selbst sind diese Linien nicht vorhanden, sondern werden durch veränderte Farbtöne erreicht.

Abb. Nr. 4 ist ein Blatt mit Aktstudien eines liegenden oder sitzenden Modells. Die größten Schwierigkeiten hat man, wenn man von den Füßen aus über den Körper hinwegblickt, wobei die Länge der Beine in kurze runde Form eingeht. Dasselbe geschieht bei den untergeschlagenen Beinen mit den Oberschenkeln der Sitzenden. Hinzu kommen außerdem noch die Drehungen von Kopf, Hals und Rumpf, die sich nicht so einfach wie bei einem Zylinder darstellen lassen.

Viele dieser Stellungen sollte der Zeichner auch einmal selbst ausprobieren; sich bewußt auf das Standbein stellen und mit dem anderen auf den Zehen »spielen« – die Länge des herabhängenden Armes prüfen, sich breitbeinig vor den Spiegel stellen und den Rumpf bewegen oder sich hinlegen und betrachten, wie die gewohnte Länge verschwindet.

103

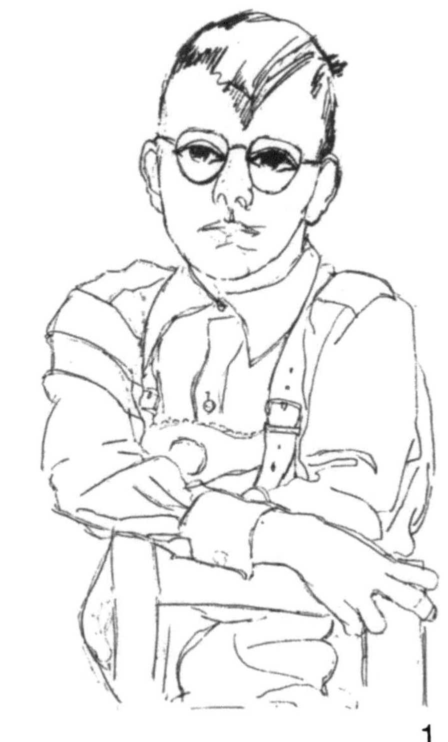

1

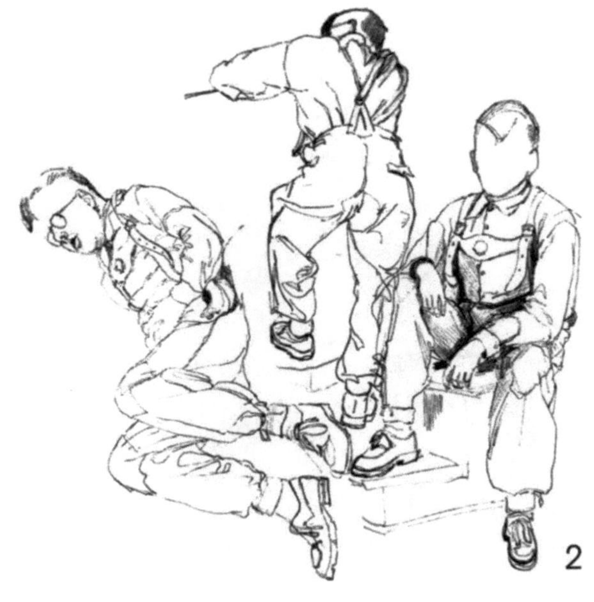

2

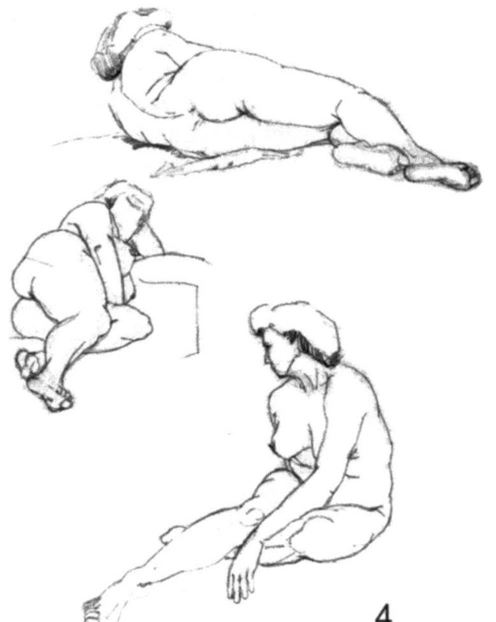

4

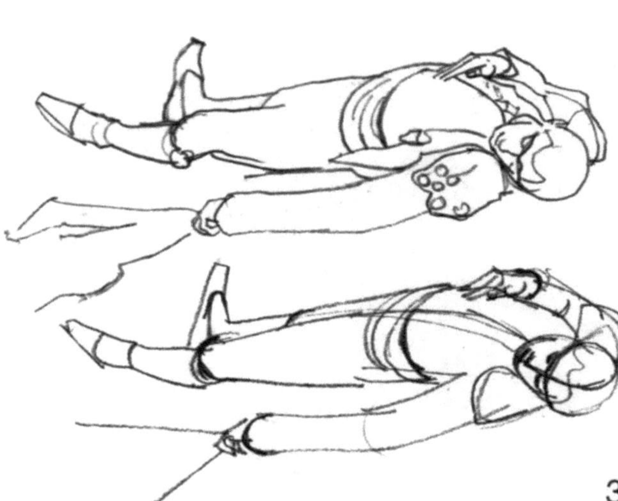

3

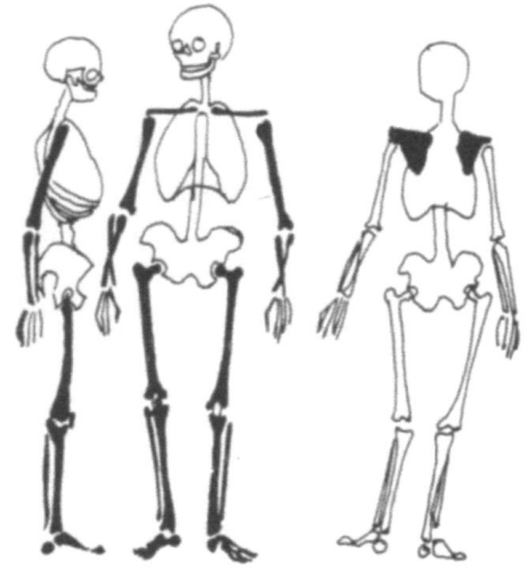

1

Vor dem Spiegel sollten Sie die Muskeln betrachten, die das Knochengerüst verbinden und durch Beugen und Dehnen die Glieder bewegen. Am Knochengerüst erkennbar ist die Wirbelsäule, die am Becken beginnt und in einem s-förmigen Bogen zum Schädel führt und ihn trägt. Erkennbar wird auch die Drehbarkeit der Arm- und Beingelenke an Schulterblatt und Becken (das weibliche Becken ist bekanntlich wesentlich breiter und nach unter stärker geöffnet). Der Brustkorb streckt sich vor. Für jede Bewegung werden zwei Muskeln benötigt (für das Spannen hin und her je einer). Die »großen Brustmuskeln« verbinden Brustkorb und Schultern, über die Schultern dehnt sich der dreieckige Deltamuskel, Hals und Rücken hält der »Kapuzenmuskel« zusammen, darunter am Rücken der »breite Rückenmuskel«, der den Brustkorb umschließt. Der »Gerade Bauchmuskel« beherrscht den vorderen Rumpf, seitwärts schließen sich die »schiefen Bauchmuskeln« an. Das Becken bedecken rückwärts die »Gesäßmuskeln«. Der Oberschenkel wird vom kräftigen äußeren »Schenkelstrecker« und dem innen sitzenden »Anzieher« bestimmt – auf der Rückseite dem »Beuger«. Der Unterschenkel hat vorn den »Wadenbeinmuskel« – und rückwärts den stark hervortretenden »Zwilling«. Der Oberarm zeigt vorn den Bizeps, hinten den Trizeps – eine Gleichmäßigkeit, die ihn fast als richtigen Zylinder erscheinen läßt, während dagegen der Unterarm mit »Fingerbeuger« und »Armspeichenmuskel« sich eher wie eine Kegelfigur anschließt (Abb. 1).

Eine besonders drastische Muskeldarstellung ist in Abb. 2, »Entführung einer Sabinerin«, ein Stich von Jan Muller, zu sehen. Bedeutsam ist nicht der einzelne Muskel, wenn auch das Wissen um Form und Funktion etwas hilfreich sein kann, sondern eben ihr Zusammenhang. Hier werden die Details in der typischen Übertreibung des Manierismus vorgezeigt, sind aber dadurch besonders deutlich zu erkennen. Beachtenswert sind die Darstellungen der Verkürzungen, angezogenes Bein mit Blick auf Fußsohle, nach hinten weggedrehter Kopf und Hals der Frau, vorgebeugt beim Mann, angewinkelter Arm usw.

Einfache Zusammenhänge sieht man an Hampelmännern; die Ähnlichkeit mit möglichen einfachen Bewegungen des Menschen sind faszinierend (Abb. 3 Hampelmann, 1971, Michael Dupont, Berlin). Diese geometrische Formenwelt hat Oskar Schlemmer dann in Kostümen für sein triadisches Ballett weiterentwickelt. Abb. 4 zeigt eine Wajang-Figur, »Bima, Zweitältester der 5 Pandawa-Helden, wayang purwa, Java« sehr kunstvoll ausgeschnittene und bemalte Figurinen für Schattenspiele, deren Arme allein beweglich sind.

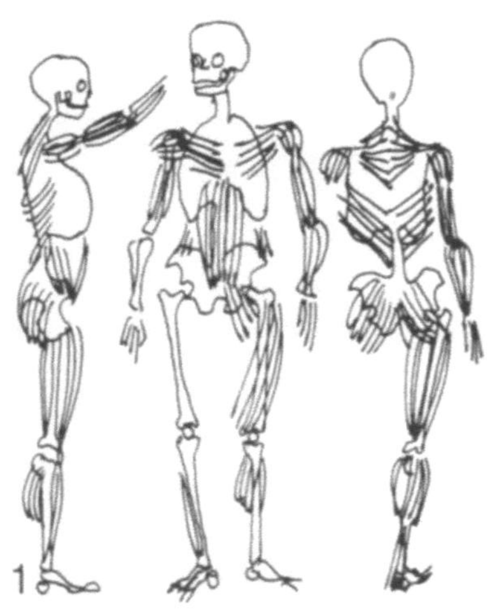

2

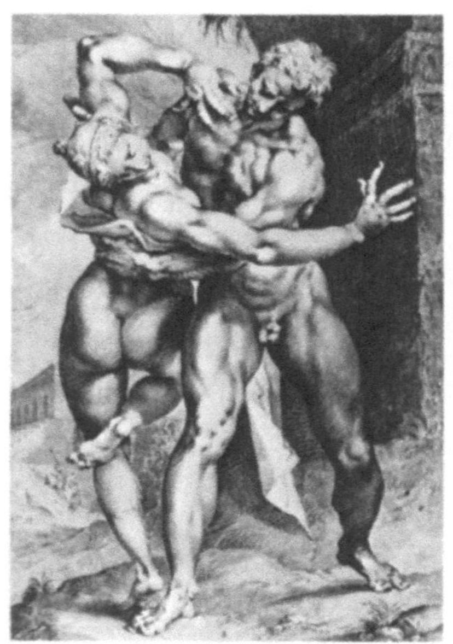

3

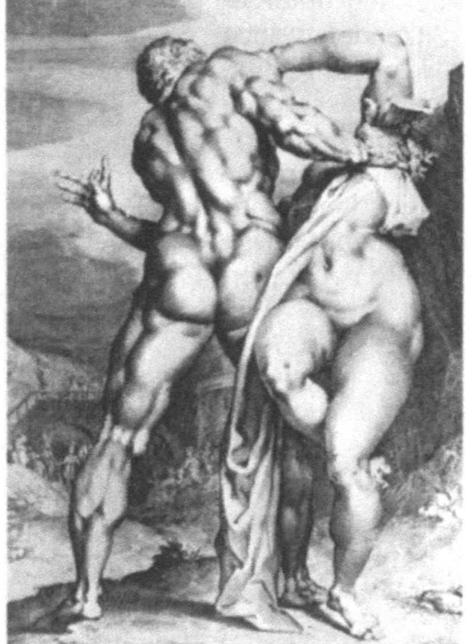

4

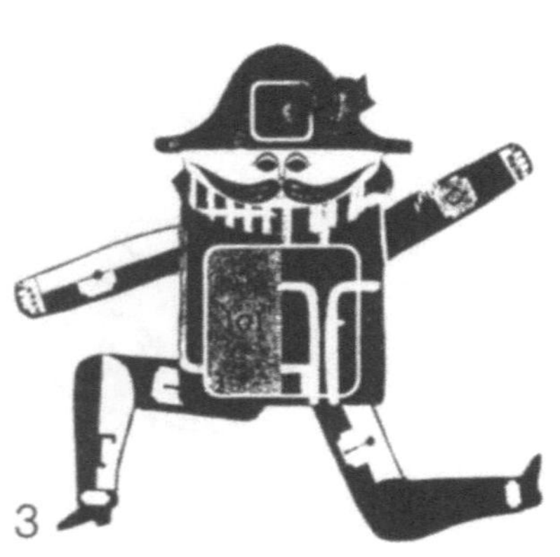

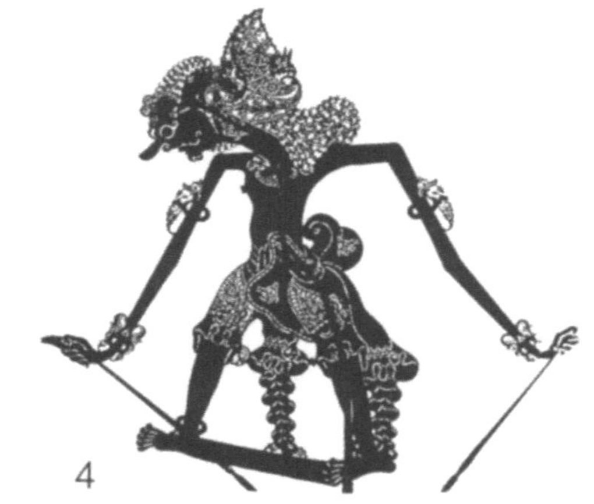

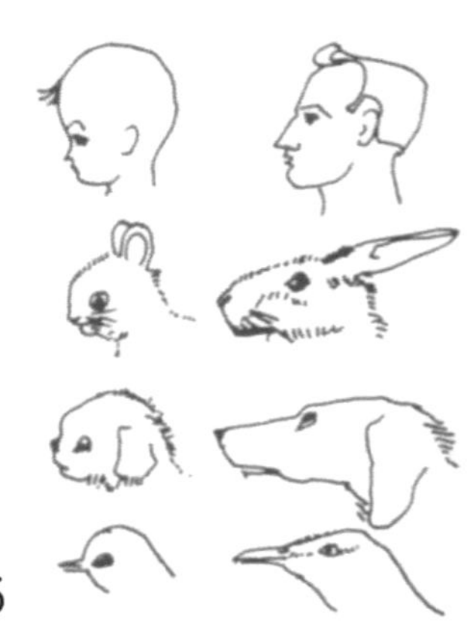

5

Die Vereinfachung von komplizierten Bewegungsarten auf ihre Grundformen ermöglichen »Vermenschlichung« von Puppenformen oder Comic-Figuren: durch der Menschenbewegung ähnliche Formen auf eine abstrahierte Mausgestalt (Micky Maus) übertragen, wird diese menschlich.

In Abb. 5 auf Seite 102 verdeutlicht Konrad Lorenz in einer Zeichnung das »Kindchenschema«; linke Reihe: herzig, verniedlichte Kopfformen, rechts: normal.

Wenn in einer Zeichnung (oder Puppe oder ähnliches) diese Merkmale verwendet werden, so löst es typische Verhaltensweisen aus. Die Dinge werden als niedlich und herzig empfunden und werden wenn möglich gestreichelt und liebkost.

Klassische geometrische Vereinfachungen haben Leonardo da Vinci (Abb. 1 Proportionen der menschlichen Figur, nach Vitruvius) und Dürer (Abb. 3 Proportionsstudie, Berlin, Kupferstichkabinett) gesucht und konstruiert: dargestellt sind Bewegungen im Kreis, Dreieck und Trapez.

Abb. 2 beschäftigt sich mit dem beliebten Strichmännlein; ein archetypisches Darstellungsschema (Höhlenmalerei). Sicherlich kann eine solche Figur Auskunft über Bewegungen geben, ähnlich den Piktogrammen über Fluchtwege. Zu einer Zeichnung ist es zu simpel und führt eher von wesentlichen Erkenntnissen über Körper und Raum hinweg. Erst eine Fülle von Linien kann einer Darstellung Körperhaftigkeit verleihen, kann sie Gestaltform erlangen lassen. Doppel- und Dreifachlinien erzeugen größere Plastizität als »Einstrich«-Männchen.

Als Hilfsmodell kann man sich mit Draht und Knetmasse wie in Abb. 4 gezeigt, einfache figurähnliche Körper bauen. Durch den Draht als Verbindungsstücke zwischen den Gliedern kann man sie in verschiedene Stellungen umformen und als stark vereinfachte Modelle benutzen. Läßt man dann in der Zeichnung die Drähte weg und zieht die Teile zusammen, so ergeben sich gute verwendbare Grundformen, die z. B. wechselnd beleuchtet, Anschauung für Hell-Dunkel-Werte auf Figuren liefern können.

Abb. 5 »Figurengruppe« Luca Cambiaso, Florenz, Uffizien, ist ein Beispiel für die Anwendung von kubistischen Hilfsmodellen zur Konstruktion einer Figurengruppe.

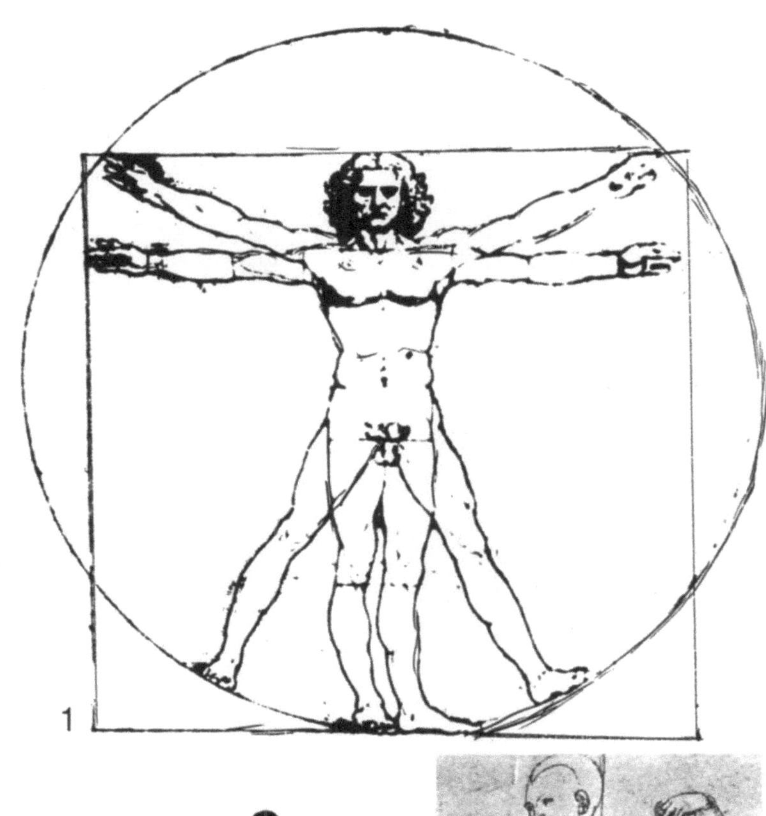

1

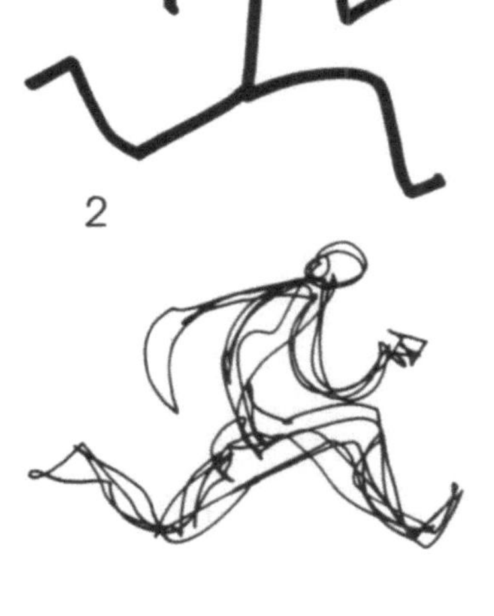

2

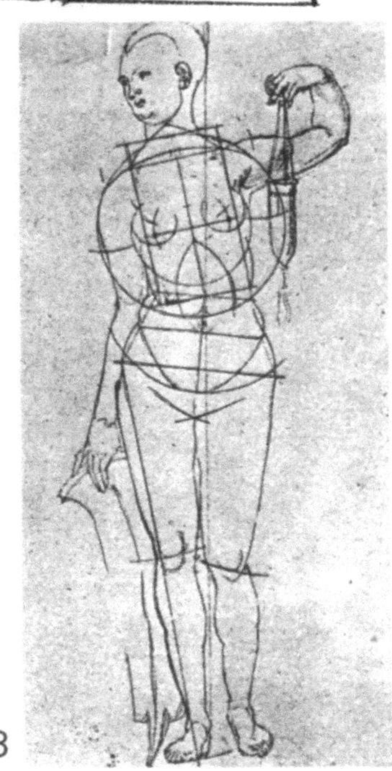

3

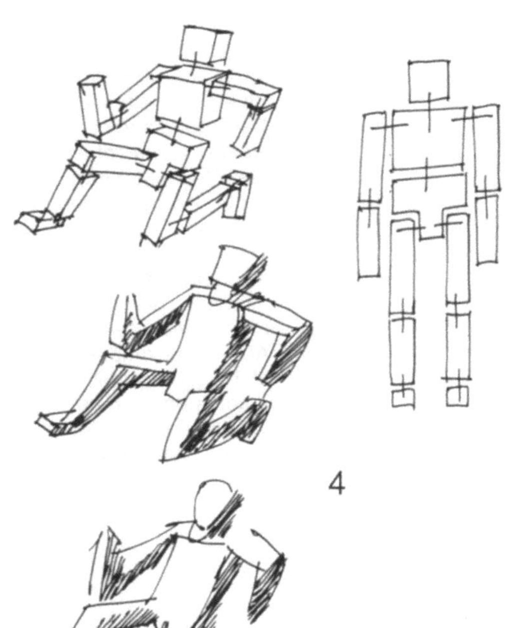

4

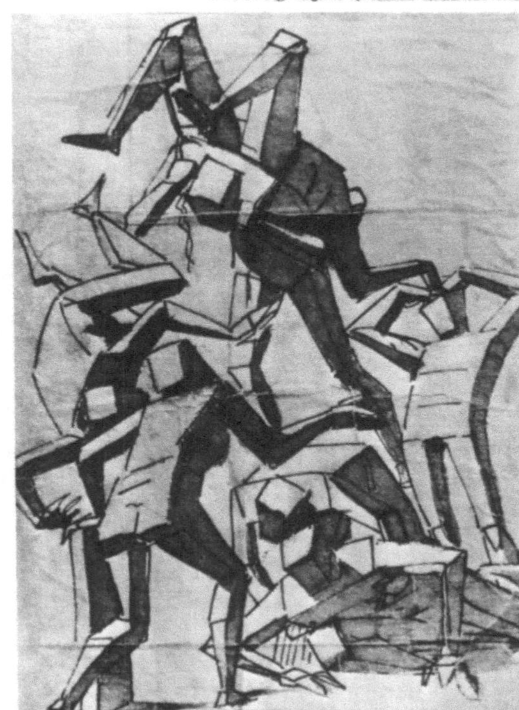

5

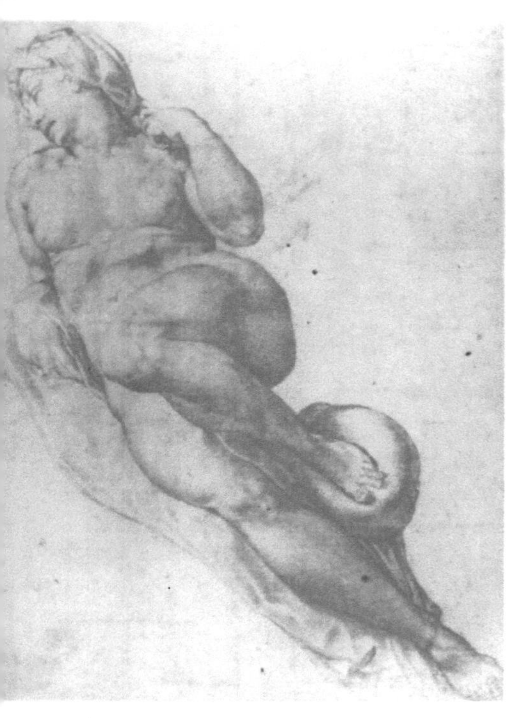

1

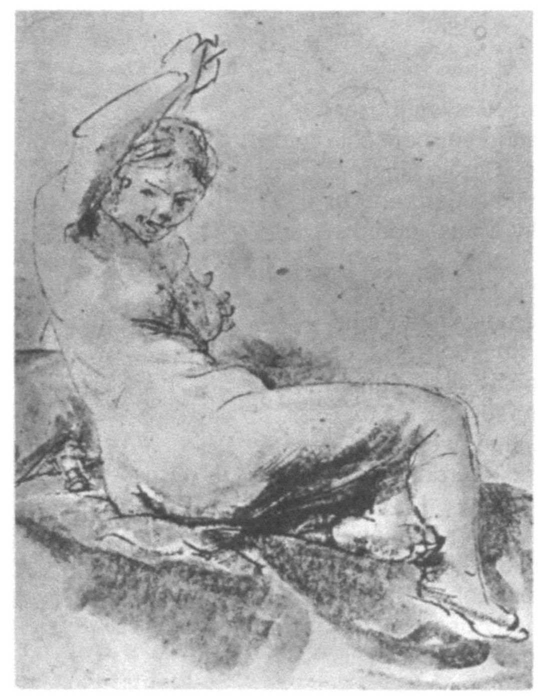

2

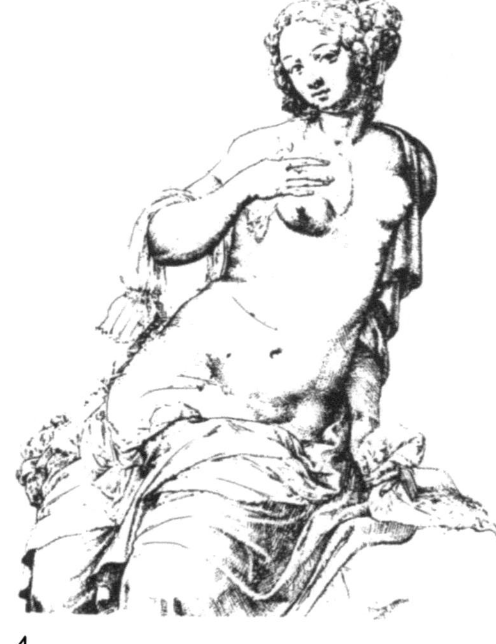

3

4

5

6

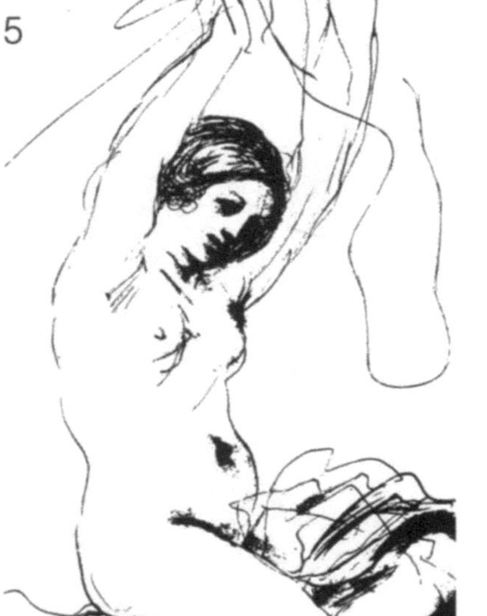

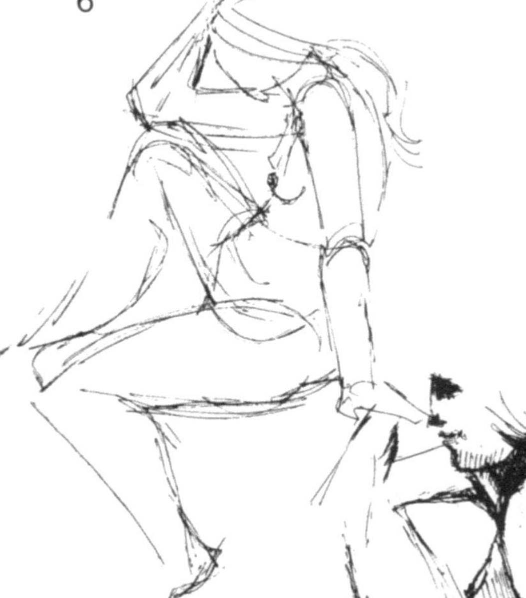

Darstellungsarten:

Abb. 1 Studie zur »Nacht« am Grabmal des Lorenzo de Medici, Rötel, Michlangelo Buonarotti (1475–1564) ist eine typische Bildhauerzeichnung, in der nur die Figur selbst bearbeitet und durch das Formmodellieren mit Tonwerten Plastizität erreicht wird. Beachtenswert sind die Verkürzung des rechten Oberschenkels und der, durch Aufstützen des linken Armes zwischen die Schultern sinkende Halsansatz.

Abb. 2 »Weiblicher Akt« lavierte Federzeichnung, Rembrandt (1606 bis 1669) Chikago, Art Institute, modelliert trotz einer Hell-Dunkel-Auslegung wenig, eher wird Raum (Hintergrund) geschaffen. Mit großzügigen Strichen entstehen Vereinfachungen wie die knappe Ellenbogendarstellung des erhobenen Armes durch den kleinen Bogen an der Spitze, oder wie man durch Blick auf die Fußsohle des untergeschobenen Beines sich dessen Stellung bewußt wird.

Abb. 3 Die »Venus auf Wolken«, Rötel, von Charles Joseph Natoire (1700–1777), Wien, Albertina, besteht aus einer Mischung von Konturlinie und malerischen Tonwerten; einige Teile sind voll linearer Klarheit, andere eingebettet in zarte Töne, wozu das Wolkenthema auch verpflichtet.

Abb. 4 Die »Sitzende« bräunliche Federzeichnung von Vincenz Sellaer, tätig von 1538–1544, München, Staatl. grafische Sammlungen, ist durch Schraffuren modelliert. Strichlagen gehen den Körperformen nach und verdichten sie oder lassen Felder offen, die wir als heller beleuchtet empfinden. Formbeschreibende Linien können sich zu Tonwerten addieren und Hell-Dunkel-Wirkungen erreichen. Beachtenswert ist die jeweilige Richtung der Linien, wie sie den Rundungen in interessantem Widerspruch zu den Faltenlinien der Kleidung nachgehen.

Abb. 5 ist eine »Studie einer badenden Frau« Federzeichnung von Giovanni Babieri, genannt Guercino (1591–1666), London, British Museum, die den Bewegungen mit wenigen schnellen Linien nacheilt, die Bewegung selbst zu zeigen versucht. Keine malerischen Tonwerte und Hell-Dunkel-Schraffuren oder betonte Körperformen, sondern Konturlinien, verbunden mit wenigen knappen Binnenlinien (Brust, Hals). Ihre teilweise unklare Doppelung bestimmen den Charakter der »Momentaufnahme«.

Abb. 6 »Sitzende«, Feder, J. S. Spies 1976, ist ebenfalls eine rein lineare Zeichnung, bemüht sich aber mehr um die Formen der Gliedmaßen und deren Bewegungsausdruck als um eine bewegte Gestalt.

In »Messalina kehrt vom Bad zurück« (Abb. 1)
stellt Aubrey Beardsley (1872–1898) mehrere
Elemente zu reizvoller Spannung zusammen:
Punkte in der Binnenkontur am Ärmel, Konturlinie an Gesicht, Körper, Kleidung und Treppen-
geländer – Flächen in Haar und Treppenstufen.
Abb. 2 Der »stehende Mädchenakt« von Geor-
ges Seurat (1859–1891) zeigt die typische Arbeitsweise der Pointillisten, die ihre Zeichnungen und Bilder weder durch abgegrenzte Flächen noch durch Linien darstellten, sondern
viele Punkte und kleine Striche verwendeten
um Raum und Form zu schaffen.
Die Abb. 3 und 4 sind Aktzeichnungen, Bleistift,
1977, von cand. arch. Andrew Tagoe, Ghana,
die der Konturlinie nachgehen, durch wenige
dunkle Stellen Akzente setzen und mit leichten
Schraffuren auf Hell-Dunkel-Tonwerte hinweisen. Die lockere und zugleich konzentrierte
Strichart ist auffällig gelungen.
Abb. 5 »Weibliche Aktstudie in Rückenansicht«,
schwarze Kreide, von Peter Paul Rubens
(1577–1640), Paris, Louvre, widmet der Einbettung der Gestalt in Tonwerte des Hintergrund-
Raumes besondere Aufmerksamkeit; rechts
dunkler und wenig Kontur, links heller und stärkere Körperbegrenzungslinie. Die Gestalt hat
ihrer betonten Spielbein-Standbein-Haltung entsprechend, lebendig bewegte Konturen. Das
linke Bein, Spielbein, zeigt eine sehr schöne
Verkürzung durch malerische Töne; Ober-
schenkel-Rückseite im dunklen, während auf
die Wadenmuskeln Licht fällt, ähnlich dem
Popo, der dadurch mit seiner üppigen Rundung
hervortritt.
Abb. 6 Zeichnung mit Lithokreide, 1958, J.
Spies, gibt die Plastizität des Körpers in groß
zusammengefaßten Formen wieder und setzt
die Gestalt gegen den unbearbeiteten Hintergrund durch eine Konturlinie ab. Wenn immer
Sie Gelegenheit haben sollten, Akte zu zeichnen, so sollten Sie es tun; dabei lernt man alles
über die Darstellung von Menschen. Menschen,
Aktmodelle zu zeichnen ist eine Auseinandersetzung mit sich selbst, seiner Beziehung zur
Nacktheit und auch zur Sexualität. Renoir
wurde einmal gefragt, wie lange er so an seinen
Akten male worauf er antwortete: »Bis ich rein-
kneifen möchte«. Degas bewunderte sein Modell als Braut unverwandt auf ihrer Hochzeit.
Auf Befragen, warum? »er müsse sie doch ken-
nen«, sagte er, »daß er nicht gewußt hätte, wie
hübsch sie in Kleidern aussähe.« Zwischen Modell und Maler gibt es besondere Beziehungen,
die nicht von Problemen belastet sein, aber
auch nicht als völlig unkompliziert verharmlost
werden sollten.

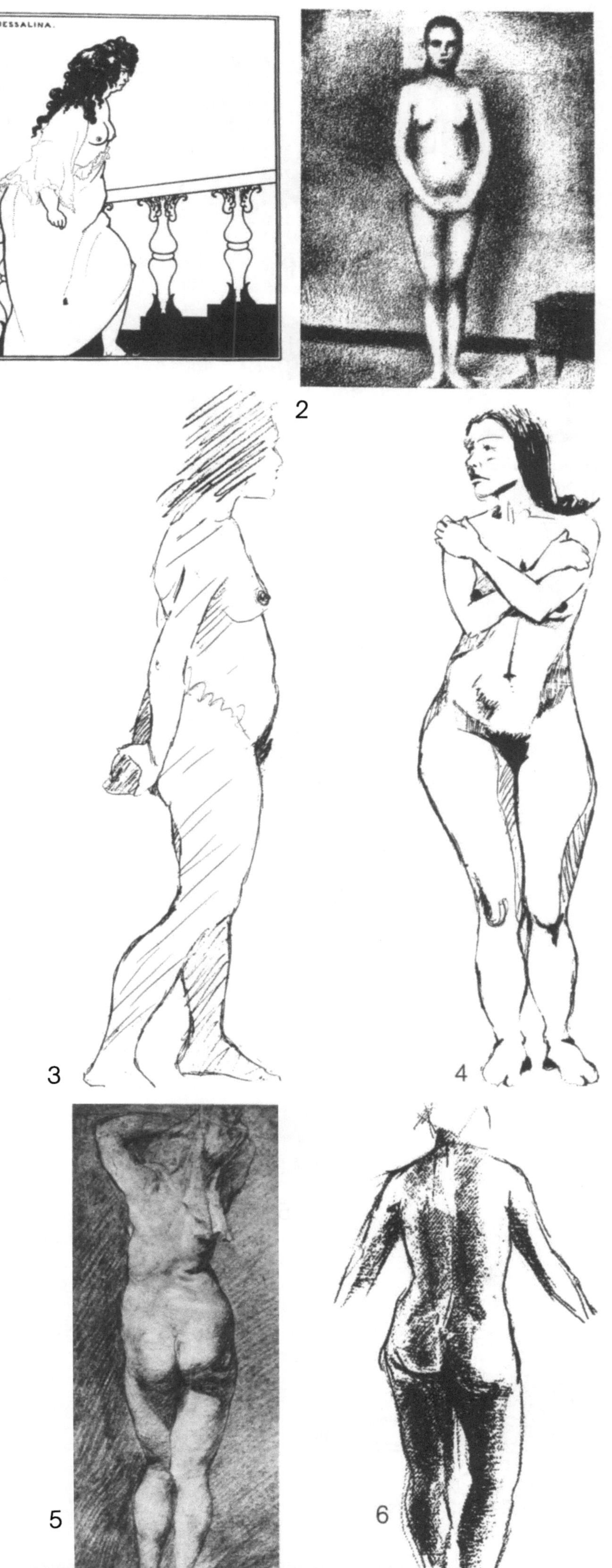

1

2

3

4

5

6

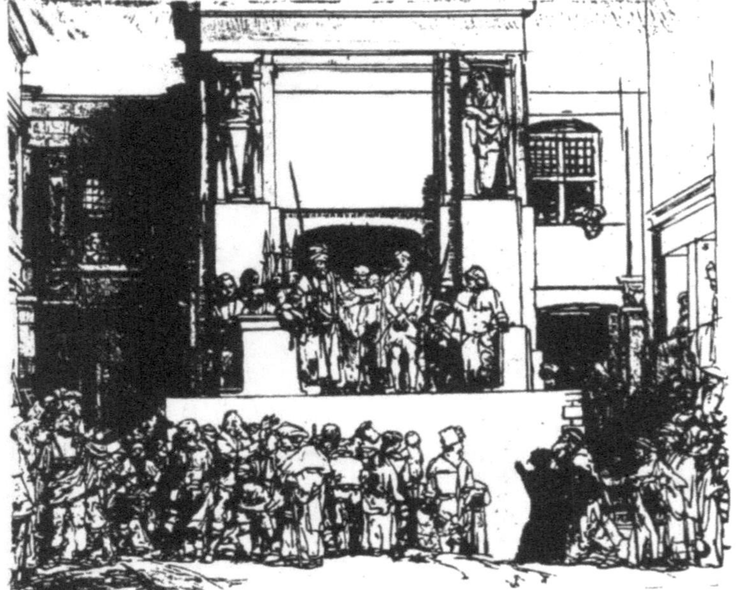

1

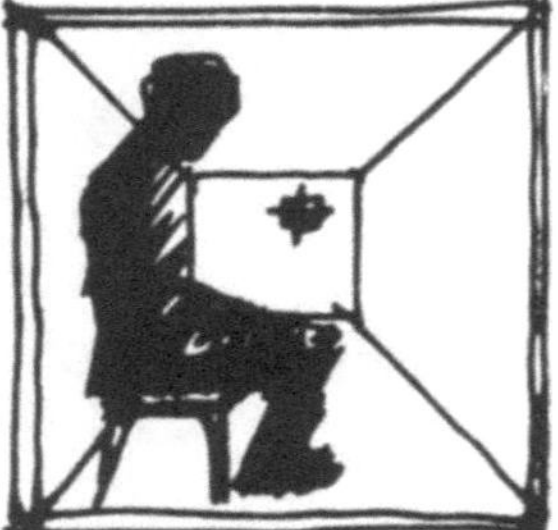

2

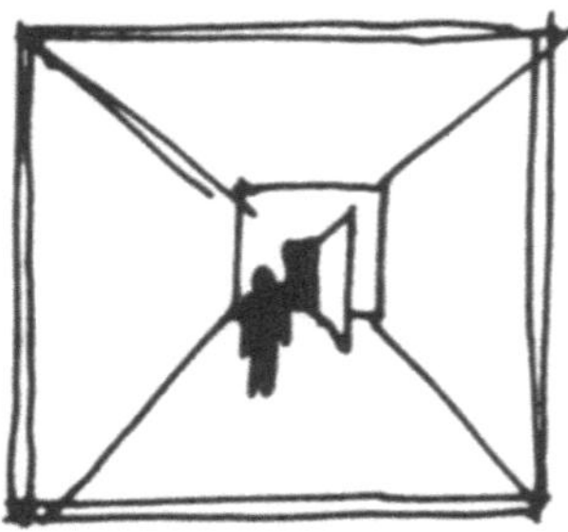

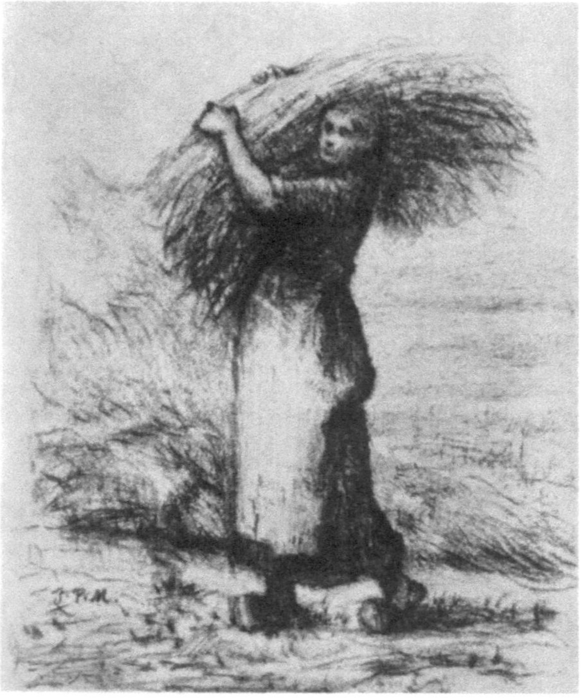

3

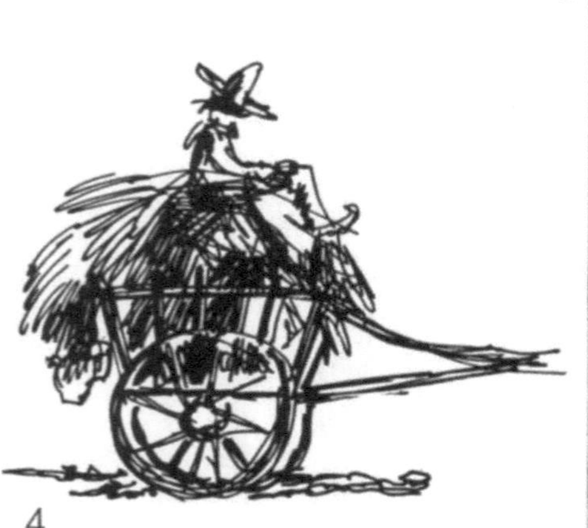

4

5

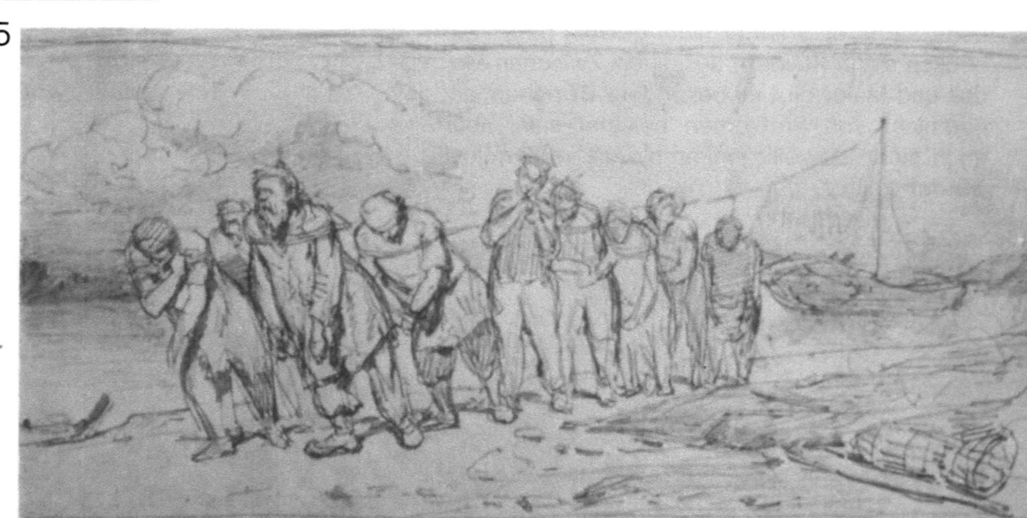

Architektur und Landschaft in Beziehung zu figürlichen Darstellungen stellen die Beispiele auf dieser Seite vor:

1. Darstellung »Christi vor dem Volke«, Radierung, 1655, Rembrandt, führt in einer repräsentativen Architektur Figurengruppen in 2 Ebenen vor. Die asymmetrisch angeordneten und bewegten Gruppen unten stehen im Kontrast zu denen im Mittelpunkt auf dem Plateau. Die menschlichen Gestalten treten als Einzelfigur zurück mit Ausnahme der zwei größten Erscheinungen auf dem Balkon. Das Gebäude ist symmetrisch angeordnet mit starker Mittelbetonung, die nur durch Licht und Schatten variiert wird.

Andere Variationen der Beziehungen und Größenverhältnisse eines Menschen zum Raum sind in Abb. 2 skizziert. Das gleiche Raumschema wird durch eine große Figur zur Zelle (links), durch eine kleine Figur zum Saal.

Abb. 3 »Garbenträgerin«, von Jean-Francois Millet (1814 bis 1875) und Abb. 5 »Wolgaschlepper«, Bleistift, 1870, von J. J. Repin, Staatl. Tretjakow Galerie, Moskau, sind Darstellungen aus der Arbeitswelt in der Natur, Menschen, zu denen die Landschaft Hintergrund bildet. Die »Garbenträgerin« ist malerisch gezeichnet, hell leuchtet das Gesicht unter der dunklen Last der Garben hervor.

Die schwere Arbeit der »Wolgaschlepper« wird durch die gebeugten Rücken deutlich, die durch die Überschneidungen der Köpfe mit den Schultern dargestellt wird; aufrechten Ganges ließ sich eine derartige Last nicht bewegen.

Unsere Vorstellungen von komplizierten natürlichen Bewegungen sind sehr einfach vermittelt: gebeugt ist Lasten tragend, ziehend, oder das Hochheben der leichten Garben; sie sind von Grundvorgängen abgeleitet, mit denen wir einfache Erfahrungsbegriffe verbinden: z. B.

– Rauch aufsteigen
– Schneeflocken sinken darnieder
– Bäume schwanken im Wind
– Rotation
– ein Lot pendelt;

und aus denen wir Bewegungsbedeutungen ableiten wie etwa: schnell-langsam / regelmäßig-sprunghaft / gewölbt und rund-gerade / schwebend-fallend usw. Verschiedene Bewegungsarten werden durch die Zeichnungen auf gegenüberliegender Seite verkörpert:

Abb. 1. Seite 107, »Triumph der Magdalena«, Tusche, Lucas Cambiaso, stellt ein leichtes Emporschweben, ein »von Engeln getragen werden«, dar. Unterschiedliche Richtungen der Körperhaltung der Putten, wie auch der leicht gebogene Rumpf der Magdalena weisen darauf hin. Ihre Stellung im Bildraum ist über dem Kopf des Betrachters, was durch die Verkürzungen verdeutlicht wird. Es sei hier auf die Entwürfe zu einem Deckengemälde Anfangs des Kapitels Perspektive hingewiesen (S. 52).

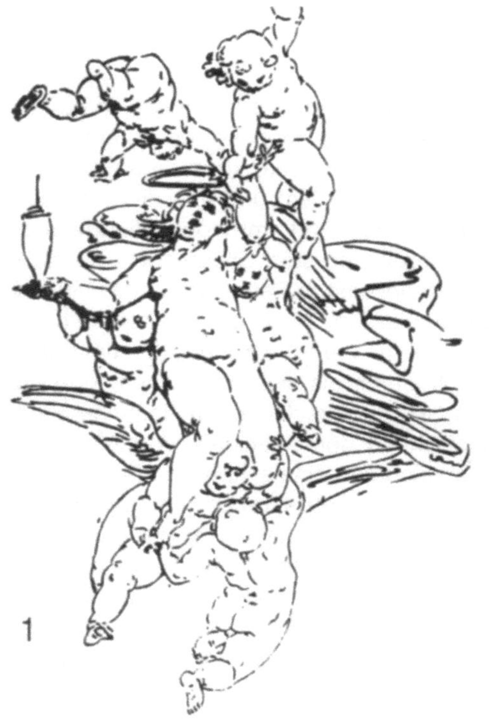

1

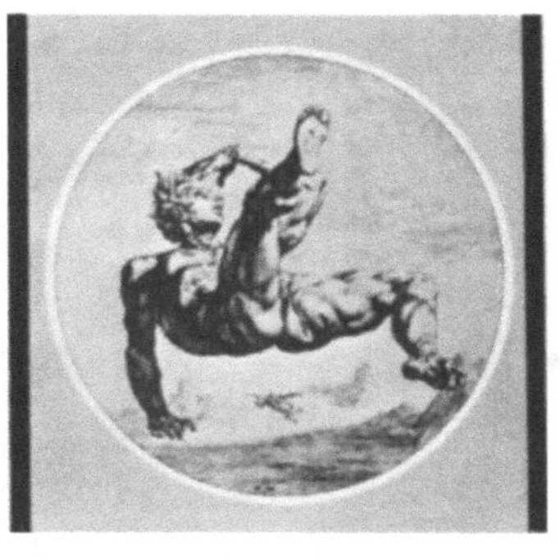

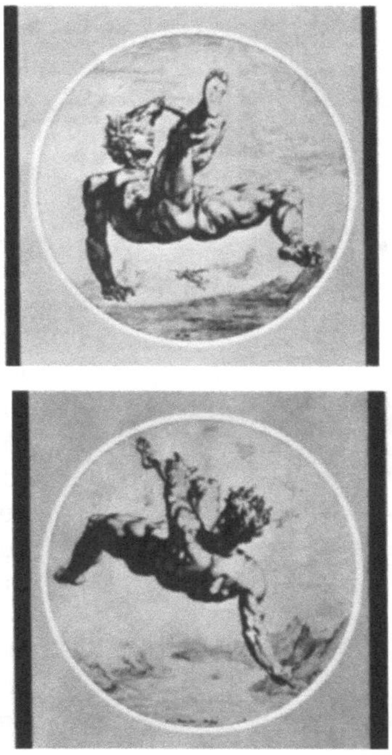

2

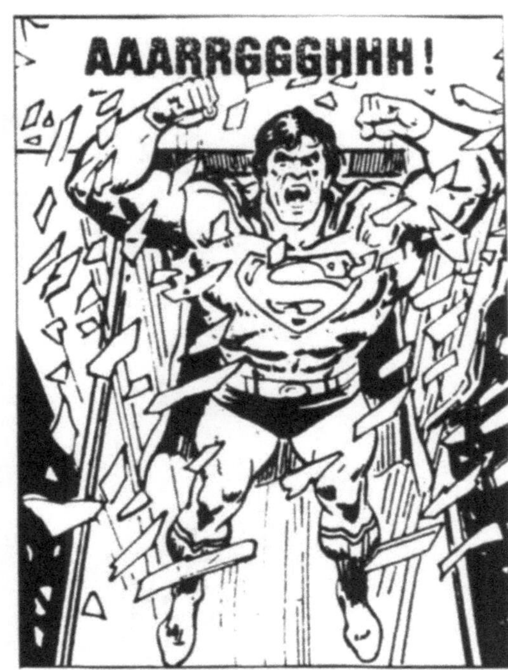

3

Abb. 2 »Ikarus und Phaeton«, Stiche von H. Goltzius, nach Cornelisz van Haarlem (1558–1617) sind haltlos fallende Gestalten; ins Leere greifend, wie in einem Alptraum. Beachtenswert sind die starken Verkürzungen des Rumpfes, dessen Länge auf ein Minimum zusammenschrumpft.

Abb. 3 »Aaarrggghhh« ist, einem Comic entnommen, eine ganz auf den Betrachter gerichtete gewaltsame Sprungbewegung, in der zur Verstärkung der drastischen Wirkung die Verkürzung sich insbesondere der Verkleinerung bedient. Vergleich: Hände und Füße.

Abb. 4 »Stehender männlicher Akt«, weiß gehöhte Kohle auf grauem Papier – die als beleuchtet darzustellenden Flächen mit weißer Kreide hervorgehoben (= gehöht) ist, Hans von Marees (1837–1887) – hebt leicht die Arme in undramatischer Weise und erscheint durch die Schrägstellung der Beine und Drehung des Kopfes aktiv und insgesamt bewegt.

Der Mann in Abb. 6, Reklame der Bastos-Zigaretten-Werbung, stemmt drastisch die Schachtel hoch. Die Muskeln der Gliedmaßen und der Körper sind überbetont, so stark, daß er heiter wirkt. Die Kreuzschraffuren an Armen und Beinen gehen in leichten Bogen der Form nach und verhindern dadurch den Blecheffekt. Sein Körper wird ausschließlich durch die Streifen des Trikots geformt, die je nach Form gebogen sind, z. B. Oberschenkel-Bauch. Eine zusammenfassende Konturlinie fehlt, die ergänzt unser Auge, und niemand hält den Körper für Aufschnitt (siehe Zebra S. 22).

Abb. 5 »Tanzende Paare« von Adolf von Menzel, betont durch die augenscheinlich labile Fußhaltung und eingeknickten Knie der Männer den Eindruck hopsender Bewegung; etwa bei einer Polka. Die langen Röcke der Damen haben keine festen Konturen; die vielen Linien lassen die Röcke wippen.

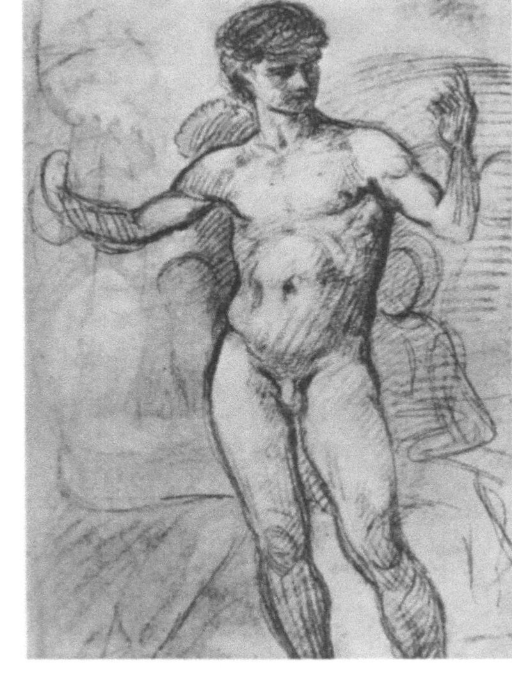

4

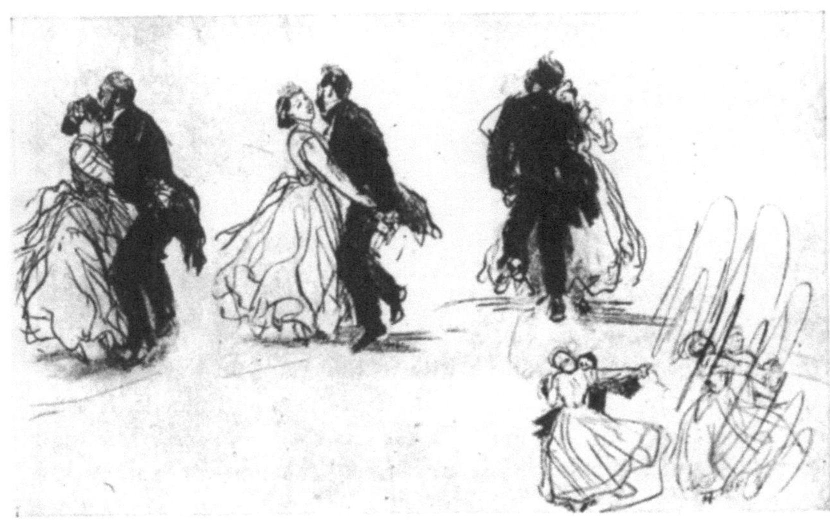

6

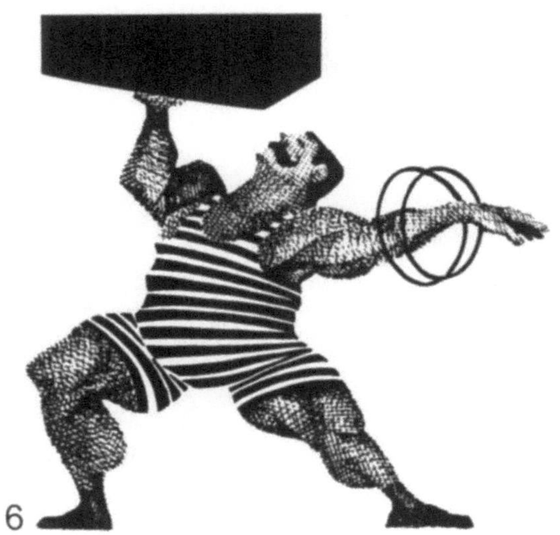

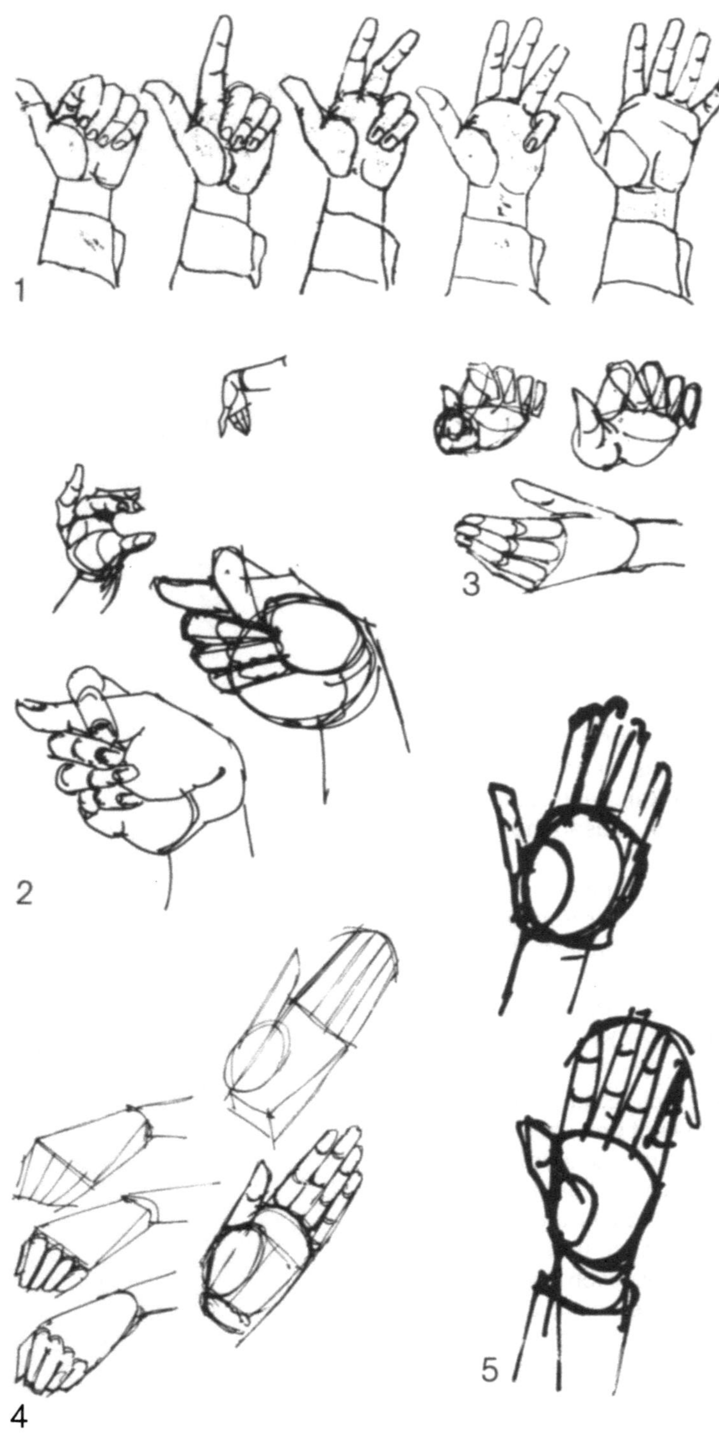

1

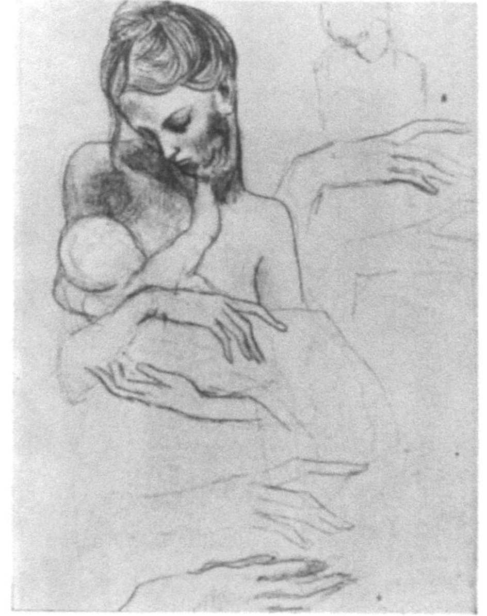

2

3

4

5

Hände zu zeichnen erscheint anfänglich außerordentlich schwierig. Keineswegs kommt man dem Problem näher, wenn man eine Hand auf einen Bogen Papier legt und nun die gespreizten Finger mit dem Stift umrundet. Hände gehören zu unseren aktivsten Gliedmaßen; sie sollten daher möglichst in Bewegung, etwas tuend gezeichnet werden. Auch die Drehbarkeit am Unterarm ist für die Handhaltung bestimmend. Abb. 1 soll dafür als Beispiel dienen, ebenso Nr. 2 und Nr. 3 in verschiedenen Haltungen und als Konstruktion derselben. Als Vereinfachung sollte man sich erst einmal einen einfachen Trapezkörper, wie in Abb. 4, rechts, vorstellen. Darauf sitzt eine Ei-ähnliche Form, die Maus des Daumens. An der flachen Seite dieses Körpers befinden sich die vier Finger, bewegliche dreigliedrige Würstchen oder Zylinder. Der Daumen an der Maus hat 2 Glieder und ist nach einer Seite etwas flach zugespitzt. Die Finger sind ungleich lang und verjüngen sich leicht zur Fingerkuppe hin. Gespreizt entsteht zwischen ihnen Raum, so auch an ihrem Ansatz am Handrükken. Diese sehr simple Konstruktionshilfe sollte man dann sofort verlassen, wenn man sich damit die Grundformen ausreichend verdeutlicht hat. Schon Abb. 4 unten rechts und Abb. 5 sollen das Ganze abrunden, insbesondere die Mittelhand, den Zusammenhang der ganzen Hand und seine Bewegungsmöglichkeiten zeigen.

Abb. 6, »Mutter mit Kind«, Bleistift, Pablo Picasso, 1904, Fogg Museum of Art, ist ein wundervolles Beispiel für gezeichnete Hände – sehr schmale Mittelhand, langgliedrige Finger in zarter Bewegung leicht gespreizt, und in einer Einheit der ganzen Hand dargestellt. Ohne Zögern wiederholt er es auf diesem Studienblatt, hat keinesfalls radiert, immer wieder, bis er sich Klarheit verschafft hat.

Abb. 7 ist eine frontal auf den Betrachter zukommende Hand mit entsprechenden Verkürzungen der Finger.

6

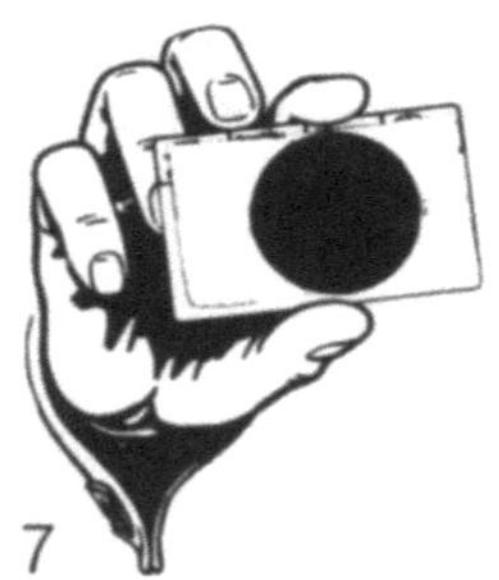

7

Hände und Füße gelten als die schwierigsten Zeichenaufgaben. So wie die Hände kann man sich auch *Füße* in der Grundform konstruieren. In Abb. 1 soll das versucht werden. Am Unterschenkel sitzt ein der Mittelhand ähnlich geformter Mittelteil, unter dem sich hinten die Ferse und vorne dran die Zehen befinden. Die gleiche Ansicht des Fußes in der Konstruktion und einer natürlicheren Zusammenfassung sind untereinander gezeichnet. Der Mittelfuß verbindet sich mit dem Unterschenkel in einem Halbkreis und genau darunter tritt er hohl, nur Ferse und Ballen liegen auf.

Die verschieden großen Zehen stehen von innen nach außen etwas schräg nach hinten, und der große Zeh ist zur Mitte abgeschrägt (wir könnten sonst keine spitzen Schuhe tragen). Abb. 2 »Studie Lybischen Sibylle«, Rötel, Michelangelo, um 1511, Madrid Sammlung Beruete, enthält verschiedene Hand- und Fußzeichnungen und Einzelversuche der Zehen. Auch diese Zeichnung, ebenso wie die Picassos, beweist die unbekümmerte Suche nach der »richtigen« Darstellung ohne jede andere Absicht.

Abb. 3 »Hände und Füße«, weiße Kreide auf schwarzem Papier, stud. arch. Walkowiak, 1976, hat sich des Problems mit sehr flüssigen, immer wieder umrundenden Strichen bemächtigt. Mal sind die Linien sehr zart, mal werden sie kräftig. Es zeigt eine sehr angemessene Arbeitsweise, die es ermöglicht, sich langsam heranzutasten. Es ist sinnvoll, sich viele Zeichnungen jeweils unter einem besonderen Gesichtspunkt anzusehen, ohne auf das Thema, auf das Bildgeschehen zu achten. Sehen Sie sich im Museum nicht nur die großen Bilder an sondern auch die Zeichnungen und die Grafik.

Dürer: »Item, er muß von guter Werkleut Kunst erstlich viel abmachen, bis daß er eine freie Hand erlangt«.

111

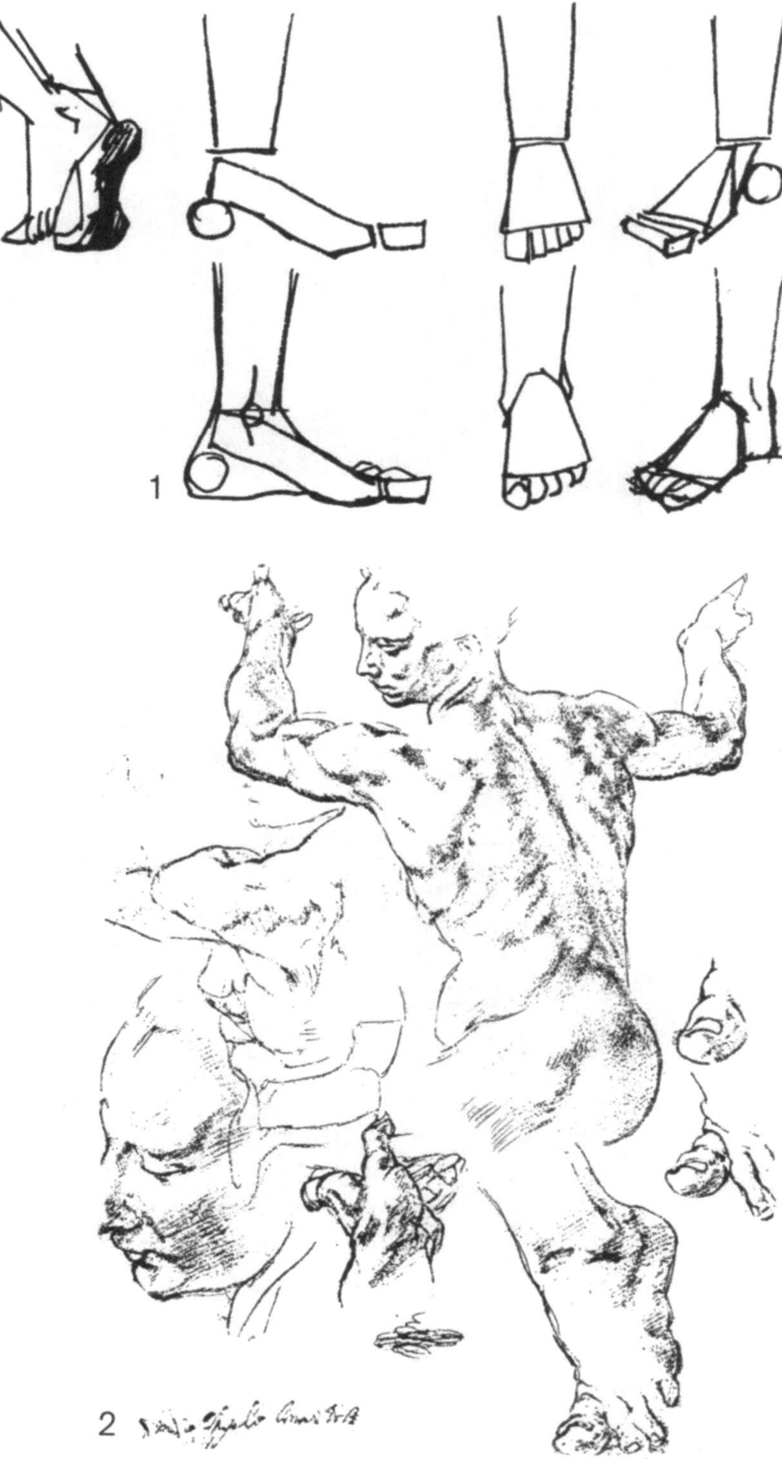

1

2

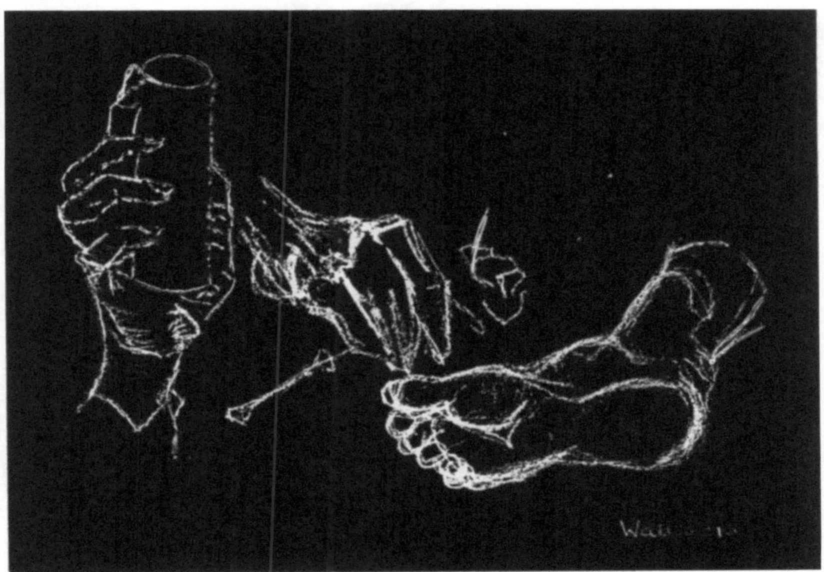

3

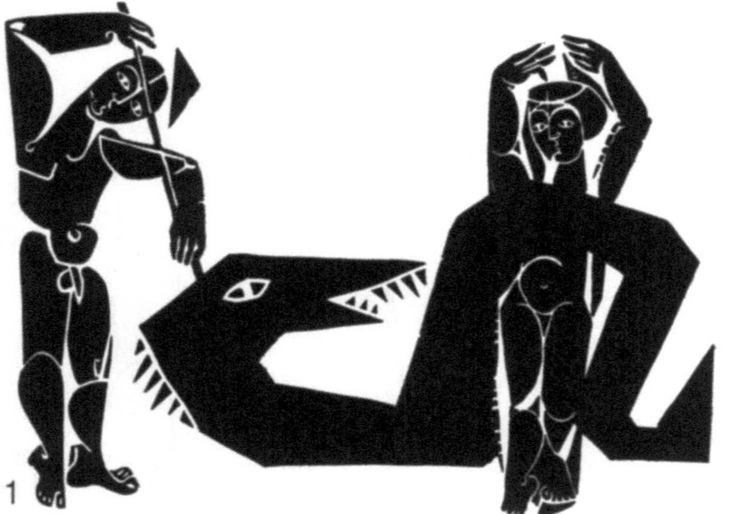

K. Tiere

Die Verbindungen von Mensch und Tier werden durch Sagen und Märchen vielseitig überliefert: von Verwandtschaft der Lebewesen bis hin zur Vermischung oder unerbittlicher Kampf und Jagd kommt alles vor. Der Drache hält die Jungfrau gefangen; ja sie wird ihm sogar als Tribut abgeliefert. Hercules kämpft mit dem Kentauren Nessos, dem Pferdemenschen; und Theseus befreit mit Hilfe von Ariadnes Faden Kreta vom Minotaurus, dem Stiermenschen. Es ist nur natürlich, sich mit Tieren zu beschäftigen, d. h. sie auch zu zeichnen.

»Perseus befreit Andromeda« (Abb. 1)
»Herkules kämpft mit dem Kentauren Nessos« (Abb. 2)
»Theseus besiegt den Minotaurus« (Abb. 3)
Linolschnitte, 1962–63, J. Spies

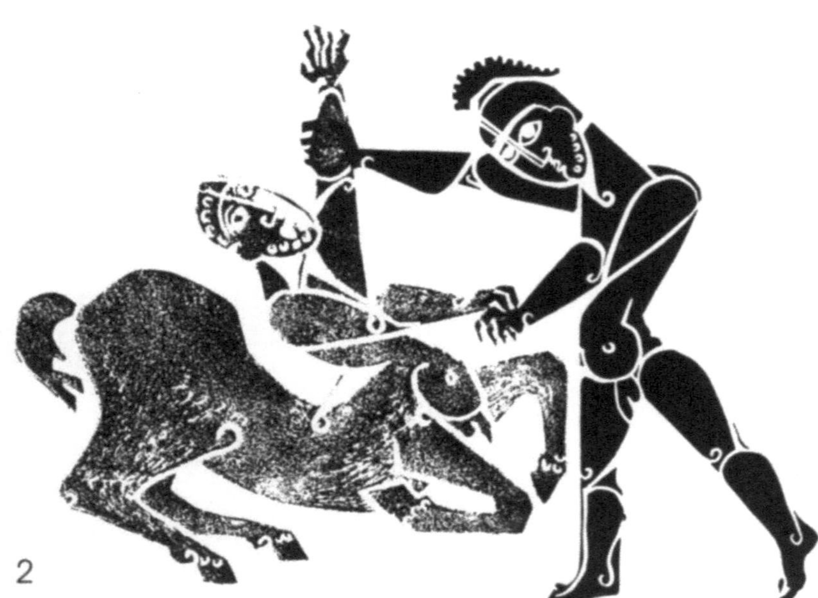

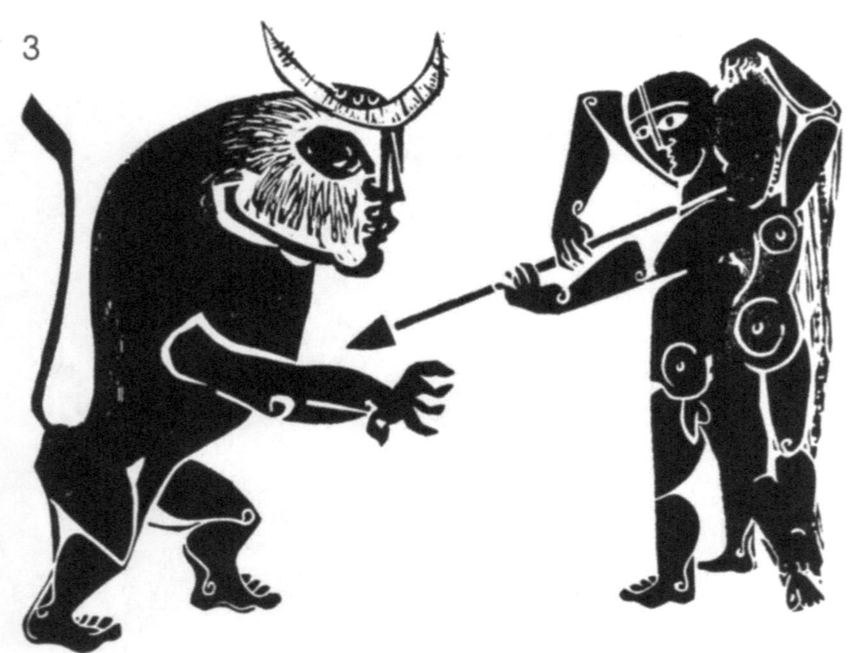

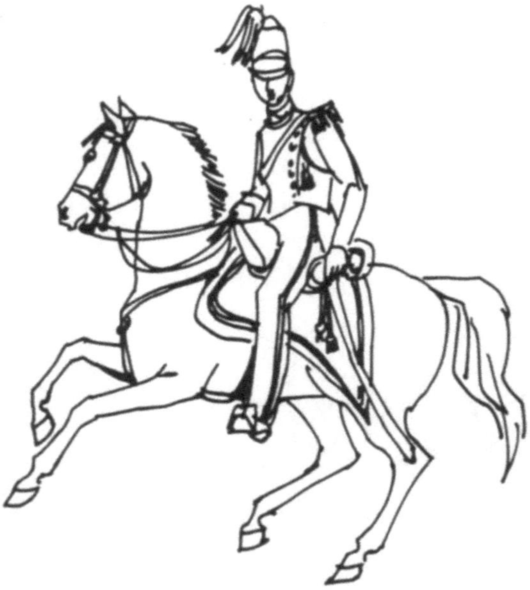

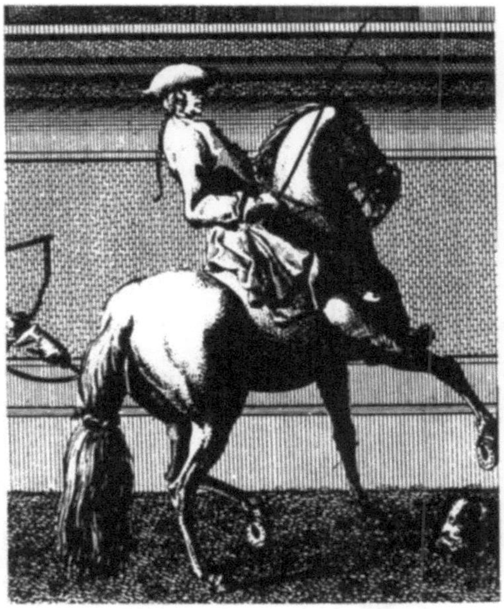

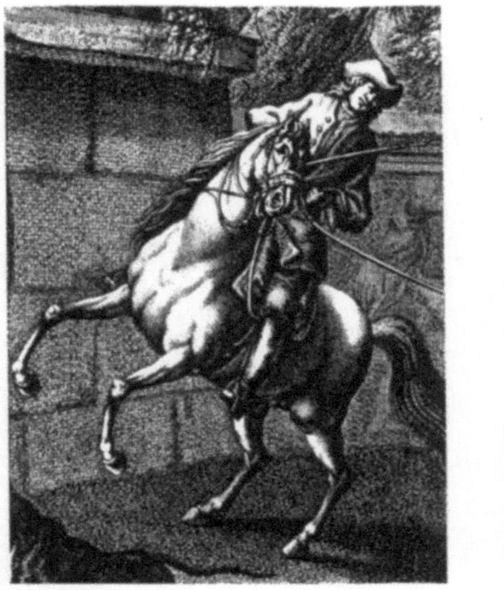

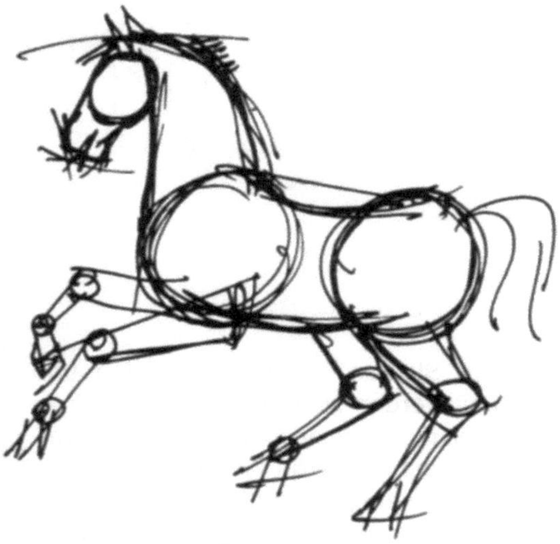

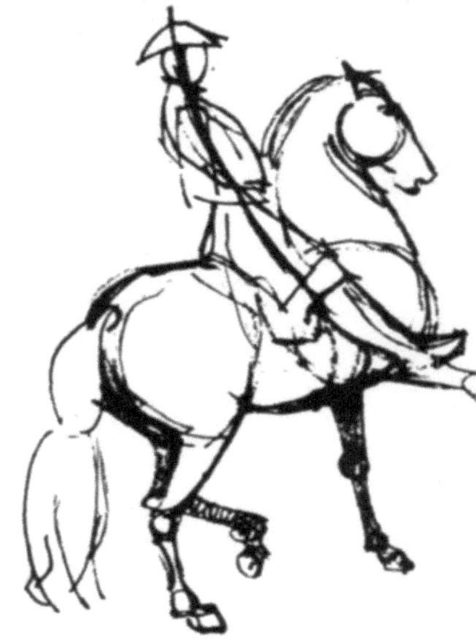

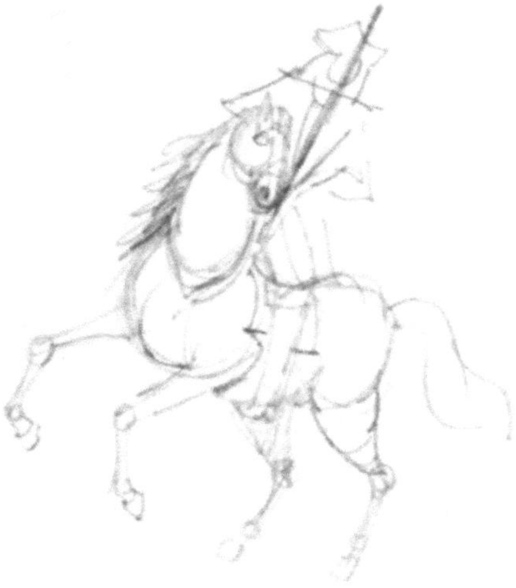

Tiere sind noch unruhigere Modelle als Menschen, daher erscheint es
angemessen, geometische Grundformen anzubieten, die über die erste
Schwelle hinweghelfen sollen.
Unter der Zeichnung des Reiters der leichten Kavallerie findet sich eine
Konstruktionshilfe dieser Art. Man kann ein Pferd mit zwei miteinander
verbundenen Kreisen darstellen, an denen die Beine und der Hals sitzen. Diese haben Ähnlichkeiten mit gebogenen Dreiecken. Die Drehpunkte der Beine müssen genau beachtet werden, ebenso die Ver-
schmälerung genau über den im Profil fast dreieckigen Hufen. (Diese
haben keinesfalls das Aussehen eines umgedrehten Blumentopfes.)
Auch der Kopf kann durch eine Kreisform an den Backen und einem
sich etwas verjüngenden Zylinder umrissen werden.
Die beiden barocken Reitergestalten (rechts oben), Stiche von Johann
Daniel Hertz, 1722, sind nicht exakt von der Seite gesehen. Dennoch
kann man beim Zeichnen des Rumpfes auch von Kreisen, oder hier
besser von Kugeln, ausgehen, deren Bauchverbindung allerdings kürzer
geworden ist. Die Reiter sitzen derart auf den Pferden, daß ihre Grund-
bewegung sich mit der des Tieres verbindet – sie kreuzt – und auf-
nimmt. Um das zu verdeutlichen, sind die Haltungsachsen den Reitern
eingezeichnet.
Der Knochenbau des Pferdes gibt Hinweise auf die Drehpunkte und
ihren Zusammenhang.
Die drei reichverzierten Fahnenträger (rechts unten) aus dem Triumph-
zug Kaiser Maximilians sollen einen Eindruck von der Fülle des Ziera-
tes, mit dem Pferd und Reiter geschmückt wurden, geben.

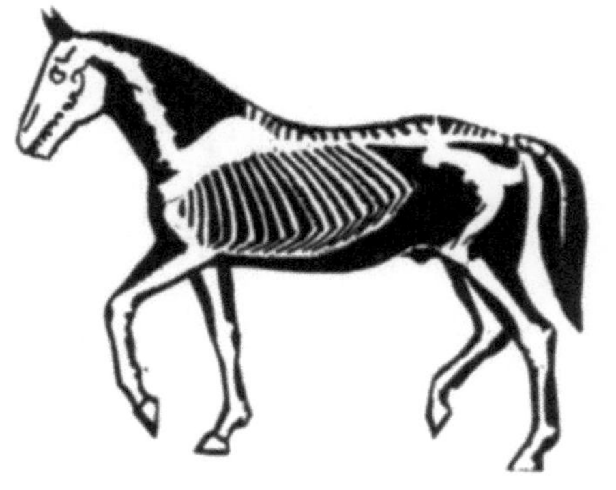

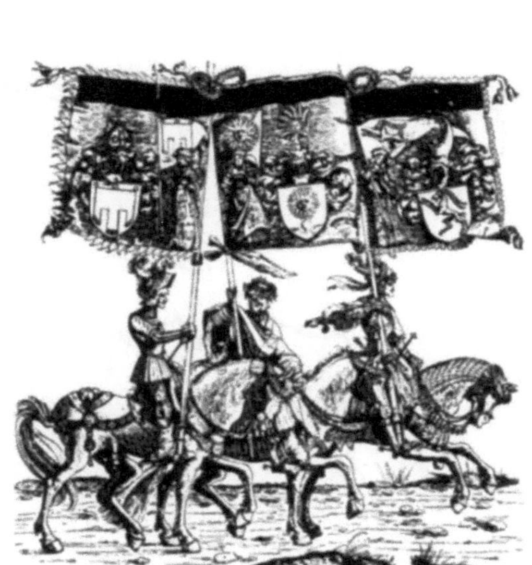

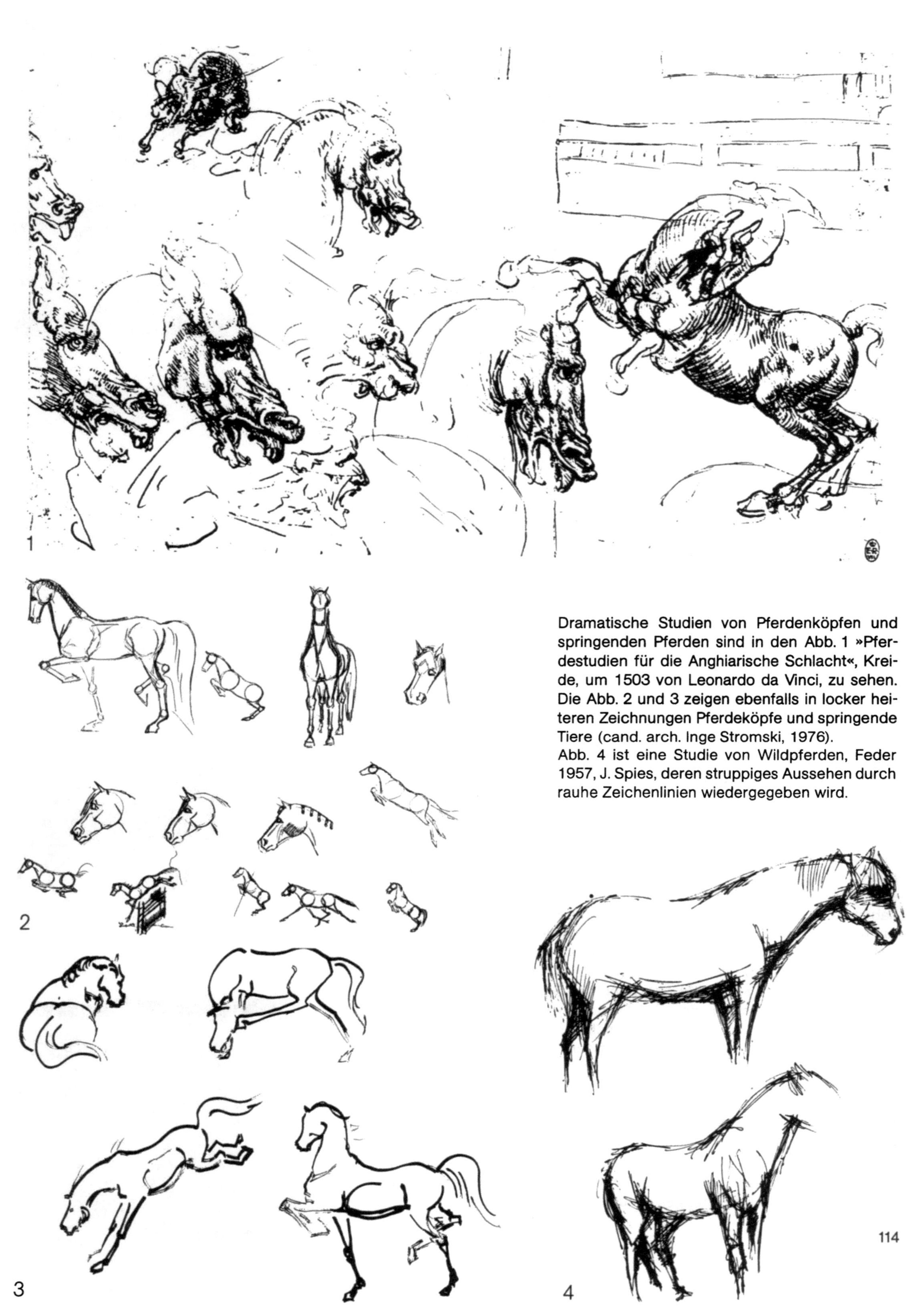

Dramatische Studien von Pferdenköpfen und springenden Pferden sind in den Abb. 1 »Pferdestudien für die Anghiarische Schlacht«, Kreide, um 1503 von Leonardo da Vinci, zu sehen. Die Abb. 2 und 3 zeigen ebenfalls in locker heiteren Zeichnungen Pferdeköpfe und springende Tiere (cand. arch. Inge Stromski, 1976).
Abb. 4 ist eine Studie von Wildpferden, Feder 1957, J. Spies, deren struppiges Aussehen durch rauhe Zeichenlinien wiedergegeben wird.

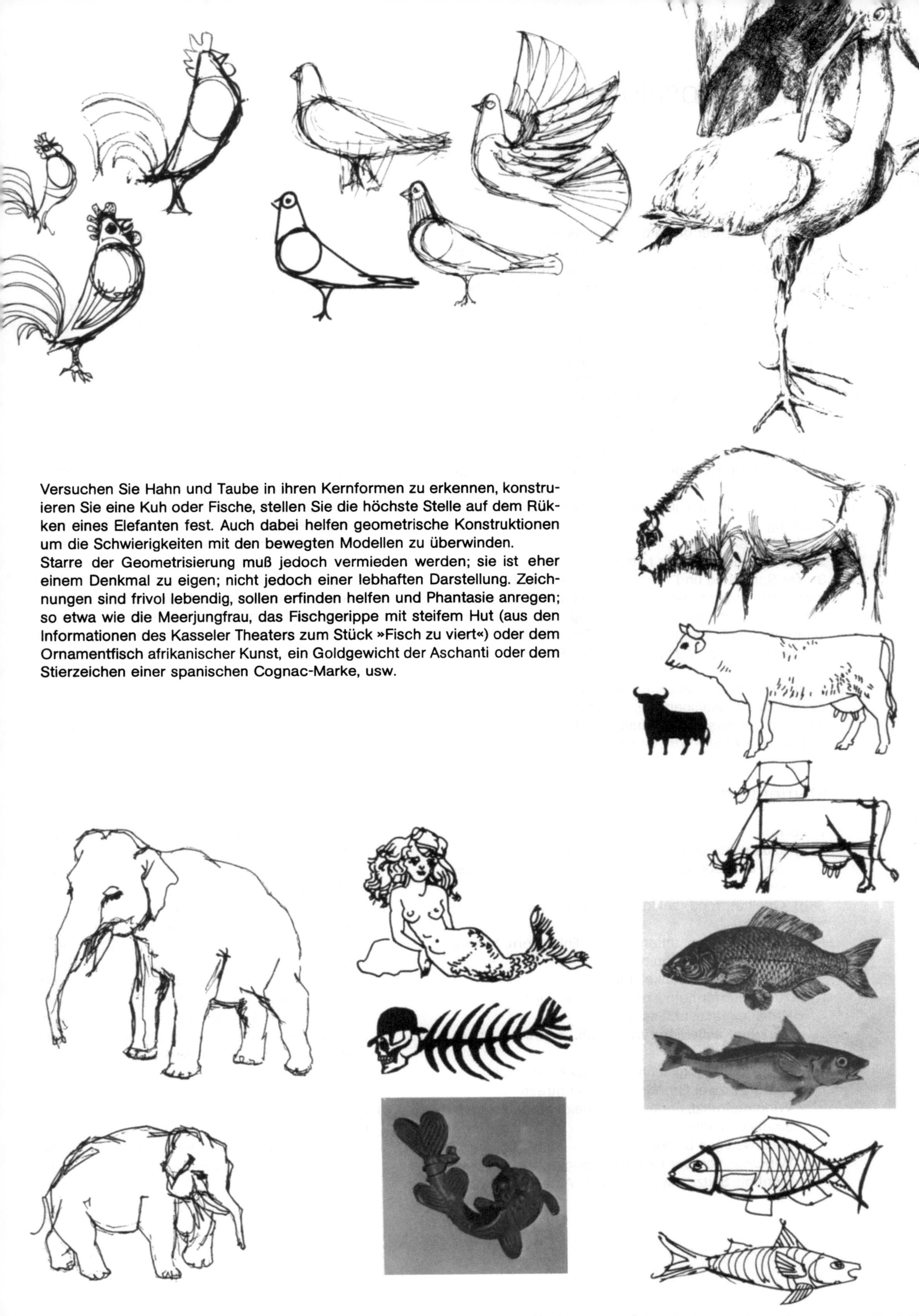

Versuchen Sie Hahn und Taube in ihren Kernformen zu erkennen, konstruieren Sie eine Kuh oder Fische, stellen Sie die höchste Stelle auf dem Rük-
ken eines Elefanten fest. Auch dabei helfen geometrische Konstruktionen
um die Schwierigkeiten mit den bewegten Modellen zu überwinden.
Starre der Geometrisierung muß jedoch vermieden werden; sie ist eher
einem Denkmal zu eigen; nicht jedoch einer lebhaften Darstellung. Zeichnungen sind frivol lebendig, sollen erfinden helfen und Phantasie anregen;
so etwa wie die Meerjungfrau, das Fischgerippe mit steifem Hut (aus den
Informationen des Kasseler Theaters zum Stück »Fisch zu viert«) oder dem
Ornamentfisch afrikanischer Kunst, ein Goldgewicht der Aschanti oder dem
Stierzeichen einer spanischen Cognac-Marke, usw.

L. Komposition

Die Art, in der der gestaltende Mensch die Beziehungen der Massen des zu gestaltenden Dinges ordnet, schafft diesem das charakteristische Gesicht. In den Maßverhältnissen dieser Ordnung liegt sein geistiger Wert verborgen (Gropius).

Entscheidende Bedeutung im Prozeß des Wahrnehmens und des Sichtbarmachens, Zeichnens, hat das Ordnen. Ordnung ist Grundkategorie des Zusammenhanges aller einzelnen Teile in einer überschaubaren Einheit von Bewegung in Spannung und Harmonie.

Es gilt, Prinzipien des Ordnens, Gesetze des Wandels zu suchen, die helfen, Störungen der Bildlogik durch Störungen der Beziehungen der Teile zueinander zu vermeiden und die der Verbindlichkeit des Gestalteten dienen.

Komposition ist die innerlich – zweckmäßige Unterordnung
1. der Einzelelemente
2. des Aufbaus und der Mittel
3. der Spannung und Harmonie des Ausdrucks
unter das konkrete bildnerische Ziel und dessen Lesbarkeit. Die ästhetische Bedeutung des Gesamtzusammenhanges hängt nicht von Einzelelementen ab, sondern von den Verhältnissen der Elemente zueinander.

»Der Orientierungszusammenhang zeigt sich in der Einheit des Vielfältigen, der Ganzheit von Gegliedertem und der Ausgewogenheit von Spannungen, Form und Inhalt.« Klee: »Weg und Werk sind identisch«.

Elemente der Komposition

1. Form:
    a) Quantität: groß, klein, proportioniert, hoch, niedrig, ausgebreitet, Bestimmung durch die Massen
    b) Qualität: rund, eckig, dick, schmal, kurvig, fleckenhaft
    c) Position: oben, unten, rechts, links, vorn, hinten, Abschnitt, Ausschnitt
    d) Tonwert: hell, dunkel, matt.
    dazu: Primärformen: Kreis, Quadrat, Dreieck
    – Kreis: einfachste Gestalt,
      Wirkung: äußerlich ruhig, groß, innerliche Spannung
      Sinnbild: ewig, gleichmäßig, unveränderlich
    – Quadrat: zwei Grundrichtungskontraste
      Wirkung: ruhig, bedeutend (Gleichgewichtslage)
      Sinnbild: statisch
    – gleichseitiges Dreieck
      Wirkung: von der Länge abhängig
      Symbol: Spitze nach oben = Aufwärtsstreben,

Freiheit, Verbindung Erde-Himmel
Spitze nach unten = Göttlicher Geist, Gnade von oben
– Ellipse, Rechteck, stumpfes Dreieck
  sind durch betonte Achsen ausgerichtet und haben kein beherrschendes Zentrum
Beispiele aus der Architektur:
– Rundbau erzeugt vertikale Ausrichtung
– Langhaus ist richtungsintensiv
Jede Form hat eine bestimmte Bedeutung und Funktion.

2. Struktur:
    a) Ordnung: geordnet, symmetrisch, eingeordnet, asymmetrisch
        – alle geometrisch geradlinigen Aufbauten erscheinen gerastert, geordnet, aber nicht bewegt und möglicherweise ohne Raumausdruck
        – Zentralkomposition mit Mittelaufbau; Wirkung: gesammelte Kraft, gebändigte Energie
        – *Symmetrie:* Urtrieb menschlichen Ordnungssinnes, häufigste Naturerscheinung, ruhig, sammelnd und mit Herrschaftsanspruch (hierarchische Pyramide). Komplizierte Formen, symmetrisch geordnet, werden übersichtlicher und ausufernde Details im ganzen zur Harmonie. Beispiel: komplizierte Mannigfaltigkeit der Berliner Philharmonie – Landschaft von Scharoun wird durch Symmetrie erst möglich. Leidenschaftliche Bewegungen und spielerische Details im Barock, Renaissance und Rokoko wechseln sinnvoll mit strenger Symmetrie der Gesamtanlagen. Kombination von sogenannter »Schlichtheit« mit Symmetrie in verschiedenen Diktaturen der Neuzeit erzeugt undynamische und spannungslose kalte Bombastik.
        – *Asymmetrie*, leicht, unruhig, locker, rhythmisch, aufgelöst, Wechsel von Spannungen durch Asymmetrie, Gleichgewicht in Spannung im goldenen Schnitt, Reiz der geringen Abweichung von Symmetrie-Harmonie, gleichklingend in der Lockerung. (Beispiele: Überformung der neueren Architektur im Rasterrhythmus der Einfallslosigkeit steht zusammen in der ungeformten Vielfalt einer oftmals orientierungslosen Stadtentwicklung);
    b) Reichtum an Zeichenlinien; viel, wenig, sparsam, selten, häufig
        – Reihung: nebeneinander, waagrecht, senkrecht, schräg, im Bogen (Wirkung: konstruktiv);

- Gleichheit, Wiederholung verstärkt, Häufigkeit
  schwächt ab;
- Ähnlichkeit, einheitlich, ausgeglichen, ver-
  gleichweise spannungsarm;
- Konzentration zu Dezentration in Spannung,
  gleichklingend oder kontrastierend;
- Etagen, übereinanderliegende Ebenen (Wirkung: stabil);
- Staffeln, Überdecken, größer oder kleiner
  werden (Wirkung: räumliche Tiefe);
- Streuung, Fluten (Wirkung: Sichtbarmachen
  von Bewegungsrichtungen);

c) Innovation: Erneuerung, ungewöhnlich, Reiz des
Neuen, fremd, positiv-negativ, vertraut, bekannt.
Reiz des gänzlich anderen – Gegensatzbezug –
aufs höchste gesteigerte Intensität (= Verfrem-
dung).

3. Bewegung
a) Richtung: nach links oder rechts, oben – unten,
diagonal;
Festlegung der Hauptachsen;
Bewegungsschraube und Drehbewegung um:
- senkrechte Achse (Libertè) (S. 120);
- waagrechte Achse;
- hervor- und zurücktreten;
- vergrößern – verkleinern;
- Einstellungsperspektiven;
  Untersicht, Bauch- und Aufsicht, normale
  Sicht;
  Achsenverhältnis der Bewegungen = (rechtwinklig, parallel, schräg, frontal), Betrachter-
  achse zur Handlungsachse,
  Achsengerüst als Orientierungsordnung.
b) Statisches Gleichgewicht:
- oben hell und leicht;
- unten schwerer und dunkel (Wirkung: auf-
  bauendes Prinzip).
c) Labiles Gleichgewicht, Balance:

- dynamisch labil;
- leicht stärkere Belastung rechter Bildhälfte
  etwa im goldenen Schnitt:
  Urbild lebendiger Spannung
  Beispiel: Speerträger des Polyklet (S. 96)
Die Komposition hat:
- Rhythmus, rhythmisch, gleichmäßig, unregel-
  mäßig, taktgemäß;
- Bewegungsgefüge, Mobilität, horizontal-verti-
  kal (= beruhigend), stabilisierend; Abwei-
  chung erzeugt Bewegung, bis die Stabilität
  wiedergefunden ist. (Wirkung: expressiv), Er-
  regungsauslöser;
- Raumtiefe durch Hell-Dunkel-Bewegung vom
  Vordergrund, Mittel- und Hintergrund (oder
  Farbigkeit)
- Illusionistische Qualitäten durch Perspektive
  + Plastizität.

4. Inhalt und Bedeutung
»Das Werk ist das Ende einer Idee«. Matisse;
... »ein Prozeß, parallel zur Natur«, Cèzanne;
ein Prozeß zwischen Finden und Erfinden, ein
präzises Spiel im Denkprozeß wechselseitiger Beeinflussung von gesehener Wirklichkeit und einge-
bildeter Vorstellung; ein Erfassen der Welt um zu
formen:
a) Verwirklichung: wirklich real, traumhaft
   - verschwommen, klar erkennbar, expressiv,
     flüchtig;
b) Ausdruck: heiter, traurig, ernsthaft, anziehend,
   abstoßend;
   - Sichtbarmachung von Gefühlsbewegungen in
     Linienzügen, Gesichtsfalten, Mimik, Gestik,
     Gewandfalten;
   - kahle oder belaubte Bäume, Nebel, Regen,
     Naturelemente.
c) Symbolik: allgemeingültig, verständlich, bekannt.

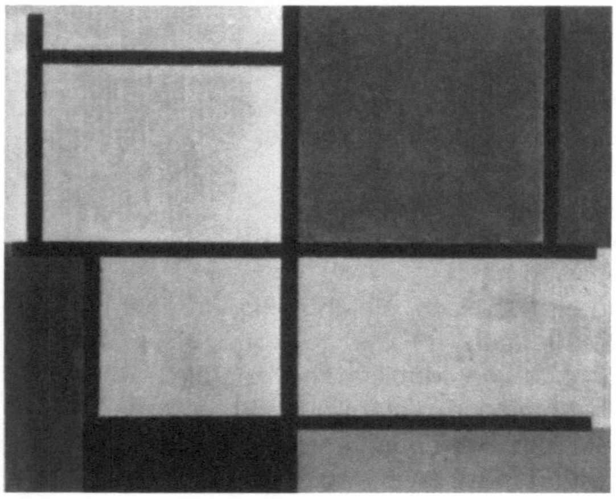

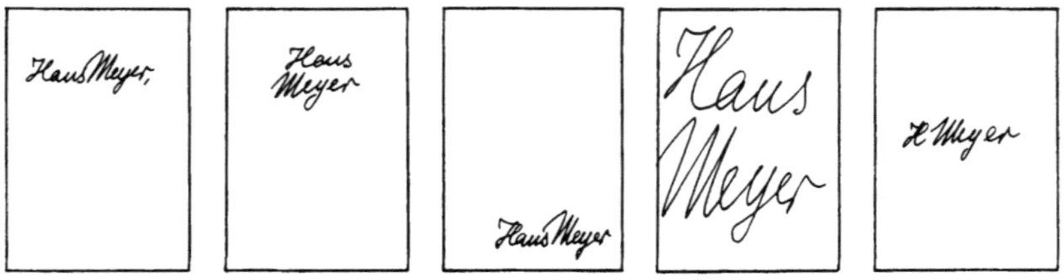

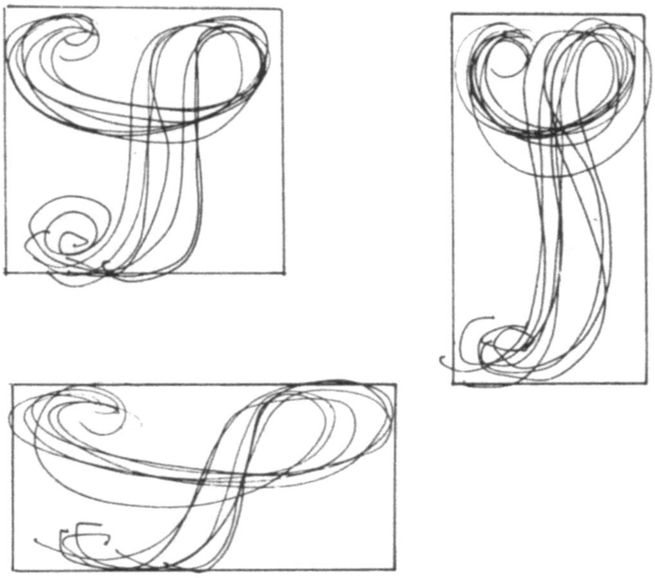

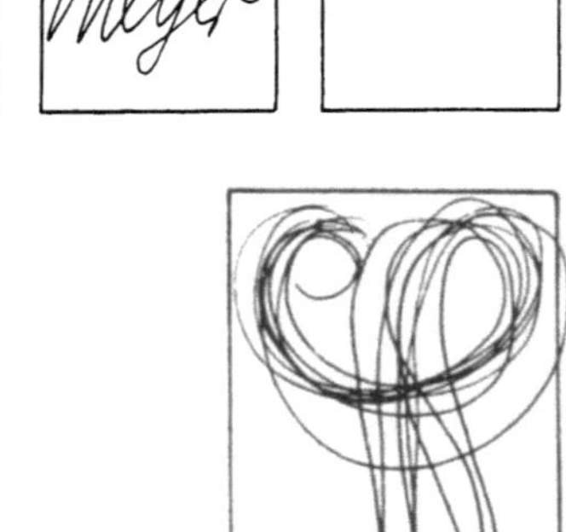

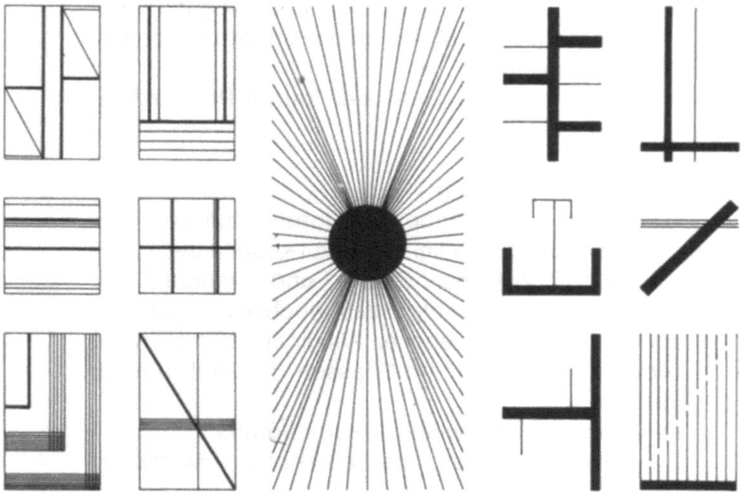

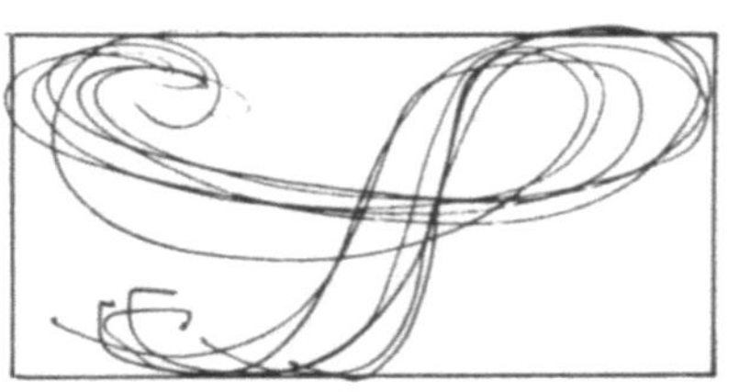

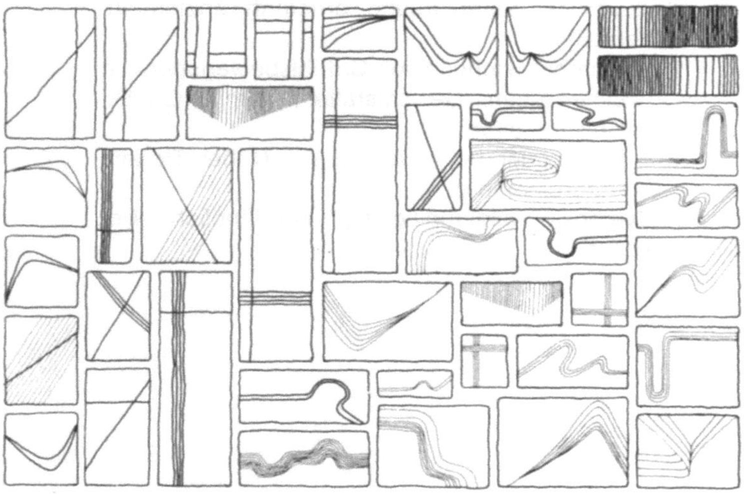

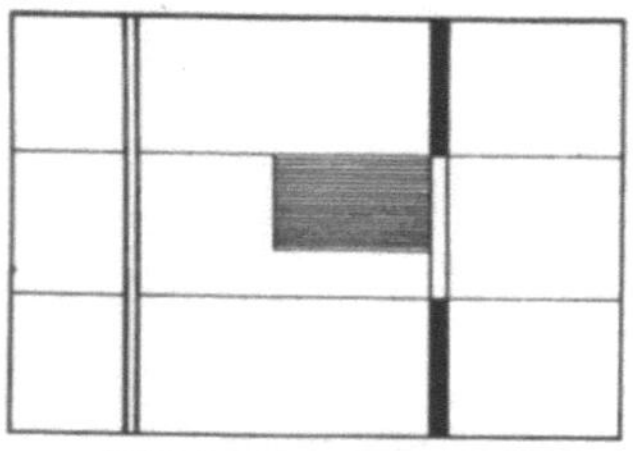

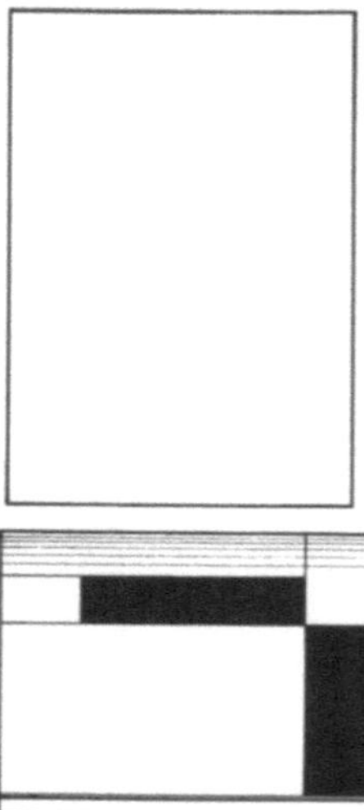

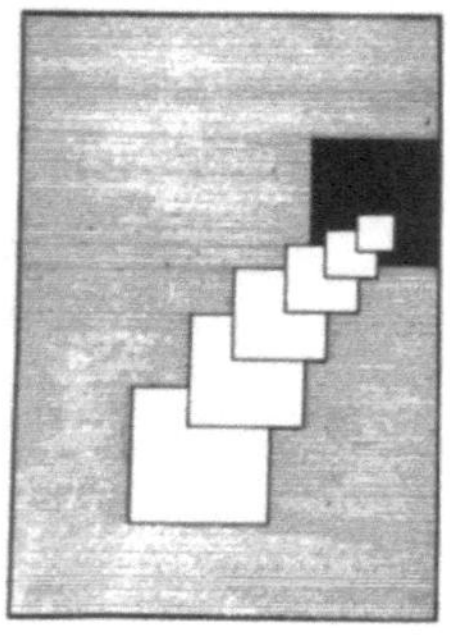

Übungen

Die individuelle Handschrift in der Komposition zeigt sich in der Fülle der Anordnungsmöglichkeiten von Briefanreden, Buchtiteln, Adressen auf Briefumschlägen usw.

Spielen Sie einmal mit sehr unterschiedlich veranlagten Bekannten und lassen Sie auf einem DIN A 4 Bogen ihren Namen schreiben, an selbstgewählter Stelle, hoch oder quer. Einer beginnt einen Brief, ein anderer wie ein Buchtitel, oder er unterschreibt alles, sogar frei über das ganze Blatt.

Schreiben Sie einmal Ihren Namensanfangsbuchstaben in verschiedene Formate. Alle formalen Kompositionsentscheidungen sind Teil der sozio-kulturellen und individuellen Bedingtheiten und bestimmen schon von daher die inhaltliche Aussage mit. Machen Sie Aufteilungsversuche wie die abgebildeten Beispiele der (Hannelore Jung, A. Jungheim und Georg Rattay).

Der Maler Piet Mondrian, 1872–1944, hat die Komposition 1921, Basel, oben links, gemalt. Er ist der Urheber der vielen Versuche, flächig, linear und auch sparsam farbig Aufteilungen zu malen, die Gleichgewichte in Spannung und Harmonie zeigen.

Veränderungen einer Figur durch Haltung und Zutaten.

Bildbeispiel 1: Mimik und Gestik
  – lässige Haltung,
  – könnte gespannt sein, ruhend, aufschreiend, aufreizend etc.
Bildbeispiel 2: Kleidung oder Kostümierung (Kostümcodes)
  – nackt mit wehenden Tüchern und Zierschild
  – Abendkleid und Schal
Bildbeispiel 3: Zusatzgegenstände (Dingdesign)
  – Krummsäbel
  – Gewehr (könnte auch eine Harfe sein)
Bildbeispiel 4: Umgebender Raum und Natur
  – Arkaden am Meer, im Hintergrund kämpfende Pferde als dramatischer Akzent, die herrschaftlichen Charakter ausdrücken
  – Ebene vor Gebirge, Rosen als Zeichen des Friedens
Bildbeispiel 5: Hoheitszeichen
  – Krone, die den abgeschlagenen Kopf rechtfertigen soll (Salome?)
  – Fahne.
Ausgangsfigur ist die »venus victrix« von Virgil Solis (1514–1562 in Nürnberg). (Nach Knilli-Reiss).

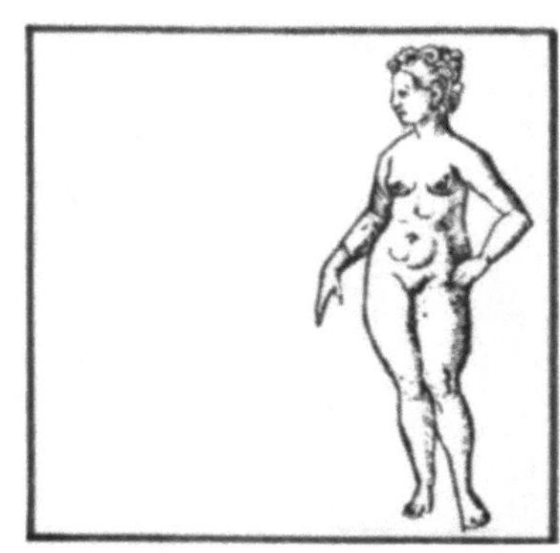

1

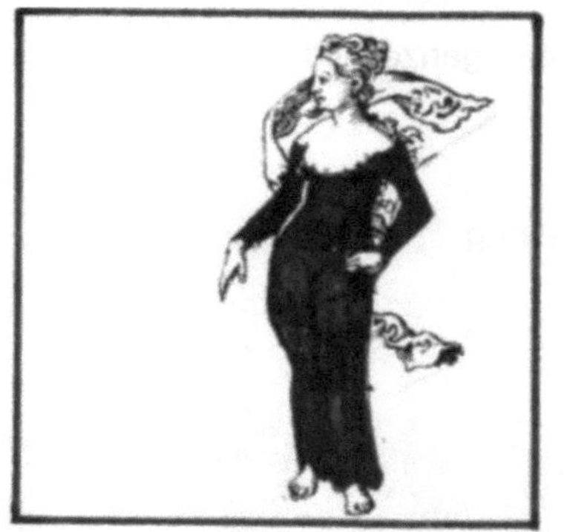
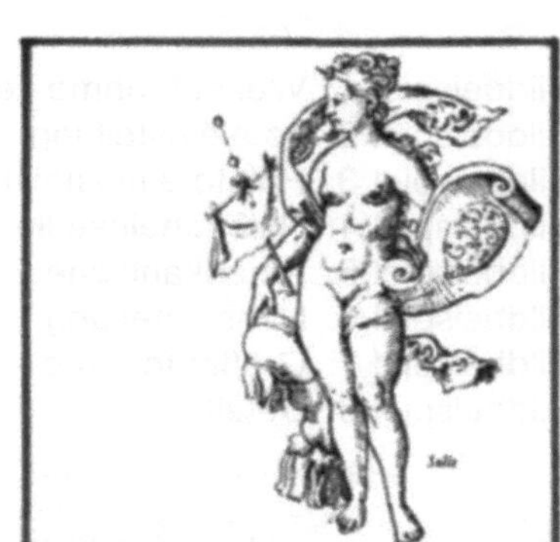

2

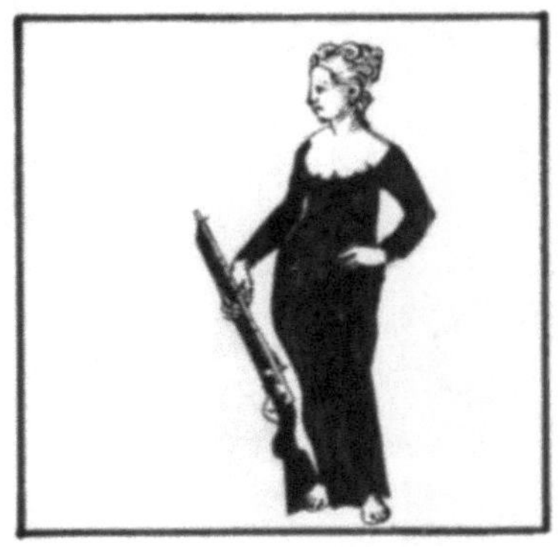
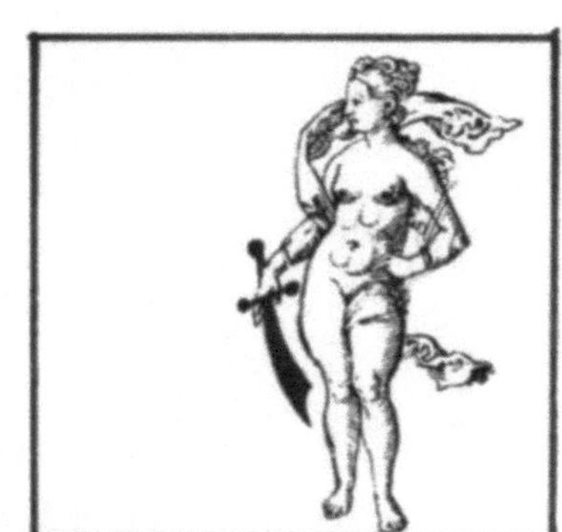

3

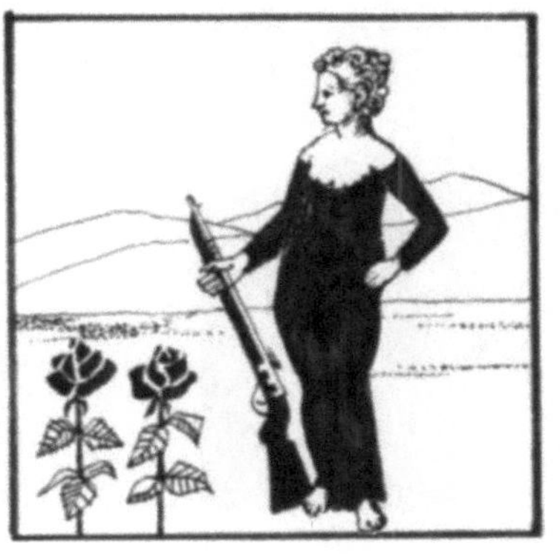
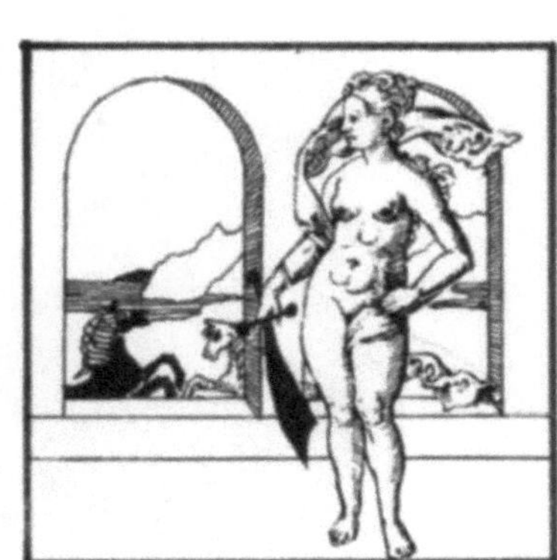

4

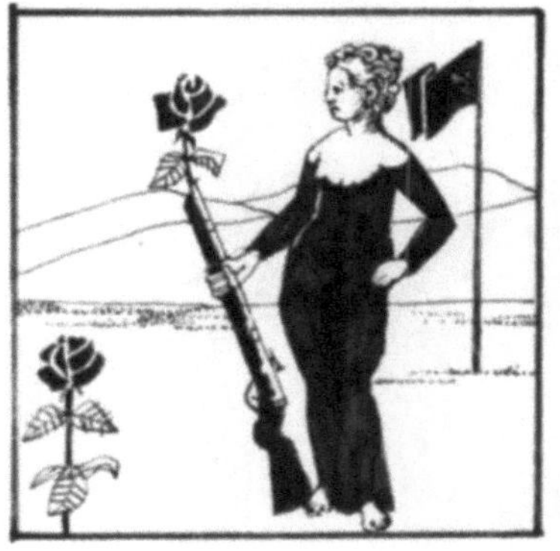
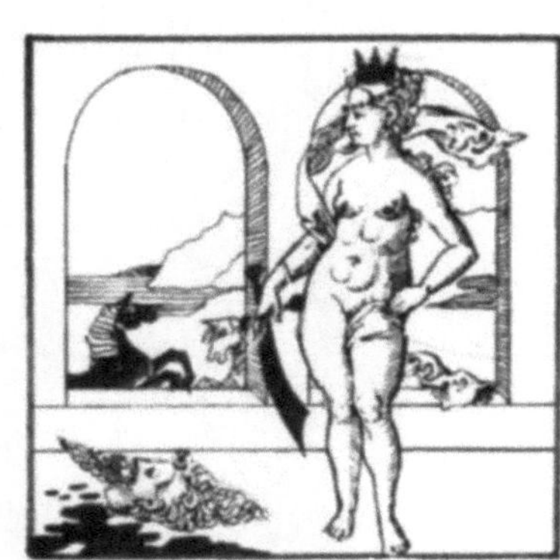

5

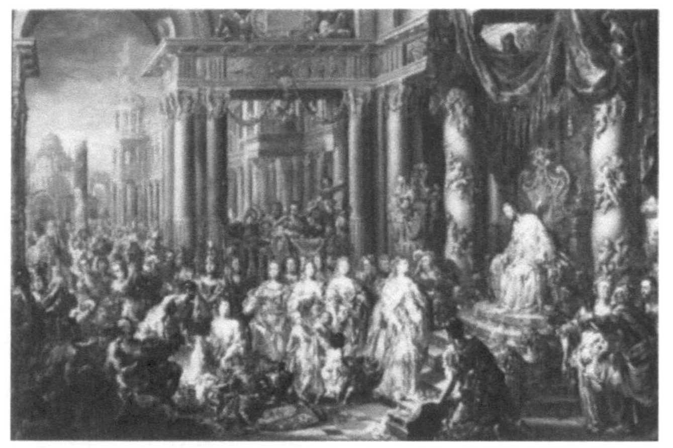

1

Bildbeispiel 1: Weitaufnahme zeigt das ganze Bild
Bildbeispiel 2: Totaleinstellung
Bildbeispiel 3: Halbtotaleinstellung
Bildbeispiel 4: Halbnaheinstellung
Bildbeispiel 5: Amerikanische Einstellung
Bildbeispiel 6: Naheinstellung
Bildbeispiel 7: Großaufnahme
Bildbeispiel 8: Detail

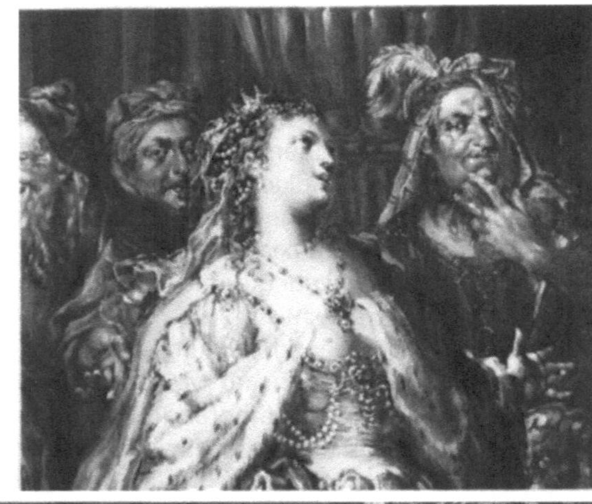

5

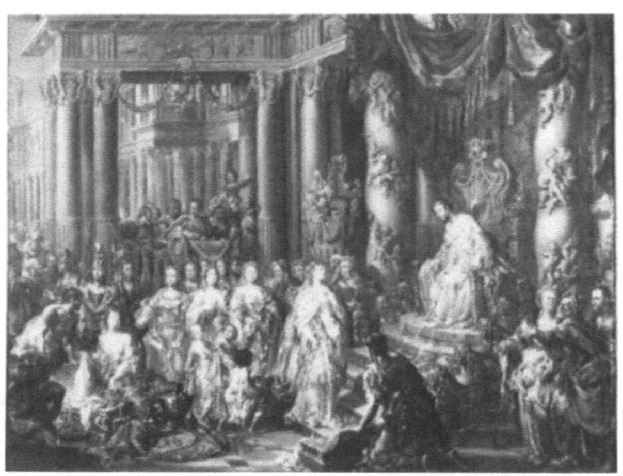

2

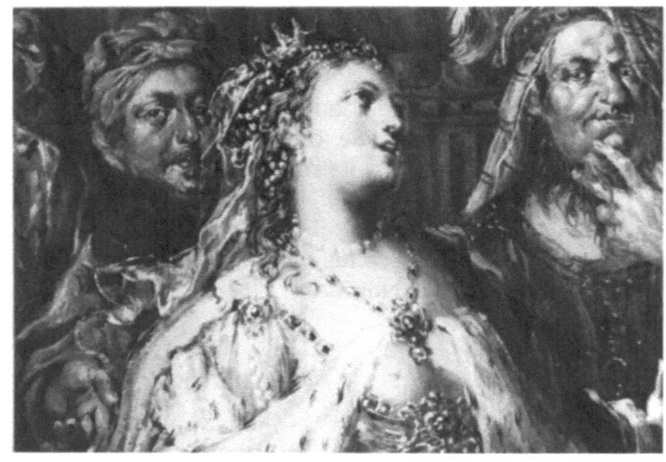

6

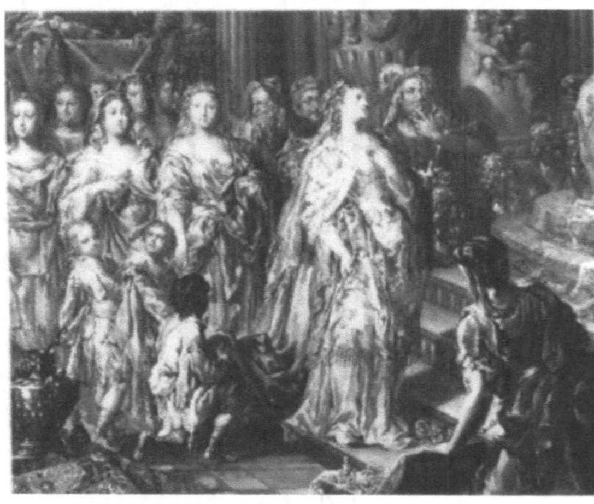

3

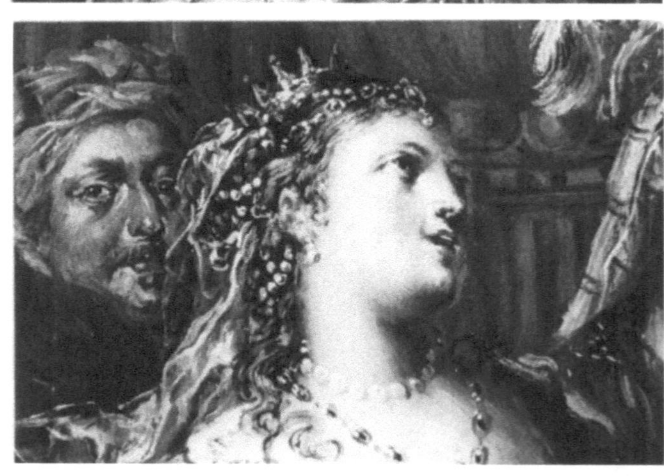

7

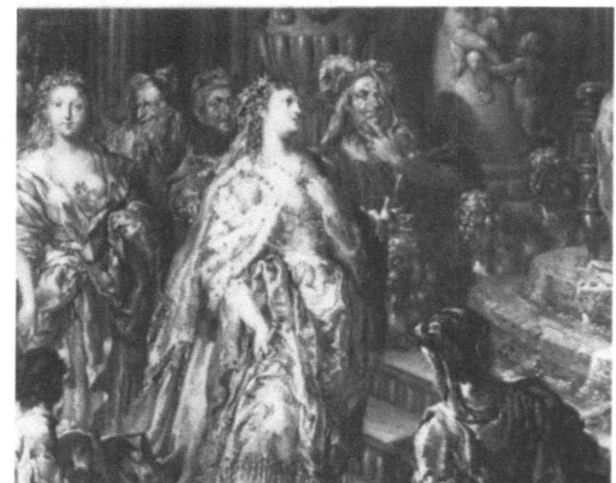

4

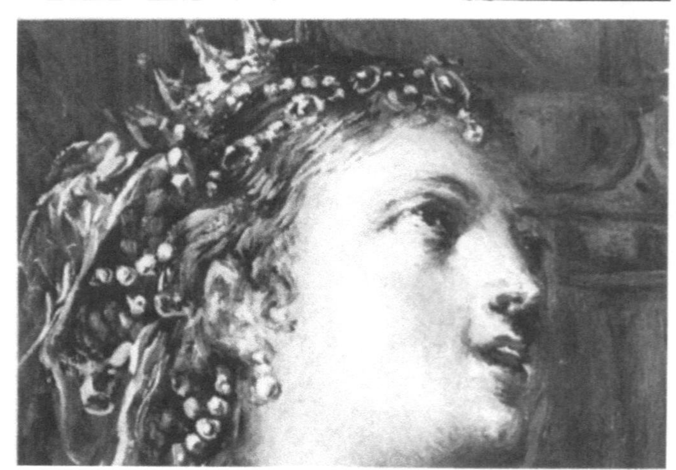

8

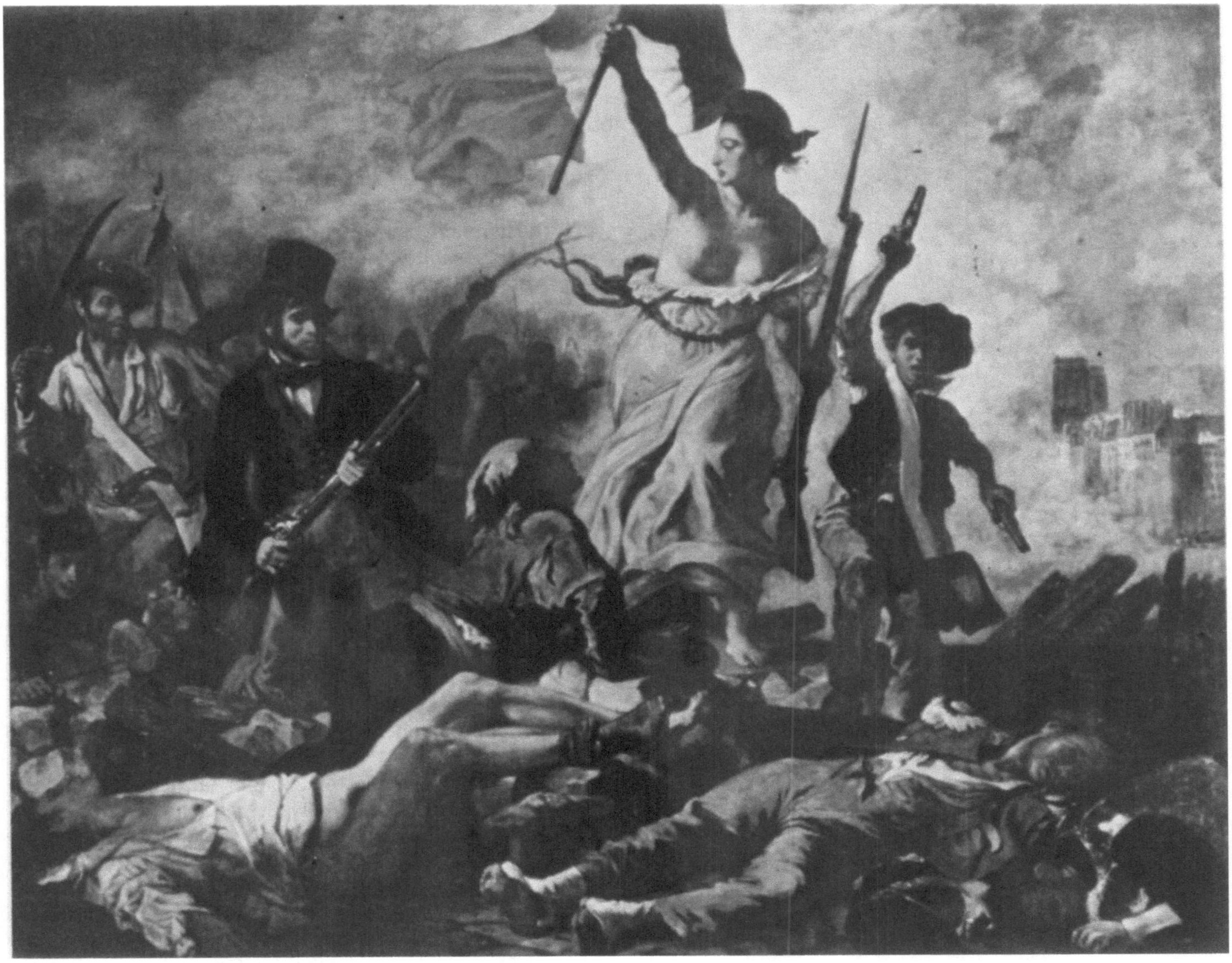

Eugène Delacroix, 1798–1863, ist der bedeutendste Vertreter der
Romantik in Frankreich, ein Freund Chopins und George Sands.
Er malte 1831 das Bild »Die Freiheit führt das Volk, der 28. Juni
1830«, Öl auf Leinwand, 2,60 x 3,05 m, Paris, Louvre. Es ist hier
nicht geboten, allen Aspekten dieses Bildes gerecht zu werden,
sondern nur einem exemplarischen Teil, dem des Aufbaus und
seiner Strukturen.
Es bietet ein unvermitteltes Nebeneinander von Realem und Idea-
lem, so verkörpert in der Gestalt der »Liberté« (siehe auch
Skizze), eine Siegesgöttin mit klassischem Profil und »oben
ohne«, keine wirklich kämpfende Frau, sondern die Darstellung
der Idee der Freiheit in einer sehr kraftvoll lebendigen Allegorie.
Das geschieht in einer Mischung von Erotik, in grausamem Realis-
mus dramatisch inszeniert (keine Reportage) und einer Glorifizie-
rung, die optimistisch, enthusiastisch, prorevolutionär, sympathi-
sierend.
Das Bild erstrebt dabei ganz im Sinne Delacroixs: »Die erste
Pflicht eines Bildes ist es, ein Fest für die Augen zu sein. Die Natur ist lediglich ein Wörterbuch.« Besonders lebendig und daher
Zeugnis von der leidenschaftlichen Entstehung des Bildes sind die
Studien zur »Libertè« (siehe gegenüberliegende Seite).

Zum Aufbau einer Bildordnung gehört Klarheit über die Absichten,
über die Bildinhalte. Diese Bildinhalte werden durch eine Reihe von
Faktoren bestimmt, die in den Abbildungsserien dargestellt werden.

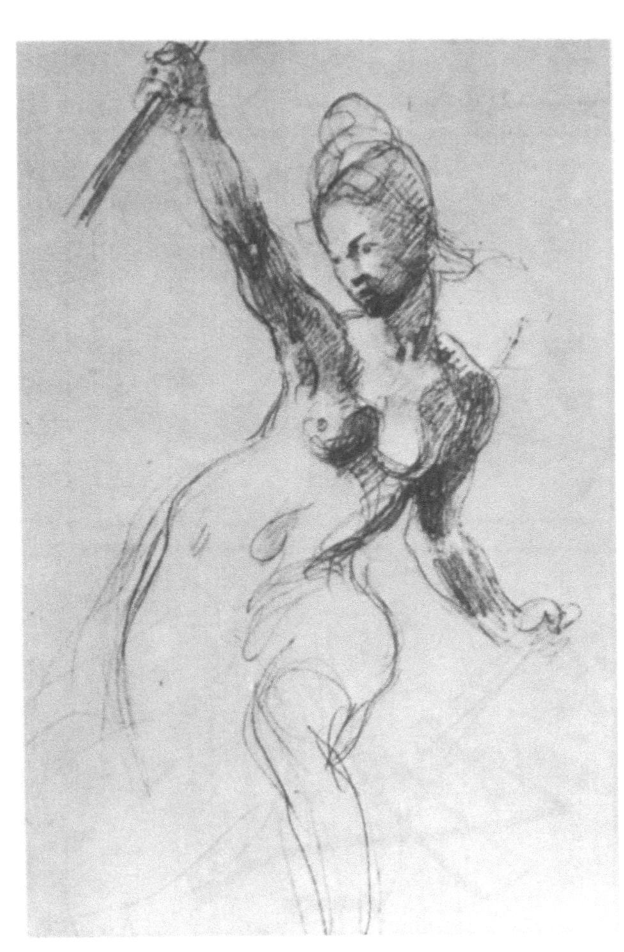

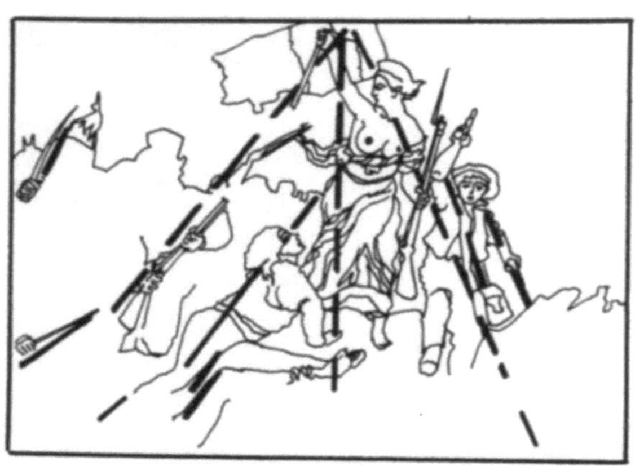

1

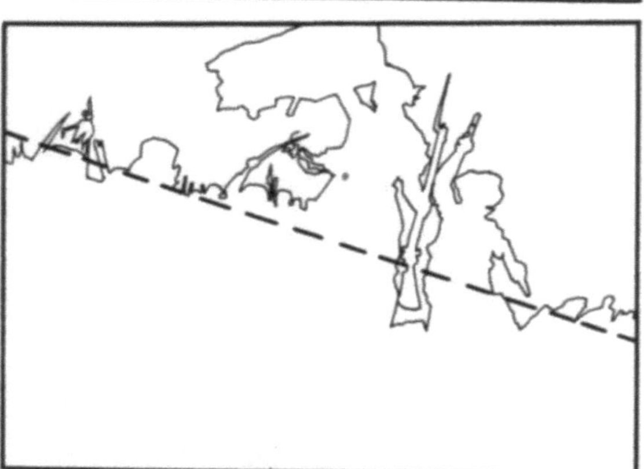

2

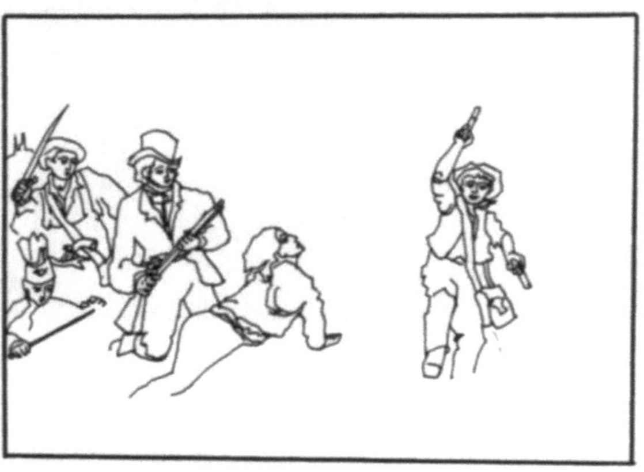

3

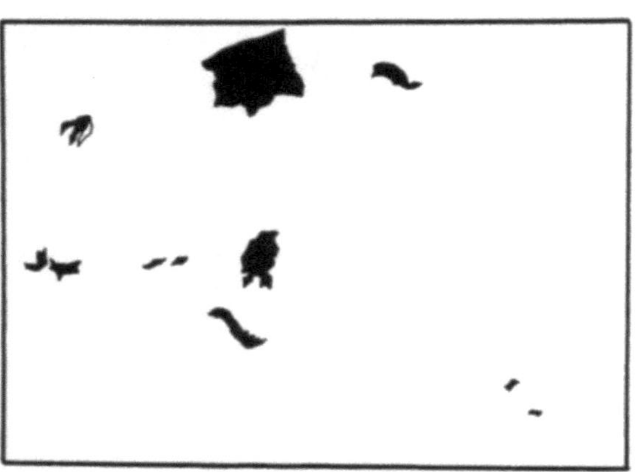

4

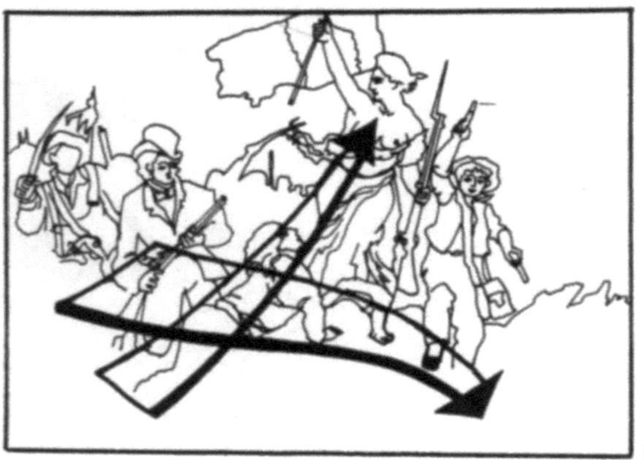

5

Abb. 1: Die Hauptfigur, das Gewehr des linken Mannes mit Hut, Erscheinungen im Hintergrund, der verwundete zur Freiheit aufblickende Mann im Vordergrund und ein Revolverarm des Jungen sowie die Fahnenstange bestimmen die klassische Dreiecksstruktur als Kompositionsmittel. Sie ist dynamisch etwas aus der Mitte versetzt, und ein flaches und ein steileres Dreieck überlagern sich. Der Höhepunkt liegt etwa bei der Hand, die die Trikolore hält.

Abb. 2: Diese dreieckige Zentralkomposition wird überschnitten von einer diagonalen Hell-Dunkel-Teilung, die allerdings lebendig durchbrochen wird durch dunkle Teile im Hellen – Gassenjunge, dunkle Haare und Jakobiner-Mütze der Marianne – und durch Helligkeiten in der dunklen Hälfte – Kleidung der Toten –, dennoch ist die Teilung klar ablesbar.

Abb. 3: Das Bild erweist sich als ein Beispiel politisch engagierter Kunst in der Auswahl der dargestellten Gestalten:
- der Gassenjunge, frech, lebendig, gehört zum Wesen der Stadt;
- der verwundete Pariser Proletarier, aufblickend und hoffend;
- der Intellektuelle mit Zylinder und Halsbinde, überlegt, ernsthaft und bewußt sich einreihend;
- der Arbeiter in der Schürze mit Säbel, verwandt jenen Freiwilligen aus Marseille, die als erste die »Marseillaise« sangen.

Es ist keine zufällige Berichterstattung, sondern, wie gerade an der Auswahl der Personen sichtbar, ein bewußt geplantes und gebautes Geschehen, als Beispiel optimistischer Verbrüderung.

Abb. 4: Der Farbaufbau betont wiederum die Dreieckskomposition, indem sich fast kreisförmig die roten Farbflecken um das große rote Feld der Trikolore als Farbmittelpunkt einordnen.

Die Farben der Trikolore (rot-weiß-blau) kehren in der Kleidung des Proletariers wieder.

Abb. 5: Zwei Bewegungsrichtungen bestimmen die sogenannte Handlungsachse:
- der aufwärtsgerichtete Blick, der erhobene Arm des Gassenjungen und der Fahnenarm der »Libertè« sind die eine Bewegung, desgleichen die Blickrichtung des Betrachters;
- die zweite ist die En-Face-Bewegung der Gruppe auf den Betrachter zu. Es ist eine Vorwärtsbewegung, die zumindest so knapp am Betrachter vorbeiführt, daß er dem Sog nicht entgehen kann. Die Bewegungsspitze ist die zentrale Figur, hinter und mit der die Masse aus dem Bildraum drängt und den Betrachter zu einer Reaktion veranlaßt.

Das Bild legt beredt Zeugnis ab für den politischen Gebrauch von Kunst. Es ist unter dem frischen Eindruck des revolutionären Geschehens in Paris entstanden.

Es kehren in dem Bild von der »Freiheit« auch ältere Elemente der Kunst wieder, z. B. die Nike von Samothrake, Statue einer aufsteigenden Göttin. Ähnlich leicht bewegt sich die »Freiheit« (Abb. 1). In der Dreieckskomposition einer Menschengruppe enthält es die von fürstlichen Familienbildern bekannte Darstellungsform mit dem Herrscher als Mittelpunkt. Diese Form zieht sich bis in die kleinbürgerlichen Familienfotos und mit Zeitungsfotos von Politikergruppen hin. Auch Goya hat in dem Erschießungsbild diese Form der Eindringlichkeit gewählt.

Kompositionsbeispiele und Nachahmung:
»Nike von Samothrake«, frühes 2. Jh. v. Chr. Marmor, 245 cm hoch, Louvre (1)
Vorbild für die Gestalt der Libertè von Delacroix.
»Die Jungfrau von Henningstadt« Arthur Kampf, 1939 gemalt (2)
Billig drastische Nachahmung durch eine unweibliche Matrone mit Rübezahl-ähnlichen Begleitern. Kitsch schließt eben Wohlbefinden, und wie hier, Feierlichkeit und Rührseligkeit nicht aus.
»Erschießung«, aus »Desastres de la Guerra«, Radierung, Goya, 1746–1828 (3)
Dreieckskomposition mit starkem Mittelaufbau; abgewandelt durch Licht links und Gewehre rechts.
»Aufbruch der Jenenser Studenten in den Freiheitskrieg 1813«, Ferdinand Hodler, 1853–1918 (4)
Waagerechte Handlungsachse der Marschierenden im oberen Teil ist rechtwinklig zum Betrachter; sie ziehen vorbei. Die untere Reihe ist sehr drastisch bewegt und enthält vielseitige Handlungsachsen, die sich aber eher gegenseitig aufheben, bevor sie den Betrachter, etwa der Libertè vergleichbar, in das Bild hineinziehen.
Das Achsenverhältnis – Blickrichtungs- und Kameraachse zur Handlungsachse – ist Bestandteil des Bildaufbaus. Das Bildgeschehen kann rechtwinklig zum Betrachter sein, also an ihm vorbeiziehen, wie bei dem Bild von Hodler. Es kann schrägfrontal den Betrachter mit einbeziehen, wie etwa in der »Libertè«, oder direkt auf ihn zukommen, wie in manchen Filmen, die Eisenbahn oder eine Postkutsche über ihn hinwegrasen.

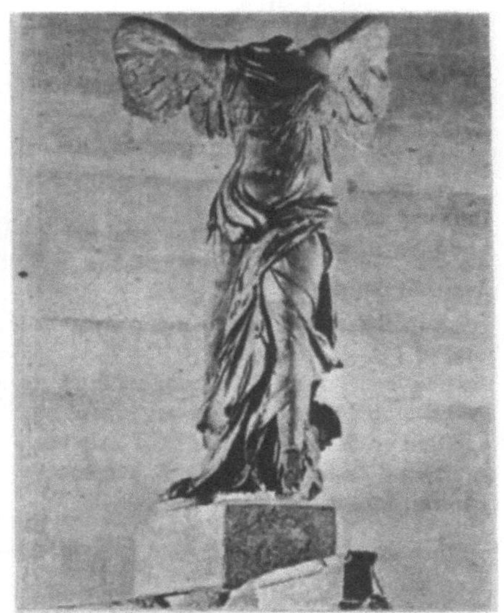

1

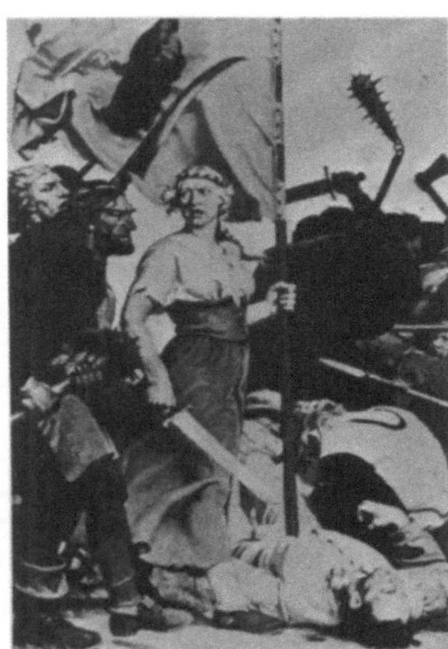

2

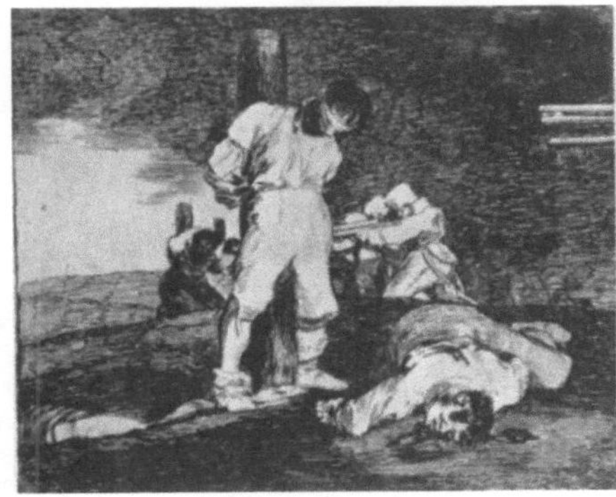

3

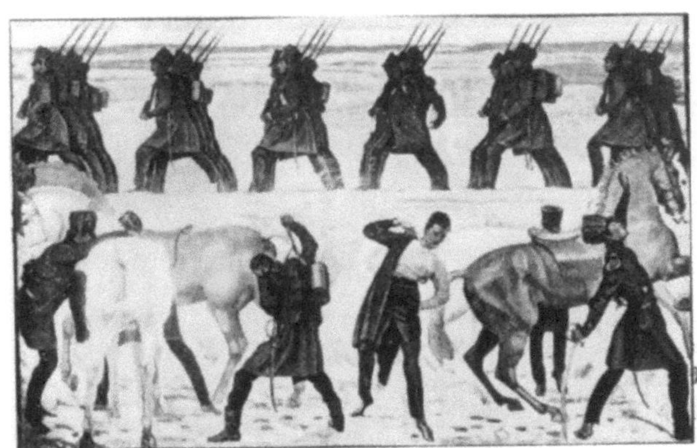

4

123

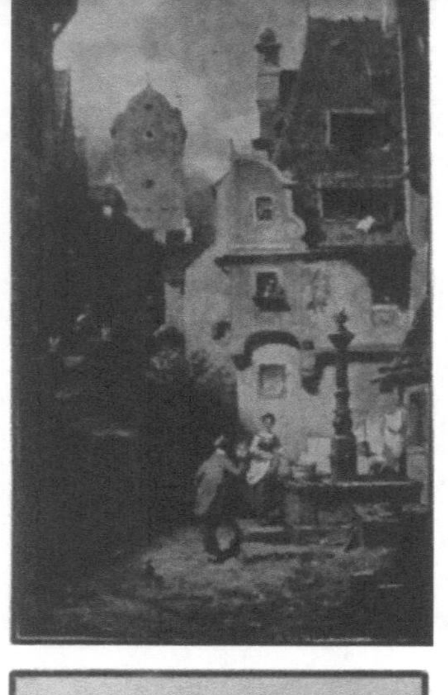

1

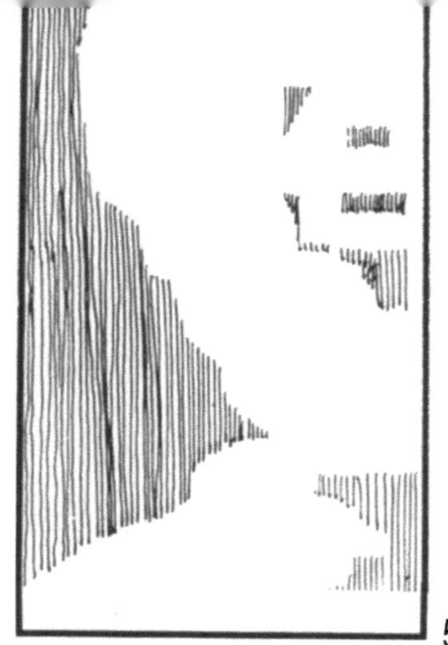

2

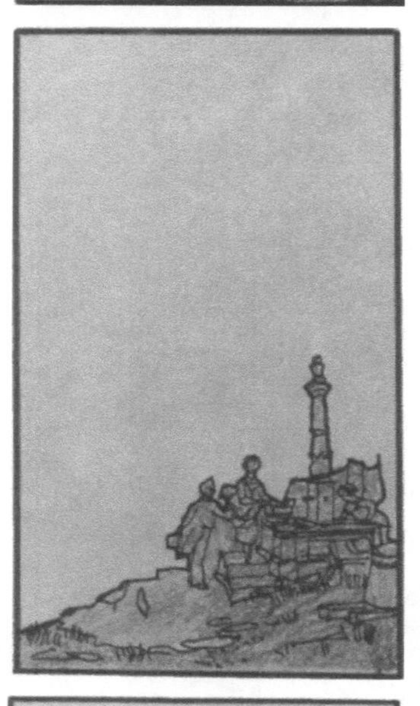

3

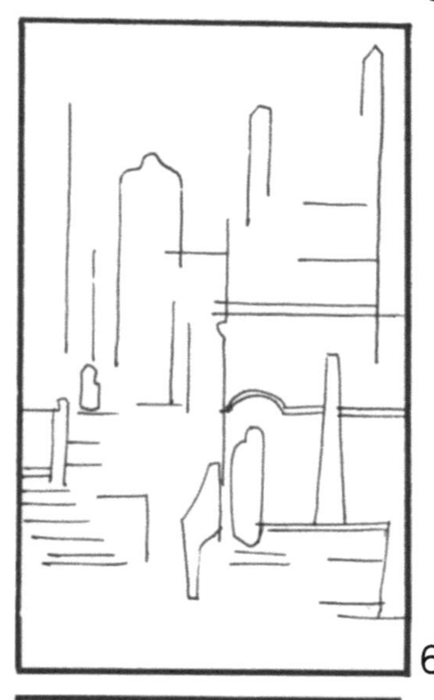

4

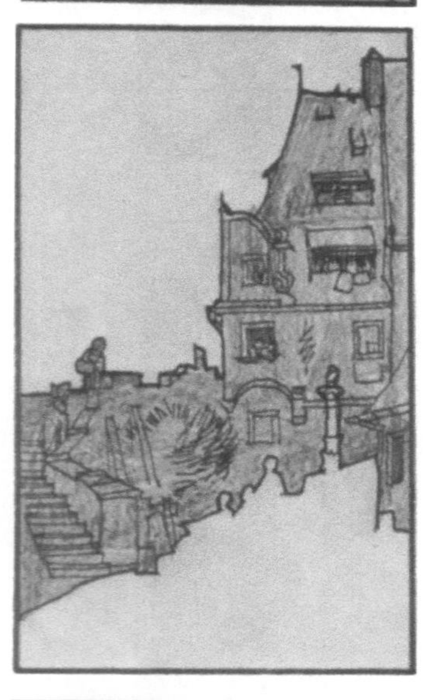

5

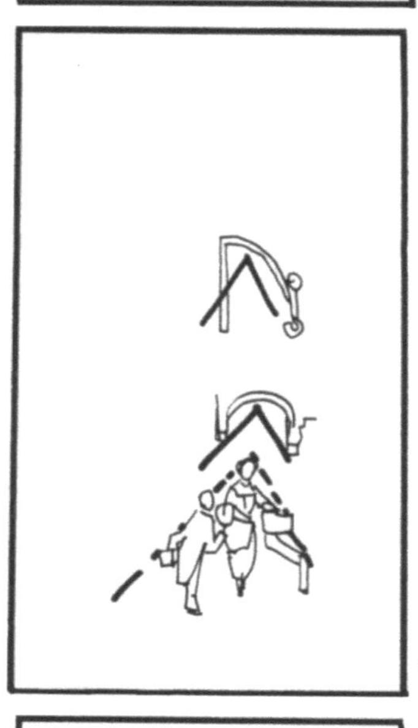

6

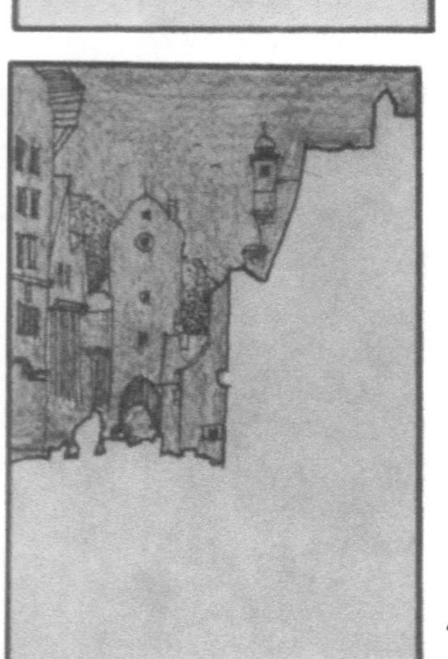

7

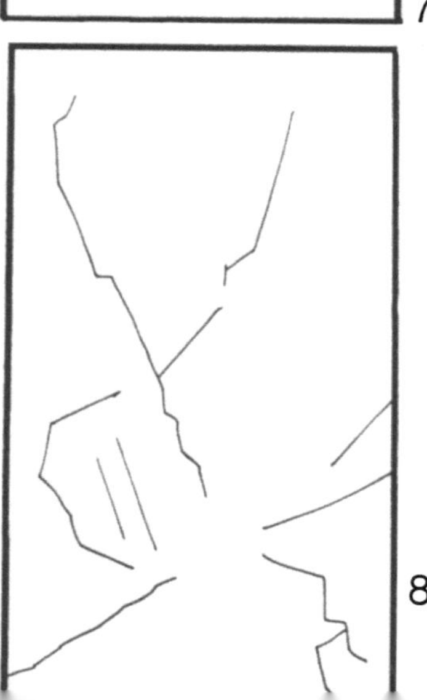

8

Carl Spitzweg (1808–1885) hat das Bild »Der Hochzeiter« (Abb. 1) gemalt; es ist eines der vielen beliebten, manchmal recht rührselig wirkenden Bilder. Weniger bekannt sind leider seine späteren Arbeiten, Landschaften u. a., die ihn ohne viel ablenkende Thematik stärker als großen Maler ausweisen.

Er gilt als Erfinder des farbigen Schattens – Schatten ist nicht nur die mit Schwarz gemischte Sonnenseitenfarbe, sondern er hat eigene Töne. Am Beispiel des »Hochzeiters« sollen Kompositionsordnungen und -einteilungen gezeigt werden.

Abb. 2: Vordergrund:
- Straße, Hauptfiguren, Hochzeiter und Angebetete, Brunnen

Abb. 3: Mittelgrund:
- Treppe und Brücke mit Figuren
- Haus unter dem Brunnen
- Seitengrund – Haus rechts am Bildrand

Abb. 4: Hintergrund:
- Gasse und Torturm
- Himmel und Wolken

Abb. 5: Hell-Dunkel:
- Schatten der linken Häuserzeile führt als Dreieck auf das Paar zu
- von rechts unten und in einigen Details der Fenster und Giebel wird es ergänzt

Abb. 6: Senkrechte und waagerechte Gliederungen:
- aufstrebende Häuser und Türme
- die Brunnenstatue mit Säulenpodest
- die Haupt- und Randfiguren
- waagerechte Regenrinnen und Dach- und Fensterkanten
- Treppenstufen

Abb. 7: Dreiecksaufbau der Hauptfiguren:
- durch Art der Verbeugung und etwas höher stehenden Braut entsteht ein Dreieck
- die Aufwärtsbewegung setzt sich in den Hausverzierungen fort

Abb. 8: Diagonalen:
- Haus und Turmdächer
- Licht und Schatten
- Treppe und Figuren

Alles wirkt miteinander zusammen, um auf die Zentralfiguren hinzuführen, sei es im Raumaufbau oder der Linienführung.

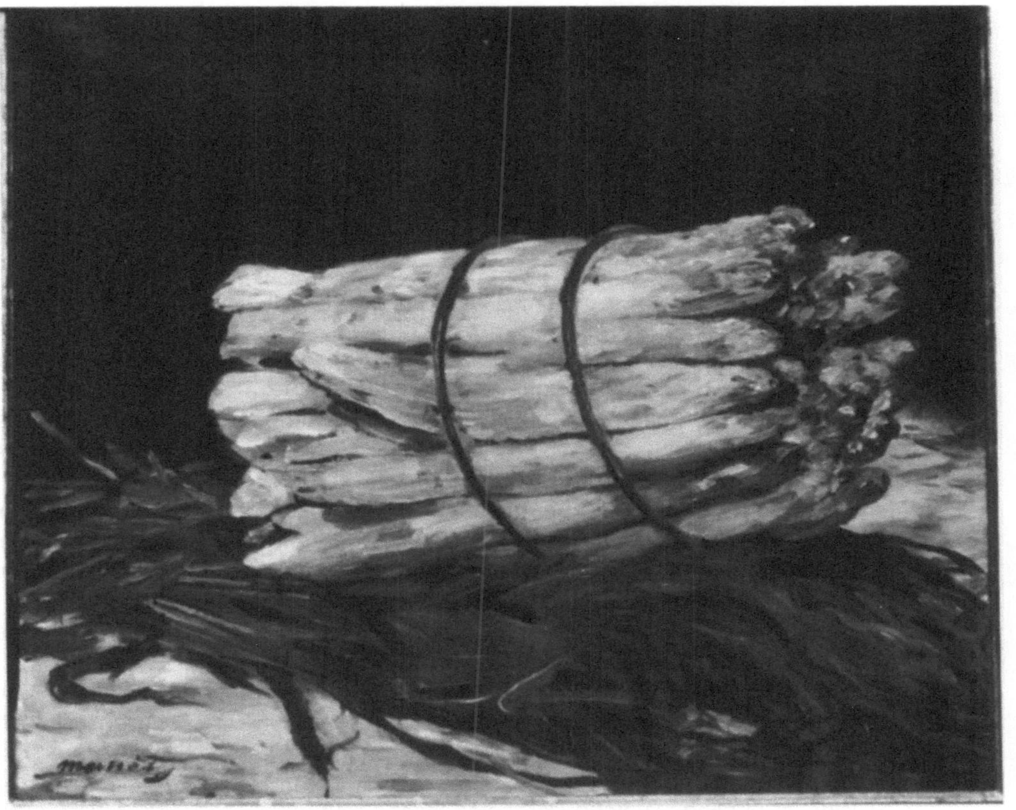

1

Das Spargelbild (Abb. 1) von Eduard Manet ist durch die Hände vieler
Besitzer gegangen. Um die Jahrhundertwende hat Max Liebermann
es besessen, in den 50er Jahren ist es vom Stifterkreis des Wallraf-
Richartz-Museums Köln für über 1 Mill. Mark erworben worden.
Es ist ein kleines Bild; der Spargel ist in natürlicher Größe gemalt.
Verglichen mit der »Liberté« von Delacroix hat es auch kein bedeutendes Thema; verglichen mit dem »Hochzeiter« von Spitzweg auch
keinen eigentlichen Inhalt. Es ist einfach ein Bund Spargel mit etwas
Grünzeug, nichts weltbewegendes. Dennoch ist es ungemein appetit-
anregend, Vorgeschmack auf eine wundervolle Mahlzeit ohne
weitere Zutaten. Es ist auch ein Zeichen des Wohllebens. Die Art der
Darstellung erinnert den Betrachter an den Genuß eines frischen Na-
turprodukts; ganz einfach so, ganz ursprünglich, ohne Drumherum
und Getue. Dieses wundervoll gemalte Bild soll hier beweisen, daß es
nicht die großen Themen sein müssen, um etwas Bewegendes auszusagen.
Die Komposition enthält, außer der sehr delikaten Farbigkeit, mehrere miteinander geschickt verbundene Elemente.

Abb. 2: 3 große Bewegungen:
     – Richtung der Spargelstangen
     – Richtung des Grünzeugs
     – Umrundung durch Schnur

Abb. 3: Helle und dunkle Felder:
     – hell-weißes Tischtuch vorn links und hinten rechts
     – Spargel
     – dunkel-Grünzeug
     – Hintergrund

Abb. 4: Strukturierungen:
     – kurzlinig und faserig im Spargel
     – lang und weich im Kraut

Der nah-wirkende flächige Hintergrund hält alles zusammen.

125

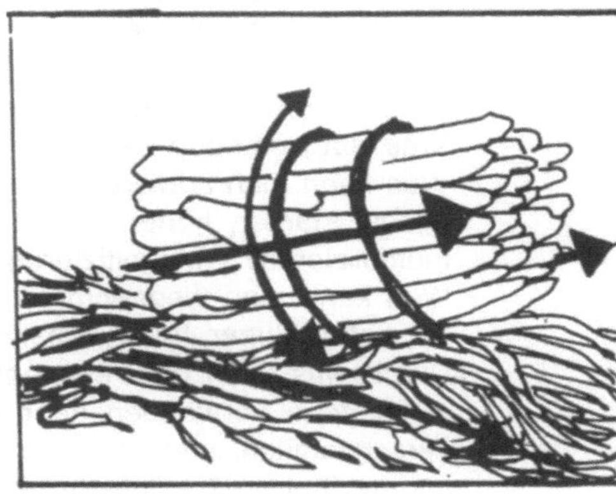

2

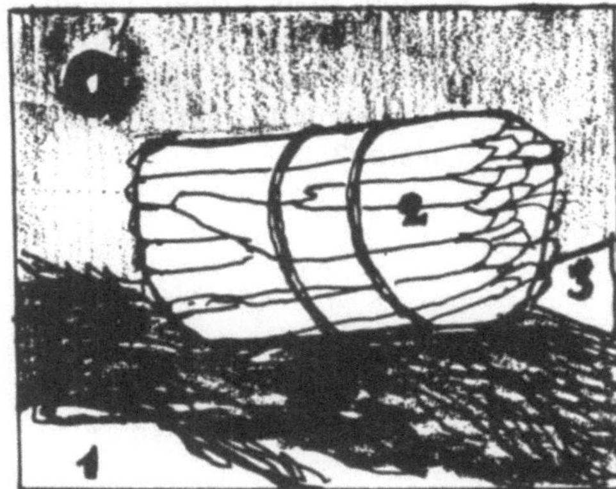

3

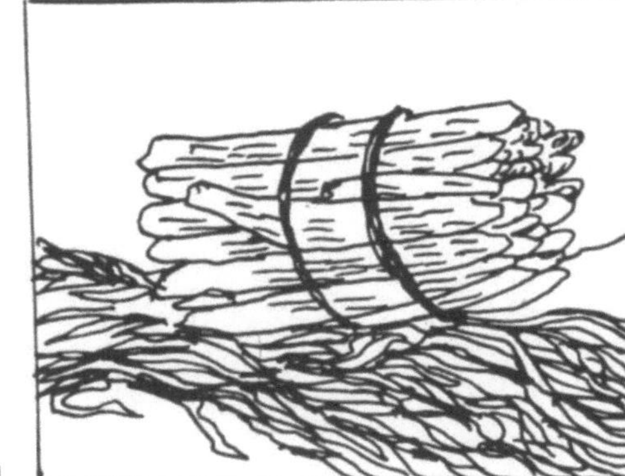

4

M. Schrift

Kreativität
Die Abb. 1 eines Phantasiealphabetes von stud. arch.
Hans Bölkow, 1977, zeigt Buchstaben, die keine sind,
aus Zeitschriften gesammelte und anders verwendete
Werbebilder.
Abb. 2 ist ein Plakat der Oper der Stadt Köln für Fal-
staff, in Anlehnung an die phantasievollen Bilder des
Malers Archimboldi, der Porträts aus Obst oder Fi-
schen zusammengestellt hat, hier in einer heiter sinn-
vollen Anwendung.

Kreativität ist: Nach Gisela Ulmann (Kreativität Beltz
Weinheim – Berlin – Basel 1968):
– »Dinge anders verwenden; wie kann man es anders
  verwenden? Welchem Gebrauch wird es zugäng-
  lich, wenn es modifiziert ist?
– Was ist ähnlich? Welche Parallelen lassen sich zie-
  hen? Was kann ich kopieren, was kann ich über-
  nehmen? – Adaptieren
– Kann man Bedeutung, Farbe, Bewegung, Klang,
  Geruch, Form, Größe verändern bzw. hinzufügen?
  Was läßt sich noch verändern? – Modifizieren
– Was kann man addieren? Mehr Zeit, größere Häufigkeit, stärker, höher, länger, dicker, verdoppeln,
  multiplizieren? – Magnifizieren
– Was kann man wegnehmen? Kleiner, kondensier-
  ter, tiefer, kürzer, heller, aufspalten? – Minifizieren
– Durch was kann man ersetzen? Kann man anderes Material verwenden, kann man den Prozeß an-
  ders gestalten, andere Kraftquelle, anderen Platz,
  andere Stellung? – Substituieren
– Kann man Komponenten austauschen? Andere
  Reihenfolge? Kann man Ursache und Reihenfolge
  transponieren? – Rearrangieren
– Umkehrung – läßt sich positiv und negativ transponieren?

Wie weit ist es mit dem Gegenteil, kann man rückwärts bewegen, kann man Rollen vertauschen?
– Kombinieren – kann man Einheiten kombinieren?
  Kann man Absichten kombinieren, kann man Ideen
  kombinieren?«

1. Soll das Zeichen zum bildhaften Denken anregen,
   ist es bildhaftes Entwickeln von Gedanken, so ist es
   die Absicht des Zeichners, Aussagen zu machen.
   Aussagen, in denen auch Neues entdeckt sein
   kann, Dinge neu geordnet werden.

2. Erstaunen machendes Abbilden, Prunken, Phanta-
   sieren, Täuschen und Illusionieren, Überraschen,
   Stilisieren, Deuten und Symbolisieren, Zusammenfassen, Abstrahieren, Herausfordern, Spiegeln, Bre-
   chen, Bewußtsein wandeln oder schaffen, Entzau-
   bern, Verfremden, Ironisieren, Zitieren, Herstellen
   von Naivität oder Auflösen von Erwartung« (H. v.
   Hentig).

3. Konrad Wünsche: » . . . zu lernen, die Dinge unserer
   Welt nach Notwendigkeit und Einsicht unbefangen
   und ohne Angst neu zu ordnen.«

4. »Die Phantasie an die Macht« forderte das surreali-
   stische Manifest und sogar auch »das Recht des
   Menschen auf seine Verrücktheiten« – die nicht immer wirklich verrückt sind. Die Kreativität ist die Fähigkeit des Menschen, Denkergebnisse beliebiger
   Art hervorzubringen, die im wesentlichen neu sind
   und demjenigen, der sie hervorgebracht hat, vorher
   unbekannt waren. Es ist die Fähigkeit, eine Vielzahl
   von Handlungsmöglichkeiten auszuprobieren bei
   Zunahme der Handlungssicherheit (Wallach –
   Kagan).

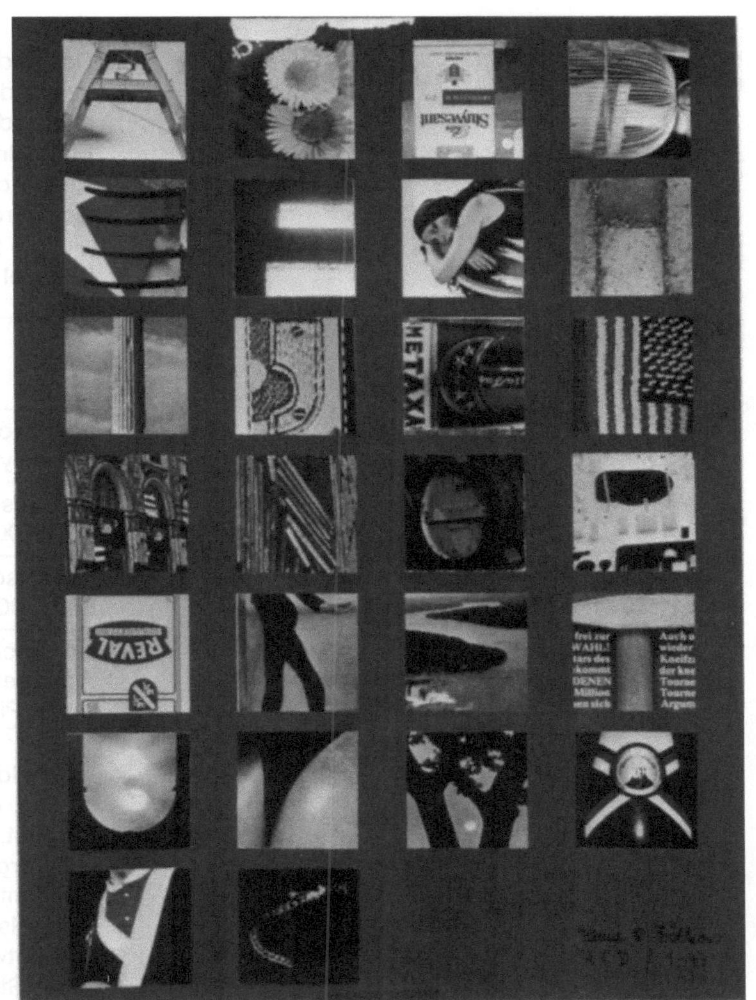

1

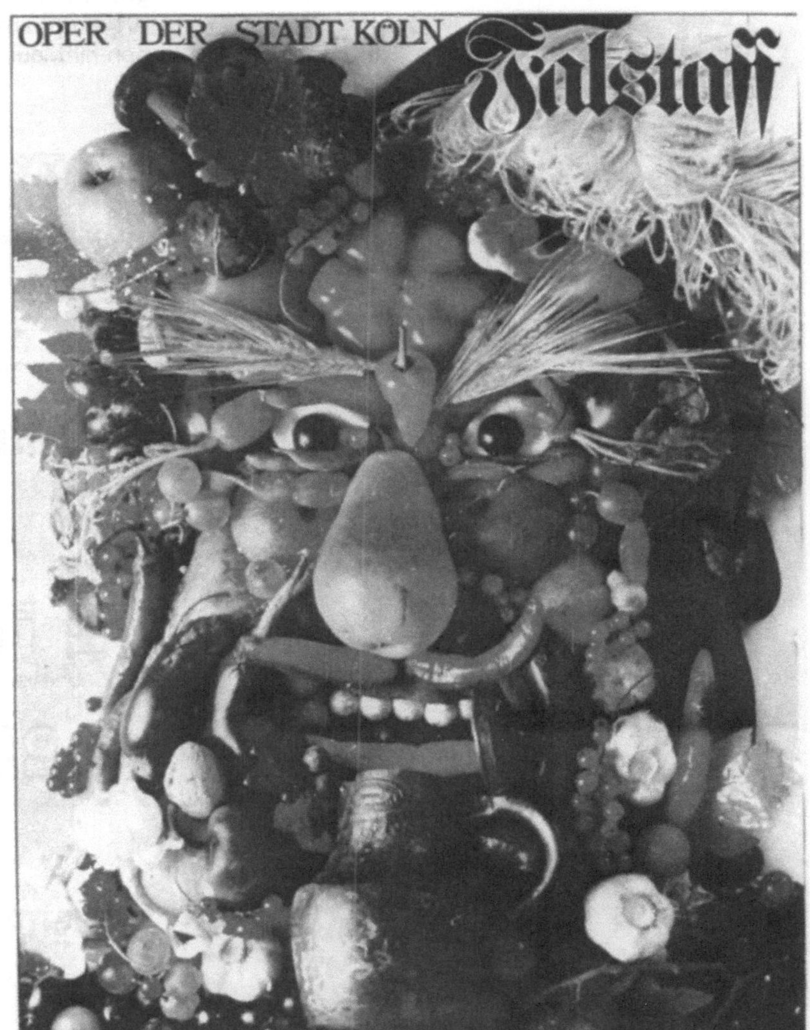

2

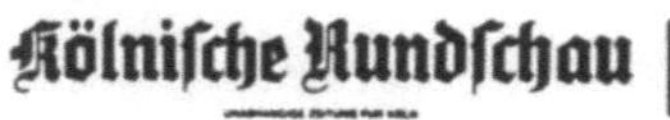

1

Das Bild eines Mannes, der einen Finger zum Mund führt, hat in der Hieroglyphenschrift zwei Bedeutungen: sprechen oder essen.

Erst allmählich entwickelte sich aus dem Bild der dem gesprochenen Wort entsprechende Lautwert.

So wurden aus unmittelbar lesbaren Bildern als Lautsignale gebrauchte Buchstaben ohne Bildcharakter. Beispiel der Entwicklung von Buchstaben: a, b und n.

	aleph = Ochse	Beth = Haus	nun = Schlange (nakas)
ägyptische Hieroglyphe			
phönizisch um 1100 v. Chr.			
griechisch 800–700 v. Chr.			
lateinisches Alphabet (nach Illustr. Ploetz, 1973)	A	B	N

Im Phaidros weist König Thamus die Erfindung der Buchstaben, eine Gabe des Gottes Theut, zurück, weil er befürchtet, solche Zeichen werden den »lernenden Seelen viel Vergessenheit einflößen durch Vernachlässigung des Gedächtnisses«.

Sicher ist die Aneignung bestimmter Form und Größe für die Entwicklung der Zeichenfähigkeit nicht förderlich; kurze Striche, keine Strichlagen, kleine Kringel usw. Die große Linie ist nicht gegeben, statt dessen entsteht eine Art scriptualen Automatismus, der zwar fließend schreiben hilft, nur nicht dem Zeichnen dienlich zu sein scheint.

3

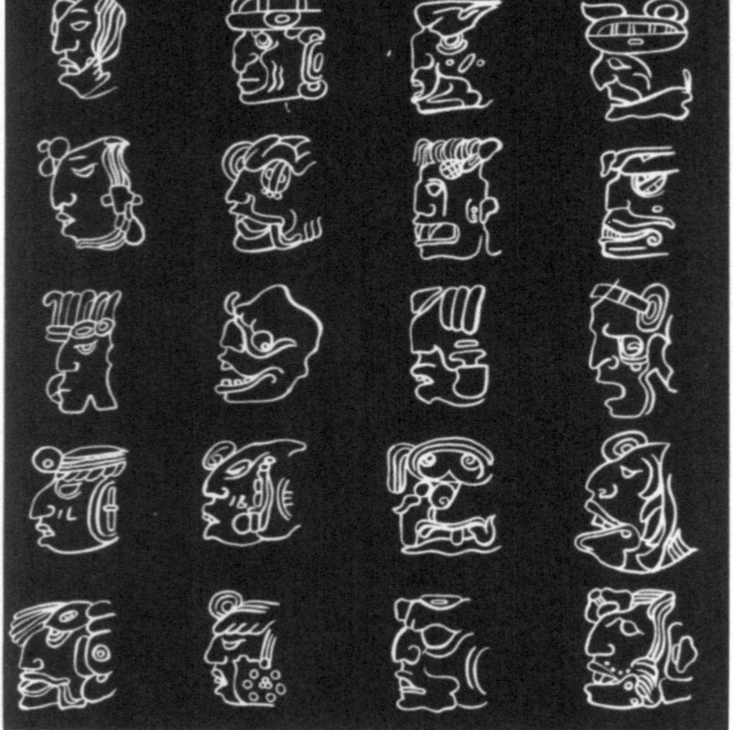

不登高峯、豈能遠視

Steigst Du nicht auf die Berge, so siehst Du auch nicht in die Ferne.

ရှိဦးသော့ သောင်ပံရသ် ခတ်လေမု ပျံနိုင်မယ

Um fliegen zu können, muss man nicht nur Flügel haben, sondern sie auch schwingen.

ท่านหมายตา ณ แห่งใด จะได้บินไ ณ แห่งนั้น

Wohin Du blickst, dorthin wirst Du auch fliegen.

百聞は一見にしかず

Einmal selbst sehen ist mehr wert, als hundert Neuigkeiten hören.

සමුවූ සැතෙකදීම සංචාරය විවෘතවේ.

Im Augenblick des Zusammenkommens beginnt die Trennung.

यदी आप अपने भालक को पयार करते है उ सफर पर भेजिहु

Liebst Du Dein Kind, dann schicke es auf Reisen.

2

Auch die Handschrift, als Abweichung von der Normalschrift, persönlich und situationsgebunden, ändert das nicht. Dennoch ist sie Zeichen für etwas (Bense). Wie in der Sprache eine Aussage nicht nur einen Sachverhalt mitteilt, sondern auch etwas vom Sprechenden, so besitzen alle Zeichnungen und Handschriften individuelle Formeigenschaften, Ausdruck im Sinne eines Psychogramms. Ihr Ziel ist der Inhalt, der völlig unabhängig vom Schriftbild ist, das nur die zur Vermittlung notwendige Lesbarkeit anstrebt. Im Gegensatz dazu die Zeichnung, deren Ziel der Vermittlung eines Gesamteindrucks mit Hilfe der entscheidenden formalen Liniengebilde ist.

Der kürzeste Briefwechsel, der bisher nachgewiesen wurde, fand 1862 zwischen Victor Marie Hugo und seinem Verleger statt.

Der Schriftsteller befand sich auf Reisen und wollte gern wissen, wie sich sein neuer Roman »Les Misérables« verkaufte. Er schrieb: . . . ?« Die Antwort des Verlegers: »!«

Auf diesen einfachen Zusammenhang läßt sich Schrift wieder reduzieren und ist Bildsymbol.

Die Abbildungen (Abb. 1) auf der gegenüberliegenden Seite sollen die Titelköpfe verschiedener Tages- und Wochenzeitungen in ihrer typischen Schriftart zeigen, die immer auch eine inhaltliche Aussage ist, z. B. ein großes A aus Blümchen zusammengesetzt kann schwerlich der Anfangsbuchstabe für das Wort Atombombe sein. Es gibt altertümlich wirkende Schrifttypen, so wie die gotische Fraktur der »Frankfurter Allgemeinen«, klassische Antiqua-Schriften mit überregionalen und etwas über dem kleinen Tagesgeschehen stehende Type von »Die Zeit« und viele andere Ausdrucksformen. Die Größe, Dichte, Höhe und Breite, die Anordnung und das ganze Schriftbild, große oder kleine Blöcke, Anteil Schrift und Bild sind Aussagen.

Abb. 2 ist einer Werbeanzeige entnommen und gibt viele Formen der Lautschrift wieder.

Abb. 3 ist einer Sammlung von Aztekischen Schriftzeichen nachgezeichnet und zeigt Phantasieköpfe, die noch ganz Bilderschrift sind.

Die Schrifttypen dieser Seite, von oben, »Phantasie Alphabet«, aus der Schule der Brüder Santerini, von Raffaele Radisini gestochen, 1841, Bologna«, »Romaine« von Jean Midolle, Strasbourg, 1834 bis 1835, »Alphabet Lapidaire monstre« von Jean Midolle, Strasbourg, 1834–1835 zeigen den Bildcharakter, den Schrift behalten hat, wenn die Formen der Lautzeichen im ABC ohne Worte Bildaussagen machen.

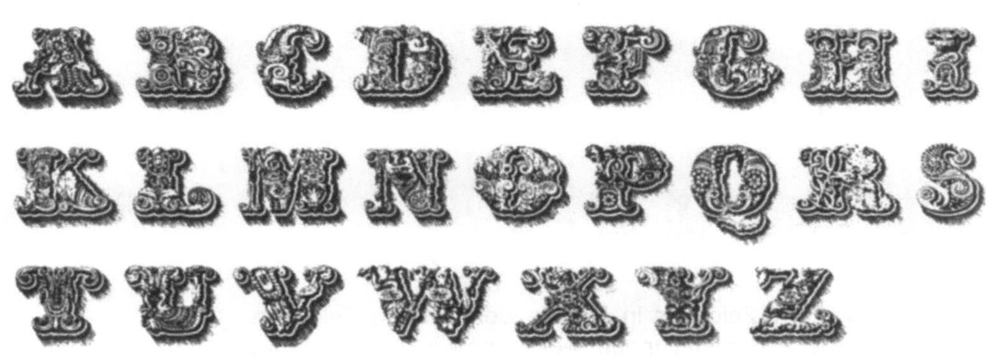

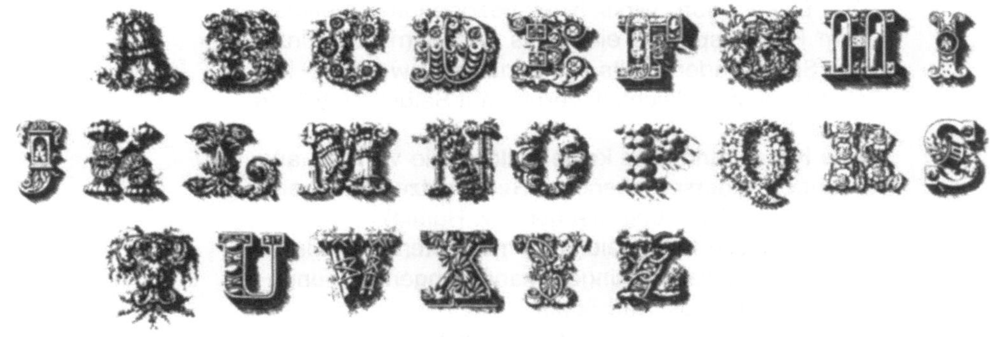

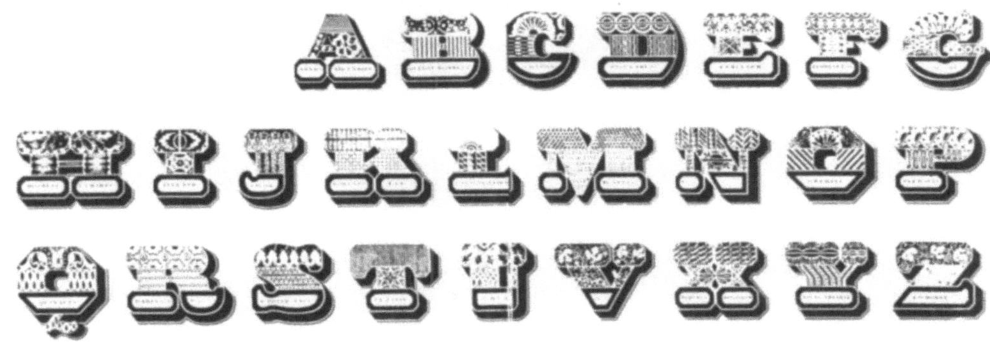

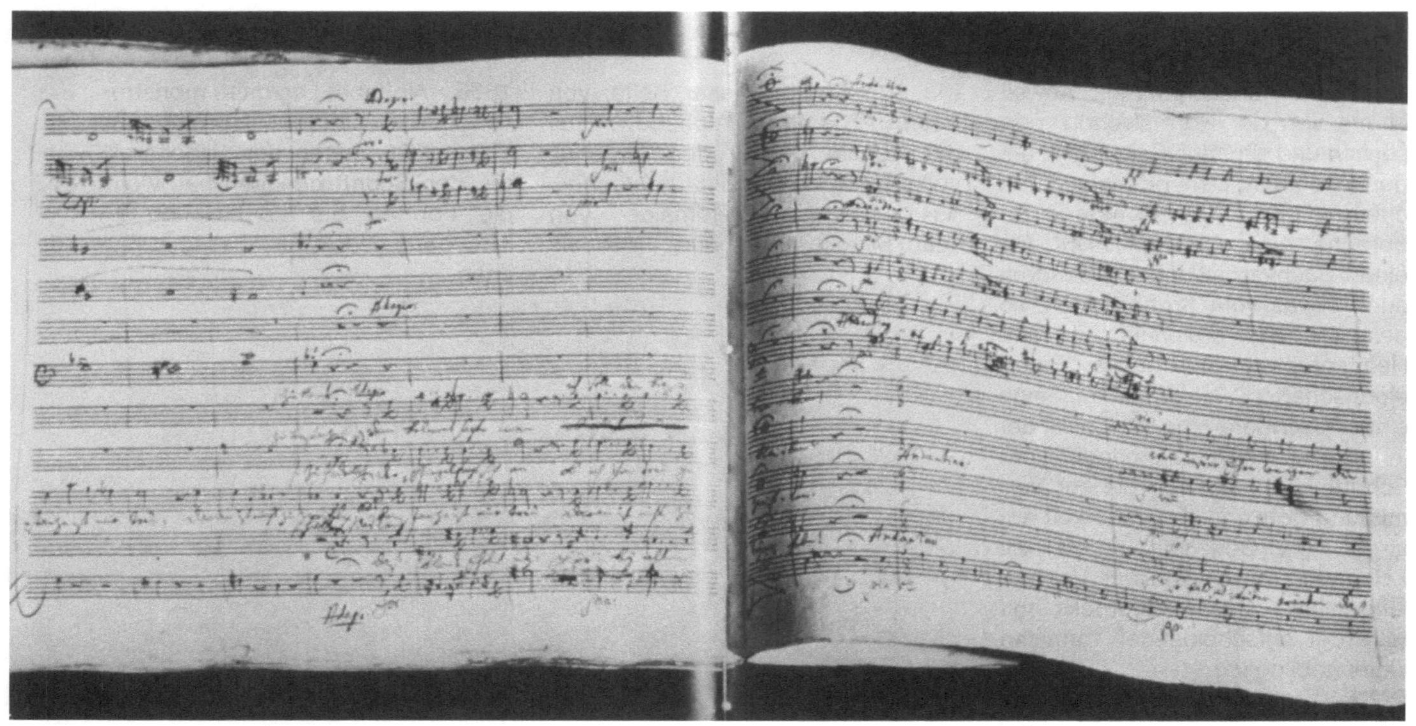

Wie der Zeichner in Bildern denkt, beim Zeichnen seine Bildvorstellungen weiter entwickelt, so denkt der Komponist in Tönen und Klängen.
Beide verbindet die Notenschrift, jene Punkte, Striche und Linien, die die Klänge wiederholbar machen und ein so schönes grafisches Bild sind – besonders in der Partitur der »Entführung aus dem Serail«, 2. Aufzug, Wolfgang Amadeus Mozart, Tübingen, Universitätsbibliothek.
Die Einheit von wirklichkeitsbezogenem Interesse, dem Realitätsprinzip einerseits und dem Lustprinzip des Spiels andererseits soll angestrebt werden – Aneignung von Wirklichkeit vereint mit Selbstdarstellung durch Spiel.
»Die Kunst kann, was keine Philosophie vermag, aus einander widersprechenden Gegensätzen eine einzige, wahre Erfahrung machen« (v. Hentig).
Jeder Mensch kann zeichnen, mindestens so, wie er in der Badewanne singen kann: ungeniert, ungehemmt, voller Lust und Spaß.
Möge der Trompeter Ihnen zur fröhlichen Arbeit blasen!

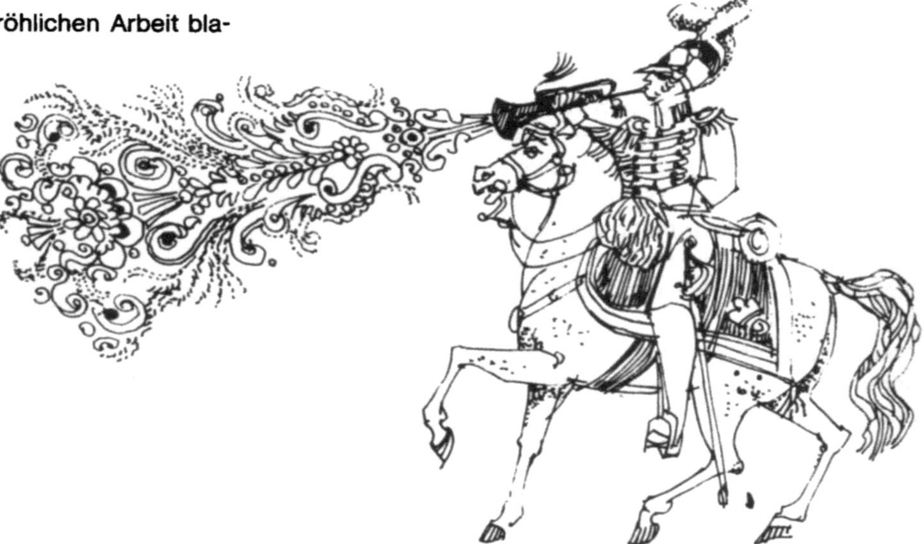